U0448200

以现象学之名

未来哲学丛书
孙周兴 主编

王俊 著

商务印书馆
The Commercial Press

未来哲学丛书

主编：孙周兴

学术支持
浙江大学未来哲学研究中心
同济大学技术与未来研究院

商务印书馆（上海）有限公司 出品
The Commercial Press (Shanghai) Co. Ltd.

未 来 哲 学 丛 书

作者简介

王俊，浙江大学求是特聘教授，德国维尔茨堡大学哲学博士，现任浙江大学哲学学院院长、外国哲学研究所所长，入选国家万人计划哲学社会科学领军人才。目前主要研究领域为当代欧陆哲学、现象学、跨文化哲学等。

总　序

尼采晚年不断构想一种"未来哲学",写了不少多半语焉不详的笔记,并且把他1886年出版的《善恶的彼岸》的副标题立为"一种未来哲学的序曲"。我认为尼采是当真的——哲学必须是未来的。曾经做过古典语文学教授的尼采,此时早已不再古典,而成了一个面向未来、以权力意志和永恒轮回为"思眼"的实存哲人。

未来哲学之思有一个批判性的前提,即对传统哲学和传统宗教的解构,尼采以及后来的海德格尔都愿意把这种解构标识为"柏拉图主义批判",在哲学上是对"理性世界"和"理论人"的质疑,在宗教上是对"神性世界"和"宗教人"的否定。一个后哲学和后宗教的人是谁呢?尼采说是忠实于大地的"超人"——不是"天人",实为"地人"。海德格尔曾经提出过一种解释,谓"超人"是理解了权力意志和永恒轮回的人,他的意思无非是说,尼采的"超人"是一个否弃超越性理想、直面当下感性世界、通过创造性的瞬间来追求和完成生命力量之增长的个体,因而是一个实存哲学意义上的人之规定。未来哲学应具有一个实存哲学的出发点,这个出发点是以尼采和海德格尔为代表的欧洲现代人文哲学为今天的和未来的思想准备好了的。

未来哲学还具有一个非种族中心主义的前提,这就是说,未来哲学是世界性的。由尼采们发起的主流哲学传统批判已经宣告了欧洲中心主义的破产,扩大而言,则是种族中心主义的破产。在黑格尔式欧洲中心主义的眼光里,是没有异类的非欧民族文化的地位的,也不可能真正构成多元文化的切实沟通和交往。然而在尼采之后,形势大变。尤其是20世纪初兴起的现象学哲学运动，开启了一道基于境域—世界论的意义构成的思想视野，这就为未来哲学赢得了一个可能性基础和指引性方向。我们认为，未来哲学的世界性并不是空泛无度的全球意识，而是指向人类未来的既具身又超越的境域论。

未来哲学当然具有历史性维度，甚至需要像海德格尔主张的那样实行"返回步伐"，但它绝不是古风主义的，更不是顽强守旧的怀乡病和复辟狂，而是由未来筹划与可能性期望牵引和发动起来的当下当代之思。直而言之，"古今之争"绝不能成为未来哲学的纠缠和羁绊。在19世纪后半叶以来渐成主流的现代实存哲学路线中，我们看到传统的线性时间意识以及与此相关的科学进步意识已经被消解掉了，尼采的"瞬间"轮回观和海德格尔的"将来"时间性分析都向我们昭示一种循环复现的实存时间。这也就为未来哲学给出了一个基本的时间性定位：未来才是哲思的准星。

未来哲学既以将来—可能性为指向，也就必然同时是未来艺术，或者说，哲学必然要与艺术联姻，结成一种遥相呼应、意气相投的关系。在此意义上，未来哲学必定是创造性的或艺术性的，就如同未来艺术必定具有哲学性一样。

我们在几年前已经开始编辑"未来艺术丛书"，意犹未尽，现在决定启动"未来哲学丛书"，以为可以与前者构成一种相互支持。本丛书被命名为"未来哲学"，自然要以开放性为原则，绝不自限于某派、某门、某主义，也并非简单的"未来主义"，甚至也不是要把"未来"设为丛书唯一课题，而只是要倡导和发扬一种基本的未来关怀——因为，容我再说一遍：未来才是哲思的准星。

孙周兴

2017年3月12日记于沪上同济

目录

前言　哲学应回归生活世界　1

对于经典现象学的非经典研究

现象学中的偶然性问题及其思想效应　11

现象学与自然主义的形而上学之争　32

胡塞尔现象学中的生活哲学面向　37

厌倦与拯救
　　——重读胡塞尔《欧洲人的危机与哲学》　42

意义从何而来
　　——从胡塞尔现象学驳自然主义意义观　58

胡塞尔现象学中的实践维度　72

世界现象学中的存在问题
　　——晚年胡塞尔论存在　91

汉语现象学如何可能？
　　——循"现象学之道"而入　105

陷于历史之中
　　——简论威廉·沙普的历史现象学　124

现象学与人智学
　　——一个曲折的思想关联　136

Über Heidegger?
　　——浅析京特·安德斯的海德格尔批判　153
从海德格尔的宗教现象学到哲学密释学
　　——兼论信仰经验的密释学性质　168

从现象学到生活艺术哲学

从"现象学"到"现象行"
　　——对当代现象学实践化转向的一个新解读　189
从现象学到生活艺术哲学　206
《认识世界：古代与中世纪哲学》译后记　223
现象学视野下的事与物　226
艺术重归生活
　　——从尼采、施泰纳到博伊斯　234
精神生活、日常经验与未来哲学　253
醉酒现象学　260
元宇宙、生活世界与身体　272
加速时代如何"说理"　277
有限与无限之间的阐释艺术
　　——对"阐释学"的现象学分析　283

从现象学到跨文化哲学

从生活世界到跨文化对话　299
从作为普遍哲学的现象学到汉语现象学　336

基于空间经验重绘世界哲学地图
　　——空间现象学视野下的考察　367
作为跨文化哲学实践的"多极对话"概念浅析　393
以跨文化的视野扩大哲学研究的范围　407
追寻非洲哲学　411
《非洲哲学：跨文化视域的研究》译后记　418
作为去殖民化概念的"非洲"
　　——尼雷尔"非洲统一"思想初探　422
我们为什么要研究非洲哲学？　440
作为马克思主义宗教学研究方法的宗教现象学　457

文章列表　465

前言　哲学应回归生活世界

从1998年懵懵懂懂地进入北大哲学系开始至今，我从事哲学这项事业已经25年了，拉拉杂杂读过一些书、写过一些文字、上过一些课、想过一些问题，自觉对于哲学有了一些皮毛的领会和理解。这25年来，我的大部分研究兴趣在现象学上。在我看来，现象学代表了当代哲学的一种基本精神，就是一种具体化的、动态化的、发生性的、实践性的哲学姿态。现象学在很大程度上标识了当下和未来的哲学形态：哲学应当不仅仅是象牙塔里的理论构建，而且是生活世界之中的、实践性的，是与每个人的生存密不可分的。

从哲学史上看，哲学当然不唯有现象学。从古代开始，哲学就是一种处于生活世界之中的思想活动。作为一种生活方式或实践形态，它是跟生活实事密不可分的。在亚里士多德那里出现了实践和理论的分化，这是哲学形态发生变化的一次重要转折。在随后的思想史中，哲学逐渐演变成一种纯粹的理论活动，变成了彼岸的东西，与我们此岸的生活实践渐行渐远。到了18世纪下半叶，随着哲学的学院化、专业化和职业化，亦即学院哲学的形成（这是哲学演变史上另一个非常要紧的转折），哲学彻底与我们的日常生活脱钩，成了专业之事。举个简单的例子，在19世纪之前，我们知道名字的几乎所有哲学家都不是大学教授；但是从19世纪开始，我们知道名字的越来越多的哲学家是大学教授；到了20世纪，就几乎没有例外了。这就是哲学的彻底学院化、哲学家的职业化，哲学家变成了纯粹的"思想的公务员和概念的管理员"（费耶阿本德语）。这个转折对当今的哲学形态起到了决定性的影响。在哲学演变史上，伴随着这个转折还有一些比较重要的变化趋势，比如说随着哲学家的职业化和学院化，哲学文本越来越古奥难懂。从古代到近代早期的很多哲学文本，其文风是平易近人的；但是康德之后，哲学文本越来越复杂，专业词汇越来越多，专业性越来越强，一个初学者不经过长期的专业训练就进不了哲学的门槛。跟这个趋势相伴的是，今天有两类哲学家：一类是学院里的哲学教授，另一类我们称之为"民间哲学家"（简称"民哲"）——今天，这个称呼常常带有贬义，因为"民哲"意味着没有经过专业化训练，因此没有能力进行今天意义上真正的哲学工作。但是我们注意到，在18世纪下半叶之前，其实没有所谓学院哲学家和民间哲学家的区分。笛卡尔给贵族当家庭教师，同时也研究物理学；休谟担任过国务大臣；康德的研究兴趣也远远超出了哲学；更遑论古希腊、罗马时期的哲学家们，哲学对他们而言并非职业，而是一种生活方式。而按今天的标准来看，这些从事哲学的方式都是民间的、业余的。但是实际上，在19世纪之前，这种"业余活动"并不含贬义。歌德就称赞说，只有这种"业余活动"才"总是想要承担某种要求最高技艺的不可能性"。叔本华也曾为之辩护。他说，之所以有人轻视这种"业余性"，主要是基于"一种卑鄙的信念，相信没有人会认真地着手做一件事，除非他被穷困、饥饿或其他欲望所刺激"。但随着20世纪哲学学院化的趋势不断加强，哲学成为一门艰深的专业学问，那种作为业余活动和生活方式的哲思活动则被不断边缘化。

哲学演化史上的这个转变带来的分化趋势，令象牙塔中的哲学和生活中的哲学渐行渐远，哲学成了跟我们的生活没有关系的故纸堆里的学问。这给哲学本身的发展、对人类的思想能力造成了消极的影响。因此，在当代哲学圈里，就有一些哲学工作者越来越有意识地抵抗这个分化，强调哲学应当回归生活世界，企图扭转学院哲学与非学院哲学的分离趋势。如果说当代哲学有一个总体上的实践化转向，那么这种对于去学院化、回归生活世界的尝试，也可以被看作最宽泛意义上的实践化转向的一个表现。这种转向的尝试，其思想资源很大程度上来自现象学运动。大而化之地讲，当代哲学与传统哲学的差异在于，当代哲学不再执着于传统的那种宏大的形而上学体系构建，而更倾向于现象学主张的"面向实事本身"。"实事本身"就包含回到具体的历史境域中去思考、回到生存语境中去思考的意思。这个实践化转向的大趋势就要求我们增加哲学思考的现实感，让哲学回到现实生活之中。就像杜威说的，我们不是在理论中发现问题，而是在生活里发现问题。

哲学回归生活世界的趋势跟现象学哲学的核心观点之间有着密切的关系。现象学的重要观点之一，就是要对研究对象进行情境化还原，拆解传统的主客二元认知框架。现象学主张，所谓的客观性、确定性都是主体构建的结果，是语境中的确定性或者历史情境中的确定性，没有普遍、抽象的确定性。胡塞尔的现象学是数学和心理学传统下的现象学、如科学般严格的哲学，这是当时的一个时代潮流。胡塞尔不是突然一下子写出《逻辑研究》的。在19、20世纪之交，有很多哲学家都写了《逻辑学》或者《逻辑研究》这样的著作，关注科学时代哲学的转型问题，胡塞尔只是其中之一。海德格尔的思想具有的时代烙印也很明显，这与他所处的时代和他的人生经历有密切的关系。他的思想脱胎于当时的德意志的民族主义传统，而不是突然从天而降的一个抽象的东西。

另外，促成这个回归趋势的一点就是现象学对科学的批判。现象学哲学是在对现代科学批判的语境下发展起来的。海德格尔对科学和知识的起源有一个深刻的阐释。亚里士多德说，求知是人的本性，古希腊人面对生老病死的人生、面对命运之神的强大力量时，为了克服变幻莫测的命运，试图通过把握知识和规律去获得一种安全感。所以，人们要求知。求知就是对于自然规律的探索和把握，让我们能对世界的变化和人生的变化进行解释，并且预见未来。与之类似地，前科学时代的宗教世界观也是为了实现生活的某种安定性和安全感才产生的。与哲学和宗教相比，今天的科学给予我们的生活的安全感和确定性要强得多。科学对于生活世界的量化描述、精确组织和准确预测，使得我们今天的生活具有前所未有的精确性、确定性和高效率。比如，我们现在有各种超越时间和空间的信息交流方式，这非常深刻地改变了我们的生活方式，让我们生活得更精确、更有安全感，这在前现代时期是完全不可想象的。但是现象学试图指出，这种貌似绝对精确、绝对客观的科学观念及由其决定的生活方式，其实也是建立在主体性成就的基础之上的；科学只是人类历史中的一种观念形态，它并不绝对，也不代表绝对的真理性，而是隐含了一些值得反思的前提。从这一点上看，现象学要着力揭示科学的边界和限度，科学技术并非无所不能。

然而，尽管现象学在科学批判上有此洞见，但是在现实生活中，现代科技仍然不可避免地意识形态化了；或者如胡塞尔所说，出现了"理性的僭越"。科技决定的生活方式在带给我们确定性和安全感的同时,也让我们的生活方式越来越单一、越来越同质化。如果按海德格尔所说,西方科学的出现就意味着哲学的终结,科学和传统哲学、传统形而上学一脉相承,都是以一种本质化、普遍化的观念排斥生活中的变化、偶然性和多样性,那么我们也可以把科技带给我们的单向度的、同质化的生活方式理解为西方传统形而上学一以贯之的结果。如果从这个意义上看,现象学就不仅是对唯科学主义的批判,也是对整个传统形而上学史的批判。

作为对唯科学主义这一趋势的反抗,在科技时代的生活境域中,我们会有更多对于不确定性的追求。在前科学时代,因为生活本身不确定,所以我们要借助知识来追求确定;今天,现代科技的意识形态化让生活过于确定,所以我们才要去追求不确定,比如后现代艺术、无调性音乐、心理学上的无意识理论,还有大量的关于世界末日、核灾难、外星人入侵的科幻作品。这些流行的文化形式、话语方式和话题之所以大行其道,乃是因为今天我们生活的安全性非常高,人们反倒要以这些对于不确定性的表现、关于危险的想象来均衡我们的生活,均衡科学的盲目乐观主义,重新形塑我们的生活意义。自古以来,总是有一些人生活在主流的生活方式之外,构成了相对于时代的反动角色,哲学就是这样一种质疑主流的批判性活动。但是,这样一种反动、质疑和批判恰恰构成了相对于一个时代主流的均衡力量,使得我们认识到自身所处时代的局限性。"均衡"(Kompensation)概念由德国当代哲学家奥多·马奎德(Odo Marquard)提出,其完整的意义是:通过补偿达到均衡。在生活中,我们总是尝试着对主流的生活方式进行某种反方向的补偿来达到一种均衡。在古希腊,人们通过求知以获得更大的确定性,这是对均衡的追求;而在科学时代,人类由于有过多的确定性而导致了生活中"意义的贫乏",因此要追求不确定性以恢复生活的丰富性,这同样也是一种均衡。均衡是动态的。随着人在时代境域中的实际生存经验发生变化,这种均衡的需求也在变化。因此,在科学时代,现象学进行的科学批判归根结底乃是时代要求的思想均衡的体现。这是思想在当代的任务。哲学要回归生活世界,就要在充分意识到思之任务的前提下进行思考:在科学和技术意识形态化的时代,哲学本身就是一种均衡的力量。从这个意义上,我们也能够理解现象学在这一问题上的主张:哲学的技术批判不是反技术,而是限制技术的界限。现代科学技术的边界在今天已经有所显现。对于我们的生活来说,科技之外的东西(包括哲学、艺术)变得日益重要,它们提供了一种当代的均衡性力量,来克服唯科学主义和生活同质化,从而实现价值的多元、呵护生活的意义,同时也实现哲学本身的生活化和去学院化。

从胡塞尔创立现象学开始,现象学就是一种方法或者批判姿态,而不是一种具体的理论主张。胡塞尔将现象学等同于今天的哲学,实际上也是在强调自古以来的哲学的功能,即一种批判性力量。在"面向实事本身"精神的感召下,现象学运动在海德格尔、舍勒、梅洛-庞蒂、列维纳斯等人的推动下,成为20世纪以来人类哲学活动的重要思想姿态,为我们提供了丰富的思想论题和元素。通过现象学,我们可以看到今天唯科学主义的局限性,从而构建更为均衡的生活态度和方式;通过现象学,我们可以看到欧洲中心论的文化观和世界观的局限性,从而构建更为多元开放的跨文化视野;通过现象学,我们还能看到那种经院式的哲学研究已经不符合时代的思想需求,从而构建真正面对生活世界的哲学形态。

本书汇集了我近十年来的主要思想成果,题为"以现象学之名",还有一层拓展现象学研究路向的意思。罗姆巴赫(Heinrich Rombach)曾说,今天和未来的现象学不应当是"关于胡塞尔的经院哲学"或者"海德格尔语音学",现象学研究不应只停留在经典文本上,而是要对之进行拓展。本书的三个部分(对于经典现象学的非经典研究,从现象学到生活艺术哲学,从现象学到跨文化哲学)就体现了这种拓展的尝试:"以现象学之名",探讨哲学在当今生活中的意义。现象学就像现代观念世界中的路标一样,指示出一条真正面向未来、与我们每个人的生活都密切关联的思想路径。

对于经典现象学的

非经典研究

现象学中的偶然性问题及其思想效应

滥觞于20世纪的现象学思潮致力于某种针对传统哲学和形而上学的反动或颠覆，亦即针对传统形而上学的本质、永恒、必然性、统一性等论题，现象学关注现象、时间性、偶然性，呈现生活世界的差异性和复杂性。在此视野下，整体与局部、在场与缺席、同一性与差异性之间的发生性转化和辩证关系成为现象学所着力表述的话题线索。沿着这些线索，意识、存在、意志、本质等传统哲学主题在现象学中得到了全新的表述，而生存经验、身体、情感、直观等主题则作为新的哲学论域被开辟出来，成为现象学研究的聚焦点。在现象学所开辟的这个崭新的广大论域中，偶然性（contingens/Zufälligkeit）问题成为一条隐而不显却不可或缺的思想线索。现象学视野中的偶然性意味着可能性、非规范性、时间性、不确定性、不对称性、局部性工作、场所性处境、自由等等。从胡塞尔、海德格尔的经典现象学，到九鬼周造对东亚传统思想和现象学的结合，到以梅洛-庞蒂、萨特为代表的现象学传统在法国的延续，再到当代哲学中受现象学影响的马尔库塞、阿尔都塞、京特·安德斯（Günter Anders）和奥多·马奎德的思想和哲学实践的思潮，现象学对于偶然性问题的重视都成为一个重要的思想契机，开启了当代哲学"返回实事"和"亲近生活"的姿态。

一、偶然性：意向性构建和生存的时机化

"偶然性"是经典现象学讨论中的一个关键概念。在胡塞尔那里，作为意识可能性之汇集的意向性构建包含了发生意义上的潜能和偶然性，这也是作为奠基层次和视域的生活世界的组成部分。在海德格尔那里，它则被看作此在的事实性特征、场所性处境、动态化生活过程，偶然性保证了生存的自由，因此生活的"睿智"（phronesis）乃是对于偶然人生的"时机化"的领会。而九鬼周造循着海德格尔的思路，将日本哲学中"无"的概念视为"偶然性哲学"的存在论根基。

19世纪下半叶，包括布伦塔诺和胡塞尔在内的哲学家计划建立一门哲学的心理学或意识哲学，这样一门"真正的意识科学要为认识论和逻辑学提供前提。意识现象表现为体验，而体验的联系表现为生命"①。循着这一思路，"意向性"概念的提出成为这一计划中关键的一步。意向性意味着意识对于其自身的超出和脱离，而胡塞尔基于"意向性"概念的"现象学构建（Konstitution）"设想则跨出了决定性的一步。通过意向性构建，胡塞尔在现象学的意义上重新开启了"主体性"这一论题：现象学的主体不是一个实体化的个体，也不是一个本质化的抽象观念，而是包含了主客体之构建可能性的大全。②

现象学的这一基本动机决定了，意向性构建是一个可能性的大

---

① 海德格尔：《存在论：实际性的解释学》，何卫平译，人民出版社，2009年，第74页。
② 如哈贝马斯所言，现象学的主体"制造了一个关于可能对象的开放视域，它允许不同类型的、只可能通过描述的方式而被把握的对象之多样性的存在"。（J. Habermas, *Vorstudien und Ergänzungen zur Theorie des Kommunikativen Handelns*, Suhrkamp, 1984, S. 37）

全，意向对象就是从这个复杂的意义关联背景中脱颖而出的。在"构建"的标题下汇集的可能性，不仅仅是传统主客二元论模式下径直的感知和静态的必然性，而是蕴含了众多发生意义上的潜能和偶然性。意向性构建的偶然性表现在：意向的充实过程不仅仅确认了我们的意向，而且会有某些出乎意料也就是位于原意向焦点之外的"盈余"；这种盈余就是以偶然性的方式发生的，它们不是原本关注的主题、它们引起的联系，也不是意向构建最初期待的联系，而表现为规范性之外的差异性内容。但恰好是这种偶然性的盈余和非规范性构成了意向对象的视域或背景，原本径直的对象通过被置于视域之中而被复杂化，或者说，被还原到一个发生性的构建层面。可能性的光晕得以保留，整全的意义世界由此才得以构成。①这种作为意识构建之可能性结构中重要组成部分的偶然性不是脱离于世界整体的碎片，而是作为潜能被包含在世界之中，是世界和对象从中生成的基层组成。这种奠基关系是胡塞尔现象学的关键点之一。②这个作为可能性大全的奠基性世界就是"生活世界"，其中，偶然性而非必然性成为"生活"的基本特征之一。③

胡塞尔在意识领域内所谈的现象学话题及其谈论方式被海德格

---

① 如威尔顿所言："在每个对象之中，总是嵌套着各种不同的'建立'（founding）、'曾被建立'（founded）的关系。甚至也可能出现不连续性，感知可能突然被'推翻'，或者整个框架可能发生了转变。比如我们拿起一块石头，它原本无生命，可是它突然活动起来，我们发现它不是石头，而是一只青蛙……当这种变化出现时，整体的新意义就对我们先前关于对象的侧面的经验进行了重新塑造，或者重新组织。"（威尔顿：《另类胡塞尔——先验现象学的视野》，靳希平译，梁宝珊校，复旦大学出版社，2012年，第63—64页）

② "胡塞尔现象学中有生长力的独创洞见……在于它看到了，进行意识分析的同时，必然会提出一种对世界的分析，而且意识分析是不可能同世界分析分割开的。"（同上书，第53页）

③ 众所周知，胡塞尔的"生活世界"是相对于科学视野下的"自然世界"提出的，"生活"强调的是自然科学无法把握的权能性领域，这是现象学的领地。类似的观念在20世纪以来的大陆哲学中并不罕见，新康德主义的西南学派、解释学、生命哲学都在自然科学的压力下捍卫"生活"的领域。维特根斯坦也说过："即使一切可能的科学问题都得到回答，生活问题也仍然没有被触及。"（参见维特根斯坦：《逻辑哲学论》，6.52）

尔在存在领域内继承下来。首先，偶然性被海德格尔强调为此在的基本特征。存在论现象学强调一种生存的事实性（Faktizität）经验，即世界中的此在是由一系列偶然的相遇特征（Begegnischaraktere）组成的，世界对于此在而言乃是作为这种相遇之前提的意蕴（Bedeutsamkeit）。① 在这里，意蕴指的是"作为什么"（als-was）相遇以及"如何"（wie）相遇。海德格尔将之视为存在的范畴。② 而当某个意义"作为"与熟悉状态相悖之物被遇到时，其偶然性就呈现出来。③ 海德格尔将这种充满偶然的"作为"称为"此在的契机学（kairologisch）的要素"。由此，"时间的所有基本要素才能得到理解"——时间性也是通过偶然性呈现的。此在作为世界敞开状态之场所，具有其处身性（Befindlichkeit），也就是"在世界中存在"。而这种敞开状态和普遍的指引关联的发生，则超出了此在的支配力量，也无必然规律可循，它始终不可消除地是偶然的（kontingent）；也恰好是这种偶然性开启出世界境域和此在的权能性，即存在论层面上的自由——"我能"。

这种偶然性特征强调了，生存论现象学中"此在""实际性"等用词所指的是一种动态化的生活过程。实际上，海德格尔也将Leben［生活］作为Existenz［实存］、Dasein［此在］和Faktizität［事实性］的同义词使用。按照伽达默尔的回忆，海德格尔在1923年夏季学期讲座《存在论：实际性的解释学》的一开始就明言：Leben等同于

---

① "世界包含着一种突发困境的可能性。只有作为意蕴的世界，世界才能作为困境来遭遇。"（海德格尔:《存在论：实际性的解释学》，第104页）
② "意蕴是说：在某种特定的意指（Be-deutens）方式中的存在、此在；这种意指的内容及其规定性何在、此在如何在所有这些东西中显明自身，这是我们现在要根据具体情况加以揭示的。"（同上书，第93页）
③ "熟悉状态受到干扰，而这种干扰的熟悉状态赋予偶然的'完全不是常人所想的'其抵抗的此之意义（Da-Sinn）。"（同上书，第101页）

Dasein，意即"在生活中并通过生活存在"①。在这里，生活指的是一种动态化的过程、生活活动（Lebensbewegtheit）。在这个生活过程中，认识的出发点是时间性的、经验的、运动变化的、主观的、真实的、单个的、个别的、偶然的东西，相对于超时间的、超验的（先天的）、不变的、客观的、永恒理想的、普遍的、必然的东西。存在论现象学无疑强调的是前面一组概念的优先性，正如海德格尔强调的，"带有过程特征的活动体系当然比僵化的东西'深刻'得多……作为普遍的体系……必须纳入到运动中并在运动中来把握"②。

因此，在存在论现象学中，偶然性被视为真理的根据，对偶然性的把握才是认识和实践的关键。海德格尔说，偶然性是"存在之最高形式""从自由所出而向自由所归的生存活动"，因为"存在和存在方式之高度并不取决于持久"。③从逻辑上看，偶然性也并不低于必然性。海德格尔指出：莱布尼茨所言的"事实的真理"（vertitates facti）就是偶然的真理，是关于非必然之物也可能是不存在之物的真理。莱布尼茨的意图在于将这种偶然的事实真理理解为同一性，将之归根到底当作原初的、永恒的真理，同样依概念将绝对的确定性和真理判归其所有④，因此以偶然性为基础的自由是某种像根据这样的东西之本源⑤。海德格尔相信，作为存在者整体的真理之本质就在于这种自

---

① 海德格尔：《存在论：实际性的解释学》，第9页，译者注1。
② 同上书，第65页。
③ "关于存在的问题及其变化和可能性，其核心是正确理解了关于人的问题。和宇宙天体世界之持久相比，人之生存及其历史当然终究是最短暂易逝的，只是'一瞬间'而已——但这种短暂易逝可以说是存在之最高形式，如果它成为从自由所出而向自由所归的生存活动的话。存在和存在方式之高度并不取决于持久！"（海德格尔：《从莱布尼茨出发的逻辑学的形而上学始基》，赵卫国译，西北大学出版社，2015年，第25页）
④ 海德格尔在此分析了莱布尼茨这一思想的中世纪神学来源，上帝通过直观的洞察把握了整体和万物，既包括现实的存在者，也包括将来的可能的偶然事物（nobis contingentia futura）。参见同上书，第62—68页。
⑤ 同上书，第61、297页。

由之中，这种自由在存在论层面上乃是偶然性，而非必然性。"让作为如此这般的整体的存在者存在，这回事情却只有当它在其原初的本质中偶尔被接纳时才会合乎本质地发生。"① 这种与命运相关的偶然性是自由的本质，自由乃是超出人并以落于人之上的方式（in dem ihm zugefallenen Weise）发生的。② 基于此，哲学的思想才力图成为柔和的泰然任之（Gelassenheit der Milde）③。海德格尔这种对偶然性的重视，并非将哲学思考降低为某种局限于虚无主义、局限于转瞬即逝的现实的东西，而是将存在的本质追溯到实事性、差异性、时机化和过程化之上。④ 在海德格尔看来，哲学的根本任务并非在"知识"（episteme）层面上把握现实之物及其客观本质，而是对"时机"的领会，后者才是植根于实际生存之中的"睿智"。⑤

循着海德格尔的思路，九鬼周造借助于东方哲学特别是日本哲学中对"无"的探讨，明确构想了一种存在论层面上的"偶然性哲学"，其所针对的就是传统西方哲学以必然性为核心的思想方式：如果说必然性植根于"有"，那么偶然性就植根于"无"。

> 偶然性处于存在之中，当与非存在形成紧密的内在关联时就会出现。那是介于"有"与"无"的接触面的极限存在，是

---

① 海德格尔：《路标》，孙周兴译，商务印书馆，2009年，第228页。
② M. Heidegger, *Vom Wesen der menschlichen Freiheit. Einleitung in die Philosophie*, hrsg. H. Tietjen, Vittorio Klostermann, 1994, S. 134f.
③ 海德格尔：《路标》，第229页。
④ 海德格尔将时间性进一步生存化，引入"时机化"："进入世界只有当时间性时机化时才发生。只有当这种事情发生了，存在者才可能作为存在者而公开，而就这些存在者只有基于存在之领会才是可能的而言，存在之领会的可能性必然包含在时间性之时机化中。"（海德格尔：《从莱布尼茨出发的逻辑学的形而上学始基》，第294页）
⑤ "一个时代既把一條即逝的东西与用两手抓得到的东西认为是现实的，它就难免认为追问是'对现实陌生的'，是值不了多少的东西。但根本的事情不是值多少，而是对头的时间，也就是对头的时机与对头的坚忍。"（海德格尔：《形而上学导论》，熊伟、王庆节译，商务印书馆，2005年，第205页）

"有"扎根于"无"的状态,是"无"侵蚀"有"的形象。……偶然性问题与对"无"的探讨密不可分……这是真正的形而上学的问题。①

通过九鬼周造,现象学中的偶然性问题在东方哲学中"无"的思想里找到了一种应和关系,强化了中西比较哲学的话语。

最后,在对思想史的现象学阐述中,胡塞尔和海德格尔都认为哲学—科学是在历史的偶然性罅隙中发生的。在胡塞尔1935年的维也纳演讲和海德格尔1937—1938年冬季学期的讲座中,两人都追溯了哲学在古希腊的起源历史:哲学—科学思想起源于惊异的情调,古希腊人惊异于非课题化的世界在现象学哲学中成为课题。哲学和科学之形成,乃是人类精神史上的一个不可预测推导的偶然事件。②

二、偶然性:身体处境与存在属性

在法国现象学中,特别是在梅洛-庞蒂和萨特那里,偶然性问题通过不同的论域得到进一步发挥和加强。在梅洛-庞蒂那里,奠基性的身体以及由此带出的场所性处境是偶然的,作为"关系的纽结"③的人之存在是偶然的。这是意义构建的基础。萨特则将对偶然性的讨论引入对于人生实存的讨论:偶然性既是人生的根本属性,

---

① 九鬼周造:《九鬼周造著作精粹》,彭曦等译,南京大学出版社,2017年,第66页。
② 参见胡塞尔:《欧洲科学的危机与超越论的现象学》,王炳文译,商务印书馆,2001年,第385—387页;M. Heidegger, *Grundfragen der Philosophie. Ausgewählte Probleme der "Logik"*, hrsg. von Herrmann, Vittorio Klostermann, 1992, S. 197f.
③ 语出《知觉现象学》的结尾,梅洛-庞蒂在此引用了圣·埃克絮佩里的话:"你寓于你的行为本身中。……人只不过是关系的纽结,关系仅仅对人来说是重要的。"(梅洛-庞蒂:《知觉现象学》,姜志辉译,商务印书馆,2001年,第571页)

也是世界的特征,而自由就是偶然性的内在化。从这个角度看,从意向性建构,到此在分析,到身体,再到世界与自由生存,偶然性构成了一条在现象学思潮中延续的问题线索。

梅洛-庞蒂试图围绕着充满偶然性的身体,更加细致地描述存在及其所在场域(即世界)的关系。作为前意识的身体及其知觉将我与世界勾连在一起,构成了对象化认识活动的意义基础,使一切对象化构建成为可能。因此在他看来,意识最初并不是"我思",而是基于偶然性身体的"我能",意义是在身体场中被给予的。在这个围绕着身体展开的意义给予(Sinngebung)的过程中,既有身体的普遍功能,也不乏内容的差异性和偶然性。

在这个意义上,人的生存是非本质化的,是一系列偶然性的不断叠加。梅洛-庞蒂相信,人的生存就是从偶然性到必然性的转变过程,这个过程就是"超越"。在这个超越的过程中,偶然性乃是根源处的原因,生存根源处的这个实际处境是"自在地不确定的"。[①]他在发生学的层面上如此强调:

> 对每一个人类儿童来说,人的生存方式不是通过人生来就有的某种本质得到保证的,人的生存方式必须通过客观身体的各种偶然性在人身上不断重新形成。在这个意义上,在人身上,一切都是偶然的。……人的生存是通过重新开始的活动从偶然性到必然性的转变。[②]

---

① "由于其基本结构,生存是自在地不确定的,因为生存是一种作用,通过这种作用,没有意义的东西获得了一种意义……偶然性变成了原因,因为生存是一种实际处境的重新开始。"(梅洛-庞蒂:《知觉现象学》,第223页)
② 同上书,第224页。

在这个由偶然性奠基的转变过程中，意义得以形成：意义既不是一个实体化的本质，也不是主体有意识地赋予其对象的现成之物，而是一种伴随着偶然性的叠加而不断发生的关系的自我呈现。现象学要研究的，就是被知觉之物与知觉主体之间、意识与世界之间在潜在的偶然性层面上所具有的一种前逻辑和前主题化的统一性。这种在先的统一性，在胡塞尔那里是作为意向性构建之基础的生活世界和视域，在海德格尔那里是在世之在的时机化、动态化表述；而梅洛-庞蒂则借助身体对之进行了阐释：在世的身体构成了存在的场域，这是意识的基础，也是所有对象构建的基础。在根源处的偶然性层面，尚未发生对象和身体、人和物之间的分离。① 与胡塞尔相似，梅洛-庞蒂也认为，意义就是位于世界之中的不断自我构建的关联关系，人就是关系的纽结。

作为关系的纽结的人是不断构建生成而非静态绝对的，位于实际处境中的生存首先意味着其时间性和发生性。这一方面是对胡塞尔的发生现象学和意向性构建的延伸，另一方面也是对海德格尔的实际性此在的一个新角度的诠释。现象学的发生学强调的是，意义给予、存在和真理都是历史性的，没有绝对的意义和真理，也没有绝对的存在；然而，这种历史性和非绝对性并非存在的缺陷或真理的缺失，因为世界在存在论层面上、在根源处就是偶然的，这种偶然性才是我们生存的基础和根据——这是梅洛-庞蒂从现象学方法中得出的重要结论，与海德格尔所论逻辑学的根据高度一致，即认可和捍卫偶然性的基础地位。他说：

---

① "物体是在我的身体对它的把握中形成的"，因此"物体不可能与感知它的某个人分离，物体实际上不可能是自在的"。（梅洛-庞蒂：《知觉现象学》，第405页）

世界的偶然性不应该被理解为一种微不足道的存在、一种在必然存在的结构中的缺陷、一种对合理性的威胁，也不应该被理解为应通过发现某种更深刻的必然性而应尽早解决的问题。这就是在世界之内的实体的偶然性。存在论的偶然性、世界本身的偶然性是根本的，是最初作为我们的"真理"概念的基础的东西。①

处境的偶然性因此在梅洛-庞蒂的现象学中成了某种支配性的东西，一种与生存关系最为密切的东西。偶然性意味着历史性、非绝对性，也意味着非因果性，甚至是"难以理解"和"来源不明"。②梅洛-庞蒂认为，恰好是这种不明确的东西包裹着我们的具体存在，这种场所性的处境是"决定性的意义给予的基础"③，它造就了今日哲学的形态。基于这一偶然性基础，历史才成为可能，事件才具有意义。

哲学并不是一种幻想，它乃是历史的几何学。相应地，人类事件的偶然性也因此不再是历史逻辑中的一种失败，而是其条件。没有这种偶然性，存在的就只有历史的幽灵。如果我们知道历史不可避免地走向何处，一个接一个的事件就既不再具有重要性，也不再具有意义。④

对于个体存在而言，偶然性是自由的基础，自由"在模棱两可

---

① 梅洛-庞蒂：《知觉现象学》，第499—500页；译文有改动。
② "在主体和它的身体、它的世界或社会之间的任何因果关系都是难以理解的。……当我转向自己，以便描述自己的时候，我隐隐约约看到一种来源不明的流动。"（同上书，第543页）
③ 同上书，第552页。
④ 梅洛-庞蒂：《哲学赞词》，杨大春译，商务印书馆，2000年，第33页。

中被体验到"。① 自由意味着,我们处身其中的这个世界还没有"完全被构成",也意味着"我们向无数的可能事物开放"。② 在梅洛-庞蒂那里,接受当下的实际处境、接受偶然之所是、接受自由是生存展开的基础,同时也包含了伦理向度上的阐释可能性。

> 正是因为我无条件地是我目前之所是,我才能前进;正是因为我体验我的时间,我才能理解其他时间;正是因为我进入现在和世界,坚决接受我偶然之所是,想要我所想要的东西,做我所做的东西,我才能走向前方。③

在生存的偶然性问题上,萨特与梅洛-庞蒂立场一致。萨特的存在主义哲学致力于描述人的生存基础及其具体情境,用前意识、非理性、偶然的自我存在来否定近代哲学从笛卡尔到康德的"理性人"这一本质化表述。在萨特那里,偶然性是个体生存的根本属性,"存在是个体的偶发事件……存在是没有理由、没有原因并且是没有必然性的;存在的定义本身向我们提供了它原始的偶然性"④。萨特断言,存在的偶然性是绝对的和不可辩解的,由此反对传统形而上学中的本质性和必然性。⑤ 他认为,后者只是人为的臆想和掩饰。对此,

---

① 梅洛-庞蒂:《知觉现象学》,第557页。
② "自由是什么? 出生,就是出生自世界和出生在世界上。世界已经被构成,但没有完全被构成。在第一种关系下,我们被引起,在第二种关系下,我们向无数的可能事物开放。……我们同时在这两种关系下存在。因此,没有决定论,也没有绝对的选择。"(同上书,第567页)
③ 同上书,第570页。
④ 萨特:《存在与虚无》,陈宣良等译,杜小真校,生活·读书·新知三联书店,2010年,第747页。
⑤ "不可辩解性不仅仅是对我们的存在的绝对偶然性的主观认识,而且还是对内在化的和对恢复我们对这种偶然性的领会的主观认识";其根本原因在于,"存在的每一种质性就是存在的整体,是存在的绝对偶然性的在场,是其未分化的不可还原性"。(同上书,第242、564页)

他描述道:

> 关键是偶然性。我的意思是,从定义上说,存在并非必然性。存在就是在那里,很简单,存在物出现,被遇见,但是绝不能对它们进行推断。我想有些人是明白这一点的,但他们极力克服这种偶然性,臆想一个必然的、自成动机的存在,其实任何必然的存在都无法解释存在。偶然性不是伪装,不是可以排除的表象,它是绝对,因此就是完美的无动机。①

萨特将自在与自为的综合与充满偶然性的"动荡"看作世界的特征。②偶然性成了一条贯穿存在和世界的线索,是世界的本然状态和存在的普遍状态。自在的偶然性就是不可还原的现象学处境。虚无化的基质是偶然性的温床,虚无提供了存在实现超越的条件。③在具体生存的层面上,在偶然性的罅隙中才生长出行动的可能性和自由。自由就是"偶然性的内在化、虚无化和主观化"④。每个实在的人都处在偶然性的处境中,都被无数可能性包围着。偶然性和自由是一回事。⑤

---

① 萨特:《恶心》,载萨特:《萨特文集》第1卷,人民文学出版社,2000年,第157—158页。
② 萨特:《存在与虚无》,第745页。
③ "正是从对世界的这种超越出发,'此在'将实现世界的偶然性……因此当人的实在在虚无中确立起来以把握世界的偶然性时,世界的偶然性就向人的实在显现出来。"(同上书,第45页)
④ "自由便不单纯地是偶然性,因为它转回其存在以便用它的目的的光明照亮存在,它是对偶然性永恒的逃离,它是偶然性的内在化、虚无化和主观化,这种偶然性被这样改变后,完全过渡到了一种无动机的选择之中。"(同上书,第582页)
⑤ 萨特引用莱布尼茨的自由理论指出,人之实在的自由是三个不同概念的组合,其中之一就是偶然性:"他是偶然的,也就是说他的存在使得在同样的处境下进行其他活动的其他个体也是可能的。"以偷吃禁果的亚当为例,"亚当的偶然性和他的自由是一回事,因为偶然性意味着这个实在的亚当是被无数可能的亚当包围着的,而相对于这个实在的亚当来说,这些可能的亚当中的每一个都是以他所有的属性,说到底就是他的实体的一种轻微或深刻的变化为特征的"。(同上书,第568—569页)

三、偶然性问题在当代哲学中的思想效应：为偶然性辩护！

在现象学思潮潜移默化的影响下，当代哲学日益体现出与传统形而上学截然不同的问题视域与谈论方式，对偶然性问题的谈论和发挥也逐渐成为当代哲学颠覆性的入口之一。在现象学视野中，偶然性问题被转化为潜在的构建可能性、时机化、身体境域、场所、生存和世界的属性、生活/生命的象征、自由、基于无的形而上学等问题加以探讨。随后，深受现象学思潮特别是海德格尔影响的马尔库塞和阿尔都塞将经典现象学中对偶然性的探讨推进为一种实践意义上的"具体哲学"和"偶然的唯物主义"。而安德斯和马奎德的"随机哲学"和"偶然性哲学"则意味着，在当代语境中，现象学对偶然性的关注、对整体形而上学的终结逐渐弥散为一种基本的哲学态度，并与当下的哲学实践运动以及后现代的精神特质铆合在一起，即对体系化理论和整体性的反动、对实际生活处境的关注。这种哲学态度成为"哲学实践"的先导。

马尔库塞通过对海德格尔生存论现象学的解读，强调了哲学的主体向度和生存论根基。他以现象学家的口吻说道，哲思活动根本上"不是关于知识的真理，而是关于发生的真理"[1]。他从《存在与时间》中看到了一种"把哲学置于真正的具体基础之上的意图"，即把哲学置于"人生此在对真理的具体把握"之上，将之视为"实践科学"，而不再陷于抽象认知和空洞理论。[2] 作为实践科学的本真哲学，以"人类生存的具体忧虑"为导向，致力于"人类此在意义上的真理的具体体现和通达"。[3] 因此，从《存在与时间》的立场出发，他

---

[1] H. Marcuse, *Heideggerian Marxism*, eds. R. Wolin and J. Abromeit, University of Nebraska Press, 2005, p. 1.
[2] H. Marcuse, "Über konkrete Philosophie", in H. Marcuse, *Schriften 1*, Suhrkamp, 1978, S. 387.
[3] H. Marcuse, *Heideggerian Marxism*, pp. 36, 166.

提出了"具体哲学"的设想，将哲学引入了"对人生实存之具体困境的关怀"①之中，将实存、发生、具体性和偶然性看作历史唯物主义的根本基调。

阿尔都塞在伊壁鸠鲁、斯宾诺莎、马基雅维利、黑格尔、尼采的思想潜流中，特别针对海德格尔的"存在的被抛"提出了"存在的多种被抛"，从中解读出了"偶然唯物主义"②，借此强调了马克思唯物史观中的偶然性逻辑，探讨了预先被给予的偶然性因素在社会历史发展中的作用（历史是人的历史，是充斥着偶然性因素的多样化的历史），由此对唯物史观进行了现象学式的文化哲学解读，解构了历史目的论。偶然唯物主义并非要对世界做本体论意义上的物质化说明，而是一种现象学感召下的实践姿态和现实主义的行为方式：面向实事本身，在具体情境中思考具体的可能性问题，而不是局限于目的论预设。他进而将这种偶然性哲学视为哲学"走出书斋，走入人民"的必经之途。

海德格尔的亲炙弟子安德斯在偶然性问题上的立场更为极端。他沿着现象学的思路，明确地反对传统哲学的整体性和完整性，彻底否定了完整的历史、体系化的哲学。③无论是黑格尔将精神历史体系化，抑或是马克思从后历史的救世观出发将历史描述成不断上升的目的论式的和谐体系，甚至是海德格尔视之为西方哲学源头的"作为整体的存在"（Sein als Ganzes），都被安德斯视为失败的尝试。④他进而断言，

---

① H. Marcuse, "Über konkrete Philosophie", S. 400.
② 阿尔都塞：《论偶然唯物主义》，吴志峰译，载《马克思主义与现实》2017年第4期。
③ 安德斯明确指出："历史从概念上看就是不断演进的，因此永远不可能有一个'完整的'历史，也谈不上什么'历史体系'（因为体系必定要囊括整体）。"（安德斯：《过时的人》第2卷，范捷平译，上海译文出版社，2009年，第388页）
④ 安德斯批评说，海德格尔肯定普鲁士和纳粹法西斯的救世性质，只是说明了"他的机会主义摇摆性"，而马克思的救世观特别是恩斯特·布洛赫的希望哲学只是"被希望冲昏了头脑"。（同上书，第389页）

"整体"这样的概念本身就已是偏见,这意味着带着偏颇的眼光忽视或者贬低那些不能被整合进系统整体的东西。①因此,当代哲学应当如现象学运动所要求的那样,破除对整体和体系的迷恋,回到具体的实事,关注生活之中的碎片和偶然性。在这个意义上,他十分赞赏齐美尔对废墟的哲学分析,以及凡·高可以让一双旧靴子成为对象。安德斯宣称,当今的哲学应当是一种告别整体、关注偶然性的随机哲学(Gelegenheitsphilosophie)。②他的哲学论著都是片段式、散文式的,他敏锐地关注到了现代生活的方方面面(战争、核武器、现代媒体、广告、商业等),其中充满对现代性的反思和批判。

在反对体系化和整体性、捍卫偶然性的立场方面,深受海德格尔影响的马奎德与安德斯保持一致。在他的哲学论述中,偶然性被提升为了核心话题。秉承海德格尔将偶然性视为真理之基础的想法,马奎德用偶然性哲学的话语重新诠释了海德格尔的存在论现象学。他认为,生活的偶然性作为哲学真理的根基为之辩护,生活的偶然性绝非"一个不幸事件","不是失败了的绝对性,而是在有死性的条件下我们历史的规范性"③,因为事实上我们就基于偶然存在。由此,他通过对以黑格尔哲学为代表的体系化哲学进行彻底的批判指出,传统哲学中本质化或绝对化的倾向实际上只是哲学朝向独断论和乌托邦的堕落。马奎德主张一种极端的人道主义,将具体的生活境域和偶然性作为此在的根基。生活的偶然性和可能性、人的有限性和发生性、世界的历史性,这一切构成了人类生活所面对的现实。

---

① 因此他说,海德格尔经常谈到"作为整体的存在"(Sein als Ganzem),并将之视为西方哲学的源头,这本身就蕴含了偏见。参见安德斯:《过时的人》第2卷,第391页。
② "Gelegenheitsphilosophie"是安德斯的术语,意指碎片化、局部性的哲学,范捷平先生将之译为"打零工哲学"。"Gelegenheit"本义为"时机""机会",也有"临时的""即兴的"之义,形容词"gelegentlich"的意思就是"偶然的""附带的"。笔者将之译为"随机哲学"。
③ O. Marquard, *Apologie des Zufälligen*, Reclam, 1986, S. 131.

由此，他以存在主义意义上的"人性"为标杆，反对一切对世界、存在和自我的绝对设定，反对黑格尔式的"人的绝对化计划"。①由于生存于被抛状态，所以"我们人的偶然性总是多于我们的选择"②。偶然性不是我们可以改变或逃脱的，所以它是某种命运式的"命运的偶然"（Schicksalszufällige）。命运的偶然是我们生活的现实，是我们无法预先规划统一的历史，我们只能面对无目的的历史进行阐述。

与现象学通过偶然性问题得出的实践姿态相似，马奎德的偶然性哲学在根底上也包含一种乐观的思想姿态。首先，偶然性并非生存的不幸，而是意味着：也可能有其他情形。偶然的现实性包含了不同和差异，它是多元构成的、混杂的。而这种混杂性（Buntheit）就是实现人类自由的机会，就是自由的可能性，它是使一种分权的学说得以有效的前提。政治分权中的自由的实现，是普遍现实混杂性中的自由实现的一个特殊情形。其次，"为偶然性辩护"是通过怀疑旧形而上学的绝对本质和普遍性实现的，但马奎德同时警惕地将反思的目光转向怀疑本身：因为普遍性是可疑的、非人性的，因此怀疑本身也不可被普遍化，怀疑不是对现实生活感到绝望的"普遍怀疑"，而是一种"有限的怀疑"。与现象学的姿态类似，有限的怀疑只是告别那种传统形而上学意义上的脱离生活的原则性和普遍性，而不是摧毁一切生活的根基。③

马奎德的偶然性哲学和有限怀疑基于对生活现实境况的乐观肯定和接受，基于对偶然性的肯定。生活中充斥着无可回避的偶然性，

---

① 由此，马奎德大声宣告："谁寻求开端，谁就要做开端；谁要做开端，谁就不想做人，而是想做绝对。因此，现代人为了人性考虑，在拒绝成为绝对的地方，和原则性、始基告别。"参见 O. Marquard, *Abschied vom Prinzipiellen*, Reclam, 1981, S. 77。
② O. Marquard, *Apologie des Zufälligen*, S. 127.
③ 马奎德指出，怀疑论者"知道，在那里，人们知道什么——在通常情形和习以为常的状态下——怀疑论者甚至也不是那些根本无知的人，这些人只知道非原则性的东西：怀疑论并非无节制地神化，而是和原则性告别"。参见 ibid., S. 17。

因此今天哲学的首要任务乃是尝试在实践层面上为我们的生活提供具体的指导。哲学在生活中的角色发生了变化，它不再是形而上学指令的发布者，而是面对充斥着偶然性的生活、以实现生活均衡为目的的哲学实践。一方面，这一转变在很大程度上与现象学"面向实事本身"的基本态度是契合的，它要求回到生活的实际状态，回到古典哲学的原初形态，可以说是一种"现象行"（Phänopraxie）。①而另一方面，偶然性哲学不再有胡塞尔重塑"如科学般严格的哲学"、使哲学为自然科学奠基的雄心，也不再做海德格尔式充满激情的此在分析和技术批判。作为睿智的一种方式，其目的只是通过指导具体生活，以补偿/均衡现实生活以及现代技术给我们的生活世界造成的偏颇和损失。比如说，有限的怀疑对于分权是有意义的：人类自由的实现就意味着人可以具有多重信念（而不是只有唯一的信念），有很多神和很多方向（而不是只有一个神和一个方向）。有限的怀疑和自由就补偿/均衡了那种集权性质的统一性。统一性来自我们唯一的生活，而自由则是多元化的生活以及与他者交流的前提条件。这种乐观的思想姿态，令马奎德并没有对现代技术的飞速发展表现出忧虑与批判。他认为，现代科学技术并非人类命运的危机或者灾难；实际情况恰好相反，是现代科学技术提供给我们的生活更大的可靠性和安全性，大部分对于技术的恐惧（诸如对核战争和生态危机的忧心忡忡）都只是现代人夸张的幻觉而已。②

---

① 如罗姆巴赫所说，在生活领域中，现象学"成为'现象行'，这种实践力求帮助此在达到更高的明晰性和一致性"，即一种"可生活性"（Lebbarkeit）。参见罗姆巴赫：《作为生活结构的世界——结构存在论的问题与解答》，王俊译，上海书店出版社，2009年，第16页；引用时有改动。
② 马奎德1986年12月曾在《时代》周刊上发表了一篇题为《失业的恐惧》的文章。他宣称，对核战争和生态危机与日俱增的恐惧其实并没有现实根据，或者说，这只是恐惧的幻觉。现代科技使我们的生活更加可靠而不是相反，因此人所拥有的基本的人类学恐惧只能通过幻想任意发展，引诱出人们对于灾难和世界末日的神往。参见 I. Breuer, P. Leusch und D. Mersch, *Welten im Kopf. Profile der Gegenwartsphilosophie*, Rotbuch, 1996, S. 181f.。

马奎德将整个人类思想史都视为以补偿/均衡为目的的实践活动，比如艺术和宗教就是人们掌握偶然性的尝试：艺术属于任意性的偶然性（Beliebigkeitskontingenz），宗教属于命运的偶然性（Schicksalskontingenz）。①在他看来，哲学就是一种"定位式的服务性职业"（Orientierungsdienstleistungsgewerbe）：为充满偶然性的人生指明方向，服务于实际生活。"哲学思维并不意味着建立一座理论大厦，而毋宁说是遵守一个伦理—实践的准则。对他而言，哲学思维就是训练自己和他人如何生活的艺术。"②在这个意义上，他恢复了哲学起源处的古典意义。古代的哲学学园首要地并非学院式的研究机构，而是"生活艺术的练习场所"（Lebenskunst-Lernstaetten）。由此得出的"哲学实践"的理念在马奎德的学生阿亨巴赫（Gerd B. Achenbach）那里得到了更为具体的推进。③

四、偶然性哲学的实践姿态：亲近生活的哲思

在传统哲学中，偶然性总是被视为某种开端处的、较低级的、需要在知识构建中被克服的东西，是与必然性真理对立的东西。而现象学通过对局部与整体、多样性与统一性、缺席与在场之间的发生性过程的描述，为批判与颠覆传统哲学提供了一条进路。沿着这条进路，偶然性问题成了当代哲学中核心的思想线索。从意向性构

---

① O. Marquard, *Apologie des Zufälligen*, S. 130.
② I. Breuer, P. Leusch und D. Mersch, *Welten im Kopf. Profile der Gegenwartsphilosophie*, S. 193.
③ 阿亨巴赫进一步践行了"哲学实践"概念，并于1981年创立了哲学实践学院（Institut für Philosophische Praxis），他将之理解为职业化的哲学的生活咨询（Philosophische Lebensberatung），致力于使之成为现代生活的一种矫正方式，亦即"哲学治疗"。可参见拙文《从现象学到生活艺术哲学》，载《浙江大学学报（人文社会科学版）》2018年第1期。

建、生活世界、此在的实际状态和时机化、场所性处境、奠基性的身体直至实存的属性，偶然性在现象学及其后续思想中被提升为意义和真理得以发生的根基，甚至被视为终极性的问题。

偶然性问题通过现象学成为当代哲学讨论的聚焦点，其背景是传统哲学的问题视域和话语方式在当代的终结。今天，哲学的目标已不是基于实体、确定性和必然性的绝对真理，而是倡导偶然性先于必然性、发生性先于先天给定、情境关系先于实体的开放性知识。因此，追求统一性和绝对真理的传统形而上学在现代生活中的话语能力已经逐渐萎缩。那么在当今时代的生活中，我们关心哲学究竟能有什么新的可能？与人类技术的不断进步、认知和实践能力的飞速提高相反，传统哲学的形而上学雄心、整体的独断论越来越难以为继，实在世界的无限性、必然性在技术科学中已得到充分体现，而人类生存本身的有限性、偶然性则成了哲学的话题。哲学需要面对偶然性的生存事实，并针对此状况为生活指出方向。

具体而言，现象学要关注的是充满偶然性的生活实际状态和场所处境，是生命从偶然性罅隙中滋长的过程，而不是那个超然于发生过程之外的长成之物或者那个永恒的整体。这一关注在现象学史上主要是在三个维度内展开的：首先是在胡塞尔的意识现象学中，意向性构建描述了一个从主体到客体的自由的发生性过程。这种构建并非必然，而是偶然的。其次，在海德格尔那里，偶然性问题获得了一种关键性的拓展，即意识构建的偶然性被他转化为实际性存在的一个范畴，是存在之处身性的一个体现，由此引出他对时间性和自由的讨论。萨特对于个体生存之偶然性的重视，是海德格尔思想的一个延伸。最后，梅洛-庞蒂基于对意识构建和处身性的讨论，将偶然性理解为一种场所性的处境，并将之凝聚到"身体"这个话题上：身体是我们在世的方式和首要的场所，身体的偶然性即意识构建和生存的偶然性。除了这三个主要维度之外，在现象学运动的"晕圈"中，九鬼周造从其东亚思想背景出发，将对偶然性问题的探讨放在东西方之间"有无之辩"的框架中来理解（传统形而上学谈"有"，偶然性的存在论谈"无"），赋予现象学中的偶然性这一思想线索以一个跨文化的视野。而作为现象学尤其是海德格尔哲学对偶然性问题讨论的思想效应，马尔库塞的具体哲学强调真理的发生性和人类实存的具体性，阿尔都塞的偶然的唯物主义则以"面向实事本身"的现象学精神诠释马克思的唯物主义史观，在具体情境中思考具体的可能性问题，反对历史的目的论。而安德斯更进一步，他不仅反对历史的目的论，而且反对一切整体性和体系化的追求，随机哲学是当代哲学的理想形态。马奎德的偶然性哲学则为由现象学所开启的偶然性问题线索提供了一个伦理姿态，"为偶然性辩护"意味着反对普遍性和坚持"有限的怀疑"，从而将今天的哲学定位为一种以补偿为目的，从而使生活达到均衡的"定位式的服务性职业"，合理地安顿我们的现实生活境况。

总而言之，作为可能性、不确定性、时机化、过程化、自由、场所性处境的偶然性首先在现象学中被发掘和深入讨论，继而作为思想线索在当代哲学中得到延续。但是，这并不意味着当代哲学仅停留于对体系哲学的怀疑和批判而可能导致极端的相对主义，而是意味着通过对偶然性、时间性、可能性、生存境域等问题的发掘重新面对多元的生活，实现对现实生存的多元主义平衡。现象学传统及其后学对偶然性问题的关注、发掘，最终意在真实地接近生活直观的直接性，把握生活的过程特征，从而恢复哲思活动"亲近生活"的特征。从这个意义上说，"面向实事本身"的现象学精神与当代偶然

性哲学"亲近生活"的实践姿态是一脉相承的。正如海德格尔所说:

> 哲学提供的客观的、科学的、真正的可靠性非常少,它是逃离生活的学术,追求"超越"于生活的先验性。然而,恰恰在它里面"生活"仿佛得到了把握。体系本身,如同动态之物,就有生活的过程特征。也就是说,这种哲学独自具有今天"常人"真正为它们的此在要求的东西,即所谓"亲近生活"(Lebensnähe)。①

---

① 海德格尔:《存在论:实际性的解释学》,第68页。

现象学与自然主义的形而上学之争

自然科学与现象学之间的合作，已经成为当下科学哲学圈子、一些现象学家以及一部分从事意识研究的自然科学家所热衷谈论的话题。哲学家从中看到了让他们的思想影响科学实验室和人类日常生活的新希望，而部分自然科学家则试图通过与现象学哲学繁复术语的联姻使自身获得相对于同行的优越地位。然而，如果对这二者的合作做一个整体上的反思，自然科学背后的自然主义世界观到底在多大程度上可以与现象学结合，则是有疑问的。

通常所说的"自然主义"的基本含义如下：彻底的自然主义相信世界上只有一元的物质存在，一切事物都可以被还原到自然的物质形态上；世界作为客观对象，通过自然科学实验和观察的普遍方法是可以被完全通达和掌握的。由此出发，在知识论上，自然主义主张自然科学方法的普遍化，除了自然对象之外，人类生活的一切相关物，比如意识、文化和历史，都可以且必须通过自然科学的经验方法来研究，并被还原到一个自然科学可以通达的层面上。简而言之，自然主义成为对整个世界唯一的解释框架：世界上的一切现象都以客观对象的方式呈现，我们可以用经验的方法去把握它们。自然主义体现出一元实在论以及客观主义的倾向，它所追求的经验知识被看作对客观对象的忠实反映。这种知识以一种不依赖于主体和意识的普遍形式存在,其目标是消除主体视域与知识的相关性,以及主体投射对于最终知识形式的影响,以一种普遍客观的方式描述世界的存在,并相信这就是世界的本质。这是整个自然科学知识体系建立的前提。

在我们的时代,自然主义已经成为一种强势的新形而上学。随着自然科学在人类生活领域取得决定性的成功,世界的一元论存在特征、可还原性、客观性都已成为人们普遍接受的观念。而自然主义作为这些观念在哲学上的统一表达,也日益成为一种排他性极强的意识形态。对于传统哲学和精神科学而言,自然科学和自然主义的这种独断式成功带来的是灭顶之灾。哲学的危机在19世纪第一次工业革命结束前后就已经在欧洲初显端倪,人类的整个知识体系迅速被自然科学化,数学以及科学实验方法成为最坚实的知识基础。所有具体学科都被按此标准改造,包括哲学的传统研究领域。最终,自然科学的心理学以实验方法接手了意识研究,并以此研究为逻辑真理奠基,心灵这块哲学的最后领地也面临着失守的危险。除了具体研究领域的丧失之外,更根本的危机在于,在自然主义的意识形态下,原本应当统摄生活世界的主观性问题被忽视和排除了,意义、价值等精神科学范畴被过度还原,人类将"在对他自己的合理生活意义的疏异中毁灭,沦于对精神的敌视和野蛮状态"——胡塞尔在1935年就已洞见到了这个危机。

与特兰德伦堡、洛采、布伦塔诺、弗雷格等人一样,胡塞尔现象学最初是为了捍卫"意识"这个传统哲学的论域。他要证明,意识的领域无法被还原到物质层面,无法用实证主义和经验科学的方法对其加以充分把握。这个起点决定了,胡塞尔现象学是明确地反自然主义的,他反对对逻辑学的心理主义解读,并进而在方法论上反对自然科学的客观主义和普遍化趋向。胡塞尔认为,这个趋向所引发的自然主义世界观将自然科学这个局部视角绝对化,会导致过度的还原、生活世界整体感的丧失、人类生活"意义的空乏"。而现象学所要追问和把握的,恰好是人类洞察世界的众多视角之下的那个原初层次,或者说这种洞察活动之所以能够展开的统一的可能性结构——自然科学只是这种结构下的可能性之一。所以在胡塞尔那里,自然科学与现象学处于不同层面,不具有直接的可比性。他不反对自然科学,但是反对自然科学方法的普遍化即自然主义:自然科学作为一种研究方法是合理的;但是被绝对化了之后,它成为普遍的世界观,成为"自然哲学",则是危险的。与其他局部科学一样,自然科学研究的应当是部分实存对象,而现象学则研究包括自然科学在内的一切意义建构的生成机制,这是所有人类实践生活的可能性基础——二者之间的差异是绝对的。正是在这个意义上,海德格尔在《现象学与神学》中说,神学与化学的共同点比神学与哲学之间要多。

现象学所要探讨的这个可能性结构并不是传统形而上学,不是柏拉图有等级的理念世界,也不是黑格尔的真理体系,而是世界的意义结构。"意义"意味着,某物作为……显现(现象)。实际上,"意义"(Sinn)在古德语和低地德语里就有"道路""过程""寻找踪迹"这样的动态含义。意义结构揭示的就是这个显现过程的动态生成机制。胡塞尔认为,这个显现过程首先是在意识领域中展开的,是一个"主观性问题"。而海德格尔认为,"意识领域"过于狭窄,因此将之扩大为存在/生存领域——这个领域在罗姆巴赫那里得到了进一步的扩展,他说现象学是"一门无等级的形而上学"。这样一门新形而上学，与自然主义还原论的形而上学针锋相对。现象学关注意义的生成机制和意义事件之间的构成关系和过程，而自然主义则要把意义还原掉（比如，斯瓦伯［Dick Swaab］这样的自然科学家致力于将意义问题还原为脑部生理机制），二者在根底上是相抵牾的。

现下最流行的现象学与自然科学的合作领域是对意识和认知的研究，乐观的研究者试图通过此类研究建立一门"自然化的现象学"。单就意识研究而言，在这里被运用的现象学资源主要是胡塞尔的意识现象学。但是如上所述，现象学与自然科学的最终旨归是不同的。所以，尽管二者表面上看都是以经验分析方式展开的意识研究，但鸿沟依然存在。在胡塞尔那里，意识研究指向的是先于心理经验的意识结构，即意识行为之可能性的集合、一种主观层面上的统一性（或者说，意义问题）。作为可能性集合的意识结构之展开，其最典型的形式就是"视域—课题化"的结构：对象总是先行处于主体的视域关联之中，随着观察者目光的投射而被课题化，即作为某个事物呈现出来，呈现出某个意义。这是一个主体维度。这个维度在自然科学家看来并无研究的价值，并且正好掩盖了作为自然科学研究对象的意识的真相。

尽管有一些认知科学家看到了意识研究中所谓的第一人称（主体维度）与第三人称（客体维度）之间的差异，并试图建立一个能够同时容纳两个维度的意识研究纲领，但我们通过以上分析看到，这两个维度之间的对立并不只是具体研究手段上的对立，而是两种形而上学在出发点上的深刻对立。此外，二者在研究目标和研究方式上也截然不同。面对两个相互冲突的维度，却要构想一个能将二者兼容其中的研究纲领，这就像要创造一种同时包容上帝和东方神祇的新宗教一样，除了在目的论上有构建信仰和谐的善良意志之外，并无实际的操作可能性，也缺乏终极意义的支撑。因此，如果自然化的现象学要将现象学整合进自然科学的解释框架中，使二者具有连续的属性，那么这显然难以成功。而这实际上意味着肢解和抛弃现象学：现象学本身就是一个解释框架，如果把它再整合进另一个解释框架，那么在"现象学"这个名称下还剩下什么？无非是一些零碎的术语。自然化现象学的意识研究拾取了胡塞尔意识研究的术语，把自身装扮成高深莫测的"现象学认知研究"，实际上却背离了现象学的整体精神。

因此，自然主义与现象学之间的形而上学对立，根本上不会有任何媾和的机会。现象学哲学为自然科学研究提供了一个界限，它所揭示的意义整体结构将自然科学容纳其中。但是，现象学自身并不奢望从自然科学中得到具有决定性的回馈——至多只是指望后者为其提供实例分析，比如梅洛-庞蒂《知觉现象学》中的施耐德病例。

胡塞尔现象学中的生活哲学面向

胡塞尔现象学长期以来向我们呈现出一种不食人间烟火的纯粹理论化面向，超越论现象学致力于某种高于经验生活层面的普遍科学的构造，现象学的意识分析需要经过还原剥离具体的经验因素以达至纯粹的"我思"，而对文化价值、伦理和生活实践等话题讳莫如深。如此种种构成了胡塞尔的经典形象。然而近年来，随着研究界对胡塞尔晚期著作尤其是其生活世界理论的深入探讨，以及胡塞尔卷帙浩繁的手稿的接连出版，我们越来越了解到胡塞尔现象学的另一个面向，即某种实践化、生活化的面向，也就是他的现象学思想中包含的以实践生活为旨归的思想动机。在由此出发，我们可以对胡塞尔的整个思想道路进行新的梳理和解读。相关研究中，在中国产生巨大影响的就是靳希平教授翻译的道恩·威尔顿的著作《另类胡塞尔》（复旦大学出版社2012年出版）。

胡塞尔晚年"生活世界"构想的提出，直接针对的是"一战"之后欧洲普遍流行的没落情绪和对现代文明的失望厌倦，这种情绪导致了哲学上的虚无主义。胡塞尔用现象学的方法重新审视了现代科学的展开过程，发现自然科学及其理念化和客观主义的方式导致了科学探究活动与作为一切人类行为和价值源泉的生活世界的脱节，造成了人类生活之意义世界被抽空以及主体的虚无。基于自然科学中的理念化的数学形式、因果律和客观主义，最终导向的是对世界和生活整体的一种普遍形式化把握，后者追求一个理念化的一般世界、一个空的普遍公式，亦即世界整体的客观形式化。在这种纯形式化模式下进行的符号思维实际上抽空了人原本的思维，科学探索活动与主体的所有联系痕迹以及主体的世界性经验视域都被最大程度地消除了。作为技术的自然科学方法远离了直接的经验直观和起源的直观思维——科学本身的意义来源于这种前科学的直观和生活经验，但是理念化和形式化的自然科学过程恰好隔绝了这个本源。因此，在科学时代，人类陷入了无根的虚无主义困境。在丧失了构建性维度的主体中，自由被贬低，人也丧失了回溯反思的能力。

但是胡塞尔同时指出，现代科学带给欧洲人的这种危机并非源自理性本身，而是来自理性的僭越。因此，克服的途径乃是重新审视理性的适用范围，对这种已经被绝对化、极端化的科学思想方式重新进行反思，把它重新回溯到作为一切思想方式之基地的生活世界中去，追溯作为根源呈现的意义的主体构建，追溯一种隐而不显的意义根源性和丰富性。只有基于这种回溯，我们才能重新认识自然科学和生活世界之间的奠基关系，将后者作为一切人类活动的视域和背景加以呵护，恢复人类生活的意义构建层面和理性自主权，由此抵制科学技术的意识形态化，克服科学文明的危机。因此，胡塞尔的"生活世界"构建是以塑造一种克服危机的合理生活、重新发掘理性生活的方式为最终目的的。

与"生活世界"构想相关，"交互主体性"构想则在更加具体的层面为人类共同体的哲学探讨提供了一个现象学的方案。胡塞尔用"交互主体性"标识世界的构成维度，也就是由自我出发、通过主体间的交互形式达成的共同体化过程。一方面，作为个体的人之存在方式的交互主体性和共同体化意味着，原初自我的经验中先天蕴含着与他者交流的维度，由此在从主体到共同体化的过程中赋予陌生经验一个原形式的地位，成功洗脱了超越论现象学中的唯我论嫌疑，为包容他者、承认他者之优先性的多元主义世界观提供了现象学的理论基础；另一方面，交互主体性也为视域性维度和生活世界的构成提供了一个具有说服力的方案。以交互主体的方式被给予的世界，反过来又以沉淀的方式成为主体之间得以理解、互通、交往的视域和可能条件。在此过程中，主体和陌生者之间的共同性不断沉淀为现实性和规范性，成为文化传统的延续以及新的个人认知展开的基础。胡塞尔相信，交互主体的共同体构建过程通往一种无限的开放性，这一伦理意义上的最终目标也被视为人类生活的最高形式——胡塞尔称之为"精神之爱或爱的共同体"。这一共同体最终会克服和超越历史共同体内和共同体之间的阶级、经济、文化、政治、宗教等一切差异，开辟通往理性人类文化的目的论道路。

　　胡塞尔的"交互主体性"构想基于发生现象学的构建研究。通过对个体和共同体交互方式的构建，伦理和生活的"规范性"得以在历史中不断构成、不断变迁。这种规范性被视为诸多个体和共同体中共识的沉淀，是"家乡世界"的构成要素。作为大全的生活世界是由众多特殊的文化世界构成的，特殊的文化世界意味着以交互主体的方式划分的意义维度。对我而言，最熟悉的特殊世界就是我的家乡世界，家乡世界的共同体规范就是文化习俗、历史传统，与之相对的他者共同体就是陌生世界。胡塞尔认为，家乡世界和陌生世界处于一种相对稳定的关联性之中，这种关联性以发生学的方式不断交织变化，呈现出跨文化的特征：对非规范性或异质文化对象的认识过程就是将之编织进家乡世界的过程，在此过程中，家乡世界不断被扩展，跨越原有的有限边界，侵占原先属于陌生世界的领地。"生活世界"构想，特别是家乡世界和陌生世界的关联性结构和辩证关系，为对跨文化话题的讨论提供了一个贴切的理论架构。

哲学源于生活、指导生活且从未与生活绝缘。这一点在经历了实践化转向的20世纪哲学中得到了呈现，现象学亦复如是。对于胡塞尔而言，其晚年的"生活世界"构想不仅是针对科学和现代性批判、人类生存安置以及伦理价值反思展开的，实际上，他的思想在更早的时期就已蕴含了这种面向生活实践的动机。超越论现象学下的构建性维度在意向性、本质直观、视域、内时间意识等论题中呈现，最终指向的则是对于在场和缺席、部分和整体、差异性和同一性这些哲学话题的表述，而这些表述最终要克服的乃是传统形而上学对于人类具体生存中的直观、偶然性、差异性、可能性、缺席等因素的贬低和忽视。

在生活哲学的维度上，我们可以将胡塞尔意识现象学的整体看作对于作为主体的经验自我和经验发生的反思，指向主观—相对的、蕴含丰富的、交互主体的普全视域或者生活世界。换句话说，超越论现象学建立在反思的基础上，它是对责任主体的构建能力和构建成果的反思，这个世界便是如此以构建的方式被显现给主体的。科学化的现代世界观由于其对象化、客观化趋向，在遗忘视域的意识主观性的同时也遗忘了主体，主体和主观性被还原和狭窄化；而在胡塞尔现象学中，关于主体自我的哲学探讨维度被大大扩展了，意识的建构能力、过程和成就意味着超越论意义上的主体自由，亦即一种主观建构的无限可能性或者作为经验游戏场的视域。在此意义上，现象学作为克服当代危机的道路在今天显得不可或缺。一方面，它通过对意识建构的发生学分析，捍卫主体的自由空间，提醒人们保持主体的责任；另一方面，则通过发生的视域构造理论为现代科学奠基，论证客观主义科学对生活世界的回溯性和依附性，呵护生活意义整体。现象学的"视域建构"和"交互主体性"等构想为多元主义的人类共同体生活提供了一个理论框架，所有这些尝试根本上都是以面向实践的生活哲学为根本动机的。

厌倦与拯救
——重读胡塞尔《欧洲人的危机与哲学》

一、欧洲人的危机及其来源

1935年5月7日,77岁的埃德蒙德·胡塞尔受到奥地利文化协会的邀请,前往维也纳做了题为《欧洲人危机中的哲学》的著名演讲。这个演讲的文稿在胡塞尔手稿中被标明写于1935年4月7日,以《欧洲人的危机与哲学》为题收于全集第6卷《欧洲科学的危机与超越论的现象学》——这也是胡塞尔生前确定出版的最后一部著作。[①]而作为此书核心内容的这篇演讲稿,可以说是研究胡塞尔思想的最经典文献之一。

1935年的演讲在维也纳"取得了出乎意料的成功",听众对于演讲的反响非常热烈。"两天以后,我不得不再一次重复这个演讲(而且又是座无虚席)。"[②]在这次演讲中,胡塞尔首先从目的论和历史根源出发讨论欧洲人的哲学理念,随后讨论了19世纪末的欧洲科学危

[①] 胡塞尔完成《欧洲科学的危机与超越论的现象学》一书的第一和第二部分后,将其发表在贝尔格莱德出版的《哲学》杂志第一卷上。第三部分写完后,胡塞尔打算再做修改,修改一直持续到1937年8月他病重逝世。这些部分是胡塞尔生前指明要出版的,加上后来整理的这个时期与此有关的一部分手稿,胡塞尔档案馆将之整理为《欧洲科学的危机与超越论的现象学》出版。

[②] 胡塞尔:《欧洲科学的危机与超越论的现象学》,王炳文译,商务印书馆,2001年,编者导言第2页。

机的根源及其出路。因为演讲组织方奥地利文化协会的宗旨是"通过领导性的精神人物的广泛参与，以自由或者保守的方式致力于欧洲在精神上的更新"，所以演讲最后很切题地以欧洲精神的重生和升华作为结尾。年迈的现象学创始人最后指出，尽管"欧洲最大的危险是厌倦"，但是，

> 如果我们作为"好的欧洲人"对诸危险中这种最大的危险进行斗争，以甚至不畏惧进行无限斗争的勇气与之进行斗争，那么从无信仰的毁灭性大火中，从对西方人类使命绝望之徐火中，从巨大的厌倦之灰烬中，作为伟大的、遥远的人类未来的象征，具有新的生命内在本质的、升华为精神的不死之鸟将再生。①

那么，何为厌倦？为何厌倦？如何借由精神克服厌倦并获得拯救？对这些问题的回答要从报告的文本中去寻找：厌倦是危机的表现，而"欧洲人的危机"首先是由科学引发的，或者说，就是科学的危机。胡塞尔在这里说的处于危机中的科学乃是指具体的自然科学、物理学和数学，这些学科形塑了我们今天的世界理解。他在演讲一开始提出的问题就是，为什么作为统治性世界观的现代自然科学的急速发展却导致了人类生活的危机？在哲学的道路上，我们如何克服这个危机？

胡塞尔认为，最核心的危机在于，通过"实证主义的还原把科学的观念还原为诸事实科学"，因此导致了"生活意味的丧失"或者"意义的空乏"；与此同时，哲学的地位，即作为"开启普全的、对

---

① 胡塞尔：《欧洲科学的危机与超越论的现象学》，第404页。

人类而言先天的理性的历史运动"或"诸学问之王后的尊严",也随之丧失了。但是,试图取代哲学位置的自然科学必然会失败,因为对它们而言,它们的意义基础被蒙蔽了而且必然被蒙蔽,对存在进行阐释的总体性要求被取消了。而这一切要归因于作为自然科学基本精神的实证主义和自然主义。胡塞尔说,"实证主义可以说是将哲学的头颅砍去了"①,其最明显的表现就是"形而上学不断失败与实证科学的理论和实践的成就锐势不减地越来越巨大的增长之间荒谬的令人惊恐的鲜明对比"②。

那么,为什么科学成就的增长和哲学、形而上学的失败会导致意义的空乏并引发欧洲人的危机呢?对于这个问题,胡塞尔通过深入考察近代自然科学的发展模式及其要素给出了回答。在这里,他列举分析了数学的无穷量化观念、因果律和归纳证明等对我们今天理解世界的方式至关重要的因素。

胡塞尔认为,自然科学的第一个基本特征是将世界把握为一个无穷的观念。这个观念起源于柏拉图的理念学说、欧几里得的几何学和希腊其他的具体科学。但是,古代数学只有一种有限的、封闭的先验性,在古代,人们并没有达到通过数学(几何学、抽象的数字、集合理论)把握无限任务的高度。"关于一种合理的无限的存在整体以及一种系统地把握这种整体的合理的科学的这种理念的构想,是一种前所未闻的新事物。"③通过统一的数学抽象形式把握世界,这是伽利略把自然和世界数学化之后的尝试。在这一尝试中,自然和世界不再是数学的基础;而是相反,自然和世界成了数学系统中的

---

① 胡塞尔:《欧洲科学的危机与超越论的现象学》,第19页。
② 同上书,第21页。
③ 同上书,第33页。

一个理念化的集合/流型（Mannigfaltigkeit）。一个明显的例子就是几何学。在古代，几何学是一种与生活世界密不可分的丈量的技艺，比如丈量土地。今天看来代表着整个空间—时间的理念形态的几何学，"可以追溯到在前科学的直观的周围世界中已经使用的测定和一般测量的规定方法，这种方法起初是很粗糙地使用的，然后是作为一种技术使用的"。一方面，"这种测量活动的目的在这个周围世界的本质形式中有其明显的来源"；而另一方面，"测量技术却显然可以提供客观性，并为客观性在主观间传达的目的服务"。①但是，在经过对精确性和客观性的无止境的追求之后，这种经验性的丈量技术及其经验—实践的客体化功能从实践转化为一种纯粹的理论兴趣，成为一种纯粹的几何学思考模式，它将富含意义的周围世界抽象为明确单一的数学形式。在这个过程中，主体实践方面的相对性和当下的具体鲜活性被舍弃了。人们坚信，他们由此赢得了一个普遍的、同一的、精确的真理——一个单纯量化的世界。

除了数学方法之外，这种客观世界的普遍形式还借助于一种普遍的因果性，这种因果性作为直接的和间接的关联性把杂多的经验世界组织成一个统一整体。这种极端的统一性就是今天我们对世界的理解。在这个过程中，归纳方法起了关键作用。把经验层面上的因果关系推到普遍形式的因果关系就要借助归纳，世界的普遍因果性实际上只是一个假设和理念的极点。因此，认识的获得过程实际上就是从经验事实上升到原理的过程，即归纳。从根本上来看，因果性本质上乃是一种假说。尽管有证明，这假说依然是而且永远是假说，这种证明是一个无穷的证明过程，而归纳的介入实现了从假

---

① 胡塞尔：《欧洲科学的危机与超越论的现象学》，第37—38页。

说向普遍唯一真理跨越的过程。这种唯一性也就意味着放弃活的当下的丰富性，通向假想的单一意义；当这种单一意义成为世界的唯一意义时，就导致了意义的空乏。胡塞尔指出，"处于无穷的假说之中，处于无穷的证明之中，这就是自然科学特有的本质，这就是自然科学的先验存在方式"①。自然科学的演进过程就是不断排除旧的被证明为误的假说，而确立新的被认为正确的假说。在数学和物理学中，归纳有一种"无穷"的恒常形式，这种形式为自然科学这种不断破立的进步方式奠定了合法基础。自然科学不断完善，无限进步，不断接近那个假设的"极点"，即那个所谓的"真正的自然"。自然科学家相信，他们正在提供越来越正确的关于这个自然和世界的表象，但是未曾设想这样一种直线性的无限进步观甚至是线性历史观本身就是有问题的，它们丰富的意义前提并没有在其中得到充分揭示。

以数学形式和因果律为代表的自然科学最终导向对世界整体的一种普遍的形式化把握，后者追求一个一般的世界、一个空的普遍公式，笛卡尔和莱布尼茨的"普遍数学"就是这种将世界整体公式化（形式化）的尝试之一。他们"以用数学方式奠定的理念东西的世界暗中代替唯一现实的世界，现实地由感性给予的世界，总是被体验到的和可以体验到的世界——我们的日常生活世界。这种暗中替代随即传给了后继者，以后各个世纪的物理学家"②。这种纯形式化模式下进行的符号思维实际上抽空了人原本的思维，自然科学的方法"随着技术化而变得肤浅化"，人类在其中丧失了回溯反思的能力。通过意义空乏的形式化，作为技术的自然科学方法远离了直接

---

① 胡塞尔：《欧洲科学的危机与超越论的现象学》，第50页。
② 同上书，第63页。

的经验直观和起源的直观思维——科学本身的意义来源于这种前科学的直观,但是理念化和形式化的过程恰好隔绝了这个本源。

理念化和形式化实现了一种精确的客观性,它成功克服了主体经验世界的相对性和有限性。但事实上,在起源的过程中,它是以具体的经验世界为基础的。而一旦客体化行为的理念过程被绝对化,它就被与具体经验隔离开来,经验世界的基础就被抽离了。历史地看,这种绝对化过程与笛卡尔的沉思密不可分。笛卡尔的沉思把原本统一的世界分裂成两个世界:自然世界(cogitationes)和心灵世界(cogito)。而在他之后,这两个系列并没有完全平行地发展。在霍布斯、洛克和休谟那里,自然世界逐渐占据了奠基性的位置:心灵世界依据自然世界的存在方式被自然化了。客体的存在有效性被必然化,决定了自然世界的特权,主体的意义世界在此被矮化和遗忘,因此出现了客观主义(Objektivismus)。自然科学的客观主义意味着绝对科学客观性的现代理想:"科学有效的东西应当摆脱任何在各自的主观的被给予性方面的相对性……科学可认识的世界的自在存在被理解为一种与主观经验视域的彻底无关性。"[1]

胡塞尔相信,近代的"客体"(Objekt)观念以及作为对象之总和的"世界"观念通过伽利略和笛卡尔经历了一个普全的扩展和绝对化的过程。客观主义所把握的世界实际上是以效用为目的的一个理念对象,而并不顾及世界原本所是的样子。自然科学的这种研究方式包括预先设定的效用目的和对过程的实验性干预,这二者就是现代技术的两大特征。[2]这种技术精神背后包含着乐观和自信:原则

---

[1] 胡塞尔:《生活世界现象学》,黑尔德编,倪梁康、张廷国译,上海译文出版社,2002年,导言第38页。
[2] 胡塞尔:《欧洲科学的危机与超越论的现象学》,第39页。

上一切都是可研究的，因此作为对象总和的世界成了现代科学可把握的总体课题，一个客观的对象集合。

但是在经验直观中，所有感知行为实际上都有自己的特定视域。视域意味着总是从某一角度来观察，而自然科学所设想的无视域性则是对对象的去角度。但是，这是一种理想化状况，在现实中对象不可能在意识中被完整地给予。因此，自然科学的对象和世界只能是理念化（通过因果律和归纳的过度使用）的结果，并且这个理念化的结果被视为绝对的客体、原本所是的客体。如黑尔德（Klaus Held）所说，"自然的存在信仰在现代科学中上升到了极端：在世界的存在中，与主体的所有联系痕迹以及主体的世界经验的视角都被消除了。科学认识彻底摆脱主观—相对的被给予方式的限制，绝对的客观性成为最高的规范"[①]。

对客体性的过度信仰导致了当今实证主义和唯科学主义的统治地位。这种意识形态实际上意味着一种信仰，即相信能够通过一种恰当的方法超越一切主体相对之物，实现对有关自在世界的知识的直接把握。其基本动机在于，以一种绝对客体化的方式把握世界的起源，而否弃承担科学的主体性和为客体化世界奠基的意义构建的主体层面；或者将二者的奠基关系倒置过来，即认为普全的客观世界是主体认识和意义构建的基础。其后果是，自然科学占据了人类生活和世界的奠基性地位；同样，作为科学形式的哲学和人文科学要么按客体主义方式接受改造（如心理学），要么被摒弃。随着这种客观主义观念以绝对化的方式被确立，根源层次上的主体层面、意义构建层面被遗忘了。这就是现代欧洲的危机或者"病症"，一种

---

① 胡塞尔:《生活世界现象学》，导言第39页。

原本植根于生活世界的科学、哲学和生活的统一意义丧失了。这种技术的无限扩张的最明显后果就是，技术本身成了世界的主体，人作为世界主体的地位则相应地消失了。而在胡塞尔看来，自然科学或者客体化方式原本只是诸多科学类型或者诸多思想方式中的一种，它们共同奠基于一个根源的意义构建层次之上。但是现在，这种思想方式被绝对化了，僭越了它原本应涵盖的范围。问题由此出现：世界的无限量化，唯一的线性发展观，绝对客观的理念，主体无家可归。

然而对于现代人而言，我们的存在已经习惯了这种病症下的生活方式：我们只信赖量，数量化给我们一种确定感，主体感受能力随之消退；绝对的客观性把人的主体置于次要和附属地位，精神是物质世界的附庸；以因果性和归纳法为基础形成的线性发展观让我们对于技术时代的前景充满自信，从而割断和遗忘了历史……总而言之，降低主体性和精神成为时代的主旋律。

二、技术时代的文化危机

然而在胡塞尔看来，真正人性的东西是自由。在存在论层面上，自由就是一种主观构建的无限可能性，是作为经验游戏场的视域，这是无法通过对象化、客观化来获取的。对这种可能性的把握意味着人的责任、行为的责任，而一个与主体绝然无关的世界则意味着放弃可能性的视域，也就是放弃责任。因此胡塞尔说，欧洲最大的危险在于厌倦，也就是对可能性的厌倦、对主体责任的厌倦。人们习惯了依赖量化和绝对客观的理念，习惯了遗忘主体精神和历史；由于主体的异化，道德与责任在某种意义上退出了我们大部分人的日常生活，甚至只成为某些人（伦理学家）的专业，由此造成了欧洲人和欧洲文化的危机。

自然科学和技术时代的意识形态造成了时代的危机，责任、道德与人和生活的疏离，文化和历史的沦丧。这些现象在胡塞尔之后乃至今天依然如故。海德格尔顺着胡塞尔的批判思路，把技术看作一种"摆置"（Ge-stell）权力，从存在论的层面上分析了技术时代人的生存困境和危机。这种摆置权力外在于人的生存。当人把自身移交给这种权力时，"人类就自己堵塞了通往其此在之本己因素（das Eigene）的道路"①。而且，技术这种摆置权力作为具有排他性的唯一力量飞速扩展，在认识论的层面上消除了主体的相关性和视域性；继而在文化和社会层面上，多元的生存和文化形态消失了，世界成为自然科学和技术模式下一元的、扁平的世界。②

一元的世界即意味着意义的空乏。海德格尔说，与这种空乏相应的是无聊的存在情绪。在现代社会中，快速的生活节奏、娱乐、信息传递似乎让我们暂时忘记了这种无聊、掩盖了这种无聊，但无聊绝没有被克服。技术的摆置权力主宰了人类原本具有的可能性与自由，完整人性因此受到了损害。③

从对于主体可能性和责任的厌倦，以及无聊的存在情绪出发，

---

① 海德格尔：《同一与差异》，孙周兴、陈小文、余明锋译，商务印书馆，2011年，第151页。
② "摆置权力必须被经验为普遍地把可能存在和实际存在的一切当作可计算的东西和变成有所确保的持存物而带向显露的东西——而且仅仅作为这种东西。摆置之权力并不是一种人类制作物……这种摆置之权力的无可避免和不可阻挡迫使它把自己的统治地位扩散到整个地球。……作为这种摆置之权力的后果，地方-种族性地成长起来的民族文化（暂时或者永远地?）消失了，代之以一种世界文明的订造和扩展。"（同上书，第149—150页）
③ "遭受摆置之权力的人类，作为被这种权力并且为这种权力而被订造者，推动对世界的持存保障，并因此把它推入空虚中。与此相应的是潜滋暗长的此在之无聊，就其表面来看，这种无聊全无来由，并且从未真正得到承认，通过信息生产、通过娱乐业和旅游业，它虽然被掩盖起来了，但绝没有被排除掉。人类的特性由于摆置之权力而拒不给予人类，此即对人类之人性的最危险的威胁。"（同上书，第151页）

胡塞尔和海德格尔从不同的角度描述了技术时代人类存在的基本状况和文化的危机。这种人类基本情绪和生存状况，以及技术摆置权力下人对于自然的工具化态度，为人类文化带来了毁灭性的后果。对于这一点，汉娜·阿伦特做了令人信服的说明。

阿伦特认为，"文化"有两个层面的基本内涵，即对自然的培育和对历史的照管。作为一个语词的"文化"（culture）起源于古罗马，意思是"培养、居住、照料、照管和保存，它首先涉及人与自然打交道的方式：培养和照料自然，直到让它变成适于人类居住的地方。它本身代表了一种关爱照顾的态度，从而完全有别于竭尽全力让自然屈服于人的态度"①。在文化这种方式下，自然被视作有灵性的、与人类生存相濡以沫的存在，不可予取予夺。除了"培育自然"的含义之外，文化还意味着"照管往昔的纪念碑"，与历史记忆有着不可剥离的关联。除非经由记忆之路，否则思想不能达到纵深。②

但是，文化的这种古典内涵随着历史的发展和技术摆置权力的盛行被逐渐忘却了。欧洲启蒙运动以来逐渐形成并被过度弘扬的自然科学意识形态对世界的量化理解，以及由此带来的客观主义、抽象化、工具化，注定将使人对自然抱一种掠夺式的态度，并使人产生一种无视自然本身（包括人在内）乃是一个和谐系统的傲慢。而在自然科学模式下，对于绝对客观性的推崇、对于主体相关性的取消、归纳法、线性发展观也割断了历史记忆。科学技术无须历史，因为自然科学总是乐观地相信自己在不断累积进步，不断接近真理，当下比过去好，未来比当下好。

对自然予取予夺的工具化、功利化态度，对历史的轻慢和割裂，

---

① 阿伦特：《过去与未来之间》，王寅丽、张立立译，译林出版社，2011年，第196页。
② 同上书，第196—209页。

势必导致文化的危机：传统和经典淡出，人与自然相对和谐的关系消逝，历史虚无主义崛起，市侩主义对文化造成挑战与侵蚀，如此等等。

阿伦特对于市侩主义做了精彩的分析。她说，市侩主义有两种：第一种是常见的，以布伦塔诺讽刺市侩的戏剧《在故事发生之前、之间和之后》为标志。这种市侩主义被诠释为一种精神态度：根据即时效用和"物质价值"来评判一切，从而轻视包括文化、艺术在内的无用之物和无用职业。这种市侩主义正是文化上虚无而政治上犬儒的主流价值观念。① 我们经常说的拜金主义和物质主义（唯物主义）等，都可以被归入此类：精神生活极度贬抑，厌倦精神层面，而物欲面向却高度张扬。

除了直接抛弃精神和文化的市侩主义，还有相对隐蔽和复杂的市侩主义。第二种市侩主义被阿伦特称为"文化市侩主义"或者"有教养的市侩主义"。他们之所以对一切所谓的文化价值感兴趣，是为了达到其自身的目的，例如社会地位、身份和经济利益。带有功利目的的市侩主义媚雅，它非但不能拯救艺术或文化，反而会导致文化的全面解体，昨日的文化价值变成了今天的文化资本或者文化消费品。因此，阿伦特非常激烈地抨击了市侩主义对于文化的危害：

> 文化对象首先被市侩贬低为无用之物，直至后来，文化市侩又把它们当作货币来换取更高的社会地位或更高的自我尊严。……在来来回回的交换中，它们像硬币一样被磨损，丧失了所有文化物原来独有的吸引我们和感动我们的能力。②

文化成为消费对象，人们试图借此去掩盖现代生活中意义的空

---

① 阿伦特：《过去与未来之间》，第187页。
② 同上书，第189页。

乏和无聊的存在情绪。但是，如海德格尔所说，这并不能将之排除掉，也无法使之成为一种拯救的力量。消费文化产品无非令人们更轻易地"消磨时间"，但是在消费的同时，文化本身为了迎合娱乐口味又被不断地碎片化和去人文化，其完整的精神本质就受到了很大的影响。

在技术时代，自然被工具化，精神被抽空。随之而来的就是，在消费社会中，个体的欲望被过度宣扬。胡塞尔说，自然科学的意识形态导致了意义的空乏，导致了主体自由的丧失，导致了对于责任的厌倦。阿伦特则说，消费社会不可能懂得如何照料世界，因为它对所有事物的主要态度（即消费态度）注定要毁灭它所触碰到的一切。这就是胡塞尔、海德格尔和阿伦特所觉察到的20世纪以来人类和文化面临的巨大危机。

三、作为拯救力量的现象学

那么，如何才能克服危机，获得拯救？胡塞尔在他的演讲中对此已多有阐述。在演讲的最后，他说道：

> 欧洲生存的危机只有两种解决办法：或者欧洲在对它自己的合理的生活意义的疏异中毁灭，沦于对精神的敌视和野蛮状态，或者欧洲通过一种最终克服自然主义的理性的英雄主义而从哲学精神中再生。①

当人类面对危机时，他们要么向下沉沦，陷入"对精神的敌视

---

① 胡塞尔：《欧洲科学的危机与超越论的现象学》，第404页。

和野蛮状态",要么自我拯救,而这种精神层面上的拯救只有借助"理性的英雄主义"方有可能。

具体地说,对于当今自然科学所导致的危机,胡塞尔认为,克服的途径乃是对这种已经被绝对化、极端化的思想方式进行重新反思,把它重新回溯到作为一切思想方式之基地的生活世界中去,追溯作为结果呈现的意义的主体构建,追溯一种隐而不显的意义根源性和丰富性。胡塞尔认为,一方面,对生活世界的把握是现象学的任务;而另一方面,作为切入主体性层面和把握视域结构的步骤,心理学至关重要。但是,旧有的心理学(比如材料心理学、"白板说"的心理学)并不具备这种把握能力,因为这种心理学本身就是按照自然科学的客体主义模式被构造的。它全然接受了自然科学的定义和方式,一方面是数学化和极端理念化的,另一方面则停留于主客二元论,按经验的实证主义原则将心理和精神问题视作人的实在方面,或将其归于一个幼稚的客观基地。因此,它"完全不可能按照其固有本质意义将心灵——而这种心灵毕竟就是我,是行动着的,遭受着痛苦的我——变成研究的主题"[①],作为自然科学中一门特殊科学的"心理学历史实际上是危机历史"[②]。在胡塞尔眼中,"只当布伦塔诺要求有一种作为有关意向体验的科学的心理学,才提供了一种能够进一步发展的推动……一种真正的方法——即按照精神的意向性把握精神的根本性质并由此出发建立一种无限一贯的精神分析学的方法——的产生,导致了超越论的现象学。它以唯一可能的方式克服自然主义的客观主义和各种形式的客观主义"[③]。由这种意向

---

① 胡塞尔:《欧洲科学的危机与超越论的现象学》,第399—400页。
② 同上书,第244页。
③ 同上书,第402页。

性心理学出发而达到的现象学能够提供一种完全不同于自然主义的把握方式,在根源处把握事情、把握纯粹的主体直观经验,即"进行哲学思考的人从他的自我出发,而且是从纯粹作为其全部有效性的执行者的自我出发,他变成这种有效性的纯粹理论上的旁观者。按照这样的态度,就成功地建立起一种具有始终一贯地自身一致并与作为精神成就的世界一致的形式的绝对独立的精神科学"[①]。这种意向性心理学以及超越论哲学的课题是主观—相对的、历史丰富的普全视域的世界,是生活世界的世界,被如此理解的世界已经在现代的客观主义研究实践中被遗忘了。先验哲学建立在反思的基础上,它是对责任主体的思义(Besinnung),这个世界便是如此显现给这个主体的。而科学化的世界观点在遗忘视域的意识主观性的同时,也遗忘了主体。因此,哲学作为克服危机的道路在今天显得不可或缺。一方面,它提醒人们保持主体的责任;另一方面,则通过发生的视域构造理论为现代科学奠基,论证客观主义科学对生活世界的回溯性和依附性。

所以,胡塞尔的现象学最终要把握的是一个可以回溯到主观领域的世界,即一个普全视域,作为指明关系而组织起来的我们所有经验对象之权能性的游戏场——这里揭示的是世界的视域特征。这意味着,相关对象总是在相关经验领域中保持置身状态(Einbettung)。几何学起源于丈量土地的例子已说明,科学是起源于前科学的生活视域的。这种回溯在很多科学分支中都存在,比如算术和日常生活中的计数、医学和治疗疾病等。它们都与一种前科学的实践技艺相联结。希腊人正是在这个意义上将立足于实践技艺之

---

① 胡塞尔:《欧洲科学的危机与超越论的现象学》,第402页。

上的知识称为"技术"（techne）。但是，现代科技则意味着一个独立的、割断视域联系的认识过程，科学认识成为一种"单纯的"技术。在技术时代，哲学理性就是要回溯研究技术背后的视域联系或者主体相关物；而如果我们再往回追溯，则存在一个普全的视域，这就是生活世界。生活世界是为一切具体视域奠基的超越论基础，是人类生存的最全面、最原初的层面。它是一个无所不包的基地，所有的视域可能性都积淀于其中，包括自然科学在内的所有具体的视域和思想方式都是其中的一种局部可能性。

对于根源和普全视域的回溯使人们有可能从整体上观照这个我们栖身其间的变动不居的世界，从整体上把握科学技术的来源和界限，从而具有一种对待世界之物的超功利态度，具有一种从条块分割的专业主义和工具化视角中解放出来的自我意识。阿伦特将这种姿态称为"人文主义态度"。这是一种文化能力和审美品质，是无功利的，它凝聚为有教养的个人的精神气质。这种精神气质和教养应当是与具体人生经验息息相关的，它不受技术时代的知识专业化和职业化的限制。人文主义最根本的落脚点，是人通过理性反思回溯到原初的本真状态，以一种"哲学源于惊异"的好奇心与爱心照料、安顿这个世界及其历史记忆。唯有在这种自由、开放的状态之中，人性的完整方可得到呵护，高贵的文化和传统才能得到保存和彰显，人类的危机才能得以克服。

在技术时代，哲学反思对于根源层面上的主体相关性和意义构建的追溯，对于客观对象的背后视域和生活世界的追溯，凭借的是一种理性的力量，一种避免极端和一元化倾向以追溯根源、保持可能性和全面性的力量。只有重新寻回并且维护这种根源、可能性和全面性，人的主体性和精神层面才能得以重新彰显，人文主义态度才能得以重新确立，人类文化和命运方可"从无信仰的毁灭性大火中，从对西方人类使命绝望之徐火中，从巨大的厌倦之灰烬中"得到拯救，因为唯有精神是永生的。

意义从何而来
——从胡塞尔现象学驳自然主义意义观

以神经科学、生物学、生理学研究为代表的自然科学，借助基因技术、fMRI等神经科学技术，获得了许多全新的知识。科学家们的振奋之情，波及甚广。由此，对认知活动进行生理学层面的因果解释成了当今意识和心智研究的主流。不少科学家和以科学硬知识为范本的心智哲学家，对人文科学的研究方法论发起了全面的质疑。比较委婉客气的说法是"分工论"：哲学家们一直善于提出问题，但是不拥有任何有效方法论来解决问题。科学正是从此介入，使用有效的新技术、新方法来帮助解决由哲学家提出却始终难获共识的问题——过去在宇宙论中是如此，后来在社会进化论中是如此，今天在关于意识和心智的研究中也是如此。比如，在自然科学看来，人文科学认为"意义"是人类存在的重要特征，但是它只对此做出了某些含义不明的断言。①在神经科学家看来，要了解意识如何产生出意义，定位相应意识活动的大脑机制乃是最重要、最有效也是唯一有价值的工作；而事实上，意识中的信息处理部分是实质性的，而意义感甚至可以被归为"副现象"而忽略不计。这么一来，在可以

---

① 参见徐英瑾：《演化、设计、心灵和道德——新达尔文主义哲学基础探微》，复旦大学出版社，2013年。不少心智哲学家认为，人文科学的研究其实不过是在概括民众心理学的说法而已。

穷尽大脑构造的脑科学出现之后，所有人文科学的研究工作都成为多余的了。

然而，"取代式帮助"模式真的是对人文科学的帮助吗？人文科学的方法果真是"在缺乏科学有效的方法之前的猜测乱讲"吗？答案显然是否定的。哲学等人文学科不仅提出问题，而且一直有自己独特的方法论。在哲学中，现象学是渗透到几乎所有人文科学门类当中的一种方法论。现象学的创始人胡塞尔建构出了一座宏伟的现象学大厦，而意义问题正是胡塞尔关注的核心问题之一。本文将以胡塞尔现象学为典例说明，人文科学独立的、"有效强大"的方法论并不比自然科学的方法差，甚至在自己的领域中工作得更好；而且，它反过来还可以帮助科学家理解自然科学的"意义"。

持极端自然主义立场的科学家认为，意识的本质已经被脑科学研究一劳永逸地破解了：所谓人的存在，无非就是大脑的存在（再加上辅助系统，比如肌肉系统、营养系统等生理结构）；意识的本质即意义感的产生，可以被归结为个体大脑中前额叶的一个生理机能。这种强还原论姿态所导致的后果就是：它将所有人文学科对于意义和人类精神的探讨弃之如敝屣，因为人类思想或者思维已经被彻底还原了，"正如肾脏产生尿液一样，大脑产生思维……成千上万的神经细胞相互作用的产物就是我们的'思维'"①。面对如此强烈的还原论，人文科学必须重新审视"意义"及其产生的问题，仔细探究此问题是否可能以极端还原的姿态通过对人脑组织的解剖得以彻底通达。当我们面对这个问题时，首先要考察：如果不采取自然科学方法论，人文科学是如何探讨意义问题的？这种探讨方式是否有独立

---

① 斯瓦伯：《我即我脑：在子宫中孕育，于阿茨海默氏病中消亡》，王奕瑶、陈琰璟、包爱民译，中国人民大学出版社，2011年，第2页。

的价值,即它能否提供充沛的启发甚或触及本质?以及,它与极端自然主义的探讨方式之间存在着何种关系?

在当代哲学思潮中,现象学哲学是以维护人生存的"意义世界"为己任的。因此,澄清现象学哲学对意义问题的思考路向,对一般人文学科对于极端自然主义和大脑生存论者对于意义问题的处理方式进行回应有相当重要的典范意义。现象学的创始人胡塞尔从一开始就充分关注意义问题。他的基本看法是:意义问题是在人的意向生活(intentionales Leben)中被构造的。他说道:

> 任何为我而存在的东西所具有且能够具有的每一种意义,不论是按照它的"所是内容",还是按照"它存在着且存在于现实中"的意义,它都是在我或者从我的意向生活中、从意向生活的构造性的综合中,在一致性证实的系统中被我澄清被揭示出来的。[①]

在此要强调的是,现象学要研究的"意向生活"无法等值于大脑前额叶的生理机能,这就好比用钢琴演奏出的贝多芬音乐不能被等同于钢琴的零部件一样。"意向性"是描述心理学中意识现象的基本特征,是以第一人称的视角描述所得,而不是脑科学的客观观察结果。从胡塞尔现象学中意义问题的研究方式、路径和结论来看,现象学的意义研究与大脑生存论对意义问题的阐释大相径庭:在研究层面上,现象学哲学所关注的意义问题与脑科学对意义的生理学式的解释完全不同。而胡塞尔认为,现象学所关注的研究层面更为

---

① 胡塞尔:《生活世界现象学》,黑尔德编,倪梁康、张廷国译,上海译文出版社,2002年,第153页。

根本，因为这个层面关注的是所有意义生成的普遍机制，而脑科学对于大脑的客观观察本身就是一个被赋予意义的行为，必须被奠基在现象学研究层面之上。脑科学和持还原论立场的自然科学研究无法回答意义从何而来的问题，此问题也只能由哲学家和现象学家来回答。下面，我将从几个方面对此加以阐述。

一、何者是第一性的？

神经科学认为，神经生理过程是第一性的，而意义只是神经生理的派生物。现象学的看法正好与此相反。胡塞尔现象学的基本动机和出发点是对抗作为一种还原论的心理主义，所以现象学首先要说明的，就是意义构建模式的非心理化和脱离个人躯体的特征。现象学所关注的是一种前科学的、普遍的意义构建模式，这种模式是所有历史性个体和群体的意义赋予行为（包括自然科学的意义赋予行为）的基础。在《逻辑研究》中，意义问题首先被从语义方面加以探讨，意义的构建问题尤其得到关注。胡塞尔还明确指出，现象学所要研究的意义问题"绝对不可被认为是世界本身或世界意义的一个抽象层次"[①]，而是一个普全的意义赋予结构。

从这样的视角看，任何具有客观性的自然科学研究对象都是构建的结果。所以现象学家认为，大脑前额叶或者躯体并不是自然界的最底层；在自然科学研究者关注的那个"自然"下面，还有一个本真的自然界。

这个本真的自然界必须始终与单纯的自然界绝对地区分开

---

① 胡塞尔：《生活世界现象学》，第158页。

来，因而必须与已成为自然研究者的论题的那个自然界区分开来……在自然研究者的这种抽象中所获得的只是这样一个层次，即一个属于客观世界本身的层次，因而它本身就是客观的。①

因为意义是主体经验规定和赋予的结果，所有的物都是"经验的物"，所以现象学的意义研究要关注的实际上是物的主体相关性。"正是经验本身规定着它们的意义，而且由于我们所谈的是事实上的物，正是实显的经验本身在其一定秩序的经验联结体中进行着这样的规定。"②自然主义先天地认为客观优于主观，相信自己立足于客观真理的世界，而贬低人文科学的对象为主观相对的。但是胡塞尔在此断定，诸如客观的"物理世界"这样的观念本身也是一种意义赋予的结果，是基于意识构建活动的成果。"我们还可以想象，我们的直观世界即最终的世界，在它'背后'不存在任何物理世界……一个自在的对象绝不是意识或意识自我与之无关的东西。"③在现象学看来，由意识生活所标示的主体性层面才是第一性的。所以在现象学关注的这个层面上，不存在超越主体相关性之上的客观的大脑结构；相反，被认为具备客观性的对象本身也是主体意义赋予的一个结果。

进一步而言，胡塞尔也不会赞同用个体的躯体结构来说明普遍化的意义产生机制，因为这无法满足哲学层面上的解释需求。在现象学哲学的关注下，意义的构建亦即一定空间、时间内的意义给予过程无疑是超越个体的，是反对经验个体层面上的唯我论的。纵向上，它是整个历史过程沉淀的产物；横向上，它是交互主体性经验

---

① 胡塞尔：《生活世界现象学》，第158页。
② 胡塞尔：《纯粹现象学通论》，李幼蒸译，商务印书馆，1997年，第130页。
③ 同上书，第130—131页。

的交织。换句话说，意义的产生不是一个原子式个体的行为反应活动，而是个体基于一个更广大的意义空间（规范性）而形成的一个复杂构建过程。这个意义空间在时间上不是当下的大脑机能，而是长时间的积淀；在空间上不是个体的成就，而是交互主体性的网络。因此，这个意义构成物是超越经验个体的独立历史存在，是超越个体大脑组织的；个体大脑的认知和产生意义的机能反而依附于这个更广大的意义空间。

由此可见，意义的空间和时间向度及其超越经验个体的性质都无法用某个个体的大脑前额叶的组织结构加以完全说明。因此，现象学的意义问题研究进路所关注的乃是一种意义形成的场域（亦即意义的居间性），强调的是意义生成机制的不可还原性和非现成性。

二、身体与意义

意义的这种非物质性和非现成性也可以在对身体问题的现象学分析中得到阐明。脑科学自然主义认为，人文科学一直没有找到真正的"本体"，总是沉溺于心灵与意识的虚构世界之中，所以是唯心主义；而科学所诉诸的"本体"是实实在在的物质对象，是作为身体一部分的大脑。然而现象学认为，"身体"并非一种现成的事实。

胡塞尔审慎地分析了意义与身体的关系，并且对主体性的身体（Leib）与被经验到的、客体性的躯体（Körper）进行了区分。如上所述，在胡塞尔看来，身体或者躯体都不属于最底层的意义构成层面，处于最底层的是一种原真领域的意义构建，自我的身体—躯体是这个意义构建机制的产物之一。而就身体—躯体本身来说，在构建当中，生理学意义上的躯体必须首先被发现为身体；身体一旦被构成，就会在接下来的意义构建中发挥功能，成为下一步意义构成的可能性条件。①胡塞尔明确指出，在意识范围内被主题化的躯体是奠基于功能化的身体之中的。

躯体意识的形成实际上是一个自我客观化的过程。如同其他知觉经验或者意义构成一样，它自始至终依赖于一个非主题性的、共同运作的身体觉知。所以，身体的意义构成总是同时带有这两个具有奠基顺序的层面。

> 这里还须注意的是，在所有对事物的经验里，活生生的身体作为一个功能性的、有生命的身体（因此不是作为纯粹的物）而被共同经验到。当其自身作为物被经验到时，它以两种方式被经验到——亦即恰恰是作为一个被经验到的物和一个功能性的活生生的身体，二者在一个身体里被共同经验到。②

胡塞尔在此要说的是，身体并不单纯是一个被经验到的物，它还是对所有经验活动产生功能的活生生的身体。后一个意义上的身体并不像具体对象（躯体）一样被带有角度地给予，而是一种更原本的涌现。起初，我并不知觉身体，而毋宁说：我就是身体。所以原初地看，我的身体就是容纳了所有经验活动的统一场域和运动潜能的汇集之所。身体在行动，就是我在行动。因此进一步，当我把身体作为被经验到的物来观察时，实际上这种关注奠基于功能性的身体结构本身，是主体通过身体性存在的身体将之作为对象构建起

---

① 对此可以参见胡塞尔在《物与空间》中讨论的物的感知、身体和空间的关系。参见E. Husserl, *Thing and Space*, trans. R. Rojcewicz and A. Schuwer, Kluwer Academic Publishers, 1997, pp. 74—75。

② E. Husserl, *Zur Phänomenologie der Intersubjektivität. Texte aus dem Nachlass. Erster Teil: 1905—1920*, hrsg. Iso Kern, Martinus Nijhoff, 1973, S. 57.

来的。

大脑生存论所讲的大脑（前额叶）无疑是一个对象性的身体部分，而且这个部分并不会在奠基性的身体性存在中发挥作用。除非借助于某些仪器，否则在日常状态下，没有人会感觉到自身或者他人的大脑前额叶，它也不会以潜在的方式影响人的感知。所以，当脑科学家把大脑的这个客观结构视为意义产生的最终源泉时，这实际上是在极端的意义上割裂了身体性存在和客观躯体之间的奠基关系。这实际上是在宣称：意义是在一个客观躯体部分的孤岛中产生的，而且这个躯体孤岛与人的日常感知并无直接可意识到的关联。

胡塞尔当然明确反对这样的研究视角。脑科学家以为自己通过对大脑的观察就获得了意识的真谛（比如某个脑区的放电活动），穷尽了大脑的所有生理机能，因而掌握了大脑的本质。然而，脑科学家作为一个经验主体凝视被解剖或者被透视的大脑前额叶生理组织，这个经验行为本身就不是最原本的，甚至是属于第三级系统的，比对自身局部躯体的直接经验还要远离原初层次。在胡塞尔看来，身体原初地是作为一个统一的意识结构、一种运动的潜能而被给予的。随后，这个系统在对象化目光的引导过程中被分裂开，被理解成躯体的不同部分，然后才有局部化的躯体感觉。这就是相对于身体—躯体的经验的次级系统，如手指、眼睛、腿，等等。① 比如，当你用手触摸一个对象时，被触摸的对象和触摸着的手是以不同方式显现的：前者是被经验到的对象（Empfindung），后者是具有相关经验的

---

① 相关内容可参见 E. Husserl, *Ideen zu einer reinen Phänomenologie und phänomenologischen Philosophie. Zweites Buch: Phänomenologische Untersuchung zur Konstitution*, hrsg. M. Biemel, Martinus Nijhoff, 1953, S. 56, 155; E. Husserl, *Ideen zu einer reinen Phänomenologie und phänomenologischen Philosophie. Drittes Buch: Die Phänomenologie und die Fundamente der Wissenschaften*, hrsg. M. Biemel, Martinus Nijhoff, 1971, S. 118。

身体部分的局部化了的感觉（Empfindnis）。胡塞尔说，后一种对躯体部分的感觉并不是物质性的，而是体现了主体性本身，因为我经验到的是一个经验着的器官，而不是一个被经验的器官。

在这个经验过程中，局部的躯体感奠基于统一的身体感中。所以，在感知顺序上，我们要通过反思才能感受到统一的身体感。

> 在这个自然的被本真把握到的躯体中，我就唯一突出地发现了我的身体，也就是说，作为唯一的身体，它并不是单纯的躯体，而恰好是一个身体，是在我的抽象的世界层次之内的一个唯一的客体……"在"这个唯一的客体"中"，我可以直接地"处理和支配"，尤其是可以在它的"器官"的每个身体中起支配作用。……在这里，这些器官的动觉也是以"我正在做"的方式递进着的，并且是隶属于我的"我能够"这样做的……因而在其中，身体已经向后回溯到了它自身。……起作用的器官必定会成为一个客体，而这个客体也必定会成为一个起作用的器官。①

1. 自我与意义

在现象学家看来，比我的身体更原初的就是自我的构造。

自然主义的脑科学研究有一句著名的口号："我即我脑。"这不仅是荷兰著名脑科学家斯瓦伯所著的畅销书的标题，而且是不少自然主义派心智哲学家的本体论承诺。②这一口号意味着一种类型的唯

---

① 胡塞尔：《生活世界现象学》，第158—159页。
② 许多脑科学家和哲学家在著作标题中直接表明了其"大脑本体论"立场。参见如 C. Cricket, *Astonishing Hypothesis*, Charles Scribner's Sons, 1994; J. Knoll, *The Brain and Its Self*, Springer, 2005; E. Racine, *Pragmatic Neuroethics*, MIT Press, 2010。

物主义观点：我的主体就是我的身体，或者我的大脑组织结构。

但是，现象学不同意这样的纯生理学层面上的自我认同或者自我理解。胡塞尔说，在现实的和潜在的意向性中，"自我在它的本己性（Eigenheit）中就构造出了自身，并构造出了与它的本己性密不可分的从而本身也可以被看作它的本己性的综合统一体"①。主体性自我作为出发点，决定了胡塞尔意义理论的内在主义倾向和第一人称视角。

这个原始的主体性自我当然并不能被等同于大脑前额叶，而是先验自我。强自然主义者对于"先验自我"嗤之以鼻，认为它是迷信心理学。其实，这样的想法只是表明，纯粹经验层面上的自然主义研究方式尚未达到先验思维的境界。而胡塞尔通过"先验自我"要描述的，恰是自然科学所研究的客观世界的奠基者。他要说明的是"普遍构造的一种本质结构，在其中，先验自我作为构造客观世界的自我而平淡地生活着"②。

所以在这里，胡塞尔现象学要谈的建构过程并不是纯粹生理学上的躯体，而是一个由人格自我统摄的身体过程。这个过程不是一个客体意义上的单向机械过程，而是反复回环构建意义的过程。他固然承认，身体这个"心理物理学的统一体"在意义构建中起到了关键作用（"在这个统一体中，我的人格自我在这个身体中并'借助于'它在'外部世界'中发生作用，从而受到外部世界的影响了。因此，一般说来，借助于这样一些独一无二的自我相关性和生活相关性的持续不断的经验，它就在心理物理学方面与躯体的身体一起统一地构造出来了"③），但作为心理—物理的统一体的身体在胡塞尔现象学中始终不是意义生成的充分根源，而是与人格自我缠绕在一

---

① 胡塞尔：《生活世界现象学》，第155页。
② 同上。
③ 同上书，第159—160页。

起、对自我的意义构建起奠基作用的场域。意义是从自我、身体—躯体和世界的相互激发中产生出来的，而不是一个单向度机械流程的客观化产品。

在这个意义上，对大脑前额叶的对象化感知无疑远远没有达到胡塞尔所说的躯体感觉的层面，因为作为人体生理组成部分的大脑并不具有动觉感，也无法与身体的运动或者自我的统一体联系起来。所以，大脑其实并不具有胡塞尔所言的身体意识所独有的主体—客体的两面性，对大脑的经验实际上与对桌子的经验并无二致，它们都是主体所面对的绝对的外在对象。在这个意义上，"我即我脑"是不成立的。

综上所述，大脑生存论者"我即我脑"的主张将意义产生的机制完全归于一个绝对的外在对象，而不是主体性本身，是现象学哲学和所有人文科学都无法接受的。

2."意义存在论"

从现象学上看，在意义构成中，身体性给予我们一个角度；或者说，世界是以身体性的方式被给予我们的。对自我的感觉和对世界的感觉在意义构建过程中相互渗透，而身体—躯体就是这个相互渗透的场域。但是，大脑生存论者有关大脑前额叶意义产生机制的观点将意义构建的视角性和身体性完全排除了。于是乎，意义的赋予被解释成一种直接的、机械化的生理过程和身体功能，成为一种彻底的附属品，由此造成的精神层面和哲学上的贫瘠就不可避免了。而现象学从其诞生之日起就试图捕捉"意义"本来的丰富面貌。它认为，意义及其构建过程的存在优先于包括身体在内的所有事物的存在，并且为后者奠基；在这个意义上可以说，意义有一种独立的存在论地位：意义及其产生机制具有整体性特征，与人的存在紧密相关，同时又为人和世界的存在奠基。因此，要想探究完整的人的存在论，首先亟须恢复意义的存在论；而且，对意义存在论的研究只能由现象学及其他人文科学承担，脑科学的实验进展再新、再发达也在本质上不能触及这个层面。

极端自然主义、唯物主义试图在方法论层面上消解一切人文科学与哲学。但是实际上，对意义的生理主义解释（包括"一切意义机制都可以被还原为脑结构"，或者"我即我脑"这类命题本身），都已经是一种意义表达，需要从意义构造的层面加以说明。因此，意义世界的普遍构造问题先于任何命题和认识论。

胡塞尔现象学的最初动机是反心理主义，反对对意义构建做心理经验层面上的说明。他力图描述一种普遍的意识结构，以克服个别心理经验的偶然性。自然主义模式下的神经科学和脑科学研究是一种生理主义解释，它不只是提供了意义的一个可通约的物质基础，而且把意义的产生和内容都还原到物质上。从这个意义上说，生理主义解释倒是也克服了心理主义解释，但是它所提供的解释模型是唯物论和决定论的，在某种程度上比心理主义更加机械，因此也就与以现象学哲学为代表的人文科学思潮分歧更大。现象学哲学最终的目的在于重塑形而上学。这并不只是要恢复传统形而上学的独断论模式或解释功能，而且要重塑对"人的可能性的自我理解"，以一种与生理主义、极端自然主义完全不同的方式重新描述世界本来的样子。[1]

现象学描述方式的复杂性远远超过了自然主义模式下的描述方

---

[1] 胡塞尔相信，现象学"哲学的生命力在于，它们为真是自己的、具有真理性的意义而拼搏，并因而为真正人性的意义而斗争。把潜在的理性带入对人的可能性的自我理解中，并因此明确地使形而上学的可能性成为一种真正的可能性，这就是唯一的一条奋发有为地去实现形而上学或普遍哲学的道路"。参见胡塞尔：《欧洲科学的危机与超越论的现象学》，第20页。

式。胡塞尔现象学所描述的意义机制并不是简单地以主体性为世界奠基，以至于重新落入内在主义的窠臼。在他那里，主体性、身体、世界是不可分离和相互依存的。正如胡塞尔所说，每个经验都拥有自我和非自我（客体、他者）的维度，而身体则是两个维度暧昧纠缠的场域；这两个维度可以被区分，但事实上无法分离。①因此准确地讲，现象学应当是介于内在主义和外在主义之间的中间道路。

在现象学家看来，意义生成既非内在的又非外在的。这种复杂性在脑科学家那里自然是不可取的，他们总想借助抽象和简化来一劳永逸地"解决"问题。故而，他们把意义生成简单明了地归于世界中的大脑前额叶的生理机制。这种极端自然主义的意义学说，将人的一切实践行为、思维行为和生存都还原为大脑的组织结构。于是，大脑生存论事实上将意义的奠基性作用和独立存在彻底取消了，带来的结果是意义的丧失、意义的空乏。自然主义者完全在生理学的认知层面上谈意义，认为意义只是认知的对象，而这个对象之所以能够被制造，其原因又被归结为大脑前额叶的作用。但问题在于，当科学家解剖一个大脑、凝视其结构的时候，这个过程本身的意义建构又如何能够得到说明？科学家的凝视同样受制于他自己的身体和视域，而不可能是普全的。当他们要通过自己的论断来否定主体性的时候，论断者本身的主体性如何安放？这是宣称"我即我脑"的脑科学家们必须要面对的哲学诘难。②

---

① "自我并非自为的某物，并且也不是对其自身陌生的，并与其自身切断的，以至于没有空间使自身转向他者；而是，自我和与之相异之物是不可分离的……"（胡塞尔手稿 Ms. C 16/68a；也可参见 Ms. C 10/22b）

② 当然，有些人（比如，以瓦雷拉为代表的神经现象学者）会认为，即便现象学探讨整体意义存在论，但这种把握整体意义的能力还是可以进一步从某个脑区中去寻找。对此，我的看法简而言之是：神经现象学等研究进路可能是对现象学整体性的一种误解或者有意矮化，把现象学所关注的意义整体放到自然主义神经科学的解释框架中进行理解。实际上，现象学的意义整体恰是要对包括自然主义在内的所有解释框架进行奠基和说明。

而现象学的意义学说认为：意义只存在于意义结构之内，这个结构原则上关于一切并且具有整体性。意义总是意味着意义结构和意义世界，并且意义世界总是先于一切单一的决断和单一的被给予性（包括某种生理学机能），最终为后者奠基。"意义"是人的存在的基本现象，它只能作为整体的结构存在；那些共同造就了一个整体意义的众多个体意义，也必然存在于一种连贯流动的关联之中。"人是被意义流所承担着的，意义流在生活共同体中流动，而人属于这个共同体。"①

因此，现象学的意义学说所谈的是整体的生活结构，而不仅仅是心理的内在构成，或者某个躯体部分的功能。意义建构学说基于一种独立的意义存在论，它反对存在论上的个体主义，认为个体意义只能基于整个意义结构才有效用；同样地，个体的意义世界也只有内在于一个社会的意义世界中才能获得强度、力量和持久性。

当然，从根本上看，现象学的意义学说和大脑生存论下的意义学说是两种范式对同一个问题的不同表述。在可操作性和实用性上，我们在日常生活中通常无须求助于哲学的烦琐分析，也不需要将日常语言——"翻译"为关于神经元放电的语言。在临床治疗上，脑科学已经并且必然会继续取得可见的切实效用；但在呵护人性、把握人类本体论时，以现象学为代表的哲学和人文科学的审慎态度比脑科学的简化独断论更加适用。

---

① 罗姆巴赫：《作为生活结构的世界——结构存在论的问题与解答》，王俊译，上海书店出版社，2009年，第30页。

胡塞尔现象学中的实践维度

众所周知，胡塞尔的现象学首先以一种理论形态示人，追求一种认识论层面的"纯粹哲学"。但是需要注意，胡塞尔清楚地指出，认识论问题实际上是包含在实践问题之中的，认识只是理解实践的一个途径。[①]因此，他的现象学包含着深刻的实践动机，对于时代文化的发展和人类价值的安顿有着深切的考虑，"它为整个文化的发展准备了一种将整个文化发展作为整体的发展引向一种更高目的的转变"[②]。而且，胡塞尔思想的很多具体论题也包含了丰富的实践维度和伦理意涵，保证了现象学哲学能够从根源处承担起后形而上学时代的生活哲学之理论奠基者的责任。

胡塞尔现象学的实践维度包含在他的许多核心思想中，比如众所周知的他晚年对于"生活世界"的构想和对于自然科学的批判，"沉思"概念中丰富的历史和实践含义，交互主体性和爱的共同体在存在论、认识论和伦理学讨论中的奠基性地位，20世纪初期在反心理主义逻辑学的比照下对经验主义伦理学的反对和他构想的"分析伦理学"，以及他对于文化和跨文化问题的考察，等等。他的现象学

---

① "一切实践的问题都包含认识问题，这些认识问题本身能够被普遍地理解，并能够转变为科学的问题。"（胡塞尔：《第一哲学》上卷，王炳文译，商务印书馆，2006年，第270页）
② 同上书，第265页。

中的理性精神并不仅限于有关认识论和意识分析的讨论,而且最终旨在形塑人类生活、指导人类文化的发展。他的现象学最终表现出的是"一种理性地自我调节的希望和意愿,即一种重新构造整个自身生活的整体,包括在理性意义上的全部个人行动:达成一种完全善的良知的生活"①,因为他深信,哲学源头上的"合理主义"最终应当体现在生活实践之中。②这正应了怀特海所言,理性的功能不在于抽象的为理性而理性,而在于"增进生活的艺术"。③

一、自然科学批判

胡塞尔晚年基于"生活世界"的构想,对意识形态化的自然科学进行了反思批判,这种批判乃是基于他在人类生活的"自然态度"与实证科学方式下的"理论态度"之间所做的一种敏锐的区分。他将批判称为实践的一种新形式:"批判的能力属于人的本质"④,是一种"对所有生活、所有生活目标、所有文化产品和所有从人的生活中出现的体系之普遍的批判,因此它会成为对人类本身的批判,对公开地或隐蔽地指导着人类的那些价值的批判"⑤。

对胡塞尔而言,这种批判的哲学实践一方面有其人生经历的背景:与大部分欧洲人一样,现象学的创始人从第一次世界大战及其后果中看到的是自然科学和现代技术的负面影响和西方文明的没落;而另一方面,批判所追求的不是传统形而上学层面上的普遍形式,

---

① E. Husserl, *Aufsätze und Vorträge (1922—1937)*, hrsg. T. Nenon und H. R. Sepp, Martinus Nijhoff, 1989, S. 32.
② "哲学,按照其原初的意义,是'合理主义'。"(胡塞尔:《第一哲学》上卷,第404页)
③ A. N. Whitehead, *The Function of Reason*, Princeton University Press, 1929, p. 5.
④ E. Husserl, *Aufsätze und Vorträge (1922—1937)*, S. 63.
⑤ 胡塞尔:《欧洲科学的危机与超越论的现象学》,王炳文译,商务印书馆,2001年,第329页。

而是重新揭示科学探究与生活世界的奠基关系,由此指导合乎理性的生活价值安置方式。胡塞尔看到,自然科学及其客观化方式导致了科学知识及其探究活动与其来源生活世界之间的脱节,这种客观科学的意识形态化造成了人类生活意义的空乏;因此,只有通过现象学反思和批判揭示这种已被遗忘的科学与生活世界的奠基关系,才有希望重塑现代人的价值生活和伦理实践。

胡塞尔借助于几何学的起源对自然科学所做的反思、基于谱系学和考古学方法所做的科学批判,体现的恰是福柯所言"界限态度"。在这里,现象学视野中的"批判不再是以寻求具有普遍价值的形式结构为目的的实践展开,而是深入某些事件的历史考察,这些事件曾经引导我们建构自身,并把自身作为我们所为、所思及所言的主体来加以认识"[1]。从主体意义建构的现象学视角来看,科学就不是一堆"客观"知识的总和,而是一种人类的和文化的活动方式、一种探究活动的样式。因此,科学知识首先具有一种实践色彩,科学的探究在个人和社会活动的所有形式中应当扮演一种"伦理性角色",并"以此处理文化的各个可能的区域和它们的规范形式"[2]。通过科学这种主体实践形式,我们"首先创造了把严格科学的形式变为现实的各种实践的可能性"[3]。

作为人类实践活动的一种形式,科学必然可以以发生性的视角去分析。所谓"严格科学"不是静态的终极真理,而是对客观性的形成过程的完全洞察。对此,胡塞尔早有明言:"我们立刻注意到,

---

[1] M. Foucault, "What is Enlightenment?", in M. Foucault, *Ethics: Subjectivity and Truth*, ed. P. Rabinow, trans. R. Hurley and others, The New Press, 1997, pp. 303-319.
[2] E. Husserl, *Aufsätze und Vorträge (1922-1937)*, S. 56.
[3] Ibid.

所有这一切都不能静态地加以理解，而是应该动态地、发生地加以理解。严格的科学并不是一个客观的存在，而是理想的客观性形成的过程。"①在这样一个严格科学/哲学的体系中，具有理性自主权的自由批判乃是所有知识和规范的来源。②

对自然科学的批判重新恢复了人类生活的意义层面，恢复了人类的理性自主权，生存论层面的自由由此得以可能，这在现代性的背景下具有启蒙的意义。如福柯所说："这种批判将不再致力于促成某种最终成为科学的形而上学，而将尽可能广泛地为不确定的对自由的追求提供新的促动力。"③自由批判审视任何不加反思就被当作真的、客观的和有价值的东西，审视一切约定俗成的实践方式。这是建立严格科学的前提，也是获得人类理想生活方式的前提。④

胡塞尔通过对自然科学的自由批判看到了理性文明实现其普世性的正确方式。现象学所追求的严格科学不是远离日常生活的理论体系和抽象真理，而是人人都可以洞察到的跨越一切文化传统的"真理王国"。⑤而在实践层面上，作为理想文化形式的科学孕育和指向的是最广泛意义上的人类共同体。这种科学的共同体凌驾于不同的具体民族的文化传统之上，承担了整体人类文明的未来。

---

① E. Husserl, *Aufsätze und Vorträge (1922-1937)*, S. 55.
② 理性自主权和自由批判是规范的来源："宗教改革的最终权威存在于信仰之中，所有规范都受到它的约束。然而对哲学来说，信仰顶多是知识的来源之一，就像所有的知识来源一样，信仰也来源于自由批判。"(Ibid., S. 91)
③ M. Foucault, "What is Enlightenment?".
④ "自由表达的是下述能力尤其是养成某种批判立场的习惯，即预设一种对任何呈现于意识中的事物的批判的态度；这些事物首先是不加反思地便被当作真的、当作有价值的东西，或被当作意识地在实践上应该如此存在的东西；而这种态度乃是在此方向上展开的自由决定的基础。"(E. Husserl, *Aufsätze und Vorträge [1922-1937]*, S. 63)
⑤ "真理的王国，每个人都可以看到，每个人都可以直观地在自身中实现它，每个来自任何特定文化的人都可以做到。不论是朋友和敌人，不论是希腊的还是野蛮的，不论是神的民族的子民还是神的敌对者的子民，都可以看到真理的王国。"(Ibid., S. 77)

二、沉　思

理性自主的人类要进行自由批判，沉思是必不可少的条件。[①]在胡塞尔的后期哲学中，"沉思"指的是一种在对生活和人类历史的思考中特定的对意义的沉思，既包括对自然科学的起源意义的揭示（即对科学植根于生活世界这一原初情形的洞察），也包括向内对"整个人类此在的意义与无意义"的回返沉思（Rückbesinnung）或自身沉思（Selbstbesinnung）。[②]

20世纪30年代之后，胡塞尔和海德格尔不约而同地通过"遗忘性"（Vergessenheit）对时代处境提出了批判：胡塞尔指的是在现代科学理念化、客观化的支配下人们对于生活世界的遗忘，而海德格尔指的则是基于对存在者和存在的混淆而造成的对存在的遗忘。对此状况，现象学提供了一种谱系学的分析方法，以发现造成遗忘的历史开端并促进对此状况的克服。二人一致称这种方法为"沉思"。

在胡塞尔那里，沉思包含了两方面的过程：首先尽量清楚与准确地拟就一个概念，然后运用"自由变更"（freie Variation），以发现贯穿于所有个体实例变更过程中的不变结构，并以此来丰富和规定最初所拟就的那个临时性概念。通过这种方式，我们就把注意力从概念中所包含的偶然性"经验内容"，转移并集中于一般的或者普遍的内容。所有经验的和事实上的区别，所有"地上生活的具体的情境"都因此而成为"不确定的""可以自由变更的"，但这些经验事实最终都指向一种普遍的本质。[③]具体而言，其中有三个基本

[①] "自主的人因而想要建立这样的新世界，最终要求一种原则性的批判，并且由此要求对最终的原则进行最终的沉思。特别是关于原则，它们使批判成为可能，另一方面使一种真正的理性生活成为可能。"（E. Husserl, *Aufsätze und Vorträge [1922–1937]*, S. 107）
[②] 胡塞尔：《欧洲科学的危机与超越论的现象学》，第64—74页。
[③] E. Husserl, *Aufsätze und Vorträge (1922–1937)*, S. 11–13.

步骤：可能化（possibilizing）——现实的对象或者对象复合体不被作为现实的对象来处理，而被作为可能的现实对象来处理；本质化（essentializing）——单个可能性是第一步，然后指向本质可能性，纯粹的观念或本质不是事物的存在，而是事物存在的条件，这是"对本质的直观"，是自由变更的终点；规范化（normalizing）——本质对可能性进行规定，成为规范。①规范化内容最终沉淀为生活世界的组成部分，不仅规定了对象的呈现方式，也同时规定了主体自身的生存方式。

胡塞尔的"沉思"并没有远离这个概念的传统含义。在人类精神史的开端处，沉思就被视为通往理想生活的修身技术，亚里士多德和斯多亚派都将沉思视为人生最高境界，视为一种指向伦理和实践目的的精神修炼方式（spiritual exercise）。引领胡塞尔走上哲学之路的布伦塔诺同样是一位重视哲学实践意义的哲学家，他甚至将"冥思"（Kontemplation）——通过冥想的实践培养内知觉（innere Wahrnehmung）和内观（Einsicht）的能力，通往内在直观和明见性（Evidenz）——视为哲学家的第一要务。②布伦塔诺在这里明确地把冥思这样的修身实践放到首要的位置，明见性是通过亲身实践修炼获得的，而不来自任何形式化的逻辑推演。③尽管胡塞尔的现象学与

---

① 威尔顿：《另类胡塞尔——先验现象学的视野》，靳希平译，梁宝珊校，复旦大学出版社，2012年，第441页。
② 布伦塔诺在1867年写给施通普夫的信中说道："对我来说，一个不冥思的人几乎就不像一个活人，一个不运用并且实践冥思的人就不配称为哲学家；他不是一个哲学家，而只是一个科学工匠，一个庸人中的庸人。为了天国的缘故，不要让任何东西动摇你每天抽一点时间做冥思的决心。"参见C. Stumpf, "Erinnerung an Franz Brentano", in O. Kraus hrsg., *Franz Brentano: Zur Kenntnis seines Lebens und seiner Lehre*, C. H. Beck, 1919。
③ "任何花言巧语和分析性的聪明，都不可能把明见性意义教给一个从来没有体验过明见性的人，也不可能把明见性意义教给一个因此没有能力将明见性判断与其他缺乏明见特征的判断做比较的人。"（F. Brentano, *The Foundation and Construction of Ethics*, ed. E. H. Schneewind, Routledge, 1973, p. 128）

布伦塔诺思想整体上的宗教性根基大相径庭，但他的"沉思—本质直观—明见性"的路径与布伦塔诺"冥思—内知觉—明见性"的方式仍有着显而易见的亲缘关系。

1923年，胡塞尔在一篇题为《库萨的尼古拉论本质直观》的文稿中以库萨的尼古拉的思想为参照系论述了本质直观。他认为，库萨的尼古拉所说的位于知性之上的"精神的看"或者"理性"（Geist/Vernunft/intellectus）就是现象学的本质直观。①在这里，胡塞尔似乎试图将"沉思—本质直观—明见性"与一种带有宗教色彩的实践体验关联在一起。这篇文稿是作为讲课稿《批判的观念史》第九讲的附录出现的。在这一讲中，胡塞尔阐明了笛卡尔的"我思"哲学对古典怀疑论的克服：笛卡尔通过对柏拉图的纯粹哲学理念的继承驳倒了古代怀疑论中"绝对否定态度这种轻率的极端"②，而作为实践形态的"对自身进行澄清的方法""根据事物本性进行的纯粹的本质直观"则是这种纯粹哲学理念（苏格拉底—柏拉图）的基础或者"正当性证明"。而在这一讲的附录中，胡塞尔指出了库萨的尼古拉"类似于"本质直观的构想乃是一种"超越论的主观主义"，昭示了沉思的过程、方法和必然形态可被视为"哲学本身的开端、开端的真理"③。纯粹哲学理念和真正的知识来源于带有精神修炼色彩的沉思活动，以及通过这种沉思活动所达到的直观、具体的明见性。④

---

① "比合理认识更高的还有一种理性的、不包含差异的知性（ratio sine dissensu），精神的看（visio mentalis），直观（intuitio）。看上去，这不外就是本质直观。"（胡塞尔：《第一哲学》上卷，第423页；译文有改动）
② 同上书，第99页。
③ 同上书，第101页。
④ "真正的知识是下述追求的实现：不是追求一般的确定性，而是追求来自直观、由直观发动的确定性和自身给出的真理。"（E. Husserl, *Aufsätze und Vorträge [1922-1937]*, S. 76）有关胡塞尔关于库萨的尼古拉的论述，可参见拙文《库萨的尼古拉与胡塞尔：隐秘的思想关联》，载《道风：基督教文化评论》第37期。

三、从交互主体性到爱的共同体

"交互主体性"是胡塞尔现象学中最具有实践伦理意义的概念之一,他用"交互主体性"标识世界的构成维度,也就是由自我出发的、通过主体间的交互形式而达成的共同体化过程及成就。超越论的主体性因此被称为"交往性整体"。①在胡塞尔看来,交互主体性在认识论和存在论层面上都具有优先性,既是人与人之间的理解、互通、交往以及客观知识的形成得以可能的前提条件,也是"存在的绝对基础",是"存在之意义"得以构成的基础。②

交互主体性在哲学和伦理实践上具有双重的目的论意义。一方面,作为个体的人之存在方式的交互主体性和共同体化可以消解自我中心论的困局③,在从主体到共同体化的过程中赋予陌生经验一个原形式的地位,为包容他者的多元主义提供了理论基础。另一方面,交互主体性为生活世界的构成提供了一个具有说服力的方案;如胡塞尔所言:"世界总是共主观地被给予的——在正常主观性的情况下,通常是和谐的,当然是大致和谐的。"④

以交互主体的方式被给予的世界反过来又以沉淀的方式成为主体之间得以理解、互通、交往的视域和可能条件。在此过程中,主体和陌生者之间的共同性不断沉淀为现实性,成为文化传统的延续以及新的个人认知展开的基础。⑤同时,在伦理生活层面,这种交互

---

① E. Husserl, *Phänomenologische Psychologie. Vorlesungen Sommersemester. 1925*, hrsg. W. Biemel, Springer, 1968, S. 217.
② Ibid., S. 294—295.
③ "个体的人及其生活必须被看作共同体及其共同体生活之统一体中发挥功能的组成部分。"(胡塞尔:《第一哲学》上卷,第45页)
④ 同上书,第412页。
⑤ "以实事性为动机的判断都是客观上有效的,也就是以交互主体性的方式共同的有效性,只要在我所看到的其他人也能看到的范围内。所有个体、民族、普遍有效和有固定源起的传统,
(转下页注)

主体性也意味着一种肯定性价值的确立。① 在胡塞尔看来，基于交互主体性、容纳他者的社会价值体系优越于仅局限于个人生活的价值伦理形式。与前者相比，后者仅具有受限的和相对的价值，甚至个人生活价值的"整个基础都依赖于他人的价值"。② 因此，道恩·威尔顿断言，胡塞尔"在关于意向性认知的本构现象学中所要求的个人或者自我的优先性，在这里为社会实践之发生现象学中的他人的优先性所取代"③。

交互主体性将世界中的单子式的个体联合为整全的统一体（All-Einheit），这一过程永无止境。④ 而在此过程中，主体之间的共同性成为维系这个整全统一体的基础。交互主体的共同体构建过程通往一种无限的开放性，这一伦理意义上的最终目标也被视为人类生活的最高形式，胡塞尔称之为"精神之爱或爱的共同体"。⑤ 这个最终目的并不是表面上的对他人之爱，而是要构建一个实在有效的、超越一切差异的爱者的共同体，是以爱的方式培育个体，是对"不可分离的共同体化个体性的爱的渗透"⑥，是一种伦理意义上不可超越的普

（接上页注）
　　在彼此之间的差异之上存在着共同性的东西，其标题是共同的实事世界，它是在可交流的经验中建构而成的，因此每个人都可以理解另一个人，每个人都依赖于同一个所看到的东西。"
　　（E. Husserl, *Aufsätze und Vorträge [1922–1937]*, S. 77）

① "在社会关系中，他看到，他者，只要是好人，对他来说也是一种价值，不仅仅是一种'使用价值'，更是一种在他自身中的价值；他因此就有一种对他者的伦理的自身运作的纯粹兴趣。……他人最好的可能的存在、意愿和现实化过程也属于我自己的存在、意愿和现实化过程，反过来也一样。"（Ibid., S. 46）
② "整个的个人基础水平都依赖于他者的价值水平。"（Ibid., S. 48）因此，个人生活的伦理形式虽然"具有一种绝对的价值，但与一个导向好的社会的'更高'的价值相比，却仅仅具有一种'受限的'或者'相对的价值'"（威尔顿：《另类胡塞尔——先验现象学的视野》，第451页）。
③ 同上。
④ E. Husserl, *Zur Phänomenologie der Intersubjektivität. Texte aus dem Nachlass. Dritter Teil: 1929–1935*, hrsg. Iso Kern, Martinus Nijhoff, 1973, S. 610.
⑤ 胡塞尔手稿 Ms. FI 24/69b。参见 K. Schuhmann, *Husserls Staatsphilosophie*, Karl Alber, 1988, S. 78, note 74。
⑥ E. Husserl, *Zur Phänomenologie der Intersubjektivität. Texte aus dem Nachlass. Zweiter Teil: 1921–1928*, hrsg. Iso Kern, Martinus Nijhoff, 1973, S. 175.

世的生活方式。胡塞尔在现象学的层面上如此谈论"爱"的基本含义:"真正意义上的爱乃是现象学的主要问题之一,它不存在于抽象的个别性和个别化过程之中,而是普世的问题。"①具体而言,"当我们在人的共同体之内思考众人的自我(Menschen-Ich)时,我们就立即在共同体关系所及范围内预见式地觉察到属于所有人的个体观念和所有这些人的个体自我使命的了不起的交织过程。因为就像他者对于我一样,对于'自我'(Ich)、'你'(Du)也是如此,这就得出了个体化的目标:寻找自身以及在自身中实现清晰自身的那个自我,在某些方式也必然会得出这个目标:寻找他者并且以实践的方式协助实现他真正的自身"②。

在胡塞尔看来,对于自我来说,他者根本上是"作为他生活和追求的主体,完全在爱者的追求意向性的范围内形成的"③。爱规定了交互主体性的基调,"爱真正地从灵魂渗透到灵魂"④,"在特殊的高级方式下,爱者作为处于被爱者之中的自我生活"⑤。以爱的方式被规定的交互主体性构成了自我与他者的辩证法,以及"自身之爱与邻人之爱的统一体""整个生活和追求共同体化过程的统一体"⑥。爱的共同体是个体化的单子彼此融入而成的统一体。就像胡塞尔所说:"爱者不是相邻地(nebeneinander)或者共同地(miteinander)生活,而是彼此融入地(ineinander)生活。"⑦作为更高层次上的统一体建构行

---

① 胡塞尔手稿Ms. EIII 2/36b;转引自K. Schuhmann, *Husserls Staatsphilosophie*, S. 78。
② 胡塞尔手稿Ms. FI 28/189b;转引自ibid., S. 84。
③ E. Husserl, *Zur Phänomenologie der Intersubjektivität. Texte aus dem Nachlass. Zweiter Teil: 1921-1928*, S. 173.
④ E. Husserl, *Zur Phänomenologie der Intersubjektivität. Texte aus dem Nachlass. Erster Teil: 1905-1920*, hrsg. Iso Kern, Martinus Nijhoff, 1973, S. 473.
⑤ 胡塞尔手稿Ms. FI 24/29a;转引自K. Schuhmann, *Husserls Staatsphilosophie*, S. 85。
⑥ E. Husserl, *Zur Phänomenologie der Intersubjektivität. Texte aus dem Nachlass. Dritter Teil: 1929-1935*, S. 599.
⑦ E. Husserl, *Zur Phänomenologie der Intersubjektivität. Texte aus dem Nachlass. Zweiter Teil: 1921-1928*, S. 174.

为，爱通向"出自自由的个体化综合的统一体，在其中每个自我自由地与他者联合，并且以伦理的方式自由地与他者进入一个'爱的共同体'"①。在这个共同体中，所有成员"共同承担一切责任，即便在罪行和罪责中，他们也以共同承担的方式联合在一起"②。在具体的实践生活中，爱的共同体在不同的领域中呈现。比如，在夫妻或朋友的共同体中，自我与他者在存在论层面上同等原初。如胡塞尔所说："当丈夫去世时，妻子就丧失了她的存在……友谊也是如此。"③

在更宽广的层面上，所有历史上的共同体形式，如家庭、家族、基督教的牧区、民族国家，最终都可以被提升到爱的共同体这一层面。④爱的共同体最终会克服和超越历史共同体内和共同体之间的阶级、经济、文化、政治、宗教等一切差异，它"以目的论的方式形塑了一个终点，在那里，社会的并列和从属关系的情形最终重合，也就是说，这二者都被取消了"⑤。当然，这个终点不是某种现实的历史形式，而是"超越论沉思的顶峰"，展示了"无穷性"的特殊形式。⑥因此，爱是"没有穷尽的，它只是爱之无穷性中的爱"⑦。随着无穷之爱的展开，个体不断联合，同时他们也构成了世界化（ver-weltlich）的过程。因此，交互主体性和爱的共同体处于"一种过渡性的、通过世界构建成就被创造的并且回溯到这种成就之起源的和谐

---

① 胡塞尔手稿Ms. FI 24/76b；转引自K. Schuhmann, *Husserls Staatsphilosophie*, S. 85。
② E. Husserl, *Zur Phänomenologie der Intersubjektivität. Texte aus dem Nachlass. Zweiter Teil: 1921—1928*, S. 174.
③ E. Husserl, *Zur Phänomenologie der Intersubjektivität. Texte aus dem Nachlass. Erster Teil: 1905—1920*, S. 101.
④ Ibid., S. 98f; E. Husserl, *Zur Phänomenologie der Intersubjektivität. Texte aus dem Nachlass. Dritter Teil: 1929—1935*, S. 391, 394.
⑤ K. Schuhmann, *Husserls Staatsphilosophie*, S. 83.
⑥ B. Waldenfels, *Das Zwischenreich des Dialogs, Sozialphilosophische Untersuchungen im Anschluss an Edmund Husserl*, Martinus Nijhoff, 1971, S. 308.
⑦ E. Husserl, *Erste Philosophie (1923—1924). Zweiter Teil: Theorie der phänomenologischen Reduktion*, hrsg. Rudolf Boehm, Martinus Nijhoff, 1959, S. 14.

状态之中"①。在最高的意义上，爱和爱的共同体统合起来的一切人类共同体就为"一种新的人类和人类文化的理念，而且是作为由哲学的理性而来的人类和人类文化的理念，开辟了道路"②。

四、发生现象学视野下的伦理规范性

胡塞尔在考虑伦理学时，早年比较关注伦理学与逻辑学的类比，将伦理学作为"规范的实践学科"加以研究③，寻求"确定一个绝对的、纯粹的实践理性原则体系，这些原则脱离了一切与经验人及其经验关系的关联，它们应承担如下功能，即为一切人的行为……规定绝对规范的标准"④。就像在逻辑学讨论中反对真理的心理主义解读，在伦理学范围内，他也立场鲜明地反对伦理经验主义，认为这会导致一种反伦理的结论和实践。⑤而后期胡塞尔则更多地将发生学的维度引入伦理规范性的探讨，相信只有将现象学的发生分析引入伦理实践的领域，现象学才有能力覆盖伦理学领域和文化领域。

胡塞尔所谈的"规范性"概念，不仅是理论层面上的，而且也贯彻到具体人的具体行动领域。⑥在个体层面上，作为人类意识本质

---

① 胡塞尔手稿Ms. EIII 4/10b；转引自K. Schuhmann, *Husserls Staatsphilosophie*, S. 87。"在爱中，超越论的个体的、持存的联合发生着，它们同时也以世界化的方式呈现。"
② 胡塞尔：《第一哲学》上卷，第46页。
③ "在历史上，伦理学也是作为规范的实践学科产生的。"（胡塞尔：《伦理学与价值论的基本问题》，艾四林、安仕侗译，中国城市出版社，2002年，第11页）
④ 同上书，第12页。
⑤ 在这一点上，胡塞尔与布伦塔诺背道而驰，后者恰是想通过经验立场上的心理学为逻辑学和伦理学奠定一个统一的基础。但胡塞尔认为，这么做会"失去观念论者所赋予它的对全部现实性的形而上学意蕴"，为伦理学奠基的应当是逻辑理性，"逻辑理性这支火炬必须举起来，以便使隐藏在情感和意志领域的形式和规范中的东西能够暴露在光亮之下"。参见同上书，第15、84页。
⑥ "类似的规范问题除去涉及通过认识而行动着的理论家之外，还涉及一般行动着的人们。"（胡塞尔：《第一哲学》上卷，第266页）

的规范性意识存在于一切人类意识行为的类型之中。① 而在共同体或者社会层面上，规范性存活于社会意识之中，而且以发生的方式不断地构成自身，成为文化或传统的一部分。② 无论在哪个层面上，规范性都是在具体的行动实践中、在创造规范性的过程中被建立的。在这个意义上，胡塞尔就将发生现象学的视角引入对于伦理规范性的探讨之中，他关注伦理形式的形成过程，"尝试将伦理的生活形式以发生的方式将其作为可能的人类生活之（先天的）本质构型，也就是说，作为出于本质根基而引导走向伦理的生活形式的动机加以发展"③。

现象学的发生研究被看作对胡塞尔早期的静态构造分析的克服。胡塞尔相信，所有观念都有其生成和完善过程④，不仅可以对意识和客观性这样的观念进行发生性分析，而且也应以发生的眼光去看待人性、价值或者伦理规范性这样的问题，后者甚至"只能在形成的过程中存在"。⑤ 因此，研究多样的价值选择与伦理规范性之间的关系，必须借助发生现象学的研究。在这里，胡塞尔的思想预设了一种目的论。在历史上，千差万别的价值和生活形式最终应被收敛到

---

① "动物按照纯粹的本能生活，而人还生活在诸规范的指导之下。有一种关于正确和不正确的（适当的、不适当的，美的、丑的，合目的的、不合目的的，等等）规范意识交织贯穿于一切意识行为的类型之中，并且引发了相应的认识、评价、在事物和社会层面上起作用的行动。"（E. Husserl, *Aufsätze und Vorträge [1922–1937]*, S. 59）

② "有一种统一的规范，引导着所有这些构型，它把规则和法则铸印到这些构型之上，这个规范在共同意识本身中保持着活力，此规范自身作为文化而被客观化，在历史中不断地被构成着……"（Ibid., S. 63）

③ Ibid., S. 29.

④ "就像艺术家一样，人类是以他的观念为走向的，而观念则永远在完善的过程中得到规定。"（Ibid., S. 119, Anm.）

⑤ "因此，我们立即注意到，所有这一切都不能静态地加以理解，而是应该动态地、发生地加以理解。严格的科学并不是一个客观的存在，而是理想的对象性所形成的过程。如果它仅仅是在形成的过程中存在，那么，关于真正的人性之观念以及它给自身以构型的方法，也只能在形成的过程中存在。"（Ibid., S. 55）

一种单一的规范性中来，这种规范性是一种结构上的同一性。作为现象学关注的基本结构，多样性与同一性的关系问题在此凸显出来：多样性如何收敛为同一性？胡塞尔在意识行为的意向性构建描述中所要呈现的这个结论，同样被投射到他对实践哲学的论述中。价值的多样性最终要服从于最终完善的规范性，并且后者为前者提供了合法性基础。胡塞尔在对价值问题进行考察的基础之上，甚至提出了规范伦理生活和价值的转换规律，比如吸收律、总和律、最大限度价值律和责任律。①

一方面，胡塞尔的伦理研究强调主体，强调伦理实践从自由的自我引导（Selbstleitung）和自我教育（Selbsterziehung）出发，"他是主体，同时，他又是自己追求的对象，这个成为无限的作品、创造它的大师就是他自己"②；另一方面，作为个体所处境域的社会生活也不可或缺，"每个人都被卷入人的共同体生活中，这一转变把他的生活安置到社会生活中去。这会得到下述必然结果：它随即就决定了伦理的行为，随即给予那些以范畴方式被要求之物更确切的形式性特征"③。

五、文化与跨文化

当社会生活被处理为一个价值场域时，现象学视野下的文化研究就被带入了我们的视野。实际上，胡塞尔一直在谨慎地关注文化问题，特别是在对欧洲文明和自然科学进行反思批判的论题下，对

---

① 威尔顿：《另类胡塞尔——先验现象学的视野》，第447—448页。
② E. Husserl, *Aufsätze und Vorträge (1922–1937)*, S. 37.
③ Ibid., S. 45.

于欧洲文化命运的关注成为他重要的研究动机。他对欧洲文化的反思具有鲜明的时代特色,"一战"后欧洲文化生活的凋敝让他对于西方文明的前途忧心忡忡:"1914年开始的战争将欧洲的文化摧毁殆尽,而1918年以来,取代军事力量手段的是更精致的心灵虐待,以及使道德堕落的经济贫困。战争揭示出了这种文化的内在的不真实性(Unwahrheit)以及无意义状态(Sinnlosigkeit)。"①

但是,就像他在科学批判中不认为科学的危机是源自理性本身的危机,胡塞尔同样不相信,这是欧洲文化本身的没落。他认为,由战争揭示的这种文化的不真实和无意义并非源于欧洲文化本身的局限性和弱点,而是由于当时的欧洲人在面对伟大的欧洲文化传统时,阻滞了其中蕴含的"本真的推动力量"。②因此他相信,"'崩溃'的不是西方文化,崩溃的只是西方理性中潜在的内在幻象"③。

面对文化的堕落,胡塞尔期待一种理性化的文化改革(rationale Kulturreform)。就像不同的价值形式要受到最高的理性规范性约束,不同的文化世界最终也要收敛为一种理想化的本质形式,即奠基于哲学理性的科学——这样一种科学将多样的文化形态提炼为一种理性的可理解性。但是,这种提炼不意味着自然科学方式下单向度的"还原"——胡塞尔穷其一生都在跟这种自然科学立场上的还原论做斗争,他反对将精神还原为物质、将人文科学还原为自然科学、将生活世界还原为客观世界。意识形态化的自然科学将世界理念化和数学化的尝试并不能被推广到一切领域,人类精神生活的维度不能被整合到统一的自然科学世界之中。"人们不再能够从自然和精神两

---

① E. Husserl, *Aufsätze und Vorträge (1922–1937)*, S. 3.
② Ibid.
③ 威尔顿:《另类胡塞尔——先验现象学的视野》,第437页。

个方面来组成一个世界，把两个方面的科学置于一个维度之内。"①因此胡塞尔强调，我们必须将自然科学的世界与前科学的世界之间的对立保留下来，并且充分认识到后者相对于前者的奠基性作用。这也触及了"生活世界"构想中的核心问题。②胡塞尔通过意向性分析和发生性分析最终要得出的结论是：自然科学视野中客观的自然世界是以生活世界为基础的。

胡塞尔将文化改革所指向的"欧洲的精神形态"与一种理性目的论联系在一起，视之为"无穷的理性目标"，即"从理性的理念出发，从无限的任务出发，自由构造自己的存在，自由构造自己的历史生活"。③在1935年的维也纳演讲中，他试图将这种受理性指导的精神关联置于丰富多变的具体人类类型和文化类型之上。④这一尝试使他饱受"欧洲中心论者"的指责。但是实际上，这个指责是值得商榷的：一般意义上的欧洲中心论是从具体历史文化层面来谈的，但胡塞尔的"欧洲"既不是政治和地理概念，也不是宗教和历史概念，而只是观念层面上的精神形态。如克劳斯·黑尔德所言，即便在政治的意义上，胡塞尔的"欧洲化"也只意味着"对于地球上共同成长的人类而言，过程化的家乡世界联盟的贯彻"⑤，而非那种受到

---

① E. Husserl, *Aufsätze und Vorträge (1922—1937)*, S. 212.
② "哲学中的世界问题变得成了问题，因为世界的感知性意义已成疑问。人们不可能把直观的世界——'在其中'，一个人作为自我而'生活'，作为积极的、承担的主体，作为个人而'生活'——置于数学化、客观化的自然之下。人们不可以把这个世界上的个人存在与个人化的共同体之存在……处理成一种位于普遍的、客观精确的自然中的诸自然事实的存在。"（Ibid., S. 213）
③ 胡塞尔：《欧洲科学的危机与超越论的现象学》，第373页。
④ "在这样的前进过程中，人类就表现为仅由精神联系而联结起来的唯一的人的生活和民族的生活，它具有丰富的人类的类型和文化的类型，而这些类型是流动的、相互融合和相互渗透的。"（同上）
⑤ K. Held, "Husserls These von der Europäisierung der Menschheit", in Ch. Jamme und O. Pöggeler hrsg., *Phänomenologie im Widerstreit, Zum 50. Todestag Edmund Husserls*, Suhrkamp, 1989, S. 37.

现代人诟病的持有某一具体文化立场的文化保守姿态。

实际上，胡塞尔对于非欧洲的文化类型表现出很高程度的宽容和赞赏。他对佛教和印度哲学有相当多的了解。比如，1922年，他为由当时著名的印度学专家和佛学专家卡尔·欧根·诺伊曼（Karl Eugen Neumann）翻译的巴利文《阿含经》节本写过书评；他在1925—1926年冬季学期题为"逻辑问题择要"的研讨课上专门讨论过印度哲学并对其给予了相当正面的评价；他在1926年1月写过一篇题为"苏格拉底—佛陀"的未发表文稿。在这些文献中，胡塞尔高度评价了印度思想和佛教哲学，将佛教哲学与超越论现象学和源自希腊的欧洲精神形态等量齐观。此外，胡塞尔在哥廷根大学时与著名印度学专家赫尔曼·奥登贝格（Hermann Oldenberg）私交甚笃，他的小儿子沃尔夫冈·胡塞尔（Wolfgang Husserl）选择了哥廷根大学的东方语言系开始他的大学学业。据说，经常有印度朋友拜访胡塞尔在哥廷根的家。[①]除此之外，我们在胡塞尔通信集中还可以读到他与包括西田几多郎在内的日本哲学家的通信。[②]

按照胡塞尔现象学的基本思路，特别是"交互主体性"和"生活世界"的构想，现象学视野下的文化哲学也不应是故步自封的一元论或者欧洲中心论，而应有能力容纳他者和陌生传统，"同时可以打开通达不同文化差异的道路"[③]。作为大全视域的生活世界将所有文化构建的可能性和成就都包含在自身之中，它"在其普全性中

---

① 关于胡塞尔与印度思想之间的关系，可参见K. Schuhmann, "Husserl and Indian Thought", in D. P. Chattopadhyaya etc. eds., *Phenomenology and Indian Philosophy*, State University of New York Press, 1992, pp. 20–43。

② 与西田几多郎的通信，参见Nishida Kitaro, "Nishida Kitaro an Husserl, 20. V. 1925", in K. Schuhmann und E. Schuhmann hrsg., *Edmund Husserl Briefwechsel*, Bd. VI, Kluwer Academic Publishers, 1994, S. 307。

③ 黑尔德：《生活世界与大自然——一种交互文化性现象学的基础》，载黑尔德：《世界现象学》，孙周兴编，倪梁康等译，生活·读书·新知三联书店，2003年，第215页。

囊括了所有目标构成物……标记了确定课题的普遍性或者将历史个体性具体化"①。这个作为大全的生活世界乃是所有特殊文化世界的共同体，与之平行的是人类个体通过交互主体性的方式构成人类共同体。特殊的文化世界意味着"一种以交互主体的方式划分的意义维度"②，对我而言最熟悉的特殊世界就是我的家乡世界（Heimwelt），家乡世界的共同体规范就是文化习俗。胡塞尔也称之为καθεκον，即历史形成物、传统③，在此之外、与之相对的他者就是陌生世界（Fremdwelt）。胡塞尔谈道，"家乡的或者熟知与陌生的之间的对立属于每个世界的稳定结构，并且处于一种稳定的关联性（Relativität）之中"④。这种关联性揭示的就是跨文化性（Interkulturalität）。对异质文化对象的认识过程就是对象以"投入生长和投入生活的方式（hineinwachsend und hineinlebend）被编织进家乡世界"⑤。在此过程中，家乡世界不断扩展，跨越原有的有限边界，侵占原先陌生世界的范围。"生活世界"的构想，特别是家乡世界和陌生世界的关联性结构和辩证关系，为跨文化话题的讨论构想了一个贴切的理论架构。

福柯曾在《词与物》中对经典现象学惯常的研究方式做出如下批判："把现象学限制在西方近代知识论的论题发展上：这将使其方法意义隐而不彰，进一步地造成其哲学意义的失落。"⑥对于经典现象学实践维度和实践动机的发掘和重新审视，恰好是在恢复现象学哲学意义的完整性。通过本文列举分析的胡塞尔具有实践意义的核心概念，我们可以看到作为基本动机被包含在胡塞尔现象学中的"实

---

① B. Waldenfels, *In den Netzen der Lebenswelt*, Suhrkamp, 1985, S. 17.
② D. Lohmar, "Die Fremdheit der fremden Kultur", *Phänomenologische Forschungen* 1997, 1.
③ E. Husserl, *Zur Phänomenologie der Intersubjektivität. Texte aus dem Nachlass. Dritter Teil: 1929–1935*, S. 144.
④ Ibid., S. 431.
⑤ D. Lohmar, "Die Fremdheit der fremden Kultur".
⑥ M. Foucault, *The Order of Things*, Pantheon, 1970, pp. 303–343.

践的意愿"以及关于"真正的人之生活的联结"的表述,这在胡塞尔的文稿中并不罕见。①如果说"爱智慧"本身就是一种实践活动,那么当现象学哲学为当代哲学呈现出的某种生活化转向奠基的时候,充分发掘其中隐含的实践哲学维度,对于破除认为胡塞尔经典现象学缺乏伦理实践维度这样的偏见、将现象学哲学置于古典意义上的生活哲学传统之中从而为其开辟更广阔的解释空间,都具有积极的意义。

---

① 比如威尔顿认为,在写给《改造》杂志的文章中,胡塞尔"并没有企图对其他主体的纯粹明见性进行重构,而是在描述社会和文化的纽带:它们在我们提出的明见性和正当性之前就已存在纽带。……这种联结不是认识论的,而是一种伦理的联结。至少我们可以说,这种联结不是理论上的感知,而是'实践的意愿';不是纯粹理性的联结,而是'真正的人之生活'的联结"(威尔顿:《另类胡塞尔——先验现象学的视野》,第450页)。

世界现象学中的存在问题
——晚年胡塞尔论存在

一、作为境域性存在的世界

  胡塞尔整个哲学思考的基本动机很大程度上乃是对当时哲学和精神科学在自然科学面前所现颓势所做的一种挽回努力。早年，他对心理主义的批判就是致力于维护逻辑学真理的非经验性基础，为哲学保留逻辑学这块领地，进而捍卫哲学和精神科学作为"科学"和"真理"的体面位置。

  20世纪20年代之后，与狄尔泰、文德尔班、李凯尔特等人一样，胡塞尔更多、更明确地讨论精神科学与自然科学的基本态度问题，即自然主义、客观主义与人格主义的差异，对自然科学的弊端进行反思，并进而从现象学出发为所有学科和人类生活指明一个统一性基础和原初结构，即"生活世界"。

  胡塞尔指出，自然科学的自在存在（An-sich-Sein）认为有一个客观的、独立的世界存在，后者是我们认识和实践的前提和对象目标。在这里，科学总是试图以绝对独立于主体性活动和历史共同体的方式来定义存在，这乃是一种客观主义的虚构。此虚构带来的后果就是，精神世界的意蕴被消解，意义问题被遗忘，意义的空乏被造就。

面对自然科学的挑战，胡塞尔要做的并不是用传统唯心主义的怀疑目光去解构世界——极端的怀疑本身与自然科学一样会导致虚无主义。胡塞尔选择的道路是，首先，他承认世界的常识性存在，这是一种原-物理学/形而上学意义上的世界存在，而不是自然科学意义上的客观主义世界存在。这个出发点使他与传统唯心主义划清了界限，因为现象学就其有效性而言，并不否认实在世界（首先是自然界）的现实存在。接下来，他从关联性的层面出发探讨意义问题——这就是现象学态度。

从"世界的现实存在"这个存在信仰出发，胡塞尔反对一切企图颠覆存在之事实性的"虚无"哲学。1930年，他曾对一位日本来访者说道：

> 在世界上从来也不会有"绝对无"。只要有"发生"，就不可能有"绝对无"。因为从"绝对无"出发，不可能产生出除了"绝对无"之外的任何东西。如果说有这种东西，那么人们该如何去思考它？因为那样就没有思考的对象了。不。哲学所关涉的乃是存在和真理。世界的存在是哲学思想大厦的基本前提。在这里有一个东西，即事件本身。这是所有哲学的正当基础，哲学是与存在的现象紧紧联结在一起的，是对存在的寻求。没有人能够不带有存在的理念而生存。①

现象学就是从世界存在的理念出发，进而将这种作为"正当基础"的有效性描述为一种境域性的存在。它预先被给予，非课题化、

---

① M. Haga, "Kleine Begegnung", in M. Haga, *Edmund Husserl und die phänomenologische Bewegung*, Karl Alber, 1988, S. 17ff.

非对象化地存在着，成为一切显现和一切课题化行为的背景。现象学所要恢复的乃是这种课题化和生活世界的境域性存在之间的生成结构；生活世界同时意味着最大权能性的存在领域，它规定了一切实事作为现象显现的界限。以"本质变更"为例。我们通过在想象中虚构一个实事的本质规定性的可能变式，就可以把握此实事的本质，而这种可能变式就是以综合权能性的境域背景为界限的，变更本身不可能超越此境域。胡塞尔说道："世界存在着，总是预先就存在着……这个事实的不言而喻性先于一切科学思想和一切哲学的提问。"[1] 这个有效存在的世界意味着一切实践活动和一切实事所处的境域。1928—1929年，他在《形式的与先验的逻辑学》中尝试着讨论如下问题：生活世界中各种各样前逻辑、前谓述的有效性为何对逻辑真理来说是奠基性的？这个讨论实际上是在描述，作为认识活动之境域的生活世界是如何不断地作为一切人类实践的基础而发生作用的。

但是，在自然科学的视角下，对象世界与这个境域性的生活世界处于完全分离的状态，自然科学急于与这种前科学的基础层次撇清关系。不仅如此，极端的客观主义态度还完全否决了生活世界的权能性和视域性存在，将科学对象的自在存在视为最原初、最根本的存在。正是自然科学带来的这种极端态度将现代文明带入意义匮乏、主体责任丧失、理性蒙蔽的危机之中。而要摆脱这种危机，首先就要恢复对世界之境域性存在的信念。

在胡塞尔看来，生活世界作为预先被给予的境域性存在，意味着某种先于我们的意识、不依赖于我们的意志的不可扬弃的确定性。

---

[1] 胡塞尔：《欧洲科学的危机与超越论的现象学》，王炳文译，商务印书馆，2001年，第134页。

如果说课题化是与主体相关的实践行为,那么非课题化地预先被给出的生活世界就先于且独立于主体性,并在此意义上成为自在存在;或者说,"世界在自身中蕴含了一个存在"①。由此,生活世界肯定或者接受先行被给予之物的自然态度都无法容忍任何人为意志的介入处置——无论这种人为意志有多么激动人心的理由和借口,比如笛卡尔的怀疑和悬搁;作为显现整体的生活世界也因此不能被看作意识领域的构建成就,因为构建行为本身就是以生活世界为其背景和界限的。恰如黑尔德所指出的:

> 胡塞尔在《观念》第一卷中做的消除世界的思想实验,乃是笛卡尔主义及其背后的唯意志论的一个非现象学遗产。此种情形也出现在胡塞尔在同书以及后来反复进行的努力中,即试图把世界之存在说明为"构造成就"(Konstitutionsleistung);因为任何此类说明,如果不是恶性循环(circulus vitiosus)的话,就必定以如下假设为出发点,即我们能以某种方式把世界设想为不存在的;但这其实是不可能的,因为这样一来,以世界为其关联物的原习惯就会受到扬弃了。②

胡塞尔本人在晚年或多或少已经认识到了这一点,他在晚年的手稿中反复提及的是,"世界存在"是不可怀疑的思想出发点。"对事物的每个证明或者反驳,都预设了其他事物的存在,因此最终预设了世界的存在……对我来说,每个在日常现实意义上牵涉到存

---

① E. Husserl, *Lebenswelt. Auslegungen der vorgegebenen Welt und ihrer Konstitution. Texte aus dem Nachlass (1916–1937)*, hrsg. R. Sowa, Martinus Nijhoff, 2008, S. 328.
② 黑尔德:《世界现象学》,孙周兴编,倪梁康等译,生活·读书·新知三联书店,2003年,第62页注1。

与不存在的问题都预设了世界的存在,就是说,每个问题都毫无疑问地预设了有效之物、一个问题的基地:世界就是必然有效的物的大全——作为疑问中的存在者。但是因此,每个进入问题者都预设了一种毫无疑问之物。"① 早期胡塞尔所流露出的将存在论问题还原为认识论和心理学问题的倾向,比如"存在消融于意识之中"之类的表述,在其晚年手稿中已经较为罕见。在世界现象学中,存在的有效性乃是现象的前提:"现象总是预设了存在,在一切现象与存在的关联性中存在的持存是无疑问的,这一点是确然的。"②"一切现象都已然在自身之下和自身之后具有存在的'世界'。"③ 现象学并不需要以一种惊世骇俗的口气否定常识世界,并且借助这种哗众取宠的态度取得关注的目光;相反,现象学正是通过对关联性和意义的重新疏离,以一种最为质朴的姿态返回原初生活。

与此同时,生活世界的境域性存在也意味着它与主体构建处于千丝万缕的指引关联之中。作为权能性的集合,生活世界包含的一大部分可能性就是主体构建的可能性或者与之相关的东西,作为意向行为和意向相关项之全适性(Adäquation)出现的存在设定本身就是一种主体成就。在这个意义上,生活世界就是主体构建的自由游戏空间,主体性在其中展开自身,包括自然科学的客观认识在内的一切意向性关联均在这个权能性大全中实现自身。

生活世界的两种存在向度,一是先行被给予的、独立于主体的境域性存在,二是作为指引关联与主体构建的相关性。这二者在发生现象学中得到了统一。前者被胡塞尔称为"绝然的预设"(apodik-

---

① E. Husserl, *Lebenswelt. Auslegungen der vorgegebenen Welt und ihrer Konstitution. Texte aus dem Nachlass (1916–1937)*, S. 251.
② Ibid., S. 661–662.
③ Ibid., S. 664.

tische Praesumption），即"世界是一个实在的、在决定性真理中存在的所有事物的大全"①；而后者作为与主体相关的习性生成，被视为一种可变的相对性。对此，他说道："世界以一种绝然预设的形式'证明'自己，而绝然的预设却在持续的相对性中不断地验证自己。"②正是这种持续的相对性，使先行被给予的世界存在总是成为我的经验世界，并且必然是围绕着我确立的。从生成的角度来看，对于这个世界来说，"活着的人，总是在成为中心"③。

从整体上看，世界境域和主体构建的发生是以存在的有效性为保障的：有存在才有发生，有世界的存在才有一切构建和知识，一切课题化和非课题化的行为、一切反思、一切理论化的存在论均是以生活世界的存在为前提的。如胡塞尔所说：

> 世界形式、世界的存在论形式的先天固有性，这种性质我们总是认为它是存在的，以为它在真理中存在。先于科学，先于存在论，先于我们自身可能的存在论理论化过程，我们已经意识到世界，经验到世界。④

二、世界存在的主体相关性：功能论的存在理解

早期胡塞尔通过将存在论问题还原为认识论问题，把存在与

---

① E. Husserl, *Lebenswelt. Auslegungen der vorgegebenen Welt und ihrer Konstitution. Texte aus dem Nachlass (1916—1937)*, S. 251.
② E. Husserl, *Vorlesungen über Bedeutungslehre. Sommersemester 1908*, hrsg. U. Panzer, Martinus Nijhoff, 1986, S. 330.
③ Ibid., S. 252.
④ Ibid., S. 487.

真理等同起来，认为存在就是"在全适性中可感知的东西"[①]，是被意指和被给予对象的同一性。他曾秉承笛卡尔的口气宣称："意识的存在就是绝对的存在。"（存在无须任何物 [nulla re indigent ad existendum]）空间—时间的存在都是围绕着意识并且是由意识所设定的，并且进而将超越论主体性认定为绝对的存在领域，因为超越论主体性不仅保证了存在领域中事物构建和境域（世界）构建的有效性，也通过时间化的效用保证了自我同一。但是，这种讲授中使用夸张手法而形成的笛卡尔气氛使现象学危险地与消除世界的观念和世界对意识绝对体的相对性观念联系在一起。因此，在晚年胡塞尔那里，"意识的绝对存在"这样的表述被弱化为"作为境域存在的生活世界的主体相关性"。这种世界存在的主体相关性表现为生活世界通过主体的经验性表达、事物的视角性显现、世界在交互主体性中的建构、身体之为世界构造的层次，等等。在《欧洲科学的危机与超越论的现象学》中，自然科学的危机就是来自世界存在与其主体相关性的断然隔绝，以及对世界经验的视角性和境域性的消除。

　　世界存在的两个向度，即在最宽泛的意义上被理解的存在者世界的全部的意义效用和存在效用，一方面能够起源于一种无法向前上升的存在论上的客观性，另一方面也能够起源于一种无法向后下降的自我学上的主观性。这二者在晚年胡塞尔的世界现象学中以令人惊异的方式相符合，前者是对这个世界的形而上学的—自我学的或形而上学的—先验的客观化，而后者则是对这个世界的形而上学的—存在论的或形而上学的—超越论的客观化（现实化）。在这种情形下，世界现象学已打开了那通向这个世界的广阔的（实际地）潜

[①] E. Husserl, *Logische Untersuchungen. Zweiter Teil: Untersuchungen zur Phänomenologie und Theorie der Erkenntnis*, Bd. 2, hrsg. U. Panzer, Martinus Nijhoff, 1984, S. 655.

在的根基领域的大门。而从根本上说，认识论对此时的胡塞尔来说已经是无关紧要的了。

在1930年为《观念》第一卷所写的后记中，胡塞尔一方面"毫不迟疑地明确宣称，我丝毫不打算从超越论现象学唯心主义那里退缩，我一如既往地坚持认为，任何一种形式的流行的哲学实在论在原则上都是谬误的"；但是另一方面，他又立场鲜明地与传统唯心主义划清界限，他认为，现象学"并不否认实在世界（首先是自然界）的现实存在"，现象学"唯一的任务和功能在于阐明这个世界的意义"，"对实在世界和一种可能的一般实在世界的存在方式进行现象学意义阐释的结果是，只有超越论主体才具有其绝对存在的存在意义"。[1]

现象学探求的是存在的意义，它在把握存在的意义的基础上对一切自然观点和存在设定（比如客观主义的存在设定）进行反思。在胡塞尔看来，通常意义上那些理所当然的存在设定都没有掌握那个绝对基础，因此无法成为一切科学的基础。而超越论的现象学通过现象学还原，将人与世界的日常性"相遇"转变为以超越论主体为基点的意义结构——一切存在设定亦属于此构成活动的成就，由此现象学成为"第一哲学"。然而从另一个角度看，胡塞尔在这里所否弃和批判的只是那种惯常的不彻底的实在论；严格地说，现象学的起点就是实在论的，（意向性）相遇预设的就是世界的存在。胡塞尔并不反对这个自然观点，只是进而将关注的目光转移到存在的意义之上，从而一方面排除了一切经验主义因素，另一方面将世界存在的话题与主体的构建活动联系在一起，开辟出一条不同于客观主义的表述世界的道路。

---

[1] 胡塞尔：《纯粹现象学通论》，李幼蒸译，商务印书馆，1997年，第459页。

当世界存在的问题被归结为对存在之意义和存在之有效性的追问时,在这个发问姿态下的"生活世界"的可经验性就被转化为"周围世界"(Umwelt)的问题。当在"Welt"前冠以"Um"时,"谁的周围?"这样的问题就无法避免——当然,首先是主体的周围。因此,世界存在的主体相关性就在对"周围世界"的阐述中得到了揭示。"'周围世界'是一个仅在精神领域内才有其地位的概念。我们生活于我们各自的周围世界中……这表明一种纯粹在精神领域中发生的事实。我们的周围世界是一种在我们之中和我们的历史生活之中的精神构成物。"[1] 在这里,世界的存在论以一种视域/境域形式显现出来,"视域性……当然不是空的,不是那种'无可表述'的东西,而是人的我在每一个时刻、在每一个涌动的当下作为现在确定的人在那个对此人来说在此时刻确定的周围环境中生活,并且能够将这种确定的生活方式自始至终作为感知、回忆、思想、评价、行为来体验"[2]。

"世界"显现为"我"在此时此刻的周围环境,胡塞尔进一步将之称为由普全的统觉得出或者构建出的统一体:"在原初涌动的当下的每一刻,恰好具有那种位于一个普全统觉以及某一个确定的普全统觉之统一体中的统觉(一般意识作为世界意识),并且在自身涌动的原初统觉的变迁中、在其特殊统觉的变迁中再次构建出一个融合一体的统一体,这是某些确定统觉的统一体。我们称之为'对同一个世界的不断推进的意识',或者'对同一个世界的不断推进的有效性和继续有效性'。在这个统一体下,那种各自对我们来说作为被

---

[1] 胡塞尔:《欧洲科学的危机与超越论的现象学》,第371页。
[2] E. Husserl, *Lebenswelt. Auslegungen der vorgegebenen Welt und ihrer Konstitution. Texte aus dem Nachlass (1916–1937)*, S. 488–489.

统觉之物的实在存在物,乃是'主体相关的显现'。"[1]它们在不断的"重复"中获得一致性以及"从我出发得以施展的存在有效性"[2],并且"一切我们作为实在之物加以统觉的东西,都已经处于被统觉的周围世界领域中"[3]。换句话说,"在意识之流的无所不包的意义结合体和意义统一体中,这个世界的存在着的存在的确毕竟是共存于其中的"[4]。

在胡塞尔看来,这种与主体相关的世界存在意义之构成问题最终以目的论的形式指向功能的问题。世界存在的有效性是综合统一体的功能,单一意识由此角度出发才能得到考察。他甚至毫不讳言:"功能观点是现象学的中心观点,由其产生的诸研究几乎包含着整个现象学范围,而且最终一切现象学分析都以某种方式为它服务,作为其组成部分或基层结构。"[5]作为方法的现象学最终指向一种功能论,从这个层面上看,存在论只是其出发点而不是目的——存在论和存在有效性只具有形式意义,作为普全统觉的世界才是其目的或者功能,它包含了世界的存在论意义:"在这里一以贯之的存在意义掌握了形式意义,同样地,存在论也合乎理论地确定了这种形式意义。因此,世界在一个流动的、普全的统觉中,这个统觉总是已具有其视域相关性,并且在其中已经包含了'世界'的存在论意义。"[6]因此,保罗·利科说:"现象学是一种目的论,一种关于功能的科学。在此意义上,它使部分的问题从属于被构成的'意义'全体,

---

[1] E. Husserl, *Lebenswelt. Auslegungen der vorgegebenen Welt und ihrer Konstitution. Texte aus dem Nachlass (1916-1937)*, S. 489, Anm. 1.
[2] Ibid., S. 451.
[3] 胡塞尔:《欧洲科学的危机与超越论的现象学》,第405页。
[4] 康拉德-马梯尤斯:《先验现象学与存在论现象学》,张廷国译,载倪梁康主编:《面对实事本身:现象学经典文选》,东方出版社,2006年,第296页。
[5] 胡塞尔:《纯粹现象学通论》,第218页。
[6] E. Husserl, *Lebenswelt. Auslegungen der vorgegebenen Welt und ihrer Konstitution. Texte aus dem Nachlass (1916-1937)*, S. 488.

并从属于意识流全体。质料学对客体构成问题的从属性反映了部分对全体的从属性。"① 由此，我们就不难理解胡塞尔对海德格尔的存在论关切所流露出的不屑态度：世界存在的主体相关性折射出整体世界的功能和目的，以及"先天的存在意义的形式结构"，而不是质料学层面上的对生存经验的关切或者存在效用。因此，现象学最终关注的是关于生活世界的功能论，而不是基础存在论。

胡塞尔还从交互主体性的角度考察世界的构成问题：世界的存在有效性是相对于"我们"而言的，是在交互主体性的"共同经验"中被构造出来的。"所有在这里作为实际存在而对我们有效的东西，始终已经被理解为对所有人都存在的东西，而且正是通过共同的经验而被理解为存在的。"②

在另外一些手稿中，胡塞尔还提到了另一个层面上的世界存在之主体相关性，即世界和身体以功能性的方式关联在一起的事实："对我的身体之存在的绝然确定性是对'世界'这个存在地基的绝然确定性的部分。"③ 他继而主张，正是这个身体及其一切所属物（如性欲、营养需要、生死、共同体和传统）组成了这个普遍的结构，所有可想象的生活世界都依照它构建。④

三、"存在设定"乃是"在关系中设定"

"Horizont"［视域、境域］这个词在字面上意味着一个目光投射

---

① 保罗·利科：《〈纯粹现象学通论〉法译本译者导言》，载胡塞尔：《纯粹现象学通论》，第536页。
② 胡塞尔：《欧洲科学的危机与超越论的现象学》，第417页。
③ E. Husserl, *Lebenswelt. Auslegungen der vorgegebenen Welt und ihrer Konstitution. Texte aus dem Nachlass (1916−1937)*, S. 251.
④ E. Husserl, *Zur Phänomenologie der Intersubjektivität. Texte aus dem Nachlass. Dritter Teil: 1929−1935*, hrsg. Iso Kern, Martinus Nijhoff, 1973, S. 433.

的范围,或者说一种主体观看的能力。胡塞尔进一步对此概念做了区分:内视域与外视域。简而言之,内视域是指体验行为预先具有的"晕"(Hof),它随着体验行为的展开不断得到填充——内视域就是世界存在的主体相关性结构的展开;而外视域则是指那个在直观上不具有任何范围的东西,是处于我们的意识行为之外的不确定的"晕"——对于外视域的区域,我们并没有意向指向它。因此,外视域当然不能被视为某种意识行为内部的在先被给予之物,而是某种处于自身之外的、预先被给予的存在物。进一步看,外视域实际上意味着存在设定的方式,即"一旦一个'存在物'具有一个外视域,它就不是单独被设定,而是与其他存在一道被设定的"①。

外视域作为预先被给予的存在领域,为看的意向行为提供了展开的场所:随着观看的目光的转动,目光所及的外视域不断地变成内视域;而相应地,原先处于目光之内的内视域则重新退为外视域,由课题化的状态转而落入背景境域之中。外视域作为这个背景境域,乃是在意识课题化之前的可能性汇集的存在、未被课题化的存在,它被隐含在世界境域的指引关联之中,并随时做好被目光触及从而实现课题化的准备。但是,这种课题化不是将此存在物作为自在的对象存在孤立起来,割断它与原先处身其中的境域的关联;相反,现象学所关注的存在乃是处于关系中的存在,意向对象在意向行为中通过课题化被凸显出来,同时它所处身其中的境域关联也因此得到某种程度的呈现,存在的意义在这种境域关联的完整呈现中被把握。换句话说,现象学所关注的存在不是孤立的、自在的对象存在,而是通过对整体功能之局部的某个存在现象的把握,揭示它所处身

---

① E. Husserl, *Lebenswelt. Auslegungen der vorgegebenen Welt und ihrer Konstitution. Texte aus dem Nachlass (1916-1937)*, S. 5.

其中的功能整体——这也是一个意义的整体。

这个关联整体不仅包括处于关系中的众存在者，还包括存在者所处身其中的特殊的空间—时间位置，这种关联性赋予存在者一种独一无二的特性。"存在者是在一个存在关联体中构建自身的，也就是说，一切构建是作为时机化过程施展自身的，并且存在者具有空间—时间位置的形式。时间上的持续和空间构造的形式，在其在此—位置上质化，这个具体在此的位置以不可再得的方式重复了再得之物、那种内容上同一的东西。"①

胡塞尔相信，在生活世界的存在中，一切存在物都作为指引关联（首先是作为与主体性的指引关联）存在于境域之中，这表现为世界存在的主体相关性。这种情形决定了，一个存在物被对象化和课题化的过程，就是它从处身其中的指引关联中凸显出来的过程。换句话说，现象学所要把握的无非是以下内容：将对一个对象的存在设定把握为在指引关联的境域中、在关系中的设定；或者说，通过课题化的行为把握非课题化的境域。胡塞尔说道：

> 人们也可以说：一切存在物都是相互关联的，它只处于与他者的关系之中。或者从设定的方面说：一切存在设定同时就是"设定于关系之中"。在这里，"设定于关系之中"……是说：对于确定的或者不确定的对象性隐藏的共同设定在境域的形式中进行，并且因此通过那种意向相关项的意义在意识中拥有这种共同设定。这种意义就是：在判断背后能够展现境域，能够预先找到关联体和关系。②

---

① E. Husserl, *Lebenswelt. Auslegungen der vorgegebenen Welt und ihrer Konstitution. Texte aus dem Nachlass (1916-1937)*, S. 456.
② Ibid., S. 5.

因此，胡塞尔否定了诸如"自在存在者"这样的传统理念，认为"一个绝对的存在事物以及由此普全的绝对存在的世界就是一个谬论"①，"一个自在的世界是无意义的"②；并转而断言："存在的世界无外乎就是存在有效性的关联性。"③他在这里强调的是存在者之间的关联性、相关性，不存在一个绝对的、与其他存在者无关的存在者，有效或者存在的意义就意味着关联性。这就是现象学的方式。世界存在的主体相关性只是其中的一个角度、一个例子。主体相关性不意味着，在形而上学的意义上说存在要以主体为前提，而是说存在的可经验性、存在物与主体的相遇、存在的有效性、存在的意义是在这种关联事件中被揭示的。这就是现象学的审视方式：不是凭空设想一种等级制的形而上学，而是一方面接受生活常识，另一方面从更根源的层面上把生活常识中包含的意义完整地揭示出来。"因此，按胡塞尔的思路继续思考，现象学就是没有等级的形而上学。"④

---

① E. Husserl, *Lebenswelt. Auslegungen der vorgegebenen Welt und ihrer Konstitution. Texte aus dem Nachlass (1916—1937)*, S. 659.
② Ibid., S. 660.
③ Ibid., S. 660, 724.
④ 罗姆巴赫：《作为生活结构的世界——结构存在论的问题与解答》，王俊译，上海书店出版社，2009年，第56页。

汉语现象学如何可能?
——循"现象学之道"而入

现象学运动进入汉语世界已有近百年的历史。从早年沈有鼎、熊伟等前辈学人的译介,到近20年来现象学经典的大批移译和研究性著作的层出不穷,现象学在汉语世界的哲学研究中已经占据了显要的地位。观今日汉语世界的现象学研究,其规模之盛、研究人数之众,已经超越了目前世界上任何一个地区或任何语言传统的同类研究。但是,是否由此可以说,我们已经有了一门"汉语现象学"?或者说,汉语这一语言传统及其思想资源是否为现象学哲学提供了新的原创性内容?这一点是值得以汉语为母语的现象学研究者反省的。如果说,作为普遍哲学的现象学哲学是一个超越不同具体文化传统的思想运动,那么在今日或未来,这一思想运动的推进能否由汉语世界承担?我们应当如何看待自身文化传统与现象学的关系,并从中激发出新的思想内容?

汉语现象学要求的原创性,不仅仅是把德语和法语的现象学经典译成汉语并加以诠释,也不仅仅是按照欧美学者的方式用汉语研究现象学经典文本和理论中的问题,甚至也不仅仅是将现象学中的某些概念和理论片段与汉语传统中的某些概念和理论片段进行对比,而是要从汉语经验出发,对现象学运动做出新的原创性推进。实际上，异质的语言经验对于思想的激发在现象学运动中不乏先例。本文将以德语现象学传统对"道"这个汉语语词的理解以及由此带出的思想境象对现象学的推进为线索，以海德格尔和罗姆巴赫关于"道"的思想尝试为例，探讨今日构建汉语现象学的进路。

一、"重演"海德格尔思想中的"道"

关于海德格尔思想与东亚思想特别是"道"的关系的研究和论述已经汗牛充栋。在此，笔者并不想在海德格尔思想与东亚思想之关系这一莫衷一是的问题上表达某个具体立场，而是从海德格尔关于"道"的某些论述开始，以"回到实事本身"的态度，重新尝试评估"道"这个汉语概念在海德格尔思想和现象学哲学中的意义和发展可能性。这一考察本质上乃是一种"重演"（Wiederholung）。这一概念来自海德格尔。在《存在与时间》中，他说道："重演就是明确的承传，亦即回到曾在此的此在（dagewesenes Dasein）的种种可能性中去。"①

因此，在这里，笔者对海德格尔思想中"道"的重演，既不是回到汉语古典传统中去澄清"道"的意义，也不是回到古希腊思想境域中来探讨海德格尔思想，而是回到海德格尔的现象学语境中，尝试澄清他所使用的"道"这个汉语语词的可能意蕴以及由此引发的理解可能性。

众所周知，海德格尔通过一些译本，对东亚思想有一鳞半爪的了解。对于有关"道"的思想，他收藏和阅读过卫礼贤（Richard

---

① 海德格尔:《存在与时间》，陈嘉映、王庆节译，生活·读书·新知三联书店，2006年，第436页。

Wilhelm）于1921年、维克多·冯·施特劳斯（Victor von Strauss）于1870年出版的《道德经》译本，在致荣格的信中还引用过乌伦布鲁克（Jan Ulenbrook）1962年的《道德经》译本中的第47章全文以及亚历山大·乌拉尔（Alexander Ular）1903年的《道德经》翻译。另外，广为人知的是海德格尔在1946年夏天与萧师毅合作翻译《道德经》的事件。据萧师毅回忆，他们的翻译着重于其中有"道"字出现的篇章。更重要的是，海德格尔的翻译并不是仅停留在文字和文本上，而是一种游移在两种语言的缝隙之间的想象力发挥。萧师毅回忆说："海德格尔从根本上察问——透彻地、毫无懈怠地、不留情面地察问——文本中的象征关系之间神秘的引发关系的每一个可能想象的意蕴情境。"① 一方面，这种借由陌异语言经验及其翻译来拓展自身的想象、表达自己的思想的方式令以汉语为母语的萧师毅颇为不安；另一方面，海德格尔从浅尝辄止的翻译中觉察到了由汉语与欧洲语言的巨大不同而造成的理解困难。因此，合作翻译的工作很快终止了。

因此，在海德格尔的哲学语境中，"道"并不是一个严格意义上从某个特定的汉语哲学文本中翻译而来的词，而是一种具有象征意味的东亚哲学的基本词（Grundwort）。他对"道"的理解充满了感悟式的想象，正是这种想象赋予德语现象学语境中的"道"一种与众不同的诠释空间，而这一诠释空间对于以汉语为母语的读者来说又能激发出一些新的领会可能性，思想的原创性发展可能就在于不同语言和文化视域的相互激荡中。

---

① P. Shih-yi Hsiao, "Heidegger and our Translation of the Tao Te Chirtg", in G. Parkes ed., *Heidegger and Asian Thought*, University of Hawaii Press, 1987, p. 98；转引自马琳：《海德格尔论东西方对话》，中国人民大学出版社，2010年，第42页。

德语哲学文本对"道"的翻译有两个惯常的书写形式，一是拼音"Tao"，二是意译"Weg"——黑格尔的《宗教哲学演讲录》就使用了后一种方式。[①] "Tao"在德语中是一个外来词，对于以德语为母语的读者而言，它不带有太多置身于自身传统之中的前理解视域。因此，这一写法突出的是"道"来自一种具有陌生本质的语言。而另一种写法"Weg"则带有丰富的诠释学意味。在为数不多的对"道"的直接论述中，海德格尔基本上将"语言的原始词语""Tao"与"Weg"视为同一："老子的诗意运思的引导词语叫作'道'（Tao），'根本上'就意味着道路。"[②] 同时他也强调，这里的"道路"不是寻常意义上"连接两个位置的路段"或者客观的路线，而是需要通过此在得以通达的一种道路经验。这是海德格尔从"道"这个外来词中领会到的东西。因此，他借助于德语构词的灵活性，将"Weg"动词化为"Wëgen""Be-wëgen""das Gelangenlassen des Wegs"，进而赋予"道"这种此在经验一种原初意义："'道'或许就是为一切开辟道路的道路，由之而来，我们才能去思理性、精神、意义、逻各斯等根本上也即凭它们的本质所要道说的东西。"[③] 由此，在海德格尔的理解中，"道"根本上乃是"道路"，而不能被译作"理性""精神""根基""意义""逻各斯"等。尽管对"道"的汉语来源所知甚少，但是他凭借其思想直觉，相信"也许在'道路''道'这个词中隐藏着运思之道说的一切神秘的神秘"[④]。

---

① 对应于海德格尔接触过的《道德经》的不同德译本，维克多·冯·施特劳斯译本使用的是"Tao"，而乌伦布鲁克译本使用的是"Weg"。
② 海德格尔：《在通向语言的途中》，孙周兴译，商务印书馆，2003年，第191页。
③ 同上。注意，孙周兴先生在此处已经将"Sagen"翻译成"道说"了。而从单纯的德语经验看，"Sagen"与"Weg"并没有字面上的关系，这是出自汉语视域的诠释性解读和翻译。
④ 同上书，第191页。

海德格尔继续发挥他的想象力：此在的"道路"经验具有源发性的意义，而且它还有某种"未被说出的状态"，"道路"不是一种现成方法，方法"其实只不过是一条巨大的暗河的分流，是为一切开辟道路、为一切绘制轨道的那条道路的分流。一切皆道路（Alles ist Weg）"①。"道路"首先是一个根源性发生过程的隐喻。一切由此从出，而尚未转化成已完成之物。在这个意义上，当海德格尔将他自身的思想描述为"道路，而非作品"（Wege, nicht Werke）时②，他要说的是：他的思想并不是一种纯粹的方法说明或者可以期待最终完结的理论体系构造，而是对于本源生成的指引或揭蔽——一条通向世界和历史本源结构的永无止境的"道路"。

需要注意的是，"道"所意指的此在的道路经验是一种揭蔽，这一点对海德格尔来说，很可能最初并非来自以"道"为象征的东方经验。在1942—1943年的巴门尼德研讨课讲稿中，海德格尔就分析过希腊语词"道路"（hodos）的内涵。他指出，巴门尼德曾将"道路"与"揭蔽/真理"（aletheia）联系在一起：

> 道路不是一种延伸，即两点之间的间隔或间距，并因此由一组数量众多的点构成。道路的环视及前瞻的本质自身引向那遮蔽着的东西，即路线的本质。道路的这种本质是在揭蔽与朝向揭蔽径直前行的基础上被决定的。③

很明显，在海德格尔那里，道路经验并不是东方所特有的。至

---

① 海德格尔:《在通向语言的途中》，第191—192页。
② M. Heidegger, *Frühe Schriften*, hrsg. von Herrmann, Vittorio Klostermann, 1978, p. 4.
③ M. Heidegger, *Parmenides*, hrsg. M. S. Frings, Vittorio Klostermann, 1982, p. 14; 转引自马琳:《海德格尔论东西方对话》，第50页。

少在这里，他没有区分"道路"的希腊语或汉语来源，道路经验被他视为超越语言差异的共同的东西加以自由联想。所以，他将"道/道路"理解为古希腊经验中的"揭蔽/真理"，从而赋予这个东方概念以现象学的意味：道路来自如其所是地显现自身的事物本身。进而，通过"通达"（Gelangen）这一道路经验，他又将道路与语言联系在一起。在《在通向语言的途中》中，他说："一条道路是什么呢？道路让人通达。道说就是让我们通达语言之说话，因为我们顺从道说而听。"①

随后，他将"道说"与"居有"（Eignen）和"大道/本有"（Ereignis）联系在一起："在道说之显示中的活动者乃是居有。……此种居有（Eignen）可谓成道（Ereignen）。……成道者乃大道本身——此外无他。"②

海德格尔将"大道/本有"与"道说"联系在一起。通过"居有"和"成道"，他在这里引出了"道路"经验："道路乃是成道着的。"③继而，他通过阿伦玛尼-斯瓦本方言中的Bewëgung［开辟道路］通达了这种联想："大道乃是使道说达乎语言的开辟道路。"④在这个联想中，东方的主导词"道"与Ereignis贯通在一起，体现出一种只可意会不可言传的微妙契合。这一表述克服了思想与语言之间、西方语言和东方语言之间的双重落差，因为海德格尔坚信，语言的本性应当保证某种中西之间的对话，"在此对话中，从一个共同的本源中涌流出来的东西在歌唱着"⑤。语言言说着，这一语言本质之整体

---

① 海德格尔：《在通向语言的途中》，第256页。"道路"和"道说"之间的关联性，在汉语经验中无疑更为直接。
② 同上书，第258页。可以说，"大道""成道"的汉语翻译中包含的诠释力度在某种程度上已经超出了海德格尔的原文。
③ 同上书，第262页。
④ 同上。
⑤ 同上书，第93—94页。

就是道说。何谓道说？"为了经验此种道说，我们已经守住了我们的语言本身令我们在这个词语那里要思想的东西。'道说'意味着：显示、让显现、让看和听。"①经过基于道路经验的联想式发挥，他重述了现象学的核心精神：作为揭蔽和显现的道路是人和语言返回本质的回溯途径和一种共同氛围（Zusammenstimmung）。当海德格尔说"语言言说着""思想思考着"的时候，他所关注的正是位于世界结构最根底处的不断展开的鲜活性、万物的共同氛围。

而在较为通行的海德格尔汉译中，译者曾将"Ereignis""Sage""ereignen""Zeige"等词都译成与"道"联系在一起的组词（分别译为"大道""道说""成道""道示"）。尽管在单个术语上综合各方面考虑尚有很多争论和改善的空间，但此种译法不能不说是一种基于汉语经验的创造性理解，它更为直观地洞察了海德格尔在这里的联想式发挥。我们可以看到，在海德格尔的语境中，这一系列表达或许可以说是基于道路经验的。但对他而言，这种由与一个原本陌生的汉字的相遇而带来的道路经验并非仅仅来自东亚思想或道家哲学。毋宁说，在他那里更有把握地得到思考的是，思想的本源更确切地说乃是源自前苏格拉底的古希腊传统。他相信，这两种语言之间的巨大差异通过道路经验和语言的本性得以沟通。海德格尔说：

> 语言……的这个本质将保证欧洲——西方的道说与东亚的道说以某种方式进入对话之中，而那源出于唯一源泉的东西就在这种对话中歌唱。②

---

① 海德格尔：《在通向语言的途中》，第251页。
② 同上书，第93页。海德格尔承认，他早年曾通过逻各斯来思考语言的这种本质，但并没有找到合适的语词来加以表达，同时他也没有把握东亚语言能否切中这个本质。因此，道路经验在这里更多的是联想式和指引式的。

然而另一方面，在面对海德格尔的这套论述时，中译本的读者则更容易从汉语词"道"的原本含义和汉语语境构成的线索中进行直观领会。作者与读者经过翻译的桥梁，在现象学的"道"概念中增添了某些单纯在汉语语境中无法组合出的新词和理解，而这些理解甚至超过了海德格尔试图表达的原意。这样的翻译活动，恰如海德格尔所言，是"通过对某种外语的对置阐解（Auseinandersetzung）来唤醒、澄清、发挥自己的母语"[①]。

二、罗姆巴赫的《现象学之道》

如果说海德格尔对"道"的理解和表述还充满了诗意的想象（他将陌生语言中的"道"形象化为道路经验，进而从古希腊传统出发理解这种作为揭蔽的道路，然后将之与语言勾连在一起），那么这种勾连表达（Artikulation）在海德格尔作品的汉译中则得到了另一种基于汉语视域的理解，这一理解在某种意义上已经超出了海德格尔的本意。在他本人留下的文本中，外来词"道"更多的是一个触发思想的机缘，包括道路经验在内，他的整个思想根源仍然深深地植根在欧洲传统之中。因此在海德格尔那里，我们没有看到对外来词"道"的完整阐释。

下面，我们将看到海因里希·罗姆巴赫对于"现象学之道"的发挥，他以"结构"释"道"，赋予这个汉语概念以现象学语境中的独特意义，并由此出发对整个西方传统进行批判性反思。并且，他更进一步，尝试通过结构思想走出一条超越西方和东方的"第三条

---

① M. Heidegger, *Hölderlins Hymne "Der Ister"*, hrsg. W. Biemel, Vittorio Klostermann, 1984, S. 80.

道路"。

与海德格尔关于"道"的片段式联想不同,"道/道路"在罗姆巴赫的哲学论述中总是反复出现,并得到了更加系统、深入的论述。1991年,他在德国《哲学年鉴》上发表了一篇题为《现象学之道》的文章。[1]与海德格尔一样,他看到的"道"并非"方法",而是现象学思想本身的目标与道路的合一。在其代表作《结构存在论》一书的导言中,他也是从关于"道"的探讨开始的。他将"道/道路"这种东方的基本经验与西方的逻各斯对照起来进行思考,从而获得了一种宽阔的思想视野以及对西方传统全新的批判高度:"逻各斯讨论在,道讨论无;逻各斯讨论知识,道讨论无知;逻各斯讨论意志,道讨论无为。"[2]由逻各斯所奠基的思考方式导向现成性、某一事物的本质、客体性、先于手段的目标、论证等,而道则导向非现成性、自在生成、寓于事物间动态联系中的本质、不断运行的构成活动、目标与手段的未分之境、主体与客体的未分之境等。由此出发,他对整个西方传统进行了批判:

> 当在西方将"本质"确-立在持久性之上、将"必然性"确-立在不变性之上、将"真理"确-立在恒久性之上时……"本质"自身的运动被排除了,因为即便"本质"也具有持续和持留的存在论意义。本质的运动和现实性整体的事件发生以及诸如此类的东西,在西方思想之内已经被排除了。[3]

---

[1] H. Rombach, "Das Tao der Phänomenologie", *Philosophisches Jahrbuch* 1991, 98(1). 此文中译参见罗姆巴赫:《现象学之道》,王俊译,载《世界哲学》2006年第2期;另载罗姆巴赫:《作为生活结构的世界——结构存在论的问题与解答》,王俊译,上海书店出版社,2009年,第69—90页。
[2] 罗姆巴赫:《结构存在论:一门自由的现象学》,王俊译,浙江大学出版社,2015年,第9页。
[3] 同上书,第325页。

而罗姆巴赫的结构思想恰好是要把握此种被西方思想排除的东西。他的结构思想突破了西方迄今为止的主流思想传统,体现出某种超越西方的跨文化姿态。以"道"为象征的东亚思想资源,为他的这种跨越提示了一条进路。在他那里,"道"不仅是海德格尔意义上可以用古希腊传统贯通之的道路经验,而且是一条由东方精神触发的超然于西方传统之外的路径。

这条路径意味着,现象学思潮本身的发展不能被看作一种可期完成的单纯方法的历史演进,而应被看作对世界历史结构这条错综复杂的伟大道路的一种显现。它不仅是指20世纪以来现象学思潮本身的不断推进发展以及它向着未来的延伸,更是指对于现象学本身向根源性追问之基本姿态和基本经验的描述——这种经验和姿态不是既成的方法或设定的目标,而是一种自我生成的指引、一条动态延伸的道路,唯有经由这条道路,我们才可能重建现时代的形而上学。恰如罗姆巴赫所意识到的,在这里,"道路"带出的是那种与欧洲思想迥异的东方的关于"道"的基本经验,这种"带出"提示了现象学不囿于西方传统、跨越文化界限的视野和潜力。在这个意义上,现象学乃是这个时代和世界的引领者,"现象学之道"导向一种跨文化的思想可能性,这也是当代现象学进行自我更新的东方路径。

罗姆巴赫进一步以他的"结构"概念来阐释"道/道路",强调了"道"的动态性和独特性。"道路"就是结构的隐喻:

> 道路,在其不可预先实现的性质上看,是独特的道路(Eigenweg,适宜具体情况的道路)。结构从其产生过程的道路特征中出发获得其独特性;对于结构而言,它的独特性既不是连带着被给出,也不是听凭一种偶然情形而出现。它是从结构

自身之中发展出来的，就此而言它将自身构造为道路（Weg）。①

"道路"意味着独特性的展现、遵循独特性、嵌入独特性。罗姆巴赫说，独特性就是"寻找过程"（Findung）。这意思是说，唯一的独特性不是预先被规定的，也不是自身给予的，而是在动态过程中实现的；独特的道路通往结构，结构在道路上构造自身。只有行进在道路上，结构才能展开，其意义只有在道路的尽头方能呈现。意义的诞生始终在发生，就像一出戏剧的展开，意义在行动的变迁中逐渐呈现。行动通过道路聚合，道路就是行动的聚合过程。通过道路，行动聚合并作为整体发生了转变，凝结成同一性，意义就在这个转变之中形成。这一切构成了结构。

结构意味着关联关系的整体。在结构中，存在和存在物相互嵌套，回溯指向出自结构状况的起源。结构不断回返到自身之中，并且构成了中心和边缘、内部和外部、结构和秩序的"原始的"基本构造。在其中，那种基本的紧张关系被确立起来。这种张力是在多种多样的方式中被勾连表达的，是在诸含义间由丰富的关系交织而成的网中被说明的。这种原初状态就是结构的境象，也是"道路"所要表达的东西。这里的"道路"是存在论层面上的道路，乃是从东方的"道"概念中引出的。罗姆巴赫说："道路的经验引向自身方式的'本质'，引向结构。在这里，'道'看起来便是结构的经验方式，而结构就是道路的现实形式。"②

沿着道路，追问者永远无法跨出结构的界限；也就是说，他只能在关联关系中进行回溯和追问。"从结构出发是无法引出一条通往

---

① 罗姆巴赫：《结构存在论：一门自由的现象学》，第72页。
② 同上书，第3页。

外部的道路的，因为所有道路都是结构之中的道路。"① 我们永远无法超越界限抵达结构的外部。在这个意义上，"道路"就不是海德格尔所指的以此在为中心的道路经验，而意味着通往结构深处、通往世界深处的具体化过程。在那个不可充分抵达的深处，有一个绝对的背景（胡塞尔称之为"生活世界"），它以结构的方式局部性地呈现，永远不会终结，永远没有边界。这条永无穷尽的道路就是现象学的道路，它引领我们循着各环节的指引关联回溯到一个无穷的根源，接近那种全面性的呈现。

在后期海德格尔那里，存在不再被追溯到此在；而是相反，此在奠基于存在之中。换句话说，只有通过存在，此在才能进入历史的开放性中。罗姆巴赫接续了这个思路，并且将之向前推进。在他看来，"存在的开放性"不仅内在于人的此在，也内在于所有存在者的实际形式之中。世间万物，包括植物、动物、无机物，都以意向性的方式相互指引联系。这种错综复杂的相互关系从根本上看乃是世界存在的一种自我诠释，一切存在物都在这种交织缠绕的结构中勾连表达着自身，同时也勾连表达出它们所处的境域与世界。在这里，结构作为承载者，承载了所有的存在（包括人之存在），一切存在者的"现象"都只有在这个根基之上才有可能。罗姆巴赫将之称为"深层现象"（Tiefenphänomen）。作为世间万物的基础，结构这个"深层现象"具有生命（Leben）：为自然、此在、历史奠基的结构乃是有生命的/生活的（lebendig）。因此，罗姆巴赫相信，有一个"作为生活结构的世界"。

在结构思想中，存在论层面上的结构并不只是一种存在状

---

① 罗姆巴赫：《结构存在论：一门自由的现象学》，第25页。

况（Seinsverfassung），而是巨大的事件、容纳万物的结构生成（Strukturgenese）。发生是一种先于存在的基础活动。因此，在最本源的层面上，我们要关注的并不是一门基础存在论，而是一门发生的存在论（Ontologie der Genese），或者更准确地说，发生学（Geneseologie）。①结构总是在一种最为基础性的生成过程中表达自身，将自身具体化（Konkretion）。这种发生表现为世间万物的显现与交织缠绕，同时又形成一种统一的联系。人与自然都处于其中，并且以彼此相即的方式勾连表达自身：自然是人性的，人也是自然的。一切个体的存在总是在这个结构的发生中被成就，它们不能被还原为意识行为，也不能被还原为人的存在经验，而是在一种根源生成的总体成就的裹挟中显现出来。结构本身不是范畴，而是对众多范畴的安置（Zuordnung）：这个安置的事件先于一切范畴区别（先于主体与客体、对象与意识之分），作为一种生命-成就（Leben-Leistung）发生于世间万物的共创性（Konkreativität）之中。

罗姆巴赫的"结构"也蕴含着揭蔽和聚合的过程，这是对海德格尔的注脚。首先，结构是现实性的揭蔽和实现过程，这种现实性不是以对象化、静态的方式得到把握的。架构的是事态本身，而不是某物；不是那个可能性—现实性链条上的最终现实物，而是通过现实性的指引关联澄清其发生的过程和秩序。在这个意义上，结构思想遵循的就是现象学的方式，结构就是揭蔽意义上的道路。其次，除了揭蔽的道路，还有作为语言和道说的聚合。与道路相似，结构也将众多环节（Momente）聚拢到一起。就像诗歌聚合了语词，戏剧聚合了行动，这些环节通过它们相互间的关联关系被规定。诸环

---

① 罗姆巴赫：《自我描述的尝试》，王俊译，载《世界哲学》2006年第2期。

节的聚合规定了各环节的含义，而这些含义也规定了聚合。换句话说，聚合并不先行于这些含义，而是聚合和含义相互规定。随着结构"发生着"的过程，诸环节沿着自身特有的道路发生。只有在这条道路上，结构化过程才能实现。

罗姆巴赫说，这样一个存在论层面上的"结构事件"无法被定义，无法被给予一个精确的名称。因而，他借用东亚思想资源描述说：它是"无名"，是"道"。他说，道与结构都是"伟大的引路者"，"它拥有一切言说和思想的内容。老子的道虽不是唯一的，却是一种这样的东西……在那里真正地'显现'，即趋向于那种共同氛围，这种氛围是人之中最内在的呼声。它是人的呼声，同时也是事件的呼声，它只在当它在其中同时作为同一者言说时才言说"①。"道"在这里作为结构思想的基本词起到了触发牵引的作用，令思想突破到以"存在"为基本词的西方传统之外。但是他也强调，结构思想并不等同于以"无"为基本词的东方传统，而是西方道路和东方道路之外的"第三条道路"："由于关于人类历史上这三条道路的疑问在欧洲尚未被关注，因此在此呈现的结构存在论就是借助通往'道'的引导性思考开始的。"②

尽管如此，这并不意味着结构思想与东方的道路是完全重合的。西方道路和东方道路各自意味着出自不同世界的不同哲学构想和世界观，跨文化的现象学并非要做非此即彼的选择，而是要借助于不同的语言经验和文化经验开辟出新的道路。因此在今天，东方道路的意义在于其触发性，在于向我们开启一种不同的"领会可能性的空间"。

---

① H. Rombach, "Das Tao der Phänomenologie".在这里，罗姆巴赫还援引了久松真一所讲的"鞍上无人，鞍下无马"的故事，来描述一种结构的同一性。
② 罗姆巴赫：《结构存在论：一门自由的现象学》，第326页。

三、关于构建汉语现象学的思考

如前所述,在本文中,笔者并非要考察"道"在汉语语境中的原本含义,进而审视海德格尔和罗姆巴赫对"道"的理解有没有汉语典籍作为支持,并因此评判这些理解是不是"准确",而是要评估"道"的相关表述在二人思想中的作用,并关注在现象学语境中由"道"的相关诠释带出的新意义。这个意义在海德格尔—罗姆巴赫的语境中得以彰显,在德语的勾连表达中得以呈现,为现象学哲学在当代的自我更新指出了新的路径。更奇妙的是,当汉语语境中的读者通过汉译文本面对这种呈现时,他们又可基于自身的汉语视域,得出一些与德语读者有所不同的理解和领会——这在海德格尔作品的汉译中多有表现。在汉语海德格尔的译释中,有一系列在德语构词上并无直接关联的词,都被译成带有"道"的术语,比如"大道""道说""成道""道现"等。这种转译和领会在某种意义上已经超出了海德格尔和德语现象学语境,将基于母语经验的联想带入理解活动之中,类似于海德格尔译《道德经》的方式。在这个过程中,仰仗译者的匠心,通过作者和读者的视域融合,产生出了某种创造性的差异。笔者并非主张要以这种差异掩盖思想原本的视域和内涵;而是说,要在把握作者思想的原本意义的基础上,通过这种差异对思想进行"重演",以获得某些有赖于汉语经验的原发性领会。

然而在海德格尔那里,作为外来词的"道"始终没有进入他的思想的核心,而只是某种隐喻式的指引;道路经验的原初可能性同样只保留在古希腊传统之中,他设想的存在论的"另一开端"在前苏格拉底时期,在赫拉克利特那里。而在罗姆巴赫那里,情况有所不同。由于对以日本为代表的东亚传统有更为深入、全面的认识,他在作品中更多地运用了东亚思想资源，诸如对《道德经》章节的引用、对"佛陀下山图"和禅宗偈语的分析、对日本园林石园的专文分析、与日本哲学家合作编著《存在与无：西方和东方思想的基本境象》（与辻村公一和大桥凉介合著，弗莱堡，1981年），等等。如果我们把从胡塞尔到海德格尔再到罗姆巴赫的思想演进看作"现象学之道"，那么这条道路应当从当下的欧洲语境出发，深入西方传统的原初境域，而后以一种跳离的姿态，以欧洲外的思想资源为出发点，对欧洲传统进行整体反思，从而开辟一条新的思想道路，以继续推进现象学的思想对话。

罗姆巴赫一直以推进现象学对话为己任。在《现象学之道》中，他曾回忆，1969年在庆祝海德格尔七十寿辰的会议上，海德格尔最后亲自总结会议时却不无失望地说道："对话中断了。"因此，如何延续这一现象学对话，成了新一代现象学家的核心问题。

在这个意义上，我们可以说，罗姆巴赫的工作确实是将海德格尔的现象学之思进一步推进，接续了现象学的对话。他用结构思想来阐解"道"，并且由此对整个西方主流思想传统进行批判性反思。结构存在论强调存在的结构特征、动态化、发生性、关联性、共创性、无中心、整体与环节的相互映现等，所针对的是传统西方存在论的实体存在论或者体系存在论，即古代西方对于静态本质和实体的追求，以及现代西方在科学技术意识形态下的客观主义和唯科学主义倾向。结构思想揭示了西方思想传统中作为欧洲思想基础的"存在"理解的有限性和片面性，而这种揭示只有从更为深入的根基出发才有可能发生——不仅通过海德格尔式的回到前苏格拉底的追问，而且也通过对东亚思想的把握和借鉴，最终通过深入批判西方思想传统并最终超出西方传统的视域之外。

沿着海德格尔—罗姆巴赫开辟的这条路径,我们看到了现象学发展的新的可能空间。这个空间既不囿于西方,也不囿于东方,而是沿着思想本身的道路向前推进。如罗姆巴赫在《现象学之道》开篇所说:

> 胡塞尔不是第一个,海德格尔也不是最后一个现象学家。现象学是关于哲学的基本思考,之前它已经有很长的历史,之后也会长久地存在。它自我凸显,大步地超越那些它自己在自身道路上已建构的观点。①

因此,"现象学之道"从根底上意味着,现象学哲学并非先天地出于欧洲或者希腊。尽管迄今为止的现象学经典多数来自欧洲世界,但未来能够超越自身的思想发展则可能来自其他语言和文化传统。这些不同的语言和文化传统都可以在现象学之道上对已构建的观点进行审视和反思,贡献出自身的原创性成果。在当代,当现象学哲学在其源发之地逐渐退出思想界的核心区域之时,汉语现象学无疑应当承担起这一责任。

用汉语思考和谈论现象学,无疑首先要做的是对现象学经典的恰当翻译、领会和阐解。这里涉及的,乃是现象学经典在一种陌生语言中的跨文化"重演"。在这种跨文化理解活动中,一方面是本来固有的文化传统,另一方面是新的思想和问题,二者的融汇形成了一个全新的讨论平台。在此之上,人们通过对二者"切近"(Nähe)之处的发现而实现对新思想的诠释学"重演"——一种置身于家乡

---

① 罗姆巴赫:《作为生活结构的世界——结构存在论的问题与解答》,第69页。

世界经验对陌生世界传统的审视与领会。这种重演活动由于其立足视域和关注对象之间关联的独特性,而造就了一种独一无二的创造性吸收的可能性。尤其值得注意的是,这种领会并不是单向度的。人们不仅在重演中以原初视域接受了新的对象,而且这种接受反过来也根本上改变了原初视域。这两个方面共同构成了一个新的历史境域,在其中,无论是原初的视域,还是陌生的思想,都被赋予了一个全新的面貌。过去的思想由此在一种新的境域中获得了一种当前性,哲学从而接续传统产生出新的历史性开端。这种当前性并不是一种无根据的随意解读,而是对蕴含在思想传统之内的隐蔽可能性的揭示——通过对可能性的揭示,思想源头得以在新的境域中转变,重新获得一种鲜活的力量。经由这种鲜活的当前性,思想的历史才得以发生深入的演进,一个全新的开端蔚然形成,那种超越文化和历史界限的人类共同的精神生活才得以可能。

20世纪下半叶以来,一方面,随着现象学思潮在中国的滥觞,一种介乎文化和语言传统之间的思想"重演"变得不可避免;另一方面,中国的传统思想在当代境域中面临着重重困境,这种"重演"因此可以被理解为中国的古老传统在面对全球化和西方文明的压迫时"承传自身的决心"(die sich überliefernden Entschlossenheit)。[1]面对这两方面的需求,具有原创性的汉语现象学构建无可避免。概言之,汉语现象学在推进"现象学之道"的进程中应当在四个层面上展开:一、对现象学经典(包括胡塞尔、海德格尔、舍勒、梅洛-庞蒂等人的著作)的移译和理解,以及对构成现象学运动前史的背景的研究;二、对当代西方现象学新发展的研究和把握,特别关注

---

[1] M. Heidegger, *Sein und Zeit*, Max Niemeyer, 1967, S. 386.

那些具有原创性而非仅停留在经典诠释层面上的研究工作；三、从汉语视域出发，对现象学经典和当代原创性的发展进行汉语语境下的解读，在视域融合的进程中发现跨越语言差异的共同源泉；四、在充分把握这一共同源泉的基础上，返回汉语思想资源，以现象学的眼光和方式启动汉语思想传统中的问题和思想资源，构建具有原创性的汉语现象学。

因此，汉语现象学不是现象学运动中基于汉语本位的地域性局部发展，也不是在某些问题、某些领域中的比较研究，而是承接了整个现象学运动的原创性开拓，是"现象学之道"的自然延伸和未来组成。海德格尔—罗姆巴赫为汉语现象学的构建提供了思想发端，循着这条路径而入，汉语传统内的读者和思想者需要从自身传统出发、从东西方对话出发继续推进"现象学之道"。未来的现象学可以也应当是讲汉语的。

陷于历史之中
——简论威廉·沙普的历史现象学

一、业余哲学家

哈根大学哲学系教授库尔特·罗特格斯（Kurt Röttgers）曾评论说，沙普（Wilhelm Schapp）是一位Dilettant（这个词有"半吊子、半瓶醋"的意思，同时也有不带贬义的"业余爱好者"的意思）。作为沙普的同乡，当代著名哲学家吕伯（Herrmann Lübbe）是沙普思想研究的大力推动者。他评价说，后一个意思恰好很能贴切地描述沙普，"直至18世纪末，这个词主要的意思还是：出自纯粹兴趣的能力的拥有者"。歌德曾盛赞这种业余活动（Dilettantismus），"当能够接近时，总是想要承担某种要求最高技艺的不可能性"。而现代人们对于Dilettant的贬低，在叔本华看来，主要是基于"一种卑鄙的信念，相信没有人会认真地着手做一件事，除非他被穷困、饥饿或其他欲望所刺激"。[1]而在现代社会，这种业余身份具有的能力，恰好是对资本主义时代泯灭个性的职业化要求和单向度生活状况的一种反动，代表了一种开放和多元的积极价值。这从今天从事自由职业

---

[1] H. Lübbe, "Lebensweltgeschichten. Philosophische Erinnerungen an Wilhelm Schapp", in K.-H. Lembeck hrsg., *Geschichte und Geschichten*, Königshausen & Neumann, 2004, S. 27.

的非学院哲学家在欧洲日渐流行这一现象中可见一斑，比如阿亨巴赫的"哲学实践"和威廉·施密特（Wilhelm Schmid）的"生活艺术哲学"。

沙普是胡塞尔在哥廷根时期指导的第二位博士生。[①]大学时代，他的专业是哲学和法学，曾在弗莱堡跟随李凯尔特、在柏林跟随狄尔泰和齐美尔学习。在完成了法律专业国家考试后，他来到哥廷根大学跟随胡塞尔学习，并在胡塞尔的指导下于1909年完成了博士学位论文《感知现象学论稿》。这部著作被看作现象学哥廷根学派的代表性著作，深得胡塞尔现象学的精髓。它忠实于"面向实事本身"的现象学精神，致力于具体而微的感知和意识分析。在博士学位论文的前言中，他写道："我只希望，不要写任何我没有亲眼看到的东西。"

沙普以优异的成绩取得博士学位后，却没有继续他的学术生涯，而是回到他位于萨克森州的家乡奥里希（Aurich）（这里也是奥伊肯［Rudolf Eucken］和吕伯的故乡），当了一名律师和公证员。在服完"一战"的兵役后，他又回到哥廷根大学学习，在法哲学家宾德（Julius Binder）的指导下完成了法学博士学位论文。"二战"期间，沙普作为德国军事法庭的战时法官参加了战争。他一生共出版了11部哲学著作，其余的哲学手稿都保存在慕尼黑的巴伐利亚国家图书馆中。

沙普这部在1909年完成的博士学位论文一共出过四版[②]，很少有博士学位论文能得到学术界如此大的重视，胡塞尔当年也为指导他花费了很多心力。为何他最终却放弃了学术生涯转行去当律师？对

---

① 胡塞尔指导的第一位博士是卡尔·古伊都·诺豪斯（Karl Guido Neuhaus），他的博士学位论文题目是《休谟关于伦理原则的学说》，1908年出版。此信息蒙倪梁康教授垂教。
② 出版年份分别为1910、1925、1976、2004年。

此问题，吕伯曾问过沙普。沙普的回答是：尽管他相信自己可以从事哲学事业，但是他觉得穷尽30年的教师生涯也无法研究整个哲学的范围（今天他回想起来仍是如此），因此放弃了职业哲学家的人生规划。① 同时他也相信，哲学并非完全是学院的和理论的，而在更大的意义上应当是日常化的直接体悟。就像胡塞尔曾向他的一位研究贝克莱的学生所说的，重要的是"你看到了什么"，而非"你读到了什么"。这也是最本源意义上的"现象学"理解：现象学要求"面向实事本身"，不带前见地做出具体的观察和充分的描述。遵照此精神，沙普曾写道："只有被看到之物，才属于哲学。"而另一位现象学家威廉·斯泽莱西（Wilhelm Szilasi）曾如此要求他的学生："以感觉的方式思考"（Denken Sie sinnlich）、"笨拙地思考"（Denken Sie dumm）。这就是现象学对于实事的追求，即如其所是地描述，致力于严格的侧显分析（Abschattungsanalyse）。②

在完成了《感知现象学论稿》中具体而微的意识研究工作之后，业余哲学家沙普展开了他规模庞杂的法律现象学和历史现象学研究。由于他的研究兴趣横跨哲学和法学，因此他的一大研究重点是尝试从现象学的视角出发考察法律现象，比如关于合同的现象学分析。他是最重要的法律现象学（Rechtphänomenologie）家之一。他在1930年出版了《作为预先被给予之物的合同》一书③，次年就受到西班牙现象学家奥特加·伊·加塞特（Ortega y Gasset）的推荐被译成西班牙语出版。他晚年的兴趣转向了对历史哲学的研究，认为我们的个

---

① H. Lübbe, "Lebensweltgeschichten. Philosophische Erinnerungen an Wilhelm Schapp", S. 27.
② O. Marquard, "Die Philosophie der Geschichten und die Zukunft des Erzählens", in K.-H. Lembeck hrsg., *Geschichte und Geschichten*, S. 46-47. 马奎德曾师从斯泽莱西学习，他年轻时就认识沙普。
③ 《作为预先被给予之物的合同》一书分两卷，第一卷为《法律新科学：一项现象学的研究》，第二卷为《价值、作品和财产》。

体和群体都无可避免地陷于历史之中，历史不仅是人的生存境域，规定着人所有的表象和行为，它甚至就是人本身。《陷于历史之中：论物与人的存在》[①]是他这一领域研究的代表著作。这是一部思想超前的著作，在其中可以找到很多今天的人文学科的发展倾向：叙事理论、文化相对主义、诠释理论、语境理论、历史主义，甚至是女性主义的一些想法。[②]

二、"陷于历史之中"

当胡塞尔提出发生现象学的构想，海德格尔在《存在与时间》中展开现象学的此在分析、依据时间探讨存在问题时，历史就进入了现象学研究的核心区域。现象学研究人的认识、行动和存在的原则，这一研究对于主体的历史性是开放的。"重回历史主义"（Wiederkehr des Historizismus）成为现象学运动的一个趋势。不唯现象学家，像狄尔泰和米施（Georg Misch）这样的哲学家也是在历史主义的路径下思考的。他们尝试在逻辑主体的历史和人类学内容之可能性条件下，重新讨论超越论逻辑的有效性问题。沙普的《陷于历史之中》是当时的现象学和哲学中这一思潮的典型代表。

沙普用聚焦于生活世界历史的"具体现象学"取代抽象的意识研究，聚焦于描述现象。这是一种经验哲学层面上的"主题哲学"，与经典现象学的本质研究相对。对于从胡塞尔的本质现象学到具体现象学的转化，在此之前已有众多的现象学家进行了尝试。沙普的

---

① 《陷于历史之中》也出过四版，分别出版于1953、1976、1985、2004年，并在1992年出版了法语译本。
② G. Scholtz, "Das Verhältnis der Geschichten zur Geschichte. Kritische Fragen an Wilhelm Schapp", in K.-H. Lembeck hrsg., *Geschichte und Geschichten*, S. 57.

特殊之处在于，他的工作并非在纯粹的学院空间中展开，而且他明确地提出了"历史现象学"概念。吕伯在1954年发表的一篇论文中，就将从胡塞尔现象学到沙普历史现象学的转折称为"现象学柏拉图主义的终结"。①

《陷于历史之中》一书分成两个部分，第一个部分论述了"目的之物"（Wozuding）概念，第二个部分论述了"陷于历史和历史中的状态"。全书没有任何体系化构建的倾向，也没有复杂的哲学术语，沙普用非常平实的语言以现象学的方式描述了人与世界、人与历史、人与物之间的关系。他的工作是对胡塞尔的"区域存在论"设想的一次实践，而其内容又介乎海德格尔与许茨之间，一方面是对人的在世状态的描述，另一方面则以具体的视角论述了人、物与历史之间的不同层次结构。

历史和外部世界之间的关联在意义关联物中体现，沙普称之为"目的之物"。目的之物是人们造就的固定之物，是人的产品，比如杯子、桌子、椅子、房子、街道、铁路，等等。作为人造物，其边界却并不清晰。沙普举例说，一个马车夫忘了带马鞭，他从树上扯下枝条当马鞭，这可以算目的之物；而一个人从地上捡起一块石头向一只狗扔去，对这块石头是否可算目的之物的界定就比较模糊了——沙普说，不应考察这种边界上的事物。

历史在沙普那里首先是主观历史。因此，他将目的之物称为"位于历史和外部世界之间的接缝"②。每个目的之物都有其历史，也就是有其意义关联（Sinnzusammenhang）。具体地说，每个目的之物

---

① H. Lübbe, "Das Ende der phänomenologischen Platonismus", in *Tijdschrift voor Philosophie*, Bd. 16, 1954, S. 639-666.
② W. Schapp, *In Geschichten verstrickt. Zum Sein von Ding und Mensch*, Meiner, 1953, S. 3.

都被规定了制造的目的,同时也可以被追问"从何而来"(auswas),也就是具有特定的质料。关于其质料,我们可以将目的之物拿在手上,使用各种感官去检验它,就像笛卡尔拿着一块蜡所做的那样。沙普说,目的之物的质料刻画了这个目的之物在世界图景中的位置,这个"从何而来"构成了从外部世界到主观历史的一个媒介,它使目的之物可以陈述历史;或者说,在目的之物中,"历史自我陈述"[1]。除了感官感觉到的各种目的之物的属性之外,我们也可以问这个物的制造者所遵循的计划或者目的,由此我们进入了物的本质或物的本真存在。

对目的之物的论述是对沙普博士学位论文的延续。他强调,关于感知实践构建过程的现象是生活世界众要素中较为优先的,应当被理解为人类学—存在论之普遍性的现象。在《感知现象学论稿》中他就已指出,作为感知的对象,每一个事物都有其历史,这种历史成为我们感知和理解它们的线索:

> 情况是,仿佛每一个事物都有其历史,并且仿佛这种历史在事物中留下了痕迹。这些痕迹有时向我们显现,就像疤痕,我们理解着去阅读。……每个事物总是在其偶然的构造中显示出是什么贯穿了它,以及由此显示出它的历史、它的独特样式,以及它如何经受住它的命运。[2]

沙普通常使用复数的"历史"(Geschichten),这一概念类似于胡塞尔的"生活世界",它是世界和生活成就的总和。人和物陷于

---

[1] W. Schapp, *In Geschichten verstrickt. Zum Sein von Ding und Mensch*, S. 40.
[2] W. Schapp, *Beiträge zur Phänomenologie der Wahrnehmung*, Vittorio Klostermann, 2004, S. 117.

历史之中的状态是普遍的。第一，人的整个主体精神生活——包括激情、欲望、性格、爱、恨、理性、理智、认知等——是陷于历史之中的；第二，他人或旁人也共同陷于历史之中；第三，陷于历史之中的是超自然的存在，比如神；第四，动物总是被看作与人相似的，因此它们摆脱不了历史；第五是外部世界，从大地到星辰。沙普认为，无生命的外部世界在一些时代也是作为人或生命之物被表象的，因此也陷于历史之中。生活世界之历史的这种普遍有效性被视为先天的。

沙普肯定了历史的优先性，认为历史比他早年研究的感知更为原初。历史是由许多的历史组成的。而和外部世界相比，历史也是优先的。从人到外部世界的一切都是历史的衍生物，实在物也是历史的衍生物。沙普认为，没有与历史无关的东西，一切都在历史中展开，历史就是预先被给予人和世界的最本源的基层，传统上习惯追问承担历史的本质，在历史现象学看来实际上没有意义。

陷于历史、渗透进历史的状况无法以对象的方式得到研究。历史是一个构造物（Gebilde）（人和物于其中产生），而不是一个独立于人的对象（Gegenstand）。对于历史以及陷于历史之中的状态，人们无法将之区分开来，二者是搅和在一起的。因此，人（自我）和历史也无法区分开来，人就是历史。如沙普所言："每个自我都有历史。"（Kein Selbst ohne Geschichten）①但是，这里的历史并非历史的文化（后者是文明高度发展的结果），而是生活世界中更基本的组成要素。

语言和理解也是陷于历史之中的。语言的使用，谁在使用，使用日常语言还是专业语言，都是言谈和理解的前提。这就是历史。

---

① "每个自我都有历史"是斯蒂芬尼·哈斯（Stefanie Haas）关于沙普的研究的一本书的题目：《每个自我都有历史：沙普的历史现象学和保罗·利科对叙事身份的思考》。

如果不考虑这一点,不考虑其前置的地基,只关注语言的表达内容或思想构造物,是无法实现言谈和理解的。沙普说,没有进入历史境域的理解活动是无法深入的,这就像与九头怪蛇西多拉的斗争,你砍了一个头,又出来两个头。历史还涉及讲述与倾听,讲述者和倾听者都是陷于历史中的,他们的讲述和倾听行为又使得历史得以延续。

早期胡塞尔现象学讨论命题(Satz)与事态(Sachverhalte)之关系。沙普指出,历史就是最广大的事态,对所有命题的理解都由此而出,这是一个半明半暗的视域。因此,他将胡塞尔的意识现象学扩大到历史研究上,不仅认知活动,还有数学、逻辑法则、语法结构等认知法则,都具有一个更加广大的"置身于其中"的状态、陷于历史之中的状态。对人而言,这种历史的陷入状态(Verstricktheit)、陷入生活历史的状态(Verstricktheit in die Lebensgeschichte)是一种体验历史的明见性经验,历史的真理就是这样呈现的。①

沙普将历史分成自身历史(Eigengeschichten)、陌异历史(Fremdgeschichten)和我们历史(Wir-geschichten)。每个个体都处在自身历史之中,而自身历史又与其他两种历史纠缠在一起。一位历史学家讲述的不是他个人的自身历史,而是一种对他个体而言的陌异历史。经过讲述,这种陌异历史成为我们历史。在这里,"我"和"我们"同等原初。

总而言之,沙普的历史现象学有如下值得关注的特点或要点:

第一,人就是其历史。"人"首先不是一个本体论上的实体概念,不是主客二元框架下的科学对象或科学主体,而是其历史。人

---

① "人们是如何陷于历史中的,历史就是如何存在的。""只要人们陷于历史之中,历史就是真的。"(W. Schapp, *In Geschichten verstrickt. Zum Sein Von Ding und Mensch*, S. 148, 150)

就是一个"他是……"(der, der...)结构,只能通过历史来界定一个人。每个人都是他的生平履历,都是其历史的统一整体。自身和他人共同陷于历史之中。

第二,沙普的历史现象学强调了历史的复数性质和多元性,他的两本相关著作题为《陷于历史之中》和《历史的哲学》。一方面,单数的历史意味着事件的普遍性。在历史学中,单一的历史在大部分时候指政治—社会世界的历史。而这一历史实际上是以复数的历史为基础的,比如语言史、宗教史、文化史、思想史、艺术史、科学史等。另一方面,如果人们只有一种历史,必须在一种改善世界或消除此岸世界的整体历史的统摄下,而没有多元的特殊历史(比如自身历史、陌异历史、我们历史),那这就意味着没有自由——自由存在于我们拥有的多元历史之中。

第三,沙普认为,陷于历史之中的人并不是一个按照既定剧本演出的演员。"陷于历史之中"意味着,人生充满偶然和意外,人是行动和偶然的混合物、行为和意外的混杂。历史不是自然法则的流程,也不是有计划的行动,而是介乎二者之间的。如果一切都合乎计划、合乎规律,那就没有历史。

第四,在历史现象学看来,历史必须被讲述。它不是可预言的自然过程,也不是有计划的行动。它充满了不可预见的遭遇,因此才必须要被讲述。人就是历史,所以人也需要被讲述。谁放弃了讲述,谁就放弃了历史;谁放弃了历史,谁也就放弃了自己。讲述是必需的(narrare necesse est)。在这里,沙普区分了"讲述"与"事件",这对概念可以被看成历史的主观方面和客观方面。按照现象学的方式,他将事件还原到讲述上。因此,沙普在这里明确地拒绝了历史观察的客观性和外部视角,因为通过这一视角,人们不可能进入历史,也无法开启历史的意义。他坚持认为,历史与陷于历史之中的存在是同一的,历史与讲述历史是同一的。①他丝毫不怀疑讲述历史的可靠性,将之视为比客观历史更为本源的基础:"我们在研究中将这些历史作为堡垒,时时可以不断撤回其中,背后就是我们陷于其中的历史,这也就是我们自身。在这里,没有认识,而只有阐释。"②

三、历史现象学的意义

沙普尝试将客观历史的事件还原到主观讲述上,通过主体明见性经验取代自然科学的客观主义方法和客观性,反对客观普遍的世界历史。这是现象学的思路。类似的考虑方式在晚年胡塞尔和海德格尔那里并不罕见。胡塞尔主张以主体的意义构建来对抗欧洲科学危机中的意义的空乏,海德格尔在《存在与时间》中强调此在的向来我属性(Jemeinigkeit)。相应地,沙普也是从被体验的个体历史出发的:从"为人而存在的"③历史出发,然后着眼于我们历史。这也类似于胡塞尔的"交互主体性"和海德格尔的"共在"构想。"目的之物"的构想,也与海德格尔的"上手之物"和"用具"有相近之处。

晚年胡塞尔更多地直接将历史作为思考的主题。他对历史的表述与沙普的历史现象学高度一致,比如他在1934—1935年的手稿中

---

① "历史和陷于历史之中的存在如此紧密相关,以至于人们可能在思想上无法将二者分开。"(W. Schapp, *In Geschichten verstrickt. Zum Sein Von Ding und Mensch*, S. 85)"对于这些历史,我们无法区分语词或者言谈的方面和另一个方面,即某种形式的事件一方面……"(W. Schapp, *Philosophie der Geschichten*, Vittorio klostermann, 1981, S. 267)

② W. Schapp, *Philosophie der Geschichten*, S. 29.

③ Ibid., S. 100, 103.

将"原初发生的历史性"视为"人类个人世代连接的普遍联系之精神生活的统一"①,并宣称"人的生活是必然的,并且作为具有特殊思想内涵的文化生活是历史的"②。对人类精神发生学的考察自然地导向现实的历史:"精神的东西是在行为中形成的……这使得人的此在,以及相关联地人的周围世界,作为事物的周围世界以及个人的周围世界,变成了历史的东西。"③

除了与经典现象学的历史考察有着高度契合之外,沙普的历史现象学对于当代的时代问题也有切入。马奎德在发展他的"均衡/补偿"(Kompensation)构想时,就多次引用了沙普。马奎德说,沙普是他引以为基础的五到六位最重要的哲学家之一,他从沙普的思想中得出两个命题:1.完全在沙普的意义上:人就是其历史,因此对历史的讲述不可避免;2.尽管现代世界有无历史性的倾向,但是为了实现对这种无历史性的均衡/补偿(kompensatorisch),在未来讲述历史也是必需的。

众所周知,现代世界有一种无历史性的趋向:取消历史,取消讲述和叙事。那么面对这一境况,历史现象学何为?讲述何为?

现代世界是在人的极端科学的、技术的、经济的、信息的理性化过程中开始的。经此过程,人变成可实验的对象和可计划的行动。只有当人遵循一定的方法从其历史来源的传统中摆脱而出并可被替换时,上述过程才能成功。只有这样,现代自然科学才能统一被测量、被实验,形成与传统无涉的检验结论。由此,传统的历史现实性被技术化的功能现实性所取代,现代经济借助于全球通用的货币

---

① 胡塞尔:《欧洲科学的危机与超越论的现象学》,王炳文译,商务印书馆,2001年,第612页。
② 同上书,第620页。
③ 同上书,第613页。

将原本独特的产品变成全球贸易的货物。通过与传统语言系统无关的数据和图像系统，信息不断以更快的速度在全球范围内传播，世界日益扁平化和单向化——而这一现代化过程只有在摆脱语言、宗教、家庭、民族、文化等历史关联性时才有可能实现。事实世界的可替换性要求人的可替换性，由此实现理性化背景下现代意义上的技术世界的永恒化。这一要求实现的前提就是对生活世界历史的刻意中立化，否定历史以及对历史的讲述。这一现代趋势造成的人类生活危机和意义的空乏已经日益凸显，受到各个层面的批判。而现象学哲学的基本动机正是要克服这个趋势，历史现象学在其中扮演了重要的角色。

马奎德认为，在现代世界和现代生活里，我们通过回忆、纪念、阅读、博物馆、诠释学等维系历史，对抗理性化过程中的无历史性。文学尤其是小说的讲述/叙事艺术均衡/补偿了传统历史叙事的没落，"荷马的精神"均衡/补偿了"理论的精神"。现代世界尤为需要精神科学也就是历史科学和讲述科学的发展，就像沙普的历史现象学所要求的，我们应当生活在"被讲述的世界"里。[①]

[①] O. Marquard, "Die Philosophie der Geschichten und die Zukunft des Erzählens", S. 52–57.

现象学与人智学
——一个曲折的思想关联

一、人智学是什么？

人智学的创立者鲁道夫·施泰纳（Rudolf Steiner）曾担任过歌德全集的编者，也是著名的尼采专家，更是20世纪上半叶最红的大众哲学家之一。而且，他也是那个时代的博物学家，对于科学、神学、教育、农业、建筑、体育、医学等领域都有广泛涉猎且成绩斐然。他善于演讲，一生做过超过六千场讲座，讲座经常一票难求。他在演讲中所画的黑板画，也被他的追随者当作艺术品小心地保留下来。施泰纳的黑板画对约瑟夫·博伊斯影响至深。除了博伊斯之外，施泰纳和人智学在当代艺术中还有更为广泛的影响，康定斯基、保罗·克利、蒙德里安、柯布西耶等人都是他的追随者。

施泰纳试图通过他的哲学为大众的生活提供指导，借助不同领域的成就为人们指出通往精神自由的社会实践道路。他在各个学科和生活领域做出的独特贡献——从神智学（Theosophie）、人智学（Anthroposophie）、华德福（Waldorf）教育、优律司美（Eurythmie）到可持续的生物动力农业、人智医学、经济、医疗与护理等不一而足——时至今日仍然焕发出强大的生命力。

"人智学"这个词并非施泰纳首创。在他之前，谢林、特罗西勒（Troxler）和费希特都用过这个词，指称一门有待建立的新科学。施泰纳将"人智学"与"精神科学"（Geistwissenschaft）看作同义。在他看来，人智学乃是对自我之人性的认识，并基于此重新安置人与世界的关系。与胡塞尔类似，施泰纳在他生活的年代看到了人类面临的生存危机。他意识到，传统的价值和观念与对"何为人"这一问题的回答已经无法为今天我们面对的危机提供更多帮助。因此，他提出了"人智学"的构想，与传统的神学和哲学划清界限。他认为，人是能够自我发展的存在，并且能够在这种发展中激活其本身具有的精神性的、创造性的力量，由此建立与世界的新型关系；同时，世界也会由此展示出迄今为止隐而不显的精神面向。用施泰纳的话说："人智学是一条认知之路，这条认知之路将把人性当中的精神性引导向整个宇宙当中的精神性。"[①]

人智学不同于传统的哲学和神学理论，它不是一个封闭的、已完成的理论体系或世界观。[②]施泰纳相信，人智学是一门科学，它一方面强调以具有理性能力的人为对象，其结论能够被具有健全认知能力的人所验证；另一方面以个人的发展为中心，相信每个人都能够发展自身的认知能力，从而获得直接的精神经验，全面认识人与世界的关系。因此，它既不同于传统神秘主义，也有别于宗教天启论。也正是在这一点上，它与一般意义上的"神智学"分道扬镳。[③]

[①] 转引自齐默曼：《什么是人智学》，金振豹、刘璐译，深圳报业集团出版社，2015年，第18页。
[②] 施泰纳甚至说："人智学最好每个星期都获得一个新的名称，以使人们不会因为名称的固定而对它所带来的东西习以为常。"
[③] 施泰纳早期曾担任过神智学会德国分会的负责人，后来创立人智学，与神智学会脱离了关系。

施泰纳从神智学到人智学的转变,乃是从反理性的神秘主义(通灵学)转到哲学的神秘主义,即通过理性的思考达到理性无法达到的境界。他相信,具有思想和行为的人是一个精神性的自由存在。他是自由意志的捍卫者,但认为不能仅仅从理性的角度捍卫,而应从思想和精神的角度捍卫之。思想体验(Denk-Erleben)构成他的描述的出发点。人智学强调个体性、内在性、思想体验、直觉等,追求人既独立于外部世界又独立于观念的"自由"。"人必须能够以体验的方式使自身面对观点;否则他会被观念奴役。"[1]

我们看到,施泰纳的人智学是面对时代问题的思考。在19世纪下半叶到20世纪的背景中,他的思想就是要以一种不同于传统神秘论的方式突破科学主义模式,揭示一个理性不能通达的关于人、精神和思想的边缘论域。无独有偶,当胡塞尔从反心理主义开始通过意识分析试图建立一门"作为严格科学的哲学",力图在生活世界的基础上建立普遍哲学,并且由海德格尔将其转化为一种基础存在论时,现象学体现出了对其所处的19、20世纪唯科学主义、客观主义背景的深刻反思和批判。因此在这个意义上,现象学和人智学面对着同一个时代的共同问题背景,具有相似的问题动机,相互间自然有一些曲折的思想关联。

二、胡塞尔和施泰纳,以及瓦尔特

胡塞尔在书信中曾不止一次地提及施泰纳,但基本没有显示出任何赞赏的口气。比如,他在1922年3月2日写给好友马萨里克

---

[1] 施泰纳:《自由的哲学》,王俊译,台湾人智学教育基金会,2017年,第279页。

（Masaryk）的信中说：

> 神秘主义运动，比如施泰纳主义，令人难以置信地流行，并且冒充自己是真正的、将人提升到经验层面之上的"精神"科学。多年来受到无休止折磨的心灵充满了灼热的解脱的渴望，它们坠入混浊的迷狂或在新老宗教中寻求拯救。那些多年来前赴后继殉道的心灵被燃烧的解脱渴求所充斥，它们或者堕落为含糊不清的狂热，或者在旧的或新的宗教里寻找拯救。规模宏大的天主教改宗运动恰好就是在这个理智范围内被关注的。那些来自民间的，以及工人中的来自教会之外的单一宗教运动都属于此。

而作为当时思想界和文化界名人的施泰纳无疑也了解现象学。在1915年的一次课程中谈到主体间理解的问题时，他提到了现象学、胡塞尔以及舍勒。他认为，现象学中主体间直接认知的观点与他的想法一致：

> 与此相反，有一个新的哲学学派有不同的观点，马克斯·舍勒是这个学派的出色的诠释者。这个学派具有如下观念：一个人能够对他人的自我具有直接的印象。关于这个自我的内容，在更严格的科学意义上，哲学家胡塞尔以及知名度更高的舍勒在他们所写的文章中指出，这种新近的哲学承认如下方式：一个直接的意识有能力对另外一个意识有所知。

关于主体间的话题，特别是借助通感和同情的经验共享问题，胡塞尔的学生格尔达·瓦尔特（Gerda Walther）在其1923年出版的博士学位论文《论社会共同体的本体论》中多有讨论。①尽管胡塞尔本人对以施泰纳为代表的当代神秘主义运动心存芥蒂，但他的两位女学生格尔达·瓦尔特和埃迪·施泰因（Edith Stein）则都深受神秘主义的影响。

而对于神秘主义哲学本身，胡塞尔本人似乎也并非绝对排斥。比如他曾提到，就超越知性活动而言，现象学的纯直观（reine Intuition）或本质直观与神秘主义的智性观照（intellektuelle Schauen）或者"精神的看"（visio mentalis）有相似之处。在一篇约写于1923年的手稿中，并不甚关注哲学史的胡塞尔以赞赏的口吻专门谈到了中世纪的宗教哲学家库萨的尼古拉。他宣称，库萨的尼古拉的"精神的看"实际上就是现象学的本质直观。②而他的学生瓦尔特也将她所理解的神秘主义意义上的"精神直觉"与现象学的"本质直观"联系在一起。她回忆自己早年在弗莱堡学习时曾参加海德格尔的研讨课，在课上曾练习对红色的本质直观，并坦言"这个问题对于诸如神秘化结合（unio mystica）至关重要"③。而在其代表作《神秘现象学》中，她重点讨论了这种神秘化结合（与他人结合，与上帝结合）的经验。在1920年5月18日致胡塞尔的一封信中，她说道，这种"精神直觉"是对一种特殊体验的特殊反思，这种"体验既源自'情感

---

① G. Walther, "Zur Ontologie der sozialen Gemeinschaften", in E. Husserl hrsg., *Jahrbuch für Philosophie und phänomenologische Forschung*, Vol. 6, 1923, S. 1-158.
② 胡塞尔指出，在库萨的尼古拉那里，"比合理认识更高的还有一种理性的、不包含差异的知性，精神的看，直观。看上去，这不外就是本质直观"。参见 E. Husserl, *Erste Philosophie (1923-1924). Erste Teil: Kritische Ideengeschichte*, hrsg. Rudolf Boehm, Martinus Nijhoff, 1959, S. 329-330. 中译转引自胡塞尔：《第一哲学》上卷，王炳文译，商务印书馆，2006年，第423页；译文有改动。
③ 瓦尔特：《于弗莱堡时期在胡塞尔身边》，王俊译，载倪梁康编：《回忆埃德蒙德·胡塞尔》，商务印书馆，2018年，第219页。

的深处',也源自'精神的高处'","'开悟的'认识,或者宗教的
'启示',或者也包括最深的感受(例如一次最深的爱)"都属于这
种体验。而对这种体验的反思把握是一种"意向活动的特殊反思变
种",亦即"精神直觉"或"形而上学的直觉"。①而在写这封信之前,
她就已接触到了施泰纳的著作和思想,深深为之折服并奉之为精神
导师,正是施泰纳的思想将瓦尔特引入了神秘现象学的研究。瓦尔
特在1919年写道:"关于这一点,我一再有机会用我自己对人的多彩
发光的经验与施泰纳博士的阐述做比较,并发现它们得到了证实。
它使我对施泰纳博士的阐述的正确性产生了某种信任。"②此后在1923
年,她完成了《神秘现象学》,试图在现象学和施泰纳的人智学之间
做出沟通。在此书1955年第二版的前言中,她说道:"与此相关地,
在两次世界大战期间,我相当深入地研究了神智学、人智学、瑜伽
哲学等,并且也尝试由此出发获取关于这些事物的清晰性。然而我
始终关心的是,首先要借助于胡塞尔和普凡德尔所谓现象学—存在
论方法的帮助。"③通过现象学,她意识到,在对神秘体验的研究中,
真正实在的是体验本身、那种爱的激情,而不是体验对象。她试图
借助于现象学方法清晰地描述这些神秘体验——她将之视为不可再
被还原的"原初现象"。

但是,如前文所说,胡塞尔对施泰纳及其人智学运动基本持
否定态度。除了前文所引的1922年给马萨里克的信之外,在更早的
1921年9月18日,他在写给他的加拿大学生贝尔的信中也批评过"施

---

① 转引自倪梁康:《神秘现象学与超心理学的问题与可能:论胡塞尔与格尔达的思想关联》,载
《南京大学学报》2018年第4期。
② 转引自同上。
③ G. Walther, *Phänomenologie der Mystik*, Walter-Verlag, 1955, S. 18.

泰纳主义"。他在谈论当时欧洲的精神状况时写道:"在这里,我们自然也可以发现许多不清晰而且也不真实或半真实的观念论,不真实或半真实的对神的迷醉,对精神更新的狂迷,对通过'精神力量'、通过'精神'科学进行的升华,如此等等。人们会联想到中世纪的运动(女性贝格派和男性贝格派以及各种形态的神秘运动)。这里有迅速庞大起来的施泰纳主义(它可以被称作救世军的同类,借助于其巨大的组织以及流向它的巨大资金)。"[1]深受施泰纳影响的瓦尔特显然觉察到了胡塞尔的态度。因此,她在后来写的回忆胡塞尔的文章中写道:"不久之后,我转而专心研究超心理学/通灵学,这才真正激起胡塞尔的不满……我们的兴趣方向在一些方面开始有所分歧。"[2]可能也正是因为如此,她在这篇向他老师致敬的文章中并没有直接提及施泰纳,而是在结尾处颇费笔墨地写了她在1918年春天到魏玛参观歌德故居时的神秘体验。这极有可能是在暗示施泰纳对她的影响,因为施泰纳对歌德的重视众所周知。除了曾主编歌德全集并出版了大量阐释歌德思想的论著之外,施泰纳在瑞士的多纳赫亲手设计建造的人智学经典建筑就被命名为"歌德大殿"(Goethe Hall),小城多纳赫也因此被视为世界人智学运动的圣地。

尽管胡塞尔对施泰纳和人智学有所反感,但瓦尔特仍然坚持其研究志向,持续关注对神秘体验的意识描述,她"从胡塞尔的现象学和普凡德尔的心理学出发,用对很多现代人而言比经院式的语言更为熟悉的语言来言谈"[3]。瓦尔特在这个领域最为有名的著作是《神秘现象学》,这部作品令她成为20世纪神秘论和超心理学领域的重要

---

[1] 转引自倪梁康:《神秘现象学与超心理学的问题与可能:论胡塞尔与格尔达的思想关联》。
[2] 瓦尔特:《于弗莱堡时期在胡塞尔身边》,第227—231页。
[3] G. Frei, "Zum Geleit", in G. Walther, *Phänomenologie der Mystik*, S. 13.

代表人物。她所理解的"神秘现象学"具有高度的批判性：反对唯物主义哲学，排斥因果阐释和历史阐释，拒绝心理主义以及将经验局限于感性被给予物的做法，将神秘经验视为原现象，等等。在现象学的意义上，她将自己运用的"精神直觉"等同于胡塞尔的"本质直观"或"观念直观"，所以这种"精神直觉"也被称为"精神性的本质直观"。[①]

瓦尔特在神秘现象学领域的工作，实际上开辟了一条勾连现象学与人智学的桥梁。人智学强调超感性的精神层面上的思想体验，视之为人可把握的最原初的出发点，由此出发可以与世界的精神性层面贯通，而现象学至少为以严格的方式描述思想体验提供了可能。如，《神秘现象学》1955年第二版的编者弗赖便在该书的引言中说：

> 如今有许多关于超感性经验的自述。但在它们那里常常缺乏精神的、思想的穿透，而这部论著的作者恰恰带来如此丰富的穿透力。她并不畏惧以素朴的和真实的方式来报告自己的亲身体验，但并不仅仅停留在体验上，而是以思想的方式穿透它。现象学的分析在这里表明了自己的强处。就像在迪特利希·希尔德勃兰特、埃迪·施泰因以及其他人那里一样，在这里可以感受到胡塞尔现象学的训练：致力于在精神的本质直观中不只是从正面，而是从所有方面来考察一个内容，直至它在内心中变得完全明亮起来。格尔达·瓦尔特因此而达到对心理和超心理的过程的完全不同寻常的区分和细微洞察，它们是从对自身体验和陌异体验的终生探讨与穿透中产生的。[②]

[①] 倪梁康：《神秘现象学与超心理学的问题与可能：论胡塞尔与格尔达的思想关联》。
[②] G. Frei, "Zum Geleit", S. 14. 这段译文参考倪梁康《神秘现象学与超心理学的问题与可能：论胡塞尔与格尔达的思想关联》一文的翻译，有改动。

就胡塞尔、现象学与施泰纳的哲学理念而言，也有很多可以直接比较的点。比如在认识论上，施泰纳的"自由的哲学"强调将直觉视为"人之内在精神性活动"，"以体验的方式去理解思想的本质属性，就等于对直觉思想之自由的认知……如果有人因为基于内在经验能把一种以自身为基础的本质属性归于直觉的思想经验的话，那么他就会认为行动着的人是自由的"。①施泰纳认为，个体生命的第一个层次是感知，第二个层次是情感，第三个层次就是思想，纯粹思想同时作为实践理性生效。在第三个层次上，有一种"概念化的直觉"（begriffliche Intuition）成为人的实践动机，指导个体化行为，这类似于胡塞尔的"本质直观"。施泰纳在这里引出的是"道德直觉"，后者强调个体内发的、被观念内容所规定的道德驱动力，他称之为"伦理个人主义"（ethischer Individualismus）。这与他的密友爱德华·冯·哈特曼（Eduard von Hartmann）的道德意识现象学接近，而与康德的"绝对命令"针锋相对。

三、海德格尔与施泰纳

尽管海德格尔对施泰纳及其思想的看法也不太正面，但实际上二者在思想上还是有一些相近之处的，相关的研究论著和论文并不罕见。

首先，海德格尔和施泰纳都在寻求思想史上的"另一开端"。"人智学"概念的提出就是施泰纳寻求思想上"另一开端"的尝试。他尝试以一种精神性的经验主义克服康德的先验哲学体系和黑格尔的概念辩证法，直接处理人类最为本原的精神体验。而对传统哲学

---

① 施泰纳：《自由的哲学》，第261页。

的失望和对新开端的寻求，恰好也是海德格尔的思想动机。在1966年的《明镜》访谈中，海德格尔说道："哲学正在终结。"而他本人则试图在传统哲学之外建立一种精神性的、真正的思想联系。众所周知，海德格尔在《存在与时间》一开始就对传统形而上学的存在理解进行了批评，称之为"存在的遗忘"，由此提出了他的基础存在论。

海德格尔认为，从前苏格拉底到苏格拉底—柏拉图形而上学的转向为"第一开端的脱落"，而尼采则象征着西方形而上学的完成与后哲学思想的开启。这就是存在历史的另一开端。巧合的是，施泰纳也非常重视尼采，他比尼采年轻17岁，是当时著名的尼采研究专家，还曾担任过尼采的妹妹伊丽莎白·福斯特-尼采的私人哲学教师——尽管他对后者编辑出版的《权力意志》并不认同。施泰纳认为，尼采思想中最核心的观念是"超人"，这也是他在自己的论著中着力要表达的。他将尼采与"精神之自由"联系到一起，认为"上帝死了"后，取代上帝位置的就是"自由的人"。因此，他的人智学思想表达的首先是对人的生命力的重视。施泰纳指出，尼采不是一般意义上的思想家，他的问题都是针对世界和生活/生命整体提出的，非纯粹的理论可以穷尽。要回答这些问题，必须调动有关生命本性的一切力量。他说："我怀有对辩证法特别是根据律的一种不信任。"只有唤起人之本性中的一切力量，而不是仅仅通过逻辑，才能赋予生活以价值。"他的希望是，将人看作尽可能健康的、尽可能优良的、尽可能有创造力的。真理，美，一切理念之物，只有当它们促进生活时，才是有价值的，才与人有涉。"① 因此在尼采那里，真理

---

① R. Steiner, *Friedrich Nietzsche. Ein Kämpfer gegen seine Zeit*, Rudolf Steiner Archiv, 2010, S. 5.

是与本能、权力意志和生活相关的。"真理应当使世界服从于精神，由此服务于生活。只有作为生活的条件，它才有价值。"①

在认识论立场上，现象学家和施泰纳都反对主客二分的认识模式。在海德格尔那里是"此在"和"在世界中存在"，认识是此在的在世之在的一种存在模式，是在世之在的一种存在方式，而不是一个孤立的主体去获得一个外部世界中的客观对象。这也是现象学认识论的一个基本立场。与此相似，施泰纳认为，我们应当超越主体与客体的分离，把握概念之前的思想经验。思想既不是客体也不是主体，主体和客体都是从思想中引出的。因此，"在其他东西可被把握之前，思想必须被把握"②。施泰纳说道：

> 我们只有借助于思想才能将自身定位为主体，并且将自身与客体对立起来。因此，思想从来不能被理解为一种单纯的主体活动。思想超然于主体与客体。它构造了这一对概念，就同它同样构造了所有其他概念一样。③

在海德格尔那里，思想的经验同样处于中心地位。他从前苏格拉底哲学家那里得出了一些有关本真思想的线索：真实的思考、存在的意义、超越主客二元论等。但是，这种哲思很快就被形而上学和"上帝"的观念所取代，其中存在被还原性地客体化，存在的意义问题被遗忘了。在技术时代，思想能力的衰弱更加明显。因此海德格尔说，今天我们仍然需要去学会思考，"仍需要一种思想的教

---

① R. Steiner, *Friedrich Nietzsche. Ein Kämpfer gegen seine Zeit*, S. 7.
② 施泰纳：《自由的哲学》，第53页。
③ 同上书，第61页。

育"。在《何为思想?》一开头,海德格尔就说:

> 在我们这个可思虑的时代里最可思虑的(bedenklich),是我们尚未思想。……我们尚未本真地思想。①

在我们的这个时代,科学不思想,传统形而上学也不思想。所以,他要探讨"哲学的终结与思想的任务",尝试通过对思想的讨论来揭示作为此在的人的存在问题。通过诠释巴门尼德的"思想与存在是同一的"这个命题,海德格尔揭示了思想与存在的共属关系。思想要面对的是存在,而非任何现成之物;思想是源发性的存在经验,发生在主客区分之前。正如卡普托所言,在海德格尔那里有一种回答存在与思想问题的新方式,即二者共属一体,而不是像传统哲学那样寻找一个形而上学的基础。我们必须做出"思想的飞跃"才能达到存在的根基。卡普托认为,海德格尔的"思想的飞跃"与埃克哈特大师所说的"超脱"(Gelassenheit)相似,也类似于佛教禅宗所言的"顿悟"。②与诸如埃克哈特大师和佛教禅宗等各种神秘教义之间的相似性,在人智学中体现得更充分。像海德格尔一样,施泰纳也声称,我们不知道真实的思想意味着什么;并且他更直言不讳,坚持认为只有通过冥想练习才能直接体验到真实的思想,冥想的本质乃是作为心理活动的思想。

施泰纳认为,思想是人类最根本的行为,也是人参与世界的途径。思想就好比阿基米德的杠杆,由此出发才能把握世界,它是把握世界的最本源的出发点。

---

① M. Heidegger, *Was heißt Denken?*, Max Niemeyer, 1984, S. 6.
② 参见 D. Caputo, *The Mystical Element in Heidegger's Thought*, Fordham University Press, 1977。

在思想中，我们抓住了世界事件的一角，如果有什么要在此形成，我们就必须在场。……因为我完全不参与世界事件的形成过程，我只是径直发现它们；但是在思想中，我知晓了，它是如何被造就出来的。因此，对所有的世界事件的考察来说，没有比思想更为根源的出发点。①

施泰纳相信，思想是先于意识的，因为我们关心的不是造物的顺序，而是哲学家把握世界的顺序。当我们要解释思想和意识之关系的时候，其实我们已经在进行反思，就已经预设了思想。"哲学家所关心的并不是创造世界，而是把握世界。因此，他要去找寻的也并不是创造世界的出发点，而是把握世界的出发点。"②基于这个出发点，主客二分认知模式才得以确立。"人的双重天性都建基于此：他思考着并且由此囊括了自身和其余的世界；但是，他必须同时通过思想将自身确定为一个与事物对立的个体。"③而且因为人是有限的，所以人没有能力把握造物的第一个环节，只能"从那以最切近、最亲密的方式给予我们的元素出发……从当下的一刻出发和审视"④。在这里，人智学提出了与现象学极为类似的要求。施泰纳相信，我们通过理智认识的世界是有限的，是个别的，而这远远不是世界的全部。"人是有限的存在。首先他是位于其他存在者之中的一个存在。……宇宙应当是一个统一体、一个自我闭合的完整的整体。事件的洪流从未中断过。由于我们的局限性，那些事实上并非个别的东西，向我们显现为个别之物。……在一个紧密联系的概念体系中，

---

① 施泰纳：《自由的哲学》，第49—50页。
② 同上书，第52页。
③ 同上书，第62页。
④ 同上书，第53页。

我们的理智只能把握一个个单个的概念。这种分离是一种主观行动，是以以下情形为条件的：我们与世界进程并不是同一的，而只是位于其他存在中的一个存在。"①但是，人的精神性面向让我们超越个体，将自我与世界联系在一起。只有通过思想，我们才能超越个体，关联到普遍世界，这就是人类认知的冲动。②在这里，"思想可以被直接看作一个完整自足的存有（Wesenheit）"③。它不需要通过其他途径去解释或描述。

基于对人和世界关系的这种理解，及其与现象学一样追求先于主客二分的源发境界，施泰纳认为，物自体式的不可知论是虚构的。④"尽管我们不是外在事物，但是我们与外在事物结为一体，属于同一个世界。我将世界的一部分感知为我的主体，它被普遍的世界发生进程（Weltgeschehen）之流所贯穿。"⑤施泰纳区分了个体之我和宇宙之大我：前者基于情感，后者基于思想。"思想和感情符合我们存在的双重本性，我们已经对此进行了思考。思想是这样的元素，通过它我们参与了宇宙的普遍事件；情感是这样的元素，通过它我们可以将自己拉回到自身的狭隘之中……我们的生命是一个在普遍世界发生进程的共同生命与我们的个体存在之间持续进行着的来回运动。"⑥生命具有两个面向，一个面向是概念式的，另一个是情感式的。施泰纳明确地说，单纯基于情感的观视方式是神秘论的，但是神秘论的缺陷在于"它想将个体之物，即情感，培养成一种普世的

---

① 施泰纳：《自由的哲学》，第92—93页。
② "内在于我们的思想超越了我们的特殊存在，并且关联到普遍的世界存在。由此，在我们内在就产生了获取认知的冲动。"（同上书，第95页）
③ 同上书，第148页。
④ 同上书，第七章"认识有界限吗？"。
⑤ 同上书，第108页。
⑥ 同上书，第112—113页。

东西"①。从这个意义上说,尽管在具体方法上有相似之处,但施泰纳及其人智学思想并不等同于传统神秘论,他本人就自觉地要与神秘论划清界限。

与海德格尔相似,施泰纳也认为,最本真、原初的东西是思想。在他看来,认识和意识基于思想,对一切存在经验的把握都是思想的后果。思想作为人之存在最根源的基本特征,为此在及其生存方式奠基。施泰纳的"思想"是活生生的生命事件,是联结个体生命和世界事件的动态过程。施泰纳重视个体性,个体的自由是他的一切哲思的出发点和归属。这个观点同样贯穿于他对道德问题的考虑中。他说:"人性的个体是一切道德的源泉,是尘世生命的中心。国家、社会的存在只是由于它们作为个体生命的必然后果而产生。"②因此,施泰纳的立场就颇具现象学意味,他称之为一元论的:并非内在、外在的二元,而是"不将人作为一件已经完成的、在人生命中的每一刻展开自己的完全本质的作品加以考察",由此要"在人的内在看到一个自身发展的存有"③,因为"人就是其行动最终的确定者,他是自由的"④。从某个意义上看,海德格尔可能只是用基础存在论的话语重述了这些想法。二人如果能够展开直接的思想对话,他们无疑是会握手言和的。

四、结　语

胡塞尔将"清楚明白"视为现象学的一个首要标准,这一观念

---

① 施泰纳:《自由的哲学》,第143页。
② 同上书,第177页。
③ 同上书,第184页。
④ 同上书,第260页。

来自笛卡尔，有其基督教、数学和精神修炼的意味。灵魂得救的旅程由晦暗升入清明，所以理性相对于神秘主义的优势并非先天，而是启蒙的后果。如海德格尔所说："理性根本不是一位公正的法官。理性肆无忌惮地把一切与它不合拍的东西都推入所谓的、还由它自己划定的非理性之物的泥潭中。"[①]现象学的思想动机之一就是对于科学理性的批判性反思，从这个意义上说，现象学的"清楚明白"并非理性意义上的。即便在胡塞尔本人看来，现象学也绝非与神秘论针锋相对，这一点从他曾将佛教的"内观"和库萨的尼古拉的"精神的看"类比为现象学的"本质直观"中可见一斑。实际上，胡塞尔现象学的基本动机是在《欧洲科学的危机与超越论的现象学》中得到揭示的：唯科学主义的意识形态、生活意义的空乏造成了欧洲文化的危机，现象学是对这种时代和生活危机的批判性反思。

从这个意义上说，人智学与现象学有着极为相近的时代背景和思想动机，即在科学时代对理性主义的批判。施泰纳强调思想在精神性层面的决定性作用。在自然科学对外部世界的观察中，时间是前后相继的，所有事物都是可计算的，所有事件都在因果链条上。这是一种非此即彼的思维模式。而在人智学视野下，人的心灵和精神性过程与此不同。人智学模式要将个体置于相应的整体关联中来理解，施泰纳称之为有机的思想方法（Denkorganik）。与海德格尔类似，施泰纳也将思想视为最本真的经验。而在对思想的具体要求上，比如在人智学教育实践即华德福教育中，在对儿童感受力的培养中重要的一点就是对世界整体关联的联想和领会能力，即歌德的观察方法。这种方法追求一种鲜活的思考能力，要求我们不以绝对的方

---

① 海德格尔：《路标》，孙周兴译，商务印书馆，2009年，第457页。

式，而是根据具体情境因地制宜地把握概念。这与现象学所提倡的对象视域性和关联性的主张非常近似。而在与神智学分道扬镳之后，施泰纳也谨慎地处理他的思想与传统神秘论的关系。为了避免旧概念的历史包袱，他才启用了"人智学"这个全新的概念。

施泰纳留下了超过三百卷的全集，涵盖哲学、教育学、神学、社会学、医疗、艺术、建筑、农业等各个领域，其中有些著作有一些独断论的色彩。但是，以《自由的哲学》为代表的哲学著作则论证严密且具有描述性。他强调，人智学不是一个知识体系，而是一条无穷尽的认知之路，这与作为方法的现象学有相近之处。在这个意义上，这二者都具有未完成的特性。此外，施泰纳继承了歌德的观点，认为艺术和生命实践是认知过程中的必要因素，因此人智学的理论和实践密不可分。我们已经列举了施泰纳本人在不同专业领域的建树和影响，这一点似乎与作为方法的后经典现象学在不同学科中的运用和细化发展异曲同工。

Über Heidegger?[①]
——浅析京特·安德斯的海德格尔批判

一、京特·安德斯其人

京特·安德斯（Günther Anders）是犹太人，曾跟随卡西尔、胡塞尔和海德格尔学习，1923年在胡塞尔的指导下获得博士学位，博士学位论文题为《在逻辑命题中情势范畴的角色——关于情势范畴研究的第一部分》。他的父母都是心理学家，施泰因曾是他父亲在布雷斯劳大学的学生。安德斯原姓施特恩（Stern），后来自己改为"安德斯"，意为"与众不同"。1930年，安德斯与大学同学汉娜·阿伦特结婚，1933年与表兄瓦尔特·本雅明一道流亡法国。其间，他与阿伦特一起写作，批判德国法西斯主义意识形态。1936年，他与阿伦特离婚，但两人仍一道流亡美国。在流亡美国期间，他与马尔库塞等人过从甚密。"二战"后，他回到欧洲，在瑞士和维也纳居住。为了保持自由哲学家的身份，他拒绝了柏林自由大学和哈勒大学的教职邀请，后者的推荐人是恩斯特·布洛赫。安德斯一生坚持以自由职业者和独立哲学家的身份从事哲学批判和社会活动，晚年投身于反核、反战、绿色和平运动。

[①] Über Heidegger是2001年出版的安德斯的一部关于海德格尔哲学的评论文章合集的书名。"Über"既有"关于……"之义，也有"高于、超越"之义。

安德斯与现象学运动保持着若即若离的关系，他曾计划以"对音乐状况的哲学研究"为题写教职资格论文，以现象学的方法研究音乐。但是，他在看到阿多诺关于音乐的研究后，自觉无法超越，便放弃了这个写作计划。他与海德格尔的关系则更加错综复杂。1925年初，他在海德格尔的哲学研讨班上认识了阿伦特，阿伦特和海德格尔的关系（开始于1924年2月）可能是安德斯背离和批判海德格尔思想的直接动机之一。当然，最后导致他与阿伦特分手的深层原因还在于他们所持的政见不同。虽然同为犹太人，阿伦特是积极的犹太复国主义者，而安德斯则是马克思主义者，后者认为批判资本主义、改变人类社会现状才是思想界的首要任务，犹太民族问题则是次要的。在这个问题上，安德斯的哲学思考关注的始终是全人类，而非特定民族或特定阶级的命运。

安德斯始终保持着对于社会现实的深度关切和批判思维。因此，他并不渴望成为胡塞尔超越论意义上寻求"如科学般严格的哲学"的现象学家。他对于人生存在的分析不是一般意义上的，而是时代境域中的。他也不像存在主义者那样把人或者存在置于世界的中心，而是描述当代人在世界中的失落，人在工业时代被定义为一般存在物、不再具有本己的生活方式的时代困境。他在《自由的病理学》一书中讨论了一种比海德格尔更加深刻的被抛性（Geworfenheit），即人由于其自身的可塑性，不可避免地被由他所创造的世界再造。由于安德斯在流亡美国期间生活窘迫，靠在工厂打零工生活，因此他对人和机器流水线的关系有着更加直接的经验和深切的思考。他关注的不是马克思意义上的人与人之间的矛盾（阶级斗争），而是人与机器之间的异化关系。后来，他结交了一位做好莱坞演员的女友，还在好莱坞电影厂当过清洁工和道具保管员。这段经历使他关注、思考新闻媒介和影视技术。在他看来,广播电视等现代媒体的出现,为人们塑造了一个幻象的世界。观众通过广播电视消费大众媒体,由个体变成大众人。媒介消费填满了人的业余时间,人变得精力涣散、思想肤浅。而电影是对现实的复制,呈现了一个不可靠的幻象和复制的世界,但影视作品就是通过这种复制变成了金钱和文化。他从中感到了一种历史的荒诞。

战后,安德斯与他的第二任妻子回到了欧洲,定居在维也纳。他注视着战后德国人和奥地利人的心理变化。人们将有关战争罪行的责任抽象化,鼓吹宽容与和解。安德斯从中看到了遗忘的危险,并将抗拒遗忘视为自己的首要任务。而1945年广岛、长崎的原子弹爆炸令他投入反核运动之中。1958年,他访问了广岛和长崎,并在东京举办了题为"核时代的道德"的讲座。1959年,他与当时参与投核弹行动的美国飞行员伊特里(C. Eatherly)通信。这些通信发表后,引起了轰动。安德斯对于核问题的反思集中在他的文集《到处是广岛》中。他相信,核武器的出现意味着人类进入了一个新的时代,哲学的功能在人类面对核问题时也应该改变;核武器意味着人类已经无法驾驭自己的产品,它不仅是武器,更代表了一种技术时代的意识形态、一种绝对的虚无主义、一种人类自我否定的力量;这并非迎来新生的最后审判,而是绝对的毁灭性力量。

二、安德斯对海德格尔存在之思的批判

在安德斯看来,海德格尔的哲学横亘在自然主义和超自然主义之间。在黑格尔之后,自然取代了上帝,自然主义和无神论是同义的。而海德格尔对自然主义始终保持着警惕,"此在"是在存在论层

面上被谈论的，而不是存在层面上的经验事实，不是自然或生理学意义上的生命。此在没有本能，也不会牙疼。"自然"在海德格尔那里是一种存在方式（Seinsweise），是此在具有的本性（Natur）。但此在也不是超自然之物，在海德格尔哲学中没有超越之物。海德格尔在这二者之间保持中立。现象学的研究对象介于自然和超自然之间，在胡塞尔那里就是如此。在具体论域上，海德格尔将胡塞尔的意向性关系普遍化，研究人在世界中的状况（不仅仅是意识行为，而且是日常生活中的所有行为），开辟出不同于传统哲学的全新研究领域。他通过"操心"（Sorge）扩展了意向性，"当海德格尔将意向性视域中所有的实践交往都归入所谓的'操心'时，很明显他与实用主义、操作主义、历史唯物主义的自然主义理论十分接近"[1]。而安德斯尝试对"操心"做进一步的唯物主义的解释，即操心最基础的层次是饥渴（Hunger）和需求（Bedürfnis）。此外，海德格尔的"本真的存在"也与哲学史上的说法截然不同。在爱奥尼亚学派或者亚里士多德那里，本真的存在是世界的本源或者中心；而在海德格尔那里则相反，因为在他的哲学里，没有那种传统的奠基性模式。这一点对安德斯有相当大的影响。

而在更多的方面，安德斯并不是停留在继承、诠释或扩展海德格尔的哲学上，而是对之提出了激烈的批评。这一批评的姿态甚至导致了他与当时流亡美国的法兰克福学派的霍克海姆和阿多诺之间的紧张关系。他批评海德格尔的实存哲学的"伪具体性"（Pseudokonkretheit），即将一种纯粹的自我膨胀视为生存的具体行为。他认为这是一种畸形，也导致了海德格尔无法将目光转向真实

---

[1] G. Anders, *Über Heidegger*, hrsg. G. Oberschlick, C. H. Beck, 2001, S. 79.

的世界,而只是一个"闷闷不乐的局外人",以抽象的方式塑造关于实存的形而上学。

在安德斯看来,海德格尔的"此在"就是一个大有问题的概念。尽管"此在"这一概念预防了自我、主体、我思、自身、个体、位格过于仓促的实体化,但是此在本身在某种意义上成了实体,被理解为一种质料。由此出发,个体存在者被个人化,历史的主体也被个人化而变得模糊了。也就是说,"历史主体事实上的模糊性隐藏在'此在'这个词预防性方法的模糊性中"①。

在海德格尔那里,此在是一个先在的存在,它先于生活和世界,是被抛入世界的。安德斯说,尽管此在的被抛状态具有某种社会色彩,但是从整体上看,此在仍然是个体化的、空洞的、自我中心的,是先于历史和世界的。因此安德斯说,海德格尔对此在的描述针对的是一种"自足者的历史形态,而不是一般的人",针对的是一种"无世界的自足者"(akosmistischer Selfmademan)。②此在是置身于社会之外的,这样它才可能被抛入世界,这是"此在的丑闻"。在这个意义上,安德斯宣称,海德格尔的哲学是虚无主义,但是一种独特的"被包在馅里的虚无主义"(Farcierter Nihilismus),包裹它的外皮就是个体自我;在虚无主义的趋势下,试图占有一切的自我的权力意志填充了历史的整体动机。

尤其令安德斯不满的是,海德格尔的生存论分析并没有严肃地对待共在的问题。在海德格尔那里,自我生成(Selbstwerden)的过程并不顾及共在者(Mitmensch),自我生成的唯一目标就是成为一个新形式的独立人,这样一个空洞的此在既没有仁爱,也没有

---

① G. Anders, *Über Heidegger*, S. 221.
② Ibid., S. 91.

社会责任。如安德斯所言，"没有人比海德格尔的此在更加恶劣地对待其共在者"①。"个体性"概念在海氏哲学中登峰造极，良知之声（Stimme des Gewissens）就是自我之声，它不断提醒自我或者此在成为自我的存在。尽管《存在与时间》中也提到了共在（Mitsein）和为他人操心（Fürsorge），但其重要性远远无法与自我生成相比。在安德斯的批判中，伦理、政治、社会、历史性等议题始终是优先的。他指出，海德格尔的"共在"并不具备政治性，而只是描述"开始由他者伴随着存在"这一事实。亚里士多德所说"人是政治的动物"，强调的不仅是人与人伴随着存在，更是政治上的共同行为（Mittun）。从"人是政治的动物"中得出的是一种自然权力的事实，是合乎义务的对共同体和国家的顺从，而海德格尔则放弃了在这个层面上对权利和义务的讨论。海德格尔的个人主义与19世纪以来的个人主义一脉相承，强调与社会对立的个体的完全独立和权利，而且他放弃了对个体之义务和要求的思考。因此，他的自由是一种极端意义上的最荒谬的自由，是对权利的免除（Freiheit von Rechten）。他的生存论分析，包括对死亡的讨论，也都是高度私人化的。安德斯说，这反映了海德格尔的小资产阶级世界观和智者式的自由观。②

更进一步，安德斯指出，海德格尔的此在分析是要将孤立的此在定义为人之实存的本质，因此他将海德格尔的思想称为"倒置的人类学"。20世纪哲学的人类学是将形而上学问题揭示为人类学问题，而海德格尔的做法却与费尔巴哈、舍勒等人的做法相反：此在

---

① G. Anders, *Über Heidegger*, S. 104.
② 左派思想家将现象学视为市民／资产阶级哲学由来已久，笔者手上一本《胡塞尔：晚期资本主义哲学的形成》就将胡塞尔归为此类。此书所属的书系名为：资产阶级意识形态批判。参见 M. Thomas, *Edmund Husserl. Zur Genesis einer spätbürgerlichen Philosophie*, Akademie, 1987。

并不属于人类学范畴,并不是关于人的此在,而是先在存在论层面上被谈论,人则是此在偶然的、经验性的承担者。这种倒置导致的后果是,费尔巴哈等人想将人从超越人的权威中解放出来的思想动机被消解了,而这一动机在费尔巴哈和马克思那里是决定性的。费尔巴哈说过,"神学的秘密是人类学";那么相应地,海德格尔则会说,"人类学的秘密是存在论"。费尔巴哈所主张的解放行动相应地就被放弃了。① 尽管海德格尔避免使用"本质"这样的术语,但是他的实存哲学仍然是一种间接的本质哲学。当海德格尔说将"某物做成某物"(Was X zu X macht)时,其中也有某种隐蔽的二元论框架,即作为存在要素或存在方式的什么(Was)和它将要成为的东西,后者成为最前沿的哲学问题。虽然这里的本质并不是被固定下来的,而是在实现过程中的,但这个过程实际上就是"非世界的""非本真的"此在成为本质性之物的过程。在海德格尔那里,重要的不是本质直观,而是成为本质性的人,也就是本质生成(Wesenswerdung)。生存的唯一本质就是我们如何称呼生存(也就是自我),这是一种唯我论的本质生成。在这个意义上,海德格尔依然处在形而上学的阵营之中,他把"存在着的"(das Seiende)看成"被给予的现存状态""善的",存在如同它的现状那般如此存在(Sosein)。这种基于存在论的伦理学/人类学,也是形而上学的伦理学。而安德斯并不接受这种倒置。他认为,首要地应当从伦理学出发对存在做伦理学上的限制和说明。②

---

① G. Anders, *Über Heidegger*, S. 185, 223.
② 在这一点上,体现的是安德斯对现象学"存在信仰"的怀疑。在现象学家看来,世间万物(包括人)的本质和稳定的形态就是它们"具体的"固定存在,这就是现象学哲学在根底处的存在信仰。就像其他所有哲学流派一样,它在根底处总有一种信仰式的支点。现象学致力于要恢复的"意义世界""存在之根"就是这种被给予的自然的具体存在状态。安德斯敏锐地
(转下页注)

海德格尔这种带着唯我论色彩的此在分析,一方面与传统形而上学有着隐秘的联系:此在是其自身的此,是其自身的澄明(Lichtung)——这里隐含着传统基督教哲学的理念,即上帝是光(Licht)。[①]另一方面,作为承担着此在的个体所具有的偶然性,也决定了实存哲学的虚无主义背景。这种虚无主义抽离了现实生活中的权力关系,其后果是此在与生活现实进程的疏离,导致了一种"敌视生活的生活哲学"(Lebensfeindliche Lebensphilosophie)。而且,这样一种空洞的此在在现实生活中显得不堪一击:"任何一种权力,在生活的现实进程中将剥夺此在的自由,而这种现实的权力关系在海德格尔哲学中是不值得谈的。"[②]安德斯比较了海德格尔与马克思对"存在和时间"这一议题的不同谈法:在《存在与时间》中,按海德格尔的讲法,是时间造就了存在;但在马克思的讨论中,时间就是劳动时间和自由时间,一个人出卖他的时间也就等同于出卖他自己。马克思所指的就是在这个意义上的时间与存在的同一性,由此他将德国唯心论的自由问题转化为唯物主义的自由问题,进而谈到人和物化、货币等问题。与马克

(接上页注)
发现了这一点。但是他认为,这种存在信仰的支点在道德伦理上是无法得到证明的,因此是不必要的。但是如果从日常角度看,安德斯的批评是有问题的。道德伦理问题是奠基在现象学的存在论之上的,没有存在,何来伦理。从这个意义上看,他说"存在不是必要的"这句话并不成立。

[①] G. Anders, *Über Heidegger*, S. 170. 在此,安德斯没有完全指出的是,"真理之光"的隐喻乃是整个西方形而上学传统的习惯表达(而非仅仅是基督教的),从巴门尼德、柏拉图、奥古斯丁、笛卡尔到启蒙运动皆是如此。海德格尔尽管是传统形而上学的颠覆者,但在林中空地中依然沿袭了"真理之光"的隐秘传统,只是克服了传统真理之光所依据的光明与黑暗、真理与意见的二元分立,并消除了真理背后的超验基础,以林中空地的交相掩映之隐喻说明真理的特质。而这一说明实际上蕴含着启蒙运动之后的真理特征,即偶然性。"无论是真理之光还是拯救之光,都必然需要某个客体或超验的对象作为担保,而近代启蒙理性之光以一种本质上的偶然性为特征,这使它容易或多或少受到各种干扰的影响。"(A. Fragio, "Hans Blumenberg and Metaphorology of Enlightenment", in C. Borck hrsg., *Hans Blumenberg Beobachtet. Wissenschaft, Technik und Philosophie*, Karl Alber, 2013, S. 96)

[②] Ibid., S. 93.

Über Heidegger?

思相比,海德格尔关于存在和时间的分析显得空洞,且充满了形而上学的腐朽之气。

安德斯坚持在历史境域中理解海德格尔,他将海德格尔哲学看作1918—1933年间实在论和形而上学在德国的回潮的一个表现,看作民主的失败在哲学上的一种反映。海德格尔的此在取消了一切道德、政治和行动上的喜好,他将"能够"(Können)视为此在的基本概念,此在分析探讨的是"可能性的条件",而非"必然性的条件"。因此,在这里涉及的存在和自由都是没有道德属性的。海德格尔不了解人,也不了解国家,客观的精神也未被了解。他不了解"应当",怀疑道德上善的权威性。因此,他将道德问题与政治家切割开来。另外,海德格尔的历史概念也非常狭窄,他将历史等同于"重演",等同于此在曾在的可能性或者此在的前史;历史不涉及国家、经济、奴役和权力关系等,也不涉及共同体意识。这是单薄空洞的。这与他在道德上的空洞是相应的。道德的真空与历史的空洞就为其鼓吹纳粹主义留下了可能。表面上看起来,纳粹主义的哲学崇尚全体性,就如黑格尔所言"真理即全体";而实存哲学则相反,主张"自我即真理"。但是,海德格尔将这矛盾的二者结合为一体,在他思想的根底处包含着这两种哲学,二者都是道德唯我论的变体。根据此在反人道的向来我属性,人们很自然地会联系到纳粹沙文主义的、反人道的向来我们属性(Je-Unserigkeit)。从决断出发,自我接受了被抛性和向死的存在,转化成实存;而国家社会主义则将自然的存在提升为民族的自我存在。二者都是反人道的。安德斯继而甚至尖锐地指出,在政治上,海德格尔与希特勒有相近之处,他们都反对民主,海德格尔从古代思想资源特别是柏拉图的对话(《智者篇》和《国家篇》)中找到了反民主的论据。另外,这两人都信奉占领的教条，他们都想将他们生活的世界打上自己生存的标识：一个用思想工具，一个用坦克和炸弹。二者都是歇斯底里的，国家的或者生存的"自身存在"是他们唯一的目标，按此目标，其他任何人性的考虑都是不必要的。在二者那里，死亡都被颂扬和轻视。在国家社会主义那里，战争教育告诉人们"我们出生是为了死亡"，在存在哲学中则是"向死而生"。二者都是反文明理论的，反任何形式的普遍性、人性等，排除他者和与他者共存的世界，只关心自我。①

三、安德斯的现代性批判

海德格尔哲学总是试图与传统学院哲学划清界限，他的学生们在两个方向上践行了这一趋势：其一是像伽达默尔，他尝试着从哲学方法和哲思本身出发对传统进行更新；其二则是直面现实政治问题，提出相应的哲学立场，包括汉斯·约纳斯、阿伦特、马尔库塞以及安德斯都是如此。但是，安德斯清楚地看到了海德格尔哲学在这个趋向上的局限或不彻底性，即其中所包含的美学式的主体化、社会的个体化、视角化以及心理学化的倾向，由此去刻画存在的事实性或者此在的基本状况（Grundverfassung）。相比之下，安德斯试图彻底克服海德格尔哲学中的这些缺憾，甚至为此不惜否定哲学，投入实践世界之中。他自我评价说："尽管被归类为哲学家，但我对哲学兴趣寥寥，我对世界感兴趣。"②

在安德斯眼中，海德格尔是一位顺应时势者。这种投机式的顺

---

① G. Anders, *Über Heidegger*, S. 69—70.
② E. Schubert hrsg., *Günther Anders antwortet. Interviews und Erklärungen*, Klaus Bittermann, 1987, S. 22.

应表现在，他恰好是作为一个激烈的不顺应时势者开始他的思想的。在《存在与时间》中，他所身处的独特情势，就是当时的内在和外在生活均理所当然地不断世俗化的潮流。面对这一潮流，海德格尔却努力成为异教徒。他的哲学是从古希腊—基督教的存在论开始，而不是关于技术和自然科学宰制下的世俗化生活的，因此显得土里土气，但同时他的虚无主义也因此精心披上了某种神秘主义的外衣。相比于海德格尔，安德斯显得"笨拙"很多。他的思想是迎着现代技术和世俗化逆流而上的，但却具有一种直面问题的鲜活力量。

安德斯激烈批评现代技术，他认为科学技术意识形态给人一种"进步的迷信"，而进步使人盲目。这种基于自然科学的线性进步观是一种笃信历史会越来越好的盲目乐观，这恰好是当下人类和世界的危机所在。基于科学的进步哲学统治了我们的日常生活，一切都"越来越好"，这造成了所谓"世界末日失明症"，即"我们对于世界末日的想象能力在几代人笃信历史自己会不断演进的思想下被彻底剥夺"[1]；甚至在达尔文主义的感召下，人类对自身的死亡也可以完全视而不见。

如果说海德格尔是以存在论为人类学奠基，将此在置于世界之先，那么安德斯则是在技术时代的问题境域下看待人的。而且，他们得出的恰恰是相反的结论。在海德格尔那里，此在被描述为"在世之在"（In-der-Welt-Sein），海德格尔相信此在"具有在这个世界之中的本质性机制"[2]。而安德斯的分析则得出了针锋相对的结论，即人是在技术统治下的"无世界的人"，这是人的本性使然，而现代技术就是这一情形的极端化。技术时代的人在世界中失落，成为与

---

[1] 安德斯：《过时的人》第1卷，范捷平译，上海译文出版社，2009年，第249页。
[2] 海德格尔：《存在与时间》，陈嘉映、王庆节译，生活·读书·新知三联书店，2009年，第78页。

世界分离的普遍存在物，成为抽象之物。他指出，人和动物的不同之处就在于二者与世界的关系：动物是适应生存环境、依存于环境、在世界之中；而人一方面固然在世界之中，但另一方面，由于人本身的创造性，他又有能力将世界对象化、使自身处于世界的对立面、与世界拉开距离，因而人与这个世界的关系是"陌生"的、彼此拉开距离的，这种陌生性和距离又是人之自由的前提。"世界的存在表明了人的位置，它同时表明了人在世界内与世界的对立性，它表明了人在世界中不依赖世界的自由。"① 人与世界的疏离导致了世界的对象化，这不仅是认识世界的前提，也是改造世界之实践的前提。安德斯认为，人不仅按照自己的目的去创造世界，而且还不断地改变他所创造的那个世界，因为自然世界所能提供的东西逐渐无法满足人的需求，所以人不得不通过技术创造一个新的、能满足人的需求的世界。在此情形下，人对"现有的"世界并没有依赖性，人是唯一能告别和放弃世界的存在物。但是，这种能力的过度放大则是否定性的，它导致了人的自我欺骗，即人在自然和世界面前的盲目傲慢。

在技术时代，人的创造性也导致了现代人的异化：人类创造的产品使人物化，并且在质量和功能上超过物化了的人。在这里，发生了"创造者与创造物的颠倒"，"主体的自由和客体的非自由在这里被倒置了。自由的是机器，不自由的是人"，"因为对于出自娘胎的人来说，机器从本体论来看要比人优越得多"。② 人一方面在材料和形态上是先天不足的，不如机器；另一方面，机器和产品具有一

---

① K. P. Liessmann, *Günther Anders. Philosophieren im Zeitalter der technologischen Revolution*, C. H. Beck, 2002, S. 27.
② 安德斯：《过时的人》第1卷，第14、17页。

种"工业再生性",并因此是永恒的。这种再生性也就是"产品的系列存在性"①,这被他称为"工业柏拉图主义"。一个灯泡是有限的,但一个灯泡坏了,我们可以买一个一模一样的灯泡替换,而人则不可能通过这种可替换性得到永生。因此,与机器和工业材料相比,人是一块糟糕的材料。一方面,人与真正的材料不同,人的躯体形态是被先天确定的,而且其自身会腐烂,这一点与工业产品的永恒性相比,足以令人羞愧;另一方面,由于不同的机器要求操纵者以不同的形态去操纵,所以任何先天确定的躯体形态都是不够完善的。人通过人体工程学想要达到的目的,是将这种相对于机器而言不完善的躯体进行某种融合和转化,用从中获得的新材料来重铸机器所要求的那种形态,以克服人与生俱来的死亡经验。因此,现代人在自己所造的机器和产品前自叹不如、羞愧不已,不得不用机器的标准和眼光看待自己,将自身的一切物化②和机器化,认为这才是生活的理想状态——安德斯称之为"普罗米修斯的羞愧"。

> 普罗米修斯(人)经历了一场真正辩证的反复,从某种意义上讲,他的胜利太辉煌了,以至于他现在面对着自己的杰作,不得不开始抛弃他那些在上个世纪还被视作理所当然的骄傲。代替这种骄傲的只是自卑感和一副可怜相,今天普罗米修斯只是他自己创造的机器乐园里的一个侏儒,他只会顿足捶胸地自问:"我算什么?"③

在现代的历史境域中,"没有世界的人"导致的不仅是人在机器

---

① 安德斯:《过时的人》第1卷,第31页。
② 千人一面的整容技术和化妆技术都是现代人"自我物化"的表现。
③ 安德斯:《过时的人》第1卷,第15页。

和产品面前的羞愧和异化,更是彻底的抽象和自我否定。安德斯目睹了纽伦堡法庭1945年公布的纳粹屠杀犹太人的事实,在广岛、长崎的原子弹爆炸中看到了"摒弃人性的高潮",他将"没有世界的人"这一命题更为激进地表达为"没有人的世界"。正是人类的创造性、人类在技术上的胜利将导向具体生命的抽象,最终导致人类自身的消亡。在这个意义上,安德斯从根底上反对对人的抽象。而在他眼中,海德格尔的此在分析恰好是把人抽象为一种存在论的话题。

人类作为整体的存在,在其创造本性和现代技术的双重作用下前景黯淡。在这个意义上,哲学对世界的整体描述无法提供切实的出路。因而,安德斯针对海德格尔的"作为整体的存在"提出了"随机哲学"的构想,试图用哲学来探讨现代性在个体生存中产生的具体问题。随机哲学不是为了在形而上学的存在论层面上宏观地讨论存在,而是为具体生存斗争所用。现象学"面向实事本身"的态度在随机哲学中得到了充分的体现,这是一种"现象学的社会实践"。

在现代性境域中,技术产品生产的整个过程和最终目的与个体分离了,没有人能了解整体过程,因为所有劳动都是流水线上片段式的劳动,生产过程抛弃了人。安德斯预见到,这是第三次工业革命的结果,技术最终会"抛弃社会(Wegwerfgesellschaf)、抛弃地球(Wegwerferde)、抛弃人类(Wegwerfmenschheit)"[1],最终剩下的是没有人的世界、没有生命的世界。在技术批判的问题上,胡塞尔和海德格尔倾向于认为,技术的危机来自理性的僭越;而安德斯的观点更为极端,他相信,技术淘汰人并不是由技术的滥用导致的,而是

---

[1] 安德斯:《过时的人》第1卷,中译本序第17页。

一种宿命，是技术发展的本质，技术的最终目的就是取代人。起初，技术的发展似乎解放了人，带给人自由。但实际上，技术最终带给人类的不是解放，而是使生产者变得多余，使人变得多余。人通过技术首先跟世界分离，进而被抽象为工业产品，最后被淘汰，现代技术必然导致"没有人的世界"。在技术时代，人宿命式地被抽象为机器生产的原材料和产品，被降格为替技术服务的手段。"人"因此已经"过时"了。安德斯对人的洞察的起点依然是海德格尔式的[1]，但其方式是马克思主义的，而其结论则难言乐观——这是现代化境域下的思想不可逃避的重任。如安德斯所言：

> 仅仅改变世界是不够的，我们一直在这么做，即便我们不这么做，世界也在改变着自己。问题是我们要去阐释这种变化，并去改变这种变化。目的是让世界不再没有我们而自己改变，避免它变化到不再需要我们。[2]

---

[1] 以同样出发点进行的研究在同期的海德格尔弟子中十分普遍，比如阿伦特的《人的条件》、马尔库塞的《单向度的人》、约纳斯的《生命的现象》(后改名为《有机体与自由》)、卡尔·洛维特的《论历史实存批判》以及安德斯的《过时的人》，等等。
[2] 安德斯:《过时的人》第2卷，扉页。

从海德格尔的宗教现象学到哲学密释学
——兼论信仰经验的密释学性质

> 不可接近者是以某种不可接近的方式被接近的。
> ——库萨的尼古拉

一、海德格尔基于此在分析的宗教现象学尝试

众所周知,海德格尔的思想道路与基督教信仰经验密不可分。对于自身的思想历程,他说过:"倘若没有这一神学的来源,我就绝不会踏上思想的道路。而来源(Herkunft)始终是将来(Zukunft)。"[①]他的家乡梅斯基尔希的天主教氛围、家族传统在他的青少年时代赋予他的宗教经验、他在教义史和教会史方面所受的训练成为他整个思想历程的渊薮。胡塞尔也评价过,海德格尔"的确是以宗教为导向的人"[②]。

1920—1921年冬季学期,他开了一门名为"宗教现象学导论"的课程。在这次课上,他通过此在分析、对人的具体历史情境的分析来对原始基督教特别是保罗书信进行阐释,构想了一门"宗教现

[①] 海德格尔:《在通向语言的途中》,孙周兴译,商务印书馆,2008年,第95页。
[②] 出自胡塞尔1919年3月5日致鲁道夫·奥托(Rudolf Otto)的信。转引自察博罗夫斯基:《"而来源则总是去向(未来)之源"——马丁·海德格尔至1919年的思想之路的宗教及神学取向》,载登克尔、甘德、察博罗夫斯基主编:《海德格尔与其思想的开端》,靳希平等译,商务印书馆,2009年,第135页。

象学"。在此方式下，基于他早期提出的"形式显示"和"实际生活经验"等构想，海德格尔对宗教经验的对象和领会方式进行了一种现象学的拆解（Destruction）。他试图以解释学的方式去揭示那种掩蔽着的"圣经典籍的话语与思辨神学之间的关系"，也就是"语言与存在的关系"。①这种解释学的现象学的宗教阐释方式，在新教神学家布尔特曼那里得到了推进。

在海德格尔看来，信仰的经验在使徒保罗那里具有特别的紧张情势，并且与保罗的人生经历、处境和宣道的行动息息相关，这构成了理解保罗书信的起点。②保罗不是耶稣直接的门徒，在皈依之前还迫害过耶稣，后来又到外邦人那里传教。所以，他的"信"并非来自现成的教义或者教诲，而只能源自他自身的实际生活经验，他只能从实际的生活情境中去找到令他信服的福音。保罗相信，信耶稣基督超越了犹太律法："人称义，不是因行律法，乃是因信耶稣基督。"（《新约·加拉太书》2:16）海德格尔认为，犹太律法是依据现成者的理论态度，而对耶稣的信则是实际性的生活经验，这二者作为不同的拯救经验呈现出一种对立；这种对立并非概念化的、绝对的，而是在生存经验中的暂时性对立；唯有体验到这种对立的现象学处境，整个"基督教意识的基本姿态"才能得到理解。③海德格尔

---

① "我是因为研究神学而熟悉'解释学'这个名称的。当时，特别令我头痛的问题是圣经典籍的话语与思辨神学的思想之间的关系。不管怎么说，那是同一种关系，即语言与存在的关系，只不过当时它还是被掩蔽着的，对我来说是难以达到的，以至于我徒劳无功地在许多曲曲折折的道路上寻找一条引线。"（海德格尔:《在通向语言的途中》，第95页）
② "为分析书信的特征，人们必须将保罗的情势和书信中传达（Mitteilung）的紧迫动机的方式作为唯一的起点。宣教内容、其实事和概念特征将从宣教（Verkündigung）这个基本现象中得到分析。"（M. Heidegger, *Phänomenologie des religiösen Lebens*, Vittorio Klostermann, 1995, S. 81）
③ "在《加拉太书》里，保罗正处在与犹太教徒和犹太人基督徒的斗争之中。因此，我们发现了宗教斗争和斗争本身的现象学处境。我们必须在他作为师徒之实存的信仰激情中的斗争，即'律法'和'信'之间的斗争中来看待保罗。这个对立并非是最终确定的，而是暂时性的。

（转下页注）

将这一点视为对宗教进行现象学式阐释的基本规定之一：

> 原始基督徒的宗教性就存在于原始基督徒的生活经验之中，并且它就是这样一种宗教性本身。①

海德格尔发现，在《帖撒罗尼迦前书》中，"知道"（Wissen）、"曾在"（Gewordensein）等关键词在文本中都曾反复出现。这种语言形态指引出保罗和帖撒罗尼迦人所共同处身其中的信仰情势关联（Situationszusammenhang），也就是对实际生活经验进行峰环勾连的表达（Artikulation）。海德格尔由此读出了，原始基督教的宗教性和信仰经验原初地存在于实际生活经验之中，在布道、聆听、书写、言说等具体的实际生活经验之中——这是围绕着此在的宗教性实际生活经验。此外，他对基督再临的时间也做了时机化的解读，即基督的再临不是物理时间，而是基于个体实际生活经验的时机化。对于宗教经验中的时间的这种解读，也是现象学阐释的基本规定："实际生命经验是历史性的，基督教的宗教性如此活出时间性"，因此，"基督徒的经验亲历（lebet）着时间本身"。②

在这个解读过程中，在某种意义上支配了海德格尔的整条思想道路的一些现象学方法已经得到了充分的体现。几乎与《宗教现象学导论》同时，海德格尔在《对亚里士多德的现象学阐释》中明确

（接上页注）
信和律法都是拯救途径的特殊方式。目标在于'拯救'，最后是'生命'。基督徒意识的基本姿态将从这里，根据其内容、关联和实行的意义而得到理解。"（M. Heidegger, *Phänomenologie des religiösen Lebens*, S. 68–69）

① Ibid., S. 80. 中译参考海德格尔：《宗教哲学的任务和对象》，欧东明译，载《世界哲学》2015年第1期。
② Ibid., S. 80–82.

提出了"实际生活经验"和"形式显示"这样的现象学构想。这些构想乃是解读保罗书信的方法论基础。海德格尔的解释没有通过对神学概念的分析，或者对教会史背景的陈述，而是基于对原始基督教的生命经验的体知。他的解读最终指出，保罗成为基督徒的转变借助的是一种原初经验（ursprüngliche Erfahrung），而不是客观历史传统。在此方式下，宗教没有作为一种客观的研究范畴被关注，它不是一种学科化的宗教学，而是一种基于生存体验的现象学分析。这就是海德格尔的实际性解释学的维度。

有研究者指出，海德格尔对原始基督教的体验决定了《存在与时间》与保罗神学之间的那种"值得思索的亲缘性"，"海德格尔的'畏'（Angst）在一种生存论意义上所具有的意思，在保罗那里则是在实际上—生存状态上—存在状态上，显示于匮乏、痛苦、祸患、虐待、危险、临死、警醒、惩罚和囚禁中"[1]。保罗碰到了人类此在的最极端的可能性。在这里，海德格尔"对原始基督教的历史领悟的经验毋宁说是一个唯一可能的立足点，由此出发，传统存在论的局限才可能在其对存在之意义的领悟中并且也在这种局限的顽固性中显突出来"[2]，此在分析的现象学维度才得以彰显。

当海德格尔构想宗教现象学时，后者指向的是"此在存在者层次上的及前存在论上的未被透视的情况"和"存在论的任务"。他要通过此在分析揭示"存在论上最远的和不为人知的东西""不断被漏看的东西"，他引用奥古斯丁的"我自身成为我辛勤耕耘的田地"来说明他的此在分析所关注的"在我身内探索"。[3]要想洞穿这未被透

---

[1] 莱曼：《基督教的历史经验与早期海德格尔的存在论问题》，孙周兴译，载刘小枫编：《海德格尔与有限性思想》，华夏出版社，2007年，第116页。
[2] 同上书，第133页。
[3] 海德格尔：《存在与时间》，陈嘉映、王庆节译，生活·读书·新知三联书店，2009年，第51—52页。海德格尔引奥古斯丁的话，出自《忏悔录》第10卷第16章。

视的东西,我们借以通达对象的只有处于情势化周遭世界之中的我自身的实际经验,我们"投入"先于概念和理解的生活体验形态之中,在自身时机化的历史情景中理解信仰经验的现象学。① "在其中,保罗的自我世界(Selbstwelt)与周遭世界(Umwelt)和共同体的共同世界(Mitwelt)的直接生命关联可以得到理解。"②

正是基于这样的现象学方法,海德格尔才通过对保罗书信的释读重演了信仰的生命。对于此在实际生活经验之奠基性地位和历史性的关注,对自身存在的探索,对现成之物的疏离,成为海德格尔理解宗教经验的关键。由此,对于存在的"正面的特征描述"才成为可能,一门存在论的解释学才成为可能。这一现象学的基本思路也在他的晚期思想中有充分的延续。在《哲学论稿》中,他如此谈论上帝:

> 无论在"个人的"还是在"群体的""体验"中,上帝都还不会显现,相反地,上帝唯一地只显现于存有本身的离基深渊般的"空间"中。所有迄今为止的"礼拜"和"教堂"以及诸如此类的东西,都根本不可能成为对于上帝与人在存有之中心中的碰撞的根本性准备。因为存有之真理本身必须首先得到建基,而且为了这样一项任务,一切创造都必须取得另一开端。③

因此,神学所谈论的内容和信仰经验在根底上不能是概念化的,"神学只能在信仰本身中才具有它本身的充分动机。……神学必然绝不能从一个纯粹合理性地被筹划出来的科学体系中推断出来",因为

---

① 这就是"形式显示"的引入,海德格尔的这个概念部分受到了拉斯克(Emial Lask)的影响。拉斯克说:人的"投入"的生活体验形态(比如美学、伦理和宗教的体验)先于一切概念和理解,有其特定的形式、含义和价值。"非感觉的纯开显……相对于每一种认知,生活是只朝向非逻辑者的直接投入。"(E. Lask, *Gesammelte Schriften*, Bd. 2, hrsg. E. Herrigel, Siebeck, 1923, S. 208)
② M. Heidegger, *Phänomenologie des religiösen Lebens*, S. 80.
③ 海德格尔:《哲学论稿(从本有而来)》,孙周兴译,商务印书馆,2013年,第442页。

"信仰根本上是与一种概念性解释相背道的"。"一切神学的知识都建立在信仰本身之上,都源出于信仰并且回归于信仰中",而"信仰乃是在由十字架上的受难者启示出来的亦即发生着的历史中以信仰方式领悟着的生存"。①

二、罗姆巴赫的哲学密释学作为反解释学

在海德格尔之后,伽达默尔将基于现象学方法的存在论解释学进一步提炼为人文科学的方法论,在艺术经验、文本语言等领域论证了解释学的普遍性及其存在论基础,从而确立了一种"解释学的普遍要求"。伽达默尔的解释学首要地强调解释主体面对他者的开放性(Offenheit),以理解主体的视域经验(horizontale Erfahrung)为基础展开理解活动:从视域与事实、整体与部分之间的差异关系中产生出意义关联和意义理解。

与海德格尔相比,伽达默尔的解释学更自觉地追求一种人文科学的方法,而这种明确的自我定位却将海德格尔本来意义上的实际性的解释学狭窄化了。最为明显的例子就是,海德格尔的解释学与宗教现象学密不可分,但伽达默尔在《真理与方法》中讨论"对那些超越科学方法论控制领域的真理之经验"或者"那些外在于科学的经验方式"时,基于其自身的知识趣味处理了"哲学的经验""艺术的经验""历史本身的经验"等通过科学的方法无法验证的经验领域,却唯独将宗教这种最古老、最普遍的真理经验方式忽略了。②在方式上,伽达默尔选择将实际性的解释学转化为关注文本和文本关

---

① 海德格尔:《现象学与神学》,载海德格尔:《路标》,孙周兴译,商务印书馆,2009年,第60、61、68页。
② H. Rombach, *Der kommende Gott*, Rombach Verlag, 1991, S. 78–79.

联的解释学，去处理关于（über）某对象的文本或艺术品，却令文本和艺术品所从出的总体世界退居其次。这是对海德格尔的宗教现象学式的生存论解释学内涵的贫瘠化。

在这个意义上，当代德国现象学家海因里希·罗姆巴赫的哲学密释学①的构想将自身定位为一门"反解释学"，去扭转伽达默尔解释学的偏颇，就有其充分的理论必要性。延续了密释学/密释的传统含义，罗姆巴赫如此描述他所设想的密释学：

> 当一个边界完全不通透的时候，我们称之为密释的。在这个意义上，意义世界——并且每个意义结构意味着一个自在的和整体上的意义世界——是完全密封地相互隔绝，它是如此密封，以至于这些隔绝的独立存在还没有一次能被经验为是具有相同意义的。②

如果说解释学活动的起点在于对象或者文本的开放性，那么密

---

① "Hermeneutik"从词源上可以回溯到古希腊的赫尔墨斯（Hermes）神。作为宙斯的传旨者和信使，他是传令和告知之神，是书写的发明者，他向人世传达神的福音，将神的指令转化为人能够理解的语言。在与埃及文化的融合过程中，希腊神赫尔墨斯和埃及神Theut的形象相融合，出现了Hermes Trismegistos［伟大的赫尔墨斯］神的形象。他除了是书写之神，还是魔法之神、炼金术之神和保密之神，擅长骗术和蒙蔽。因此，在德文词中有形容词"hermetisch"，意指"严密的、密封的"。密释学学说是诺斯替—希腊思想、柏拉图—毕达哥拉斯思想和神秘主义—犹太教思想的融合。它是秘传的进入世界真正本质的导引和神秘的力量，相信人的生死对应于世界质料的转化，通过认识世界的本质达到拯救人的灵魂和神秘的再生的目的。作为神秘学说（Geheimlehre）的密释学在西里尔（Cyril）、德尔图良、奥古斯丁等人那里出现。16世纪，"Hermetik"这个词在库萨的尼古拉以及玫瑰十字运动的相关文献中均有出现。沿着这个向度，罗姆巴赫在哲学上构想了密释学（Hermetik），意在与解释学（Hermeneutik）形成对比。
② 罗姆巴赫：《作为生活结构的世界——结构存在论的问题与解答》，王俊译，上海书店出版社，2009年，第35页。秉承此含义，张祥龙先生将"Hermetik"翻译为"密释学"："［对原初世界］的'密释'，既意味着独一、密封，绝对不可在任何意义上被对象化，因为'几事不密则害成'［《易·系辞上》7章］，但又不是封闭和绝缘，因为它找不到现成界限来封闭住自己。"（张祥龙：《导言一》，载罗姆巴赫：《作为生活结构的世界——结构存在论的问题与解答》，第2页）

释学所关注的则是自成一体的、秘而不宣的、隐藏的、先于开放性和显现的原初构成。开放性呈现的是理解对象面向着理解者的展开过程，对象作为（als）某种样态向理解者显现。基于这个显现过程，意义得以被构建，而密释学的原初封闭性则是对原初境界和意义世界先于显现之独立性和客观性的维护。密释学遵从发生现象学式的纵向经验（vertikale Erfahrung），关注世界的原初生成，而非静态现象学式的视域与对象事实之间的区分与结构关系。在原初发生的纵向维度上，在密释学所关注的环节中，世界与事物、理解对象与理解者之间的差异和分离尚未发生，事物不是沉默地被置于作为视域的世界之中，也不是纯粹被动地被理解和解释，而是每个事物在其自身中都蕴含了一个唯一的、独特的世界，一个根源构成。正如《华严经》所言，"一花一世界，一佛一如来"①，世界并非作为一个普遍匀质的背景和视域存在于事物的背后或者超然于个别事物，而是蕴含于具体的世间万物之中的。这个封闭蕴含的源头是一切显现、解释学理解和意义构建活动的前提，对于此源头，只能密释学地观视（sehen）它，而无法以对象化的姿态去理解（verstehen）或把握（erfassen）它。

因此，与基于现象显现和主体视域经验的解释学相反，密释学在根源上追求整全的、非视域化的、前显现的维度。从海德格尔的此在分析到伽达默尔的视域理解，解释学实践都与人的中心位置和视域经验密不可分，解释学实践是在视域界限内基于主体面向对象的展开过程。而密释学观视的则是蕴含在具体事物中的圆融无碍、先于主客之分的世界，意味着"进入这个意义世界，参与它的

---

① 罗姆巴赫本人也熟知《华严经》中的这个名句。在文章《石头的世界》中，他引用过这句话。参见罗姆巴赫：《作为生活结构的世界——结构存在论的问题与解答》，第280页。

意义流,仿佛令自身在其中随波逐流"①。因此,解释学和密释学之间的对立就是"理解视域"(Verstehenshorizont)与"(众)世界生成"(Welt[en]aufgang)之间的对立②——前者是理解的方法论,而后者只能是当下的共生境域和顿悟经验。这二者之间不是一种程度上的差别,而是一种深刻的、根本的对立,是可思忖性(Denkbarkeit)与不可思忖性(Undenkbarkeit)之间的对立。密释学在最大程度上保持了对这种不可思忖和不可表达之物的可接近性,以某种不可接近的方式接近那不可接近者。密释的方式深刻地符合人与世界的存在状态,这是一种前现象学的原事态(Sachverhalt),而非事态掩盖下的本质态(Wesenverhalt);或者说,在最根源的存在层面上,原事态与本质态是合一的。而究其根本,理想的密释学应是无言的(sprachlos)、超越语言的。所有文本的阐释和通过语言的叙说(包括阐释密释学的文本本身)都是多余的、与密释学相矛盾的。③

总的来看,密释学是对事物所处世界和原初情境的整体把握,是境域化的体验,而不是基于主体视域中的显现的意义构建。其重点不在于作者想要说什么,也不在于读者能够理解什么,而在于存在者整体在其生成境域中想要表达什么,正如晚年海德格尔所说,"语言言说着"(Die Sprache spricht)。密释学呵护着世界本身的动力,寻找决定作者的思想——而不是作者所决定的思想。它寻找的不是隶属于"这个时代"的思想,而是贯穿于其所属时代的思想。从这个意义上说,对密释学而言,并没有需要去理解的文本,而只有无所不在的鲜活的思想情境,它们分布在文本和行为、人和物、

---

① 罗姆巴赫:《作为生活结构的世界——结构存在论的问题与解答》,第35页。
② G. Stenger, *Philosophie der Interkulturalität*, Karl Alber, 2006, S. 873.
③ 关于这一点,可参见罗姆巴赫对赵州禅师的禅宗公案的分析(H. Rombach, *Der kommende Gott*, S. 134-136)。

一切缘起生成（Ereignis）之中。人、物或者作品都不可能只处于唯一的世界中，密释学层面上的世界意味着"一即一切"；而后在解释学层面上，这个"一即一切"的世界才作为作品、物或者人显现出来。在密释学看来，没有孤立的作品、物或者人，也没有作为主体的作者、艺术家和理解者，而只有处身于境域之中的构成物、构成者，客体和主体都融入存在者整体之中，都是世界的所属物，除此之外别无他物。当人们以解释学的方式消解了这种所属关系、将作品看作人的创作物时，虽不能说他们误解了作品，但他们确实没能领会到位于物之中同时又是物之所属的鲜活世界。因此，密释学要关注的东西并不隐藏在某个孤立的物或者人之中，而是在人和物之间绽开，作为一种共创性成为起源处的唯一事件。从这个事件出发，才有人和物的疏离，才有主体和客体的区别，才有解释学的阶段——这种疏离和区别是解释学理解的基础。

在这个意义上，密释学的关注点和方式不仅区别于伽达默尔的解释学，而且在根源处与海德格尔的存在论解释学也有所差异。海德格尔将此在分析称为"解释学"，因为在其中人的此在是建立在领会的基础之上的——"领会"在海德格尔那里并不专指对文本的理解，而是意味着生存的预先之在（Sich-vorweg-sein der Existenz）。在海德格尔的存在论解释学中，领会着的此在是世界的中心。世界万物总是围绕着此在，作为一种生存筹划的意义显现为现象：某物作为房子、作为车、作为锤子显现出来。这是一种"解释学式的作为"，一切存在者都在世界这个因缘整体中通过领会和筹划被解释学化；就是说，被解释为一种"作为"，在这种解释中成为某种上手之物（Zuhandenes）。在海德格尔早期的宗教现象学中，他对于保罗书信的解释也是基于保罗的生存处境所做的解释，信仰对于保罗乃是

"作为"个体的生命经验被接受的。

罗姆巴赫批评了海德格尔这种基于此在中心论的解释学构想。他指出,密释学的关注点是无法以解释学方式接近的,一切解释性的因缘关联或者呈现都无法令我们接近源头境域——我们之所以无法以对象化理解的方式接近它,恰是因为我们就生活于境域之中。反过来说,解释和理解越多,我们对自己身处其中的境域和世界所体知的就越少——这个境域是一个最终无法以语言或者其他任何领会方式通达的具体境象,是一个先于显现的原初世界,是现象之源。海德格尔的解释学倾向在于,他试图通过回溯(Rückschlag)将世间万物之可能性回溯到此在的存在理解和存在经验这个基点上,让事物作为此在的现象在此在的视域中显现出来。但是在密释学看来,在某个特定向度上对世界众多可能性的同一化回溯尝试是无法成功的,这种尝试必然导致对原初世界的丧失。密释学认为,可能成功的道路只能是循着世间万物共创性的线索推进,获得一种对根源之境中蕴含一切可能性的存在者整体的融贯体认。艺术家创造了一件艺术品。当我们面对艺术品时,解释学的方式是将艺术品的可理解性回溯到艺术家的存在经验和创造境域上来对艺术品进行领会,而密释学的方式是将艺术家、艺术品和观众看作在一个共同的境域中往前推进、互相激发之物,在这个完整的境域中接近艺术品这个境象。所以罗姆巴赫批评说,以此在中心主义为基础的解释学实际上最终背离了饱含可能性的源头,消解了世间万物关联中的共创性。在海德格尔那里,现象学的此在分析本当是一门密释学,但是当世界的关联被看作一种围绕着人的意蕴结构时,这就表明密释学又被引向了解释学。世界的因缘整体由于此在的筹划事件、理解主体的介入、解释学方式的确立被撕裂开来、解释出来,密释学经验在这个过程中却被错失了。

值得注意的是，在《正在到来的上帝》中，罗姆巴赫指出，密释学与解释学的对立并不是简单的理性和非理性的对立。希腊理性主义的基础是"理性"（ratio），不是"理由"（causa）。前者是无时间性的，后者是时间中的因果性。无时间性的理性对于希腊科学来说是决定性的。而解释学基于的是以下误解，即它将理性理解为按照因果性去解释世界的技巧（Kunst），将概念和对象置于一个线性的、单线的因果链条中去理解。这种误解实际上将理性简单化了，也将非理性简化为了荒谬、梦境等状况。而密释学则以超时间的理性为根基，后者恰是根本形式上的理性——这种理性不是在日常生活中随处可见的因果理性，而是在日常生活中出现的一切理性之根。[①]从这个意义上看，解释学源自密释学，二者并非平行对立的关系。

罗姆巴赫的密释学思想与他的另外两个基本的哲学构想密不可分：一为结构存在论（Sturkturontologie），即在存在论层面，世界是以普遍的生命化的结构方式存在和呈现的；二为境象哲学（Bildphilosophie），即生命经验的根源层次是具体的、整体的境象，而非语言。他将自己的思想称为一门鲜活的"灵性神学"（Theologie des Geistes），在其中，结构存在论、境象哲学和密释学这三个分支显现为"神性的三位一体"：境象哲学处于圣父的位置，结构存在论处于圣子的位置，密释学处于圣灵的位置。罗姆巴赫指出，对于境象的看先于对于现象的看，现象和结构首先意味着一种对关联关系的揭示、某物的显现。但是，境象乃是大全的境象，是先于一切关联关系的整体境域。在境象中，某物是以直接的方式整体显现的；

[①] H. Rombach, *Der kommende Gott*, S. 106.

而在现象或者结构中,整体是通过某个现象或结构与更多的现象或结构的关联关系以峰环勾连的方式被表达出来的。因此,在罗姆巴赫思想的三位一体中,作为圣父/上帝的境象是一种绝对的大全现前(Allpräsenz),是一种绝对的、根源性的完整性,作为圣子的基督的结构以其在上帝之中的神性位置勾连表达出圣父的整体境象。如果说结构是有生命的,那么每个生命中都充溢着一种灵性(精神),灵性乃是作为结构和世界的本质规则出现的。这就是密释学。以上帝的三位一体为喻的三个构想在罗姆巴赫那里所具有的并非一种体系化的一体化(Einheit),而是呈现出一种鲜活的联合性(Einigkeit)。

三、信仰经验:解释学还是密释学?

让我们回到对于宗教和信仰经验的探讨。海德格尔指出,宗教现象学并非以哲学的形式化概念或者人文科学的方法去把握历史上各种类型的宗教史实和文本,而是在一种产生于宗教生活具体情境的预先把握(Vorbegriff)的引领下,去开显基督徒实际生活经验的宗教性(Religiosität)及其时间性趋向;具体地说,就是用形式显示的表达方式去揭示原始基督徒传教活动的内容意义、联结意义和实现意义。海德格尔认为,基于意识的规范化而对宗教提问,即认为宗教是"超时间法则的一个个案或范例",所能把握到的是"那种具有意识品行的东西",但是这样的提问"对它切己的对象茫然无察",而宗教现象学则要求以现象学式的理解面对宗教,即"去亲验(erfahren)原初的对象本身"。[①] 其原因在于,包括宗教经验在内的一

---

① M. Heidegger, *Phänomenologie des religiösen Lebens*, S. 75–86.

切实际生活经验都是一种具有无限可能和无差别特性的境域和世界的自足性（Selbstgenügsamkeit），是处于原初意蕴之中的——被如此表达的实际生活经验，非以罗姆巴赫设想的密释学的方式不可接近。

海德格尔在《宗教现象学导论》中已触及密释学的意味："现象学的理解是由考察者的实现所决定的"，因此，"虽然现象学理解的源头根本不同，但是同其他科学相比，它与客观历史的联系却更为紧密"。[①]客观历史并不是迎接主体解释活动介入的有待理解的东西，而是实际生活经验、一种亲熟的预先把握。这是海德格尔所言的"基本现象"。他说："首要的事情就是以客观历史的、前现象学的方式来把现象情境规定为历史性的处境，当然这种规定是出自现象学的动机。"[②]这里的"客观历史的、前现象学的方式"就是密释学的方式。海德格尔还补充说，在此方式下，必须排除观察者的与私人生活经验有关的基本行为以及认识论角度下的同感。

因此，海德格尔理解的宗教现象学乃是关于信仰经验和宗教事件之"如何"的科学。[③]宗教现象学不是要去把握或知道宗教是什么，而是投入信仰经验本身，在信仰这个历史事件中接近上帝。按照基础存在论的思路，海德格尔如此规定信仰的本质："信仰是人类此在的一种生存方式，根据它自己的——本质上归属于这种生存方式的——见证，这种生存方式不是从此在中也不是由此在自发地产生的，而是来自在这生存方式中且伴着这生存方式而启示出来的东西，即被信仰的东西。"[④]对基督教信仰来说，原初地启示给信仰

---

① M. Heidegger, *Phänomenologie des religiösen Lebens*, S. 75-86.
② Ibid., S. 60.
③ "'现象学'这个词原本就意味着一个方法的概念。它并不刻画出哲学研究之对象的事实性的'什么'，而是刻画出这种研究的'如何'。"（M. Heidegger, *Grundproleme der Phänomenologie*, hrsg. H.-H. Gander, Vittorio Klostermann, 1992, S. 27）
④ 海德格尔:《现象学与神学》，第59页。

且仅启示给信仰的，并且作为启示才使信仰产生的存在者，也就是"现成摆着的东西（即实在）"，乃是基督性（Christlichkeit），即"十字架上的受难（Kreuzigung）及其全部内涵"这一历史性事件（Geschehnis）。①在这个历史性事件和信仰经验中，"此在成了奴仆，被带到上帝面前，从而获得了再生"②。因此，信仰意味着参与分有启示的事件，人被置于上帝面前。不是此在把握了什么，而是此在参与了这一历史事件中的显现。

启示中的信仰是一种生存方式，在信仰面前，人是奴仆。为信仰所揭示的存在者并非仅仅是解释的主体，而且是存在者之整体。这个事件整体就是客观历史，海德格尔还称之为"神学所遇见的实证性"。③尽管如此，由于海德格尔始终强调在存在事件中的此在中心论和现象学的解释学，并且将之贯穿到对宗教的理解之中，因此汉斯·约纳斯在这里察觉到，尽管这样一门作为解释学的宗教现象学有能力揭示人类自身经验的原动力，但它仍然不可避免地有其局限性。约纳斯指出，《圣经》传统注重的是"对人的强调和对人的自我化（Verselbstung），乃是那种独一无二的负担的主要责任者，但也是西方式生存的尊严的主要责任者"④。他强调，神学在这里无可避免地受到理论讨论的束缚，因而就受到客观化的思与言的束缚。由此约纳斯指出，解释学就是从客观化语言导向非客观化的去神话化（Entmythologisierung）过程，"由那些现象所要求的，即把神话的表达改译为生存论概念"，就是一种"回溯的改译"

---

① 海德格尔：《现象学与神学》，第59页。
② 同上书，第60页。
③ "这一存在者为信仰所揭示，而且信仰本身归属于这一以信仰方式被揭示的存在者的这一发生联系中。这一存在者之整体构成神学所遇见的实证性。"（同上书，第61页）
④ 约纳斯：《海德格尔与神学》，孙周兴译，载刘小枫编：《海德格尔与有限性思想》，第75页。

（Rückübersetzung），"这种改译应能把已发现的陈述带回到更近乎实质的处所，也即使之更接近它从中源出的那个实质（Substanz），即人类生存的原动力和自身经验……去神话化就意味着重新赢获这种实质，把这种实质从那种最紧密、最百折不挠、最疏远的客观化形式中解放出来"。[1]约纳斯在这里把海德格尔在《存在与时间》中进行的此在分析归为这种去神话化。但是他马上又指出，这种改译的方式只适用于人的自身领悟，也就是解释学式的，"生存论概念的管辖权的延伸范围……超越了人在上帝'面前'（coram Deo）的自身经验，但并没有超越那种在上帝之中或在上帝之外的存在"[2]。在约纳斯看来，海德格尔的生存论现象学及其解释学式的此在分析只切中了"服从法律的人"，而没有切中"蒙受恩惠的人"。"当神性之物本身依照信仰而进入内在原动力的敞开状态中……这时候，现象学就停止发言了……在神性本身的神秘得到表达之处就更是如此。"[3]

为什么在神性本身的神秘得到表达之处，解释学式的现象学就要停止发言呢？因为从指导行动、赋予生活意义的功能论角度看，作为内在原动力的信仰经验尽管可以以解释学的方式"作为"某种样态显现或得到揭示，但在根底上，这种内在原动力的原初处境是不可显现的，而是在本然如此的源头上将自身维护在融贯一体之中。这个源头是不可理解的，也是无法完全被表达的。信仰经验这一内在原动力要求推导出并指导应然（应该如何行动），但是当一个人将世界的存在"作为"某种方式显现时，这其实已经偏离了信仰经验的源头，是缺乏指导应然的力量的。这是因为，解释学的"作为"

---

[1] 约纳斯：《海德格尔与神学》，第76页。
[2] 同上书，第77页。
[3] 同上。

意味着，在最根源处，理解者默认那个自在世界（物自体）的本然状态不是这样的，"作为"只是基于理解者主体视角的现象，对世界实然存在的形而上学或宗教描述指导应然的力量由此被削弱。当康德设想"物自体"为信仰保留地盘时，他的物自体是闪耀着神性光辉的。我们无法认识它，但我们信仰它，这种信仰为实践理性提供了必不可少的前提预设。而经验主义视角下祛魅的客观对象则非如此，客观对象是可以认识通达的。科学时代加强了这种对于本然世界的自然主义理解，使得任何解释学式的"作为"理解都是附着其上的，带有赝品式的相对主义色彩。在这个意义上，如何从实然推出应然才成为问题，应然的形而上学信仰基础和原动力没有了。因此从源头上说，真正的信仰经验是前解释学的，是密释学的。

在这个意义上，信仰事件的存在者整体并非以人的此在为中心，也不只是语言可以达至的解释学目标，而是神话、象征和启示所呵护的原初境界。"终极的奥秘也许在神话的象征中比在思想的概念中更能得到保护……保持那种以某种方式对不可言说的东西（das Unsagbare）透光的神话的明显紧密性，比起保持概念的虚假的透明性要更容易些。"[1]约纳斯在这里所指的比现象学更加原初和终极的东西，就是密释学试图描述的境界，也就是海德格尔所说的客观历史的、前现象学的方式，这是比现象学的解释学要面对的对象更为原初的境界。

晚年海德格尔将天—地—神—人缘起生成的映像-游戏（das erreigende Spiegel-Spiel）浑成一体的世界称为"四方域"（Geviert），接近于罗姆巴赫所构想的密释学的境象。一切存在物所处的境象整

---

[1] 约纳斯：《海德格尔与神学》，第77页。

体都是密释学的，它们以最质朴、最日常的境象方式展开自身。在四方域中，每一物都有其密释学的境象，都是存在者状态上的四方域之聚集，所以每一物都按存在的所有维度允诺出存在之结构的一种完整启示。①在《哲学论稿》中，海德格尔对于"最后之神"的论述也具有更多密释学的而非解释学的色彩：

> 这里所发生的绝不是一种救-赎（Er-lösung），也即根本上对人的战胜，而倒是把更原始的本质（即此-在之建基）投入到存有本身之中：对于那种通过上帝而归属于存有的状态的肯定，上帝对自身及其伟大性毫不宽恕的承认，即承认需要存有。②

因此，在晚年海德格尔看来，此在已被消融于人—神—世界共创的存有之中。他已充分意识到宗教本源层次上的密释学意味，只是没有运用"密释学"这样的术语。③在《哲学论稿》中，他谈到，信仰乃是"在最后之神之暗示的闪现和遮蔽的时机之所中的基础与离基深渊的内在丰富性"，最后之神的不可量化，"是我们的历史不可估量的可能性的另一开端"。④解释学只存在于主客体疏离的、可量化把握的层面，而密释学意味着从这个层面往前回溯所得的起源处境。这种起源处境是一种极端的内在转向，是对自身内部的呵护，

---

① 如奥特所言："在海德格尔对物的解说中……肉身的世界在结构上向可能的超越者开放……与作为人的对立面的'神性之物'的关联归属于物本身的本质结构。"转引自约纳斯：《海德格尔与神学》，第65—66页。
② 海德格尔：《哲学论稿（从本有而来）》，第438—439页。
③ 晚期海德格尔不再使用"解释学"这个词语。在1953年与日本学者手冢富雄的对话中，他对日本客人明确说道："您大约没有注意到，我在后来的著作中不再用'解释学'和'解释学的'这两个词语了。"（海德格尔：《在通向语言的途中》，第97页）
④ 海德格尔：《哲学论稿（从本有而来）》，第436页。

而不是显现。它没有固定的称谓和构成，尚未进入峰环勾连的表达和谋制，而是一种尚未外显的悬而未决（Einhalten/epechein/Epoche），但它具有最高的力量和可能性。借用荷尔德林的诗句，罗姆巴赫称这个状态为"正在到来的上帝"（der kommende Gott）。他统管全局，是众开端的开端，是众神之神，他的到来带来万物的到来。"最后之神的掠过的伟大时机"指的就是"正在到来的上帝"。

在这个意义上，宗教以及信仰经验就无法以解释学的方式对象化地被思考，而只能在过程中以密释学的方式被体验、歆享和赞美。宗教范畴内的神圣和幸福不是依据某种学说去理解，而是在信仰事件之内的鲜活的宗教生活体验，是灵的到来过程（Geist im Kommen）。原初地看，生活并非据有（haben），而是到来（kommen）。"到来"的过程是伟大生命和渺小生命的共同到来，在其中才有幸福。幸福并非现成存在于人、世界或者天堂中，而是在共同到来的过程中。同样地，"神圣"不能被设为目标，也不能被表象为某物或者作为某种样态显现，对神圣的表象行为本身就是不神圣的。神圣就是那个到来的过程本身，它不是基于主体的意义建构；而是说，其原初处境就包含了这一超越的意义。

密释学是更深层次的感官知觉，它并不是处于物之中或者处于物与物之间，而是贯通、渗透在世界之中，以"一即一切"的方式昭示着自身。人们无法通过特定的物或者特征来定义密释学现象，它遵循一种独特的存在论，指向存在整体的气场（Aura）和生命境域。这种存在论不仅不服务于物之范畴或者概念，而且先于主客的疏离和现象式的显现，先于一切解释学行为。在这个意义上，作为不可接近者的宗教体验和信仰经验在原初层面上只能以密释学的、不可接近的方式——而不是以解释学的方式——被接近。

从现象学到

生活艺术哲学

从"现象学"到"现象行"
——对当代现象学实践化转向的一个新解读

如果说历史维度是所有哲学思想的本质特征（即包括经典现象学在内的所有哲学思想都有其形成的特定的社会—历史背景，比如胡塞尔的意识现象学的背景是第二次工业革命后科学勃兴的形势下捍卫哲学的反心理主义潮流，以及当时理论界对逻辑学及其基础问题的普遍关注，而海德格尔的存在论现象学的背景是"一战"后"西方的没落"和德国青年运动），那么在"二战"之后，世界历史进入了新的阶段，全球化、冷战结束、和平时期、欧洲的统一、网络技术、大数据时代、恐怖主义、核威胁等成为当代哲学和现象学需要面对的问题。因此，当代现象学就需要随着相应的历史处境不断自我更新，基于对经典现象学的反思和批判，重建当下的现象学。这是现象学哲学的生命力的体现。

由海因里希·罗姆巴赫（Heinrich Rombach）提出的"现象行"（Phänopraxie）概念指出了后经典时代现象学的一种发展路径，即逻各斯意义上的认识论理论现象学在当代的实践化转向。这一转向植根于作为方法的现象学哲学本身的思想潜力和未完成性，从对经典现象学的批判中得到深化思想的能力。我们可以将"现象行"称为"批判的现象学""深层现象学"乃至"反现象学"。这一路径在以列维纳斯为代表的当代法国现象学家的思想转向中也有呼应式的体现。

一、经典现象学中的"实践"与"理论"

在胡塞尔那里，现象学就不单纯是理论形态或者认识论，认识论是被包含在实践问题之内的，现象学的生活世界本身就是人类实践生活的大全，这个大全构成了认识和意识的背景和可能性的渊薮。胡塞尔认为，现象学在实践维度上的根本动机乃是探讨在技术时代如何克服科学意识形态造成的人类生存危机，现象学"为整个文化的发展准备了一种将整个文化发展作为整体的发展引向一种更高目的的转变"①。"生活世界"的构想包含了丰富的伦理学含义。如海德格尔所言，ethos意味着"居留""居住之所"，"指示着人居住于其中的那个敞开的区域"②，亦即胡塞尔意义上的"生活世界"。因此，实践维度是理解胡塞尔现象学不可或缺的一个视角和意义来源。③恰如福柯在《词与物》中所言："把现象学限制在西方近代知识论的论题发展上：这将使其方法意义隐而不彰，进一步造成其哲学意义的失落。"④

在海德格尔那里，理论与实践之间的关系得到了更为深刻的思考，基础存在论将此在的实践和行为视为存在的基础。作为关联域的此在的敞开状态（Offenheit）建基于行为（Verhalten）之上，所有

---

① 胡塞尔：《第一哲学》上卷，王炳文译，商务印书馆，2006年，第265页。
② 海德格尔：《关于人道主义的书信》，载海德格尔：《路标》，孙周兴译，商务印书馆，2014年，第417页。
③ 关于胡塞尔现象学的实践维度，可参见拙文《胡塞尔现象学中的实践维度》，载《江苏社会科学》2016年第3期。
④ M. Foucault, *The Order of Things*, Pantheon, 1970, pp. 303−343.

开放的关联都是行为，行为和实践赋予一切对象化关系和模式以可能性。[①]在这个意义上，"理论"也是一种"观看"（sehen）的行为。

在以1925年讲稿为基础编辑的《时间概念史导论》中，海德格尔细致地讨论了"现象学"（Phänomenologie）一词的含义。其中，"现象"（Phainomenon）是"自身显现者"，作为中动态的动词phainesnai是源自phainau而构成的词：将某物带入白昼，让其在自身之内昭然可见，将其置于光亮之中。希腊人将显现者等同于存在者全体。"现象"所意指的就是存在者的一种自在自足的照面方式（Begegnisart），即自身显现自身这种照面方式。因此，现象就是"自身-显现-自身"（sich-selbst-zeigen）的结构。[②]而逻各斯（logos）的原义为"言说"（legein/Rede）、关于某物的言说。在希腊语中，legein不是简单地说出语词，而是deloun［使某物敞开］，将言说所涉之物及其言说方式公开出来。因此，亚里士多德将逻各斯规定为"让某物自足地为人所见"（apophainesthai），apo就是"从……中出来"：让某物出自其本身而为人所见。亚里士多德进一步认为，"声音"（phoune）的义项并不源出于逻各斯的本质，而是源于逻各斯的原义"让……为人所见"、开示者（aufzeigende）、让某物为人所见者（sehenlassende）。也就是说，逻各斯首先强调的是某物由其自身为人所见，而"声音"这一意涵是后来被赋予的，是"后于视像的声音"，可见的、可显现的、可成像的东西先于声音。因此，现象学的逻各斯所意谓的理论

[①] "表象性陈述与物的关系乃是那种关系（Verhältnis）的实行，此种关系源始地并且向来作为一种行为（Verhalten）表现出来。……一切行为的特征在于，它持留于敞开域而总是系于一个可敞开者（Offenbares）之为可敞开者……所有开放的关联都是行为。"（海德格尔：《路标》，第212—213页）

[②] 海德格尔：《时间概念史导论》，欧东明译，商务印书馆，2014年，第106—107页。与现象相比，显现（Erscheinung）是"中介性地、间接地、有象征地进行呈现（darstellen）"。

(theourein），其意为"在把捉着实事且仅仅把捉着实事的传述这一意义上的言说"。①

经此解读，那种作为"被用来标画有关哲学课题的经验方式、把捉方式和规定方式"的现象学，就不是具有特定研究对象的学科或理论体系，而是"一个'方法上的'名称"，其意为，"让那依持于自身的公开者出自其本身而为人所见"。"现象学所意谓的就是某物的照面方式……自在自足地显现自身。"现象学"所指称的就是某物通过legein［讲说］并且为着legein［讲说］、为着概念的解释而不得不当场在此的那种方式"。②在海德格尔理解的现象学中，纯粹认识论意义上的对象化的意向性经验已经被转释为一种与存在方式和存在经验密切相关的公开、显现和照面。因此，现象学不只是理论意义上的对象化的单纯观看，而且是"一种开启性的让某物能以得见的工作"，是破除遮蔽的工作。③只有通过这些工作，现象才能得以展显（Aufweisung）。所以海德格尔说："现象的样式所规定的照面方式，是现象学研究必须首先从现象学研究的对象那里争而后得的东西。"④现象学不是被动的等待现象和观看现象，而是行动和实践意义上的"争而后得"。

在1946年的《关于人道主义的书信》中，海德格尔将思想视为最高的行动，因为它"关乎存在与人的关联"⑤。这种关联是丰富的，

---

① 海德格尔:《时间概念史导论》，第106—113页。
② 同上书，第114—115页。
③ "'现象的'就是一切在此照面方式中成为明白可见的东西和一切属于意向性的结构关联的东西。……'现象学的'所意谓的，就是一切属于这样一种现象的展显方式的东西，一切属于这样一种现象结构的展显方式的东西，一切在这一研究方式中成为课题的东西。"（同上书，第115—116页）
④ 同上书，第117页。
⑤ 海德格尔:《关于人道主义的书信》，第367页。

这种丰富性成为行动的本质。"行动的本质乃是完成（Vollbringen）。而完成意味着：把某种东西展开到它的本质的丰富性之中，把某种东西带入这种丰富性之中，即生产出来（producere）。"[①]他试图以活生生的、蕴含着可能性、置身于生活之中的思想之行为，取代学科化的、理论化的、僵死的"哲学"。通过强调现象学的实践和行动特征，一方面，含有"居留"之义的ethos被视为存在学的核心，"那种把存在之真理思为一个绽出地生存着的人的原初要素的思想，本身就已经是源始的伦理学了"[②]；另一方面，历史的维度被引入了现象学的讨论。在对于人道主义的分析中，海德格尔列举了马克思主义意义上的社会人、基督教救赎观念下的人、罗马时代教化的人，揭示了人道主义与形而上学的关系以及思想的历史性。当他用"绽出之生存"（Ex-sistenz）概括人的本质时，他强调的也是生存的具体性、行动化、非静态和非理论特性。"唯有绽出的人才是历史性的人。"[③]在其中，他看到了存在中的历史性因素的本质性，历史性乃是存在的天命。因此，现象学的存在分析一定要深入到历史境域之中寻找，这种存在的历史性昭示的"人的未来天命就显示在：人要找到他进入存在之真理的道路，并且要动身去进行这种寻找"[④]。在这一点上，海德格尔高度赞赏马克思思想中的历史维度：当后者用"异化"标示存在的无家可归状态时，他就"深入到历史的一个本质性维度中"了。[⑤]在这个意义上，海德格尔对逻各斯意义上的现象学提出了批判。他说，就"认识到在存在中的历史性因素的本质性"而

---

① 海德格尔:《关于人道主义的书信》，第366页。
② 同上书，第420页。
③ 同上书，第217页。
④ 同上书，第402页。
⑤ 同上书，第401页。

言,"无论是胡塞尔还是萨特……无论是现象学还是实存主义,都没有达到有可能与马克思主义进行一种创造性对话的那个维度"①。

二、罗姆巴赫的"现象行"

现象学本身所要求的实践性转向和历史维度在海因里希·罗姆巴赫那里得到了进一步的阐发。如果将此要求转用于现象学运动本身的话,经典现象学也应该有其所处的历史处境和局限性。因此,当代对于经典现象学的反思、批判和超越就是思想本身的要求,作为道路的现象学始终是未完成的。比如他就曾明言,海德格尔本人的思想也是时代的产物,《存在与时间》与当时的青年运动和表现主义密不可分。②

罗姆巴赫在《现象学之道》的一开篇就指出:"胡塞尔不是第一个,海德格尔也不是最后一个现象学家。现象学是关于哲学的基本思考,之前它已经有很长的历史,之后也会长久地存在。它自我凸显,大步地超越那些它自己在自身道路上已建构的观点。"③"现象行"概念就是对于现象学的某种反思和超越。罗姆巴赫说,现象行是一种批判现象学,它不仅面对胡塞尔—海德格尔意义上的个体意识—生存层面的局限性,而且也针对经典现象学中社会—历史层面的若隐若现。从现象学到现象行的推进是思想演进的必然结果,因为个体—生存的层面必然无法表现出一致性,而只有通过现象行,历史共同体才能达到更高的自身一致性和更一致的可生活性(Lebbarkeit)。

---

① 海德格尔:《关于人道主义的书信》,第401页。
② 罗姆巴赫:《作为生活结构的世界——结构存在论的问题与解答》,王俊译,上海书店出版社,2009年,第73页。
③ 同上书,第69页。

罗姆巴赫将现象学史视为从胡塞尔到海德格尔的推进过程：从普全的主体性现象学和超越论的意识现象学，推进到涉及个体生活的此在分析现象学。而他视自己的结构现象学为现象学运动在当代的新阶段：结构现象学"从此在的可理解的环境出发去重新构建人自身的世界……这种分析作为'批判现象学'从曾经生活环境的矛盾出发推断出个体的世界构想之中的分歧"①。这种差异性的分歧乃是今日的现象学所要关注的话题。批判现象学的方法不仅要如其所是地描述现象，更要尝试洞察现象所处身其中的情势及其所指向和所意谓的结构。在此要求下，胡塞尔的意向性分析所适用的就不仅是超越论主体的意向性，而且是"在其自身中的实事本身所意谓的内容、实事独特的扩展和提升趋势"②。在罗姆巴赫看来，这种被置于现实发展基础之上的现象学就是现象行。自我提升（Selbsthebung）和自我超越（Selbsttranszendenz）是现象行的存在论前提，它"力求帮助此在达到更高的明晰性和一致性，并且这一点不仅发生在个体—生存的意义中，也发生在社会—历史的意味之中"③。

罗姆巴赫认为，"现象学"中的"现象"不是内在于世界的，而就是这个世界，现象是唯一化的（einzigen）、结构化的。所以，结构现象学强调的不是胡塞尔的普遍的意识结构，也不是海德格尔的存在论差异，而是一种世界及其众环节（Moment）的共创性。④罗姆巴赫说，关于这种共创性，存在着很多形式，但是没有普遍的概念，它是一个唯一化的过程（Vereinzigung）。"这种唯一化同时也显

---

① 罗姆巴赫：《作为生活结构的世界——结构存在论的问题与解答》，第16页。
② H. Rombach, *Strukturanthropologie*, Karl Alber, 2012, S. 12.
③ 罗姆巴赫：《作为生活结构的世界——结构存在论的问题与解答》，第16页。
④ 对此，罗姆巴赫举例说，这种情况缘起生成于艺术品中，在神秘的亢奋中，在所谓的"顿悟"中，在唯一的"灵"的统一性中，以及在宇宙之"爱"的直接的统一过程中。

现为完全的明晰性和实践的意义中心的前过程。"①因此,以"现象"标识的这个过程就不仅仅是某物显现的过程,而且是世界本身,是存在或者生活本身;不仅是认识,而且是根源性地看、观;"不仅是描述或者对存在者的确定,而且是对于现实性(Wirklichkeit)的提升,提升意味着,将现实还原为有效-性(Wirk-lichkeit),由此真正地根本上触及现实"②。这个现实就是世界和情势的动态关系,现象学也就由此被推进到了现象行。海德格尔的"关于生存的理性研究不仅是根据其内容的现象学,而且也是根据其现实性的现象行。它让显现和促成显现融为一体"③。罗姆巴赫欣赏海德格尔晚期关于"本有"(Ereignis)的提法:存在和历史的"本质"就是过程化、动态化、世界由其所出的"本有"。

不仅是等待、观看和认识现象,而且是促成现象、使之呈现(Erscheinenmachen)。这就是现象行,它类似于苏格拉底传统中的助产术。现象学"不仅要展示显现之物,更要促成那种显现,即从历史性的意义必然性出发被要求的显现。从现象学的理念出发,就要求一种批判性和创造性,这要超过胡塞尔那种尚为被动性的构想"④。因此,现象行要求思想者以更加积极的态度融入世界、洞察生活和经验的在场和不在场的原初形式,以便对世界和自我有更加全面深入的认识,并在此认识的基础上使人与世界的和谐共处成为可能。现象行表达的是现象学向实践领域的扩展,是无预设的看,是使现象呈现,是将理念和思想转为行动,帮助此在的生活风格和方式发生

---

① H. Rombach, *Strukturanthropologie*, S. 211.
② Ibid.
③ H. Rombach, *Phänomenologie des gegenwätigen Bewusstseins*, Karl Alber, 1980, S. 24.
④ Ibid., S. 20.

转变。① 如罗姆巴赫所说:"现象学,如其迄今被理解的那样,不是基于当代意识的一种哲学'方向',而是参与致力于生产出一种新的意识。促成显现,而不只是展示显现;现象行,而不只是现象学。"②

现象行以批判的姿态将现象学往前推进了一步。在《现象学之道》中,罗姆巴赫也将现象行称为"深层现象学"。这是一门更深刻意义上的现象学,它"应当呈现为当代意识深层的基本特征,那种会在所有文化领域中显现的思考和工作的类型,而不仅仅是内在于哲学的"③。它所关注的是一种深层的基本结构或基本现象,比一般意义上现象学所关注的现象——比如认识现象——更加深刻。基本现象支撑起一切行动和事件。所谓"深层现象"是一种关系和过程化的结构,是"无穷尽的关系发生过程"。比如,席勒在《美学通信》中谈到的"游戏"和"信仰"、奥古斯丁《忏悔录》中的"忏悔"、马克思的"劳动"都是基本现象。它们"从根本上对人敞开了其本质可能性的广阔程度",这些作为基本现象的行为是我们在日常生活中所经验到的所有对象、所有现象的基础,它们决定了我们的经验方式,使经验呈现和在场的现象成为可能。罗姆巴赫进一步指出,深层现象学就是现象行,它比现象学更进一步,前者使后者成为可能。在无穷尽的发生过程中,显现才有可能,对象才成为可见的,现象才进入在场。对于现象行而言,把握的路径不是西方意义上的逻各斯或者认识论,而是东方意义上的多重形式的顿悟,即在实践生活中的融入和体悟,后者是先于认识论的。这也是"行"

---

① "现象行"已不仅仅是一个现象学内部的概念,而是一种走入日常生活的生活方式。目前,在德国的威斯巴登就有一个私人机构叫现象行学院(Institut für Phänopraxie),进行类似于哲学治疗和哲学咨商的工作。
② H. Rombach, *Phänomenologie des gegenwätigen Bewusstseins*, S. 21.
③ Ibid.

（Praxis）的基本意义之一，其所包括的"不仅是认识的抽象基本形式，而且首要地还有其实践性的生活展开过程的基本结构，一般隐而不显的其生活世界的基本法则，其具体生存的整个内在构造"①。在这个意义上，罗姆巴赫进一步延伸说，现象行让人拥有通往基本现象方向的一种体验，这种只可感同身受地体验的基本现象乃是密释的（Hermetisch）。

综上所述，罗姆巴赫的现象行作为批判的现象学，致力于对经典现象学的深化和推进。它有着如下几个方面的基本含义：第一，现象行意味着当代现象学发展的实践化转向，首先是对经典现象学中残留的逻各斯中心主义的彻底清除，现象行（或深层现象学）不是认识论意义上被动的观看现象，而是前反思的实践意义上"争而后得"的"促成显现"；第二，现象行致力于探求一种基本现象，这种隐而不显的深层基本现象作为无穷尽的发生过程是一切在场现象的可能前提；第三，现象行通过对生活的社会——历史境域的溯源呵护具体生活的差异性分歧，以达到历史共同体一致的可生活性。现象行的这些方面在当代法国现象学的发展中都得到了不同程度的发挥和回应，列维纳斯的"反现象学"就是其中的典型。

三、"未完成的现象学"

众所周知，战后的法国现象学是在对德国经典现象学的反思、批判和诠释的基础上展开的，法国现象学家特别注意到了胡塞尔和海德格尔那里带有唯我论色彩的隐秘的主体性和具有主客奠基性框

---

① H. Rombach, *Phänomenologie des gegenwätigen Bewusstseins*, S. 23.

架的认知关系。超越的主体、对象性的意识、不在场的他者、属我的共在、大全的统一性、存在的共同基础,经典现象学的这些论题都成了法国现象学家批判并发展出原创性思想的起点。①在战后法国现象学的论题中,具体实存、在先的他者、前反思的生活、内在于肉体的生命力、存在的历史维度等被反复提及,经典现象学中残留的逻各斯传统被进一步甄别扬弃,实存意义上的实践和生活/生命成为法国"后经典现象学"的出发点,这与罗姆巴赫所揭示的从现象学到现象行的转折遥相呼应。

借由活生生的生活/生命现象诠释经典现象学中的原初被给予性,并且将经典现象学对人的主体性或生存现象的关注扩大为一种在场的生命现象学,超越人与动物、人与自然界、人与一切生命体之间的区别,通过一种具有其自身的活生生的自我更新能力的生命运动破除人类中心、意识或语言(逻各斯)中心,成为战后法国"批判现象学"的一个重要倾向。最典型的比如在米歇尔·亨利的生命现象学中,基于肉体的生命被视为基本现象。亨利指出,现象学不应该只研究"什么是现象",不应该只是做现象学的"观看",或者提出一种不可能逾越的间距,而是要研究现象是如何成为现象呈现的。他认为,生命是存在自成现象的最原初的形式,因此现象学的基本问题就是"作为第一现象的生命究竟是怎样通过其自我显现而成为现象显现出来的"②。一种印象性、体验性、情感性的主体取代了传统上提供表象和概念的理智的主体,前者更深层地隐藏在我们的生命之中,成为生命的基础;肉体先于身体成为生命最原始的显

---

① 相关的反思批判,比如可参见萨特:《存在与虚无》,陈宣良等译,杜小真校,生活·读书·新知三联书店,2010年,第295—318页。
② 高宣扬:《法国现象学运动的新转折(上)》,载《同济大学学报(社会科学版)》2006年第5期。

现形式，肉体比身体更优先，先于身体的"世界开放性"，肉体及情感是最原初的生命表现形式。基于此，所有的现象实质上都是全然主观性的自我实现的生命力。所以在亨利那里，现象学不只是外在事物和世界的呈现，本质上乃是生命自身的实现。

列维纳斯的思想则更为深入地对经典现象学进行了反思和批判，并恰当地体现出对于基本现象的把握以及向着现象行的转向。他认为，胡塞尔的"意向性"概念只停留在认知的层次上，囿于具有自我统一性的"我思"之中，这保证了思维与可思维者之间的和谐，蕴含了一种在场或再现（Representation）的特权。他提出了作为"纯粹被动性"的伴随性的自身意识，将这种前反思的层次作为根基。① 逻各斯意义上的对象化意向性、反思基础上的表象并不足以深入存在，只有超越认知层次，扬弃对象化的表象，进入前反思的生活，才能与生存建立直接的关系。在列维纳斯看来，这种前反思的境域才是现象学还原的目标。在此批判的基础上，与罗姆巴赫对"现象行"的设想相似，列维纳斯也对传统的存在论—知识论提出了异议。在列维纳斯看来，深层的基本现象乃是他者以及基于他者而建立的责任伦理关系，因此存在—知识—真理应当被置于价值—伦

---

① 不同于胡塞尔植根于主体性的时间意识，列维纳斯也从时间—意识上对此做了说明。"作为一种现行于所有意向的、混乱的、隐匿的意识——或者作为摆脱了所有意向的绵延——它与其说是一种行为，毋宁说是一种纯粹的被动性……当然，现象学的分析在反思中描述了这种时间的纯粹绵延，即借由滞留和前摄之间的游戏把它意向性地建构起来了；但是，正是在时间的这种绵延中，这些滞留和前摄至少是不明显的，而就其表示了一种流动而言，恰恰向我们提示了另一类的时间……一种没有任何回忆或重构过去的行为能够逆转的时间流逝……一种不同于认知、不同于对在场或将来和过去的不在场进行再现的时间……一种纯粹的绵延，没有中断，没有持续，既不敢称其名也不敢言其在，是那种没有自我在其中持存的瞬间的机制，自我总是已经流逝了的，'他还没有开始就已经结束了'。这种非意向性的意义就在于它是歉疚意识（mauvaise conscience）的一种形式。"(S. Hand ed., *The Levinas Reader*, Blackwell, 1989, pp. 80–81) 参见王恒：《再论列维纳斯的现象学》，载《南京社会科学》2007年第8期。

理—宗教的基础之上。①

列维纳斯认为，现象学不是胡塞尔意义上的先验自我，或海德格尔意义上向来属我的（Jemeinigkeit）个体的此在，而是以对他者的责任的伦理为主轴，在实践意义上探索无限超越的人生境界的可能性。责任问题高于一切，因为他者是第一存在，在一切有自我的地方都先有他者。他者通过"面孔"（visage）向我临近，向我要求。并非自我先于他者，亦非自我与他者平行；而是说，他者的出现对自我而言是不可回绝的，这将自我从自身的基础中连根拔出，使其被迫处于为他人负责的位置。在这里所谈的他者与自我的关系，不再是逻各斯意义上的认识范畴或抽象理论，而是具体的、实践性的，是现象行的。自我处于他者的包围与共在之中，他者成了自我所处身其中的情势。与他者的关系是一种"临近"，是活生生的生命体之间的感受性，与认识范畴的客观的观念与感知无关。列维纳斯也批评海德格尔的存在论有某种形式化的"主体安置"以及"此在中心论"嫌疑，"与他人共在"无非只是此在存在的样式，而不是在经验世界中与他者实际性的"相遇"，这最终导致一种脱离了具体生命形式的存在。列维纳斯相信，自我—他者关系不是一种支配—被支配的暴力关系，也不是纯理论的先验形式，而是具体的生命体验，是非对象化的意向性。这种生命体验有一种不可化约性，比如时间上的间距是不可化约的。时间不是对时间的反思，而是时间的绵延本身，是历时性，是现时的外溢。这意味着自我必须超出自身，超越到无限的他者中，实现善的理念。就如海德格尔所言，"存在是绝对

---

① 叶秀山：《列维纳斯面对康德、黑格尔、海德格尔——当代哲学关于"存在论"的争论》，载《文史哲》2007年第1期。

超越"（Sein ist das transcendens schlechthin）①。所以，这首先是一个伦理学的问题、一个实践问题，而不是一个认识论的问题。在列维纳斯那里，伦理学就是第一哲学，"形而上学在伦理学关联中上演"②。

更进一步地，列维纳斯也反对传统存在论中包含的同一性倾向，反对同一的"存在"概念。因此，他也警惕海德格尔将存在作为一切意义本源的企图，因为海德格尔的基础存在论将导致"人们不能超越存在而思想"③。这从另一角度说明了，为何与他者的责任关系是优先的。这种责任关系先于存在论，表现为无自我的真诚的"言说"。这是对他者毫无保留的开放。后期的列维纳斯更用"别于存在"消解"存在"。"别于存在"是非现象性的，而只能以"痕迹"示人，是非在场的、非共时性的，而是历时性的。他拒绝经典现象学所要追求的起源和在场，历时性是无法追忆的，因为"历时性拒绝连接，它是不可整体化的，在此意义上它是无限的"④。

列维纳斯把艺术和审美创造活动也看作从逻各斯意义上的现象学到现象行的转折方式之一，即存在者超出世界，走向真正的存在，寻求自由的可能性。艺术创造意味着对现实世界的疏离，正是这种疏离使存在与"景观"（居依·德波的"景观社会"批判）拉开距离，"把事物从世界的景观中拔出"，获得真正的自由，这是一种在现实世界中不可能达到的存在方式。列维纳斯说："事物参照于一个作为特定世界的部分的内部，它们是认识的对象或一般之物，在它们刚刚发生变化的时候就被日常实践的恶性循环所把握；但艺术

---

① 海德格尔：《路标》，第397页。
② 列维纳斯：《总体与无限》，朱刚译，北京大学出版社，2016年，第55页。
③ 勒维纳斯：《上帝、死亡和时间》，余中先译，生活·读书·新知三联书店，1997年，第143页。
④ E. Levinas, *Otherwise than Being or Beyond Essence*, trans. A. Lingis, Martinus Nijhoff, 1981, p. 11.

却使它们走出世界，把它们从中拔出，并因此而从它们所附属的主体中拔出。"① "日常实践的恶性循环"是指对象化的认识、主客二分的行为模式，而艺术审美活动则使自由存在的显现成为可能。艺术审美活动使不可见之物通过可见的形式呈现，实现"可见的不可见性"。这不仅是观看，而且是通过艺术审美活动介入不可见的世界，使之显现。这是现象行的形式之一。此外，列维纳斯也强调非对象化的"享用……"（vivre de）。"享用"并非对象化地针对生活的内容，而是"供养着（alimentent）生活"，这比海德格尔的用具经验还要原初。②

总而言之，在列维纳斯那里，源于他者经验的差异性被视为不可还原之物，经典现象学和存在论所强调的理论层面上的同一性则被质疑和排除了。③从这个意义上说，列维纳斯是反现象学的，他反对逻各斯意义上和认识论意义上的现象学，在他那里起奠基作用的活生生的生命和伦理关系则采取的是现象行的形式："情感性（affectivité）比感觉性（sensibilité）来得原初；责任性（responsabilité）比主题化（thématisation）要原初：他者的伦理至上性要高于自我的存在论的至上性。"④因此，胡塞尔现象学中以内在意识、对象化认识和超越主体性为基本模式的意向性，在列维纳斯那里被拒绝了，伦理学的超越并不具有意向性结构。而海德格尔（特

---

① 转引自高宣扬：《法国现象学运动的新转折（下）》，载《同济大学学报（社会科学版）》2007年第1期。
② 列维纳斯：《总体与无限》，第88—94页。
③ "理论意味着理解——存在的逻各斯——就是说，一种如此通达被认识的存在者的方式，以至于这种存在者之相对于进行认识的存在者的他异性消失了。……理论的批判意图把理论引导到理论和存在论的彼岸：批判并不将他者还原为同一，如存在论所做的那样，而是对同一的操作进行质疑。"（同上书，第14页）
④ 莫伟民：《莱维纳斯的主体伦理学研究》，载《江苏社会科学》2006年第6期。

别是在《存在与时间》中）的主体性诉求，也是列维纳斯所反对的："《存在与时间》或许只支持着一个论断：存在与对存在的理解（它展开为时间）不可分割，存在已经是对主体性的诉求。"①胡塞尔普遍的意识结构，海德格尔通过存在论对差异经验的还原，这些经典现象学对于同一性的追求正是列维纳斯的大敌，因为"同一与他者之间的冲突被那种把他者还原为同一的理论解决了"②。呵护差异、强调自我与他者之间不可化约的差异和伦理关系，必须以反现象学的姿态抗拒和逃离这种同一性。这可能也可以解释为何列维纳斯没有尝试像罗姆巴赫那样，用"结构"或者"现象行"这样的表述刻画一种深层的现象学，因为后者依然在追求历史共同体的一致性和可生活性；而且罗姆巴赫也曾专门指出，列维纳斯从学理上不可能排除同一性，这种排除在后果上并不积极。③

当然，类似的争论并不能否定列维纳斯和当代法国现象学的实践化转向在思想史上的意义。这一转向及其所批判的议题，比如对同一性的排除、对差异经验的呵护、将实践置于优先地位、历史维度的引入等，都充分说明，现象学（或现象行）作为一种思潮是处于历史中的、不圆满的、未完成的，它始终在寻找与其所处的历史境域相应的问题领域和话语方式。从现象学到现象行的转向体现出

---

① 列维纳斯：《总体与无限》，第16页。
② 同上书，第18页。
③ 罗姆巴赫认为，列维纳斯在谈到他者的时候，已经不可避免地预设了一个自在的自我，他者对自我有一种存在论上的依赖关系。列维纳斯说，他者的面容是一个不可掌握之物；而罗姆巴赫恰好认为，出于一种内在性（眼睛—瞳孔），作为痕迹的面容是可掌握的，共创性保证了终极意义上的同一性。这是基于生命和解蔽的现象学，其中充满了生命的喜悦。罗姆巴赫批评说，列维纳斯的哲学中没有这种喜悦，"毋宁说在他那里一切都被拘束在一种沮丧之中，这种沮丧可回溯到一种绝对的不在场性。因此人们可以说，他总是站在那堵哭墙之前，或者处于'不幸的意识'（黑格尔语）之中，并且只能在无穷地疏远之中达及他本己的目标"（罗姆巴赫：《作为生活结构的世界——结构存在论的问题与解答》，第41—42页）。罗姆巴赫也认为，意义比价值更加原初。

其与后现代思潮的契合,比如批判传统的同一性哲学、反逻各斯中心主义、反主体主义、反本质主义等。现象学的这种未完成特征和转向的潜力恰好说明了这一思想运动本身绵延不绝的生命力。就如梅洛-庞蒂所言:

> 现象学的未完成和它的始动状态并不是一种失败的标志,它们是不可避免的,因为现象学把揭示世界的神秘和理性的神秘作为其任务。如果说现象学在成为一种学说或一个体系之前已经是一场运动,这既非偶然,也非欺骗。由于同样类型的关注与惊奇,由于同样的意识要求,由于领会初生状态的世界或历史之意义的同样意愿,现象学就如同巴尔扎克的工作、普鲁斯特的工作、瓦莱里的工作或者塞尚的工作一样勤勉。就这一方面来看,现象学与现代思想的努力融为一体了。[①]

---

① 梅洛-庞蒂:《知觉现象学》,杨大春等译,商务印书馆,2021年,第20页。

从现象学到生活艺术哲学

一、现象学的根本动机

在现代哲学中,面对着传统唯心论体系的崩溃和自然科学的蓬勃兴起,尼采、柏格森、狄尔泰等哲学家把哲思的目光转移到生活／生命这个主题上。胡塞尔的老师弗朗茨·布伦塔诺就明确提出,哲学的任务就在于回复到生活境界本身,通过诸如内观(Einsicht)和明见性(Evidenz)这样的生命实践和情感体验为当代生活、认识论和伦理学重新建立统一的形而上学基础。这个基本的哲学理念在胡塞尔那里得到了延续。

在胡塞尔看来,现象学所要面对和亟须克服的乃是现代化文明的危机,这种危机是由自然科学意识形态所带来的。在认识论的层面上,自然科学知识体系的确立有赖于一种极端的还原论和客观主义,它将世界置于一种客观化、均质化的解释框架之中,并且将人类生活的意义和质感从这个客观的解释框架中彻底排除,以便对客观世界的局部事实进行实证主义探究,或者消除主观视域,达到一种抽象的客观主义普遍理论形式。这种科学主义的做法导致了"生活意味(Lebensbedeutsamkeit)的丧失"或者"意义的空乏"(Sinnentleerung),因而无法从一种人性的角度为人类文明提供一种可延续的、和谐的思想基础。

胡塞尔认为，现代自然科学的意识形态化实际上是理性的僭越，以消除主体质感和割断传统关联为代价最终获得的不是一劳永逸的严格科学世界，而只是背离人性并将导致生活危机的科学意识形态。随着对前科学生活经验的排除和对经验世界的主体相关性的抽离，自然科学的客观主义抽象形式逐渐绝对化，占据了普遍真理的位置，进而规定了人类的一切生活和认知方式。这导致了客体存在的有效性被必然化和普遍化，客观的自然世界被赋予认识上的特权，心灵和主体的意义世界在此被矮化和遗忘。自然科学的客观主义意味着绝对知识客观性的现代理想："科学有效的东西应当摆脱任何在各自的主观的被给予性方面的相对性……科学可认识的世界的自在存在被理解为一种与主观经验视域的彻底无关性。"[①]对客观性知识的追求意味着一个独立的、割断主观视域联系的认识过程。

现象学的创始人忧心忡忡地看到，现代化危机造成根源层次上的主体相关性层面、意义构建层面被遗忘了。这就是现代欧洲人的危机或者"病症"，一种原本植根于生活世界和生存经验的科学、哲学和生活的统一意义丧失了。自然科学意识形态化，技术科学成了解释世界的唯一普遍方式，而人的主体性在面对世界时的奠基地位则相应地消失了，人与世界的关系被倒置。这是现时代人类精神世界空虚和责任匮乏的最重要根源，是人类理想生活方式不断堕落的根源。如何恢复人与主体的尊严，从而恢复哲学在当代的意义，为重建和谐的人类生活做出指导，这恰是胡塞尔的精神生活道路最初的出发点。

---

① 黑尔德:《生活世界现象学》，倪梁康译，上海译文出版社，2002年，导言第38页；E. Husserl, *Phänomenologie der Lebenswelt. Ausgewählte Texte Husserls II*, hrsg. K. Held, Reclam, 1986, S. 34。

克服意义的空乏、恢复生活的意义是胡塞尔现象学的基本动机。在这里，意义首先被理解为一种普遍化、发生性的指引关联（Verweisungszusammenhang），在胡塞尔现象学中最为核心和源初的指引关联类型就是"意向性"。意向性结构和意向性构建恢复了心灵的丰富维度，以及心灵与世界的平等关系，它们先于主体—客体二元关系的构建过程。通过意向性及其建构分析，胡塞尔将哲学理解成一门"发生现象学"，哲学理念不再被看作柏拉图式的无时间的含义内容，而是被看作嵌入生活世界的可再造的精神过程。在发生的视角下，指导生活实践的规范性或者伦理学也被引入了生活世界的历史维度，规范的建立并非与其产生的历史毫无关系。[①]奠基于时间性和世界性中的指引关联最终指向一个普全的视域，也就是"生活世界"。视域总是以非课题的形式为对象化的认识奠基，并以发生的方式决定了我们生活中的一切课题化行为和抉择。在胡塞尔看来，作为关联域的生活世界和视域这种在先的奠基性、其包含的可能性及其现实化转化才是现象学所要关注的话题。

换句话说，胡塞尔设想，现象学所要把握的乃是以下内容：将对一个对象的存在设定把握为在指引关联的境域中的设定、在关系中的设定（In-der-Beziehung-Setzung）；或者说，通过课题化的行为（意向性结构）把握隐含在其背后的非课题化境域乃至生活世界。[②]

---

① 正如费尔曼（Ferdinand Fellmann）所指出的："生活世界的明见性……不仅对于对象化的认识，而且对于道德感受都扮演了一个建设性的角色。它被感受为生活的定位模式，这一模式在生活的展开构成中形成并且为道德行为订立规则。"（F. Fellmann, *Philosophie der Lebenskunst zur Einführung*, Junius Verlag, 2009, S. 31）

② "人们也可以说：一切存在物都是相互关联的，它只处于与他者的关系之中。或者从设定的方面说：一切存在设定同时就是'设定于关系之中'。在这里，'设定于关系之中'……是说：对于确定的或者不确定的对象性隐藏的共同设定在境域的形式中进行，并且因此通过那种意向相关项的意义在意识中拥有这种共同设定。这种意义就是：在判断背后，能够展现境域，能够预先找到关联体和关系。"（E. Husserl, *Die Lebenswelt. Auslegungen der vorgegebenen Welt und ihrer Konstitution. Texte aus dem Nachlass [1916–1937]*, hrsg. R. Sowa, Martinus Nijhoff, 2008, S. 5）

因此，胡塞尔断言："存在的世界无外乎就是存在有效性的关联性。"①他在这里强调的是存在者之间的关联性、相关性：没有一个绝对的、与其他存在者无关的存在者，有效或者存在之意义就意味着关联性，生活世界就是关联域的大全——这就是现象学最终要揭示的东西。举例来说，意识现象学就不能仅局限于理论化的自我反思，而是包含了实践的自身关系（Selbstverhältnisse），意识奠基于实践和人的自身价值感受之上。

更进一步，这种关联域的承担者则是时间中的个别实体，对于这种"自然关联域"的研究是区域存在论的任务。②因此胡塞尔指出，无论是在普遍存在论还是在区域存在论中，人与物、人与人、物与物之间的关联都构成了世界本身，而且两个领域之间是统一的。现象学要关注的生活世界领域是一个介于经验科学（心理学）和逻辑学之间的领域，可以以结构—功能的方式被描述。胡塞尔称之为"超越论的经验"或者"生活世界的科学"，人们也可称之为"前科学"。这个第一人称视角的领域是一切规范性、客观认识和自我认识的源泉。在这个领域内，发生性、可能性和偶然性既未被排斥，其得到说明的方式也有异于经验科学。这个元实践领域也是生活艺术（Lebenskunst）作为一种哲学形式被定位于其间的领域。

海德格尔的生存论现象学始终是以人的生存实践为关注焦点的。

---

① E. Husserl, *Die Lebenswelt. Auslegungen der vorgegebenen Welt und ihrer Konstitution. Texte aus dem Nachlass (1916—1937)*, S. 724.
② "显然，人与人之间的每一精神关系，以及在较高层阶个人的精神性中、相对于赋予此精神性以自然界时空存在者所构成的一切，都可还原为心理物理层次上思考的个别人及其彼此之间的自然关联域。纯粹意义上的主体间精神性，在世界经验中不是自为的，而是世界性的，因此通过其个别的移情作用，借助于个别实在躯体内一定的基础，而成为自然时间性的。"（胡塞尔：《现象学的构成研究：纯粹现象学和现象学哲学的观念（第二卷）》，李幼蒸译，中国人民大学出版社，2013年，第319页）

在《存在与时间》中，他的初衷就是用生存取代传统哲学中的实体化的、现成的主体性，实现对传统形而上学的翻转（Umkehren）。海德格尔将发生性的生存实践看作存在的基础。在《存在与时间》中，此在的本质是生存（Existenz）、是它的去-存在（zu-sein），要把握人是什么（Was-sein），必须从人的存在即生存活动出发。由此，基于人在世界内的生存经验，他对真理进行了存在论的阐释。他认为，揭示（Entdecken）这一活动的生存论、存在论基础指出了最源始的真理现象（das ursprünglichste Phänomen der Wahrheit）[1]，即"作为此在的展开状态（Erschließendsein des Daseins），而此在的展开状态中包含世内存在者的揭示状态"[2]。也就是说，"真理本质上就具有此在式的存在方式，由于这种存在方式，一切真理都同此在的存在相关联"[3]。真理与世内存在者的关联性，并不意味着真理的虚无或主观相对性，真理不是纯粹经验层面上的；恰好相反，"只因为'真理'作为揭示乃是此在的一种存在方式，才可能把真理从此在的任意性那里取走。真理的'普遍有效性'也仅仅植根于此在能够揭示和开放自在的存在者"[4]。在这个意义上我们可以说，海德格尔的此在分析完全是以发生现象学的形式探讨元实践层面上的世内生存经验。

尽管海德格尔本人谨慎地用"此在"和"生存"取代了生活／生命这样的术语，以避免人类学和日常化的嫌疑，但是他并不排斥一种作为生活艺术的哲学。在《关于人道主义的书信》中，他说道，并不存在这样的普遍规则，可以指导"经历了从生存到存在的人应

---

[1] 海德格尔：《存在与时间》，陈嘉映、王庆节译，生活·读书·新知三联书店，2006年，第253页。
[2] 同上书，第256页。
[3] 同上书，第261页。
[4] 同上。

当如何合乎命运地生活"①；在这里，我们找不到一种指导生活的普遍先天规则，而只有与实践密不可分的技艺，古典意义上的技艺。在1928年题为《从莱布尼茨出发的逻辑学的形而上学始基》的讲稿中，海德格尔提到了"生存艺术"（Existierkunst），亦即在人生有限性的条件下生活行为的展开过程。②这里所涉及的不是盲目的实践行动，也不是纯粹理论的自我反思，而是与生存经验缠绕在一起的指导生活的生活艺术。

在海德格尔看来，理论乃是实践活动的一种形式，因此"理解"也应当首先被把握为一种行为模式，人的此在也应当是在其存在中围绕此存在自身进行的存在者。即便海德格尔有意识地将基础存在论与人类学区别开来，但在《存在与时间》所勾勒的与传统的实体形而上学针锋相对的动态化存在模式中，存在总是在"操心""能存在"和"自身领会"等语词描述的状态中获得其经验—实践的现实化过程。因此总的来看，海德格尔的此在分析最终导向的是更本源、更贴切的自我认识，是开启存在意义的实践路径，在生活艺术的意义上可以被解释为"自我操心"。海德格尔的存在哲学并非要得出任何无涉于具体生存过程的绝对律令，也不关注纯粹形式的理论体系或者道德规范性，甚至他对于实践生活过程的关注也绝不等同于康德意义上的实践理性优先，而是对于世内生存经验领域的重视和回归。在他那里，生活艺术哲学被称为"生活的逻辑"（Logik des Lebens）。③

---

① 海德格尔:《关于人道主义的书信》,载海德格尔:《路标》,孙周兴译,商务印书馆,2014年,第353页。
② 海德格尔:《从莱布尼茨出发的逻辑学的形而上学始基》,赵卫国译,西北大学出版社,2015年,第201页。
③ F. Fellmann, *Philosophie der Lebenskunst zur Einführang*, S. 37.

在传统主体形而上学中，人在本质上被看作表象着的理性主体，客体的存在只有通过主体的表象才被确定，而数学和计算方法加强了主体的这种自我确信（Ichgewißheit），从而造成了理性统治的假象和存在者的抽象确定性。这种普遍化的计算理性在海德格尔那里被活生生的此在经验、真理的世内发生特别是时间性和历史性的引入所解构。晚期海德格尔尤其注重存有的非现成性和历史性，以消解传统哲学中习惯谈论的存在的必然性。他说，"作为本－有（Ereignis）的存有（Seyn）本身首先承荷着每一种历史，并且因此是绝不能得到计算的"；存在者进入存有之中，"在其中非本质作为某个本质之物而起支配作用……并且把历史带入其固有的基础之中"。①历史性如此通透地贯彻到存有之中，以至于基础存在论的论述本身都充满了偶然：

> 存在问题唯一地只关乎我们的历史的这个准备者的实行。《存在与时间》之初步尝试的全部特殊"内容""意见"和"道路"都是偶然的、可能消失的。②

顺应19世纪以来整个欧陆哲学对于生命实践话题的兴趣，胡塞尔的"生活世界"构想，特别是海德格尔的存在论现象学在多个向度上重新形塑了当代的哲学形态，扭转了传统形而上学对于世界和存在的理解，比如对理论和实践关系的倒置、对在场和缺席关系的倒置、对主题化和非主题化的倒置、对确定性和可能性的倒置、对必然性和偶然性的倒置，等等。对于存在过程的关注，重视动态化、

---

① 海德格尔：《哲学论稿（从本有而来）》，孙周兴译，商务印书馆，2013年，第253—254页。
② 同上。

时机化、具体的世内生存，反对教条化和抽象化，恢复人之生存的本然意义，将世界和人视为一种蕴含了普遍和个别的关联域，这些都是现象学哲学所追求的目标。现象学哲学让我们回到事实和生活本身、回到实践本身，生活中的可能性和偶然性因此得到了捍卫，实践层面上的生活常识因此得到了捍卫。由此，曾经在弗莱堡跟随胡塞尔和海德格尔学习的九鬼周造就明确地把他自己的思想称为"偶然性哲学"，就绝非是偶然的。

二、从捍卫偶然性到哲学实践以及生活艺术的美学扩展

当然，不只有非欧洲传统的九鬼周造透过现象学看到了偶然性在当代哲学中的价值，从梅洛－庞蒂到奥多·马奎德的欧洲哲学家都致力于在哲学上捍卫偶然性。从现象学对传统哲学理念的倒置到捍卫生活领域的偶然性，再到哲学实践的尝试，这是生活艺术哲学极为重要的思想路径和来源之一。

现象学的基本动机和思路在梅洛－庞蒂那里从"身体场"的角度得到了强化。他从身体切入，试图由此更加确切地描述意识与不可穷尽的世界的关系。在梅洛－庞蒂看来，正是知觉这种前意识现象将我与世界勾连在一起，知觉使一切对象化构建活动成为可能，它构成了对象化认识活动的意义基础。这一想法的基本驱动力来自胡塞尔的生活世界和视域理论，以及海德格尔对于存在域、操劳（Besorgen）、上手状态（Zuhandenheit）等的表达。

梅洛－庞蒂秉承了胡塞尔对于意向性的构想，将知觉与世界之间的联系（意向性关联）阐释为意义的本质所在：意义不是一个主体有意识地赋予其对象的现成之物，而是一种关系性的呈现，事物

正是在关系之网中显现出其本真的意义的。被知觉之物与知觉主体之间有一种前逻辑和前主题化的统一性,这正是现象学要讨论的话题。这种在先的统一性在胡塞尔那里是生活世界和视域,在海德格尔那里是存在的时机化、动态化表述,而梅洛-庞蒂则通过身体对之进行了巧妙的说明:知觉和意识基于身体,因而对象物也是基于身体的,事物"是在我的身体对它的把握中被构造的",因此"事物从来都不可能与某个知觉它的人相分离,它实际上从来都不可能是自在的"。① 与之对应地,主体同样"必须首先拥有一个世界或在世界之中存在,也就是说,在自己周围带有一个含义系统(它的各种对应、各种关系和各种参与不需要阐明就能够被利用)"②。

与胡塞尔一致,梅洛-庞蒂也认为,意义就是世界之中的关联关系,而且是在不断建构中的关联关系,人就是"关系的纽结"。③ 所以,意义是不断生成的而非绝对的。同样地,存在也不可避免地只能作为事件历史性地存在。在此,梅洛-庞蒂将现象学讨论引入历史性的维度:作为关系不断构建的意义处于生成之中,因此存在和真理都是历史性的,意义的本真到场也是历史性的;没有绝对的真理,也没有绝对的存在。历史性和非绝对性并不是存在的缺陷,因为世界在存在论层面上就是偶然的,正是这种偶然性而非必然性才是我们的认知和生活的基础——这是梅洛-庞蒂从现象学方法中得出的重要结论。

> 世界的偶然性不应当被理解成存在的不足、必然存在的组

---

① 梅洛-庞蒂:《知觉现象学》,杨大春等译,商务印书馆,2021年,第441—442页;译文有改动。
② 同上书,第186页。
③ 梅洛-庞蒂在《知觉现象学》的结尾引用了圣·埃克苏佩里的话:"你寓于你的行为本身中。……人只不过是各种关系的纽结,这些关系仅仅对人来说才有重要性。"(同上书,第625页)

织中的一条缝隙、对于合理性的一种威胁，也不应当被理解成一个需要通过发现某种更深刻的必然性来尽可能早点解决的难题。这是在世界之内的存在者状态的偶然性。相反，根本的存在论的偶然性或世界本身的偶然性就是那种一劳永逸地奠基了我们的真理观念的东西。①

在生活意义的层面上对偶然性的捍卫源自现象学，而在汉堡哲学家奥多·马奎德那里，偶然性则成了他整个哲学的核心话题。马奎德接受了海德格尔的存在分析，在对德国唯心论尤其是黑格尔的哲学进行反思批判的基础上，将哲学和真理的根基置于历史性的生活经验之上，在哲学上为生活的偶然性辩护。他说，偶然性并非"一个不幸事件"，而是"我们历史的规范性所在"，我们基于偶然存在。② 由此，他提醒人们不要受传统的本质哲学或绝对化哲学的迷惑，不要受独断论和哲学乌托邦的迷惑。他的偶然性哲学为技术时代的现代人的生活提供了一幅乐观的图景。现代人要重塑人性的生活，就要逆转自亚里士多德以降的西方形而上学传统。他说："谁寻求开端，谁就要做开端；谁要做开端，谁就不想做人，而是想做绝对。因此，现代人为了人性考虑，在拒绝成为绝对的地方，与原则性、始基告别。"③在马奎德那里，生活的偶然性和可能性、人的有限性、世界的历史性构成了我们无可回避的现实。由此，他反对对于世界、存在和自我的绝对设定，反对"人的绝对化计划"。从理念上，他秉承了整个现象学传统特别是海德格尔在这一论题上的基本

---

① 梅洛-庞蒂：《知觉现象学》，第545页。
② O. Marquard, *Apologie des Zufälligen*, Reclam, 1986, S. 131.
③ O. Marquard, *Abschied vom Prinzipiellen*, Reclam, 1981, S. 77.

思路。

马奎德的偶然性哲学深刻地洞察到了人生和世界的有限，甚至认为连破除绝对设定的怀疑本身也是有限的。普遍怀疑是非人性的，所以他主张一种"有限的怀疑论"，即基于一种日常性赞同的怀疑。怀疑只是告别脱离生活的原则性，而不是摧毁一切生活的根基，怀疑论者"知道，在那里，人们知道什么——在通常情形和习以为常的状态下。怀疑论者甚至也不是那些根本无知的人，这些人只知道非原则性的东西：怀疑论并非被无节制地神化，而是和原则性告别"[①]。

他对偶然和有限的关注使他的哲学不像胡塞尔的那样追求普遍和严格，也不像海德格尔的那样在存在论层面上激情洋溢。马奎德的思想更多的是尝试在实践和人类学层面上为我们的生活提供具体的指导。在他看来，今天的精神科学的作用并不是如胡塞尔所言为一切科学奠基，也不是海德格尔所热衷的对传统形而上学的批判，而是均衡/补偿现代技术给我们的生活世界造成的损失。他以乐观的态度面对生活的偶然性。与之相一致地，他也并没有对现代技术的飞速发展表现出深切的忧虑和极端的批判；相反，他甚至认为恰好是现代技术使我们的生活更加可靠，大部分对于技术的恐惧都是人类夸张的幻觉而已。因此，现代性并不意味着人类命运的灾难性深渊，而更多的是相对可靠的生存条件和无危机状态。

以补偿/均衡为目的的哲学实践和温和乐观的基调使马奎德的哲学介于后现代的多元相对主义和传统的普遍主义之间，他追求现代世界中的"多元化平衡"，并且将这种补偿的尝试视为指导个体如何同时应对决定论的当代政治意识形态和技术时代令人目眩的变化速

---

① O. Marquard, *Abschied vom Prinzipiellen*, S. 17.

度的实践策略，由此将哲学从理论引入现实层面的生活实践。他将哲学首要地理解为一种与生活密切相关的哲学实践，说哲学是一种"定位式的服务性职业"。在某种意义上，他恢复了哲学的古典意义。在古代，"生活咨询很容易就属于哲学，而哲学学园肯定不是首要的学院式研究机构，而是生活艺术的练习场所"①。在马奎德看来，"哲学思维并不意味着建立一座理论大厦，而毋宁是遵守一个伦理—实践的准则。哲学思维对他而言，就是训练自己和他人如何生活的艺术"②。

马奎德的学生阿亨巴赫进一步践行了"哲学实践"的概念，并于1981年创立了哲学实践学院。他将之理解为职业化的哲学的生活咨询，强调了作为哲思着的人的哲学家的角色。他说，"在哲学实践中，我们并非被要求做哲学的教师，而是做哲学家"③，"哲学的集体架构就是哲学家：并且哲学家作为一种情境中的指导，就是哲学实践"④。与海德格尔和马奎德一样，阿亨巴赫同样强调哲学的首要任务是实践，而非理论："哲学实践是一种自由的对话。它……并不规定哲学命题……不给出哲学洞见，而是将思想设定在活动之中：哲思着。"⑤与治疗对象一同哲思，并不是将接受治疗者的情况归入某一类预先给定的问题或者解决范式，而是深入到作为个体的人之中，寻找他的人生定位的阻滞并且给出一个哲学上明智的定向建议。当代的"哲学咨商实践"力图成为现代生活困境的一种矫正方式，亦即"哲学治疗"。哲学实践的尝试一方面重拾了哲学的古典形态，亦即

---

① "Der Philosoph als Stuntman. Ein Gespräch mit Odo Marquard", in *Süddeutsche Zeitung* vom 19/20 Sept. 1987.
② I. Breuer, P. Leusch und D. Mersch, *Welten im Kopf. Profile der Gegenwartsphilosophie*, Rotbuch, 1996, S. 193.
③ G. Achenbach hrsg., *Philosophische Praxis*, Dinter, 1984, S. 65.
④ Ibid., S. 14.
⑤ Ibid., S. 32.

哲学在苏格拉底、智者学派和斯多亚派哲学中的形态（在那里，哲学是作为"生活艺术"被教授的）；另一方面，其重要思想来源之一则是现象学哲学，从现象学出发从而重视生存和实践，重视偶然性和可能性，把哲学理解为指导生存实践的技艺。

进入21世纪，作为生活艺术的哲学在欧洲有了全新的拓展。首先，作为哲学实践的哲学咨商或哲学治疗仍然在不断地被实践。除了阿亨巴赫，达姆施塔特哲学家和现象学家伯梅（Gernot Böhme）也开设了哲学实践学院，开展哲学治疗，为现代生活中个体的心理迷失、精神压力和抉择困境提供帮助。除了有作为心理疏导方式的哲学治疗或哲学咨商之外，当代生活艺术哲学开始广泛地与美学勾连在一起，通过生活美学或者审美生活化扩展了生活艺术哲学的内涵和外延。它不仅是咨商和治疗活动，同时也是围绕着人类生存的富有建设性的意义建构活动。这种美学尝试中极为重要的切入话题就是身体，身体哲学与修炼实践成为当下生活艺术哲学的重要论题，特别是对非欧洲的冥想或者修炼方式的引入，使之更具有多元化、全球化的特征。

当代生活艺术哲学通过"生活美学"或者"审美生活化"的概念，将美学视为切入点。耶拿的韦尔施（Wolfgang Welsch）提出了"审美泛化"的概念。他说，我们现代社会正在经历一场美学复兴，把都市的、工业的和自然的环境整个改造成一个超级的审美世界。首先，在物质层面发生了锦上添花式的日常生活表层的审美化，享乐、娱乐和广告美学深刻影响了整体的文化形式和我们的生存方式；其次，在非物质层面，则有更深一层的技术和传媒对我们的物质和社会现实的审美化：技术改变材料，新材料的广泛运用，通过传媒对现实进行重构，这种审美构建能力深刻地影响了当下的人类生活；

再次，伦理道德审美化，主体形式和生活方式的美学甚至有能力在一定程度上弥补道德的缺失；最后，彼此相关联的认识论的审美化。如果说哲学治疗的定位服务致力于在认识论的取向上帮助人们获取更加完善的知识和自我知识，进而对人生实践和自我发展做出明智的定位和选择、对世界和生活做整体性理解和解释、弥合自我与世界的裂痕的话，那么在审美泛化的趋势下，生活艺术哲学及其美学实践则是以指导审美、指导艺术营造的方式介入生活，为消费、健身、自我包装、日常消遣、艺术追求等生活过程提供指导，形塑现代人健康的生活理想和生活方式，提升生活自信，塑造完美的个体生活。

我们可以将舒斯特曼（Richard Shusterman）的身体美学（Somaesthetics）理解成审美泛化的一个角度。身体美学以身体的修炼为基点，将美学变得生活化、可操作化。身体美学包含了向内和向外的两个向度：向外的向度包括运动、化妆、流行装饰与服饰、整容；向内的向度包括冥想术、亚历山大气术、水疗、瑜伽等跨文化背景下的精神和身体的修炼方式。这个意义上的生活艺术哲学涵盖的范围被极大地扩展了，它不仅是一种职业化的哲学治疗，而且是一种以实践主体为中心在身体和精神上实现自我提升的技能。施洛德戴克（Peter Sloterdijk）将之称为"人类技艺"（Anthropotechnik）。在他看来，整个人类思想史和宗教史都是这种人类自我提升的修炼体系。[①]

三、现象学与生活艺术哲学

我们熟知的当代哲学的实践转向在不同的哲学论域中有着不同

---

① 参见 P. Sloterdijk, *Du mußt dein Leben ändern. Über Anthropotechnik*, Suhrkamp, 2009。

的面向。除了政治哲学和伦理学的勃兴、语言学转向下分析哲学的滥觞之外，关切现代境域中个体生存问题的生活艺术哲学也是实践转向的面向之一。在某些思想路向中，生活艺术哲学甚至被视为政治哲学讨论特别是资本主义批判的最终归宿，这在20世纪六七十年代的法国后现代主义思潮中尤为明显。比如，马克思主义者和情境主义者居伊·德波对于资本主义社会的景观社会批判，最后就以"日常生活艺术化"为解决之途，并且他提出了"易轨""漂移"等具体的艺术实践策略。另一位情境主义者、日常生活批判理论的创立者列斐伏尔的巨著《日常生活批判》同样主张，将后马克思的政治和经济批判融贯到日常生活的艺术实践之中。

  现象学哲学则秉持着关注"小零钱"的精神，在更为基础的层面上为生活艺术哲学和生活化美学开辟了可能性。当代的哲学被看作一种"生活艺术"。以恢复生活意义、合乎存在、捍卫偶然性以及认同常识的方式，生活艺术哲学旨在指导个体在技术时代优雅地生活、保持健全的人性以及建立与自然的和谐关系，弥合个体与时代、人文与技术、自然与科学之间的裂痕，开辟鲜活的生命境界，实现理想的生活状态。哲学家不仅仅要关注学院化的专业哲学，而且应当通过实践的哲学（Philosophie der Praxis）为个体的心理迷失、精神压力提供帮助，为商品社会和高尚艺术的协调提供指导，为城市中产阶级提升生活品位、完善自我修养提供捷径，为教育和培养现代社会中的完善个体提供理论依据。当代德语哲学界涌现出了一批致力于此的哲学家，比如马奎德、阿亨巴赫、韦尔施、施密特、施洛德戴克、伯梅、萨弗兰斯基、费尔曼等，他们都从不同的方向为作为生活艺术的哲学和哲学实践做出了贡献。其中，伯梅、萨弗兰斯基、费尔曼本身就是出色的现象学家，在现象学研究领域做过不少杰出的工作，而马奎德、施密特、施洛德戴克等人则在思想方法上受到现象学尤其是海德格尔哲学的重大影响。

生活艺术哲学将自身定位于现象学所开辟的立场，即规范科学（逻辑学、数学）与经验科学之间的"前科学"。在这个领域中，生活艺术作为一种展开形式将经验立场与规范立场关联到一起。在这里，这两种立场是同样原初的。而在古代，作为生活艺术的哲学是哲学的基本形态，苏格拉底的助产术式哲学对话、斯多亚派的人生智慧、毕达哥拉斯派的神秘修炼都是生活艺术的具体形式。更日常的看法则把生活艺术（techne tou biou）等同于美德伦理学（Tugendethik），后者是一门在具体生活中不断反思辩诘的学问——而近代道德哲学更专注于为高于具体生活的规范奠基。因此，生活艺术逐渐脱离了道德哲学的范畴，在20世纪逐渐接近于心理治疗和心灵疏导。随着现象学的介入，生活艺术哲学作为哲学咨询和生活化美学才有了更为明确的自我定位，它将作为经验的生活技艺和伦理学规范以发生学的方式结合到一起：一方面将生活技艺经验哲学化，另一方面则将伦理规范和先验哲学现象学化。因此，当代生活艺术哲学所涉及的范围更为宽广，比如，"对于人的自身关系（Selbstverhältnisse）、自我赋义（Selbstbesinnung）、自我规定（Selbstbestimmung）的描述，就如它从第一人称视角所感受和体验到的那样……人们也可以谈及自身境像（Selbstbildern），其不同知识形式的规范性在其中得到统一"[1]。在这个意义上，"现代生活艺术的哲学领域被描述为对康德先验主义的现象学化同时也是人生哲学化的转型"[2]。

---

[1] F. Fellmann, *Philosophie der Lebenskunst zur Einführung*, S. 24–25.
[2] Ibid., S. 37.

现象学关于"生活世界"以及"此在是在世存在"的构想,是当代生活艺术哲学的重要思想根基。①它以一种全新的哲学眼光告诉我们何为世界:世界是以身体和体验的方式展开生活的过程,并且以感官的方式去经验之物,个体生活于世界的关联之网中。而这个生活世界之网并非一蹴而就地被给予的,它必须不断地被重新设计和编织,不断地融入生活。"生活世界蕴含了生活艺术的问题",它要求创造性,在根底上需要生活艺术的创造活动。②

如果说当代的生活艺术哲学将哲学生活化、反哲学专业化的姿态是对古典哲学形态的一种重温,那么这种姿态与现象学哲学的古典气质恰好吻合。换句话说,现象学在此充当了当代生活艺术哲学重新发现古希腊哲学资源的媒介。借此,生活艺术哲学家们重新发现了古希腊哲学资源中与人生哲学密切相关的部分:通过现象学,恢复生活世界,恢复人与世界的朴素和谐的交往经验,恢复对人之存在经验的偶然性的重视,恢复哲学生活化而非专业化的本然面貌,最终弥合古典与现代的裂痕。

现象学与生活艺术哲学都基于对现代科学技术的批判性反思,思考在技术时代个体如何更好地生活。现象学家的技术批判并非主张彻底地摈弃技术,而是在接受日常生活常识的基础上警惕自然科学技术的僭越。这种温和的批判立场与在生活艺术哲学中的技术批判背后的总体上的乐观态度相契合:现代人无须一味地忧虑和拒斥科学,我们要做的只是通过补偿达到生活的均衡。

---

① "无论如何,'生活世界'概念都被证明是成果丰富的,对于一门生活艺术的哲学,它是不可或缺的。"(W. Schmid, *Philosophie der Lebenskunst, Eine Grundlegung*, Suhrkamp, 1999, S. 43)
② P. Kiwitz, *Lebenswelt und Lebenskunst. Perspektiven einer kritischen Theorie des sozialen Lebens*, Brill, 1986, S. 200.

《认识世界：古代与中世纪哲学》译后记

不久之前，艾伦伯格（Wolfram Eilenberger）在他的哲学畅销书《魔术师的时代：哲学的黄金十年1919—1929》的中译本出版时接受了一次访谈，引起了中国学界相当广泛的共鸣。艾伦伯格谈到了当代德国哲学的贫瘠化，并指出，"学院成了产业，围着自己转，生产空话。有人算过，一篇哲学学术论文平均只有两个半读者，审稿的评阅人可能都要比读者多"。而他本人则一直致力于哲学普及化的工作，以对抗哲学学院化的倾向。他从2011年开始主编的双月刊《哲学杂志》的发行量已经超过10万。这本以"将问题带向市场，让公众帮助解决"为使命的哲学刊物的发行量，可能比所有德语哲学的主流学术期刊加起来还多。

近20年来，哲学的大众化转向在欧洲已成为潮流。在经历了从康德、黑格尔、谢林到狄尔泰、卡西尔、胡塞尔、海德格尔的学院化时代之后，哲学正在新的时代境况中努力呈现出不一样的面貌，变得平易近人、接近日常生活，同时也成为一种文化消费品。促成这一变化的原因，一方面，是学院化和专业化的哲学的发展前景越来越狭窄，在现代知识系统中不断被边缘化；另一方面，让哲学重回生活、恢复古典时期哲学面貌的理念给了这些致力于使哲学大众化的思想家信心和动力，毕竟在苏格拉底的时代，哲学是街头巷尾人人可谈之事，而在近代以前，大部分我们叫得出名字的哲学家也都不在大学哲学系里谋生。

从这个意义上说，哲学的非学院化时期实际上在哲学史上占据了大半篇幅，而我们将之作为论题提出来，则是19世纪末哲学进入完全的学院化时代的伴生现象。粗略地看，如果说学院化哲学体现出专业化、系统化的经院哲学式的共同特征，那么非学院化的哲学则更多的是反体系、反系统、更易被普通人阅读和接受的。叔本华、尼采是后一阵营中的佼佼者，与他们差不多同时代的施泰纳也可以被算作非学院哲学家中的一员。他在当时被誉为"新尼采"，其在教育、建筑、艺术、农业、医疗等领域对于日常世界的影响，超过了他之前和之后的大部分学院哲学家。

时至今日，如果在德国大型书店里的哲学专柜前驻足，我们看到的大部分仍是尼采、施泰纳的著作，以及当代流行的施洛德戴克、施密特、加布里尔、韩炳哲的畅销著作，而不是康德、卡西尔或者胡塞尔的大部头论著。从某种意义上说，这些畅销哲学家维持着今日德国哲学的活力。而这些非学院派的哲学畅销书虽然造就了一种大众能够阅读的哲学，但这并不意味着它们变得流俗肤浅或者哗众取宠，它们只是努力将细密的哲思用亲近大众的文风表现出来。如同在本书中，作者书写的不是老套的哲学家历史，也不是单纯的问题史或者概念史，而是把哲学史叙事放在更为宽广的历史背景中——这是更亲近日常的生活世界的思想史。

本书作者普莱希特（Richard David Precht）是目前德国当红的大众哲学家之一，被称为"摇滚歌星式"的哲学家，他的流行哲学读物和Ted演讲使哲学被大众分享。最近，他还从大名鼎鼎的施洛德戴克和萨弗兰斯基手中接过了德国国家电视二台（ZDF）的脱口秀节目《哲学四重奏》（*Das Philosophische Quartett*）主持人的工作，并将节目名称改为"普莱希特"。尽管他与新媒体亲近、将哲学包装为文化消费品的做法受到了各方的非议，但这至少提供了一条学院化之外的发展路径。我们需要做的，只是在思想的深刻性、严肃性与流行化、商业化之间找到一个合适的平衡点。

希望本书在中文世界也能够畅销，起到哲学普及的作用。

现象学视野下的事与物

世界是由作为对象的"物"组成,还是由作为过程的"事"组成?对此问题的回答体现了完全不同的哲学立场。在传统形而上学和科学模式下,世界是对象化、实体化的客观之物的集合;而在现象学的视野中,世界是事的大全,所有的物都应当被还原到事之上。现象学关注的是人与世界的一种围绕着具体的事展开的相即关系,这一视角在中国思想传统中,特别是在易经、老子、庄子、王守仁等思想资源中,占据重要的地位。安乐哲曾从语言特质上对此进行过描述:"大致说来,英语(以及其他印欧语言)是一种表达'实体的'(substantive)和'本质的'(essentialistic)的语言;中国的文言文则是一种'事件的'(eventful)的语言。"[①]在这一点上,现象学与中国传统思想的倾向表现出高度的统一。以"事"的方式来看待"物",消解实体化的对象之"物",这既是当代科学批判的人文主义态度的核心视角,也有潜力成为中西思想展开往来应和的论题之一。

一、"面向实事本身":现象学的构建

"面向实事本身"是现象学运动的口号,它代表了现象学哲学的

---

① 安乐哲:《孔子文化奖学术精粹丛书——安乐哲卷》,华夏出版社,2015年,第100页。

基本旨趣或者说一种从现代到当代的思想方式的转变：从把世界看作既成的客观之"物"，到把世界看成与主体相关的意义构建之"事物"；从心—物、主体—客体的二元结构，到连绵不断的现象学构建过程。这种意义构建过程，就是现象学的实事（Sache）。现象学运动主张关注具体实事，也就是对自我和意义构建过程进行关注，而不是先以思辨的方式设定一个心—物二元的先验结构。正是通过回到构建性这一实事，现象学才取消了传统哲学中所有先于构建的区分。在这一点上，卢卡奇对现象学的批评倒是切中肯綮："它把真的与假的、必然的与任意的、客观现实的与纯粹想象的东西之间的区别一律抹杀，甚至完全取消。"①

胡塞尔的"构建"概念是一个多层级的发生性过程。在意识中，任何一次感知行为都是对象构建的过程，而且是层层推进的。"在一个层级上被当作'被构建对象'者，在一个更高层级上也能被当作一种进行构建的经验……在一个层级上被看作'超越的'，在下一个层级又会被看作'内在的'。"②这个层层奠基的构建发生性过程消解了对象之"物"中包含的所有超越部分，而将之还原为"构建"这一实事。在胡塞尔的术语体系中，"发生"和"构建"可以被视为同义词。他说道："超越论地看，一切存在都处在一个普全的主体的发生之中。"③这样的发生构成了历史，"历史从一开始不外就是原初的意义形成和意义积淀的共存与交织的生动运动"④。现象学的实事也正是在这个意义上引出了历史性的维度。

---

① 卢卡奇：《理性的毁灭》，王玖兴等译，山东人民出版社，1988年，第431页。
② J. Mensch, "Manifestation and the Paradox of Subjectivity", *Husserl Studies* 2005, 21.
③ E. Husserl, *Erste Philosophie (1923–1924)*, hrsg. Rudolf Boehm, Martinus Nijhoff, 1959, S. 225.
④ 胡塞尔：《欧洲科学的危机与超越论的现象学》，王炳文译，商务印书馆，2001年，第449页。

在胡塞尔那里，这种意义构建过程完全是在主体的意识领域内发生的。意识发生、意义发生和存在发生是统一的，后二者属于意义相关项的构建，实事也就等同于意向性构建的过程。而在海德格尔那里，意义构建的实事被扩展到人的存在经验。无论是意识结构，还是存在经验，当现象学要把握实事的时候，实际上，这个构建过程是动态化的，其起点和边界是模糊的；换句话说，它是境域性的。一个课题化的、边界清晰的对象是从这个境域中凸显出来的，从主体侧讲，对象就是意识领域中的意义构建的一个结果。这样一种境域是主体—客体二元结构的渊薮。现象学关注的在场与缺席、局部与整体、差异与统一的基本结构也是在这个建构性境域中展开的。海德格尔把意识建构推进到人的存在域中。他说道："人类是境域性的存在。"

二、从本体、实存到本有

现象学的"面向实事本身"，就是从对象之物和实体之物往回追溯；不是像科学那样去研究物的属性，而是研究物何以可能，亦即对物之建构过程和境域进行关注，一切课题都可以被还原到建构过程和境域关系之中得到描述。这种现象学的姿态，借用美国诗人穆里尔·鲁凯泽（Muriel Rukeyser）的一句话来表达就是："宇宙是由故事构成的，而非原子。"

从赫拉克利特开始，"原子"就是本体论的概念，是最基础的物。当我们追问世界本质的时候，一定有一个像原子一样的不可进一步追问和分解的实体作为基础存在着，它们构成了世界万"物"。这种本质主义的想象成为传统形而上学的主流。随着观念史的推进，这样一种抽象的、基于本质追问的形而上学在现象学的"面向实事本身"中被消解了，包括实体之"物"在内的一切都是某种意义构成物的具体显现。这就是现象学的"具体形而上学"，它取代了传统的实体形而上学。这种具体形而上学关注的是处于意义构建之中的"活的当下"，它是处于奠基层次上的。正如朗德格雷贝所言："这个活的功能的当下是一种绝然的、不可抹消的确知，一种不可再追问的事实。而在这个意义上，它是直接的和绝对的。作为绝对的事实，即是所有功能及其成就的可能性之深层超越论前提。"①

这样一种意义构建物在胡塞尔那里是意识建构，是处身于生活世界之中的先验自我。胡塞尔说："先验自我同时又被把握为一个在自身中经验到世界的自我，一个和谐地显示着世界的自我。"②换句话说，自我及其意识结构通过构建关联指引出那个在意识经验的连续性中显示的、将自我包含在内的整全世界。对于自我而言，"我实际上处于周围人的现在之中，处于人类的开放的视域之中；我知道自己实际上处于世代的联系之中……这种世代性与历史性的形式是牢不可破的"③。

而在早期海德格尔那里，先验自我和意识自我的世界处身性得到了强调，这种处身性被置于内在于意识的构建性之前。因此，胡塞尔的意识自我被海德格尔转化为人之实存（Existenz）。实存是历史性的、具体的发生者，而不是抽象的、无时间的在场者。所以，海德格尔在《存在与时间》中说："对存在的追问其自身就是由历史

---

① L. Landgrebe, "Die Phänomenologie als transzendentale Theorie der Geschichte", in R. Bernet, D. Welton and G. Zavota eds., *Critical Assessments of Leading Philosophers*, Vol. V, Routledge, 2004, p. 177.
② 胡塞尔：《笛卡尔式的沉思》，张廷国译，中国城市出版社，2002年，第186页。
③ 胡塞尔：《欧洲科学的危机与超越论的现象学》，第302页；译文有改动。

性来刻画的，必须追问这种追问本身的历史。"①与胡塞尔的现象学构建一致，海德格尔将存在问题转化为存在历史问题。而到了晚期，海德格尔将这种历史性的、具体的实存进一步扩展表达为"本有"（Ereignis），一种并非局限于意识结构和人的"存在与人之关联"。②本有并非人与世界之间的二元架构，而是一种人与存在都被转化（Verwindung）进去的本源性的关联活动，"本有之思"就是"存在的终极学"（Eschatologie des Seins）。③对于存在的这种转化状态，海德格尔用打叉的存在来予以表示。④人的这种转化状态，就是海德格尔所言的"此-在"（Da-Sein）。本有作为最广泛意义上的实事，作为存在与人共属的关联活动，包含了世界万物的相互间的意义指引关系，而不设定任何中心。在这个意义上，现象学的实事精神被推到了极致。这样一种奠基性的动态本有，在海因里希·罗姆巴赫那里被称为"结构"。

三、作为关联指引之大全的结构

胡塞尔晚年曾说过，存在就是众多关联的设定，是在关联中的存在。因此，现象学最终要关注的事实际上是普遍意义上的世界之内的关联指引，包括人与世界的关联指引。意向性分析中的对象—境域、意向行为—意向相关项的结构，海德格尔的作为"在世之在"的此在，都是这种普遍的意义关联指引的呈现者。因此，保罗·利科在《纯粹现象学通论》法译本的导言里说，现象学是关系主义的。

---

① M. Heidegger, *Sein und Zeit*, Max Niemeyer, 2006, S. 20—21.
② M. Heidegger, *Zum Ereignis-Denken*, hrsg. P. Trawny, Vittorio Klostermann, 2013, S. 292.
③ Ibid., S. 329.
④ Ibid., S. 218.

他指出，胡塞尔使得"客观性与一种更根本的主观性相互联系"①。

罗姆巴赫用"结构"来指称现象学的这种意义关联。一切存在都是在意义关联中发生的，这就是实事。所以，现象学的观点是"以事观之"，即以这种发生性的、关系主义的眼光看待"物"。现象学视野中的从"物"到"事"，如广松涉的"事的世界观"所言，是从"实体的基始性"到"关系的基始性"。这样一种作为基始的关联关系说明了，在本原层次上，一种发生的连续过程在根源上就是一元的连续发生，而不是二元或者三元的结构，所有区分性的结构都是在意义建构中形成的。胡塞尔在谈被动综合问题时说，预先被给予之物中并没有纯粹的被动成分，所有被动中都有主动综合的要素。在本原处，这是一个浑然一体的连续发生过程，主体—客体、主动—被动的区分是被附加上去的意义建构。这种连续的发生性，在胡塞尔那里是无起点的意向性构建、内时间意识的绝对流，在海德格尔那里是最本原层次的本有事件。这就是现象学的"事"。

现象学对"事"的关注是具体化的，而不是抽象的；是发生的，而不是静态的。正如罗姆巴赫所言，这是一种具体化（Konkretion）。"具体化"是指，结构中的局部个别与整体之间并无孰先孰后的奠基关系。"整体性与个别性这二者成为一个（存在论上的）统一体：同一性。……因为这种方式既不能从'整体性'中也不能从'个别性'中预先被取得"，而"首先被安置在其发生过程的具体内容（dass）之中"。②这种无差别的、无中心的具体化就是结构，也就是现象学的实事。

---

① 保罗·利科:《〈纯粹现象学通论〉法译本译者导言》，载胡塞尔:《纯粹现象学通论》，李幼蒸译，商务印书馆，1997年，第487页。
② 罗姆巴赫:《结构存在论：一门自由的现象学》，王俊译，浙江大学出版社，2015年，第21—22页。

此外，罗姆巴赫也强调结构是实践性的，而不是理论性的；或者用海德格尔的话说，理论也是实践的一种形式。所以，现象学的"事"根本上还是实践性的。现象学不是理论体系的构造，而是一种方法和视角，是在实践中展开的。现象学是"不离日用常行内"的实践哲学，罗姆巴赫用"现象行"表达了这一点。

四、自然与文化

"面向实事本身"的现象学方法通过对奠基性的、当下展开的建构过程中的"事"的关注，融合消解了心物二元的认识模式。这种消解并不是把二元关系变成三元结构，仿佛"事"成为"心"和"物"之间的桥梁；而是在逻辑顺序和时间顺序上，"事"都成为一个更为本源的范畴，它先于"物"，也先于"心"。这样的"事"没有实体性的承担者，其中也没有整体和局部的奠基关系，而是纯粹的关联关系的动态展开过程。

如果我们把这种"面向实事本身"的现象学态度用到科学批判的维度上，用来分析科学视野中所谓"客观的自然"，那么就可以得出一个批判性的结论，即没有自在的、客观的自然之物。所有科学研究的自然对象都是在与观察者即人的相互关联关系中被构建和呈现的；甚至可以说，独立于主体的客观性本身也是众多人与自然的关联关系的一种类型。如果我们在最宽泛的意义上把这种与人的相关性都称为"文化"的话，那么在这里，我们可以看出一种自然与文化的关系，即不存在不带文化的自然，没有脱离人和主体因素的所谓"客观的自然"。没有"事"的"物"是不可想象的。

歌德的色彩理论就是反对对于自然的唯科学主义解释的一个例

子。他反对牛顿提出的"颜色是白光折射的结果"的理论，认为这种机械化和数学化的解释是有失偏颇的。他坚持认为，色彩是不能被测量的，而只能被感受与描述，即我们不能通过科学的量化研究而要通过主体经验的质性描述来把握自然，后者才是一切自然研究的基础。因此，色彩既是物体的物理性质，也是对自然现象的一种主观反应，是眼睛的创造物。以歌德为代表的德国自然哲学家体现了浪漫主义的基本信条，即看重审美体验、直觉，建立与自然之间的紧密联系。这种姿态是现象学式的。从主体经验的角度去看待自然对象，它提供了一种新的观看自然和世界的方式，对唯科学主义提出了挑战。在这里，主体的质性经验就是"事"，它构成了客观化的自然之"物"的基础。由此也可以看出，"面向实事本身"不仅引入了历史维度，而且也是一种人文主义、存在主义的态度，是对今天占统治地位的无历史的客观主义和唯科学主义态度的补偿/均衡。

艺术重归生活
——从尼采、施泰纳到博伊斯

一、尼采:"艺术是生活的最高使命"

在尼采的哲学中,对艺术和生活/生命的探讨始终居于核心的地位。"上帝死了"是尼采思考的出发点。因为上帝死了,所以人的生活/生命成为唯一的存在。"心灵、气息和此在被设定为相同的存在。生命就是存在:此外没有什么存在。"①因此,没有超越生活/生命的存在,有的只是生活/生命及其本能。尼采认为,存在的只是活着的生命、具体的生活,是变化多端的主体生活。这是对执着于不变的实体和本质的传统本体论和形而上学的颠覆。传统意义上的认识"就只有在对存在的信仰的基础上才是可能的"②。

可以想见,尼采在这里所说的存在并非传统形而上学讲的存在,后者"乃是受生成之苦者的虚构"③。在尼采看来,人是生命整体中的一部分,实际性的生活/生命才是唯一的存在。"存在——除生命外,我们没有其他关于存在的观念。——某种死亡的东西又如何能够存

---

① 尼采:《1885—1887年遗稿》,《尼采著作全集》第12卷,孙周兴译,商务印书馆,2010年,第11页。
② 同上书,第125页。
③ 同上书,第135页。

在呢？"因此，"存在是生命概念的普遍化"。①而生命存在的内在动力就是权力意志。在权力意志的支配下，生命自我创造、自我毁灭、自我支配。这种永恒轮回的方式就是生命的艺术性。孩子在游戏中创造又毁掉自己的作品的重复行为，就是生命存在的象征，也是最原始的"活动艺术"。尼采反对亚里士多德"哲学乃是发现真理的艺术"的观点，而倾向于支持伊壁鸠鲁"哲学是一种生活艺术"的看法。②

生活／生命的展开方式就是艺术，艺术世界观就是"直面生命"。③由权力意志推动的艺术学不是传统意义上的感性学（美学），而是关于生活／生命的学问。"艺术乃是生命的真正使命，艺术乃是形而上学活动。"④由此出发，尼采立场鲜明地反对传统艺术学中将艺术与生活分离的态度。"为艺术而艺术"一方面固然是反对艺术的道德化倾向，反对艺术隶属于道德（"让道德见鬼去吧！"），但另一方面，这一理念的鼓吹者宣称，艺术只以艺术自身为目的而别无其他目的和意义，实际上又将艺术与现实生活对立起来，仿佛艺术是艺术、生活是生活。尼采将之讥讽为"一条咬住自己尾巴的蠕虫"。他激烈地反问道：

> 艺术家的至深本能是指向艺术，还是指向艺术的意义即生命，指向一种生命希求？——艺术是生命的巨大兴奋剂：怎么可以把它理解为无目的、无目标，理解为为艺术而艺术呢？⑤

---

① 尼采：《1885—1887年遗稿》，第179、418页。
② 同上书，第412页。同样的话也出现在尼采的《1887—1889年遗稿》(《尼采著作全集》第13卷，孙周兴译，商务印书馆，2014年，第240页）中。
③ 同上书，第295页。
④ 同上书，第276页。
⑤ 尼采：《偶像的黄昏》，《尼采著作全集》第6卷，李超杰译，商务印书馆，2016年，第158页。

生活/生命是人的存在整体，无论现实生活还是艺术都是生命的存在方式。将艺术与现实生活割裂开来，进而以艺术的名义攻击现实便在根本上误解了生命，也误解了艺术。因此，尼采说，"'为艺术而艺术'——这是一个同样危险的原则：人们借此把一个虚假的对立面带入事物之中——结果就是一种对实在的诽谤。……如果人们把一种理想与现实分离开来，那人们就会排斥现实，使之贫困化，对之进行诋毁"；归根结底，"艺术、认识、道德都是手段：人们并没有认识到其中含有提高生命的意图，而是把它们联系于一种生命的对立面"。①

在此，尼采激烈地批判了康德提出的审美的无利害性和纯粹性观点，批判了那种以外在的观察家角度思考艺术的方式——这恰好是把艺术与生活对立起来的方式。以康德为代表的哲学家们"不是从艺术家（创作者）的经验出发去考察美学问题，而只是从'观看者'出发思索艺术和美"；他们习惯于用哲学定义的方式谈论艺术和美，却忽略了"伟大的个人的事实和经验"，"正如康德对美所下的著名定义中，缺乏较为精细的自身经验，这里包藏着一个很大的基本错误"。②观察家的外在角度取消了审美过程中大量的个人经验和主动性，这就是康德意义上纯粹的"审美主体"。这个主体的审美活动，被说成与独特的个人经验无关、与功利无关、与感性欲望无关、与目的意志无关的活动。在尼采看来，这样一个观察者（审美主体）就不是一个真实的生命存在，而只是一条体内空空的蛔虫。他坚持认为，一切艺术与审美活动都是生命主体之创造与权力意志之活动，即便审美活动也包含着全身心的陶醉与有意无意地支配、占有对象

---

① 尼采：《1885—1887年遗稿》，第656页。
② 尼采：《论道德的谱系》，《尼采著作全集》第5卷，赵千帆译，商务印书馆，2016年，第429页。

的权力冲动,而非置身事外的被动接受。因此,尼采断言,置身于生活之中的美和艺术是受权力意志推动的,"艺术被视为反对所有否定生命的意志的唯一优越的对抗力量"①,"一方面,艺术是旺盛的肉身性向形象和愿望世界的溢出和涌流;另一方面,艺术也通过提高了的生命的形象和愿望激发了兽性功能——一种生命感的提升,一种生命感的兴奋剂"②。

在这个意义上,尼采批判了康德式的从受众的角度研究审美经验和艺术的方式,将之讥为"女性美学"(Weibs-Aesthetik)③——这里缺少了生活/生命的主动的维度,缺失了艺术家的维度,根本上错失了艺术的本质。与此相反,尼采认为,艺术是"人身上的一种自然力量"④,它首先是艺术家的本能活动,是主体的主动行动,置身于生活中、受到权力意志支配的艺术现象就应当是"男人现象"和"艺术家现象"。艺术是生活的艺术,生命是求权力的意志,求权力的意志是积极创造的意志,积极创造的意志是艺术家的意志而非被动的接受者的意志,是男人的意志而非女人的意志。

这种基于生活的主动维度的艺术理解即作为给予者之艺术家的美学强调,审美不是纯粹的被动接受活动,而是主动的创造活动。尼采相信,"艺术家……是创造性的,因为他们其实是在改变和创造;他们不像认识者,后者听任万物如其所是地保持原样"⑤。因此,"人们不应该要求给予的艺术家变成女人——要求他们去'接受'……"⑥艺术家这种主体的创造性尤其体现在具有神秘色彩的艺术家的天才

---

① 尼采:《1887—1889年遗稿》,第273页。
② 尼采:《1885—1887年遗稿》,第448页。
③ 尼采:《1887—1889年遗稿》,第424页。
④ 同上书,第274页。
⑤ 尼采:《1885—1887年遗稿》,第416页。
⑥ 尼采:《1887—1889年遗稿》,第424页。

和艺术创作的灵感中,在其背后起支配作用的就是生活整体、有生命的自我和身体。在这里,艺术包含了两种最基本的生命力量的对抗,即阿波罗精神和狄奥尼索斯精神。阿波罗精神是"追求简化、显突、强化、清晰化、明朗化和典型化之一切的欲望",欲求"完美的自为存在";而狄奥尼索斯精神则是"一种追求统一的欲望,一种对个人、日常、社会、现实的超越……一种对生命总体特征的欣喜若狂的肯定,对千变万化中的相同者、相同权力、相同福乐的肯定;伟大的泛神论的同乐和同情",最终指向一个超越个体存在的、具有完整生活/生命的自我存在。①在狄奥尼索斯的意义上,尼采把艺术和生命的关系概括为:"无论在心理学上还是在生理学上,艺术都被理解为伟大的兴奋剂,都被理解为永远力求生命、力求永恒生命的东西……"②

这个超越个体存在的、具有完整生活/生命的自我存在才是个体自我的真正主宰者。"这个自身(Selbst)总是倾听和寻找:它进行比较、强制、征服、摧毁。它统治着,也是自我(Ich)的统治者。……在你的思想和感情背后,站立着一个强大的主宰者,一个不熟悉的智者——那就是自身。它寓居于你的身体中,它就是你的身体。"③正是在生活整体的意义上,尼采借查拉图斯特拉之口对那些"身体的蔑视者"批驳道,代表着生活/生命的身体"说起话来更诚实也更纯粹:而且它说的是大地的意义"④。就此而言,海德格尔批评尼采建立的是一种感性的形而上学,因此是颠倒了的柏拉图主义,

---

① 尼采:《1887—1889年遗稿》,第271—272页。
② 同上书,第277页。
③ 尼采:《查拉图斯特拉如是说》,《尼采著作全集》第4卷,孙周兴译,商务印书馆,2017年,第45页。
④ 同上书,第43页。

这并不恰切。毋宁说，尼采是借助艺术指向了一种超越个体存在的、具有完整生活意义的自身，从而超越了柏拉图主义的二元对立——艺术的世界观就是反形而上学的世界观。艺术所指向的生活/生命的整体保证了人和世界本体之间的沟通，具有自由的属性，这一整体在创造中不断超越自身、提升自我。因此，"艺术的要义在于它能完成此在、带来完美性与丰富性。艺术本质上是对此在的肯定、祝福、神化……"①更进一步，尼采甚至说，"世界本身无非是艺术……世界乃是一件自我生殖的艺术作品"②。

尼采的自由是一种生存论意义而非认识论意义上的自由。自由就是创造新价值，"为自己创造自由"，"对义务的神圣否定"，进而"为自己取得创造新价值的权利"。③同样地，"为艺术而艺术"揭示的是一切目的的局限性。艺术的自由就是："反对艺术中的'目的'的斗争，始终就是反对艺术中的道德化倾向、反对使艺术隶属于道德的做法的斗争。为艺术而艺术意味着：'让道德见鬼去吧！'"④在《查拉图斯特拉如是说》开篇谈到的三种变形中，尼采指出，能够创造新价值并获得真正自由的是小孩，小孩是"一个新开端，一种游戏，一个自转的轮子，一种原初的运动，一种神圣的肯定"⑤，是对原初完整生命的肯定，是真正自由的境界。

在尼采看来，艺术本质上永远追求着整体的生活/生命。同样地，哲学、科学、宗教、政治等其他领域也都是通往自由生活的存在方式。在这个意义上，我们可以把它们都视为广义上的生活艺术，

---

① 尼采：《1887—1889年遗稿》，第291页。
② 尼采：《1885—1887年遗稿》，第141页。
③ 尼采：《查拉图斯特拉如是说》，第32页。
④ 尼采：《1885—1887年遗稿》，第460—461页。
⑤ 尼采：《查拉图斯特拉如是说》，第32页。

视为进阶艺术的途径。指向生活整体的艺术乃是人的基本生存方式，因此"人人都是艺术家"。尼采也正是在这个意义上推崇歌德，认为"他把自己置身于整体性视域之中；他不脱离生活，他置身于其中……他所要的是整体"①。而歌德同样也是鲁道夫·施泰纳的精神导师。

二、鲁道夫·施泰纳的尼采解读：自由的人与艺术

鲁道夫·施泰纳（1861—1925年）比尼采年轻17岁，他可以算得上是20世纪德国哲学家中的著名异类。他不仅是哲学家，更是博物学家，他对于科学、神学、教育、农业、建筑、体育、医学等领域都有广泛涉猎且成绩斐然。他善于演讲，在民众中影响甚巨，力图通过他的哲学为大众的生活提供指导。他在各个学科和生活领域——神智学（Theosophie）、人智学（Anthroposophie）、华德福（Waldorf）教育、优律司美（Eurythmie）、生物动力农业、人智医学、人智学的经济学等——做出的独特贡献，时至今日仍然焕发着强大的生命力。

施泰纳是公认的歌德专家和尼采哲学研究专家，他与尼采家族过从甚密，还曾担任过尼采的妹妹伊丽莎白·福斯特-尼采的私人哲学教师，是最早被允许查阅"尼采档案"的专家之一。但他对自己的这位学生擅自编撰《权力意志》的做法并不认同，认为她完全没有搞清楚尼采的哲学。他对此评价说："在一切有关她哥哥学问的问题上，福斯特-尼采夫人可以说是个十足的门外汉，她根本说不

---

① 尼采：《偶像的黄昏》，第190页。

出一点最起码的东西来。"[1]施泰纳从未在大学和学院工作过，除了写书，他还通过他的演讲传播他的思想。他一生做过六千多场演讲，这些售票的讲座常常一票难求。由于其思想和语言的感染力和影响力，人们称之为"新尼采"。他在演讲中所画的黑板画，也被他的追随者当作艺术品小心地保留下来。施泰纳的黑板画对约瑟夫·博伊斯影响至深。除此之外，施泰纳在当代艺术中还有更为广泛的影响，康定斯基、保罗·克利、蒙德里安、柯布西耶等人都是他的追随者。

施泰纳的尼采研究主要集中在他1895年完成的《尼采：对抗时代的斗士》一书中，这也是他从神智学转向人智学的关键阶段。在此书的前言中，他认为自己的哲学理念的建构虽然与尼采思想展开的途径有所不同，但二者在内容上十分接近。他认为自己在1886年尚未接触尼采作品时出版的《歌德世界观的认识论》一书，与尼采在《查拉图斯特拉如是说》《善恶的彼岸》《道德的谱系》和《偶像的黄昏》中要表达的理念是完全一致的。[2]

在施泰纳看来，尼采思想中最核心的观念是"超人"，这也是他在自己的论著中着力要表达的。他将尼采与"精神之自由"联系到一起，认为"上帝死了"后，取代上帝之位置的就是"自由的人"。因此，他的人智学思想表达的首先是对人的生命力和生命整体的重视。施泰纳指出，尼采不是一般意义上的思想家，他的问题都是针对世界和生活/生命整体提出的，并非纯粹的理论可以穷尽；要回答这些问题，必须调动人之本性中的一切力量。他说，他怀有对辩证法特别是根据律的一种不信任。只有唤起人之本性中的一切力量，而不是仅仅通过逻辑，才能赋予生活以价值。"他的希望是，将人看

---

[1] 转引自C. P. Janz, *Friedrich Nietzsche. Biographie*, Bd. 3, Hanser, 1981, S. 173。
[2] R. Steiner, *Friedrich Nietzsche. Ein Kämpfer gegen seine Zeit*, Rudolf Steiner Archiv, 2010, S. 1.

作尽可能健康的、尽可能优良的、尽可能有创造力的。真理，美，一切理念之物，只有当它们促进生活时，才是有价值的，才与人有涉。"① 因此在尼采那里，真正意义上的真理是与本能、权力意志和生活相关的。"真理应当使世界服从于精神，由此服务于生活。只有作为生活的条件，它才有价值。"② 尼采"不是哲学家的头脑，而是一位'精神的采蜜者'，他不断搜寻认识的'蜂箱'，并且尝试将之带回滋养着生活的家园"③。

自由的人受其自身权力意志的支配，具有一种成为统治性存在的本能。他们热衷于主动权力，而抵制被动软弱。这种权力就是不受外在规则和逻辑支配的自由精神。如尼采所言："没有东西是真实的，一切皆允许。"④ 而"当人在寻求其思想和行动应当遵循的规则时，那一刻，他就软弱了"⑤。因此，尼采将判断的价值与生活整体联系到一起，不是在认识论层面上追问客观性，而是寻找判断对于促进生活的价值。在这个意义上，判断就与个体自身的生活欲求、生活本能（Lebensinstinkte）联系在一起。由此施泰纳认为，尼采的看法有别于德国唯心论的，后者将真理视为独立的价值而宣称其有一个纯粹的、更高的起源。尼采将人的观点看作自然生活/生命的整体力量的后果，这就像一位自然研究者会将眼睛的构造解释为众多自然原因的共同作用。尼采相信，自然和人类精神的发展并没有任何预先设定的目的或者秩序，而只是本能的一种自我实现、自我满足。理念之物原本也被蕴含在生活本能之中，而不是外在的。在这个意义

---

① R. Steiner, *Friedrich Nietzsche. Ein Kämpfer gegen seine Zeit*, S. 5.
② Ibid., S. 7.
③ Ibid., S. 8. 巧合的是，博伊斯的装置艺术也常常用到蜂蜜、蜂箱等。
④ 尼采：《论道德的谱系》，第492页。
⑤ R. Steiner, *Friedrich Nietzsche. Ein Kämpfer gegen seine Zeit*, S. 9.

上，尼采也是反唯心论者（Anti-Idealist）。他相信，只有个体的人以及个体的欲求和本能才是真实的，而唯心论恰好抽空了这个真实的自我。施泰纳借助他的尼采诠释指出，人的意义不在于任何外在的目标和设定，而是在人自身和生活整体之中。认为人只有投身于更高的目标才是完美的，这一观点在尼采看来是必须被克服的。合乎自然的生活，比合乎那种并非源自现实的理念的生活，要健康得多。因此，尼采倾向于用自然的效用和生命的整体取代"神的规划""智慧的全能"之类对世界的解释。

在《查拉图斯特拉如是说》中，尼采明确指出，对其本性/自然（Natur）的生活有所领会并由此出发生活的独立自主的个体，就是"超人"。"超人"针对的是那种认为生活应当为外在目标服务的人。尼采蔑视那种抑制生活的美德，认为人应当从中解放出来。具有权力意志的人就是美德的创造者和主人。不仅如此，权力意志也是一种认知的欲求。人把观察所得和思考所得混合在一起，制造出思想。软弱的有知识者只被动地接受现象世界，认为本质和意义是在现象之后的，是我们的认识不能企及的自在之物，以康德为代表的近代认识论传统走的都是这个"虚无主义"的路子。而强大的有知识者会用概念去解释他的观察，在现象中找到意义。强大的个性是在自身中寻找目标的，而虚弱的个性则只能屈服于上帝的意志、良知的呼唤或者绝对命令。后者将屈服称为"善"，将这些相悖的行为称为"恶"。强大的个性才是真正自由的精神（Freier Geist）。这种自由的精神正视生活本身，正视个人的欲望、冲动，而不贬低它们。自由的精神超越了那种被视为善恶来源的东西，它为自身造就了善和恶。施泰纳解释说，查拉图斯特拉有蛇和鹰伴随，蛇是智慧的象征，鹰是骄傲的象征。智慧令人认识到生活需要什么，骄傲给人以自尊心，它们将自身的存在看作生活的意义和目标。

相应地，在艺术上，施泰纳也认为，艺术只有服务于个体生活时才有价值。他指出，《悲剧的诞生》要说明的是，人生此在的合法性和现实性来自众神的世界，来源于悲剧的艺术，艺术乃是促进生活的力量。因此，《悲剧的诞生》的核心问题是，古希腊的艺术在何种程度上是促进生活和维持生活的？

尼采支持强者有关艺术的观点，而拒绝一切弱者对艺术的理解，批评那种以康德为代表的美学上的软弱本能的立场。施泰纳接受尼采的看法，认为艺术本质上是促进生活、激发生命的要素，即一个人无法忍受完全被动感知的生活，而是按照其主观需求对生活做出重新塑形，造就出一个艺术品。而艺术品的欣赏者则通过欣赏活动提高了他的生活喜悦，强化了他的生活力量，满足了在现实中无法得到满足的需求。那些将美理解为神性、理念的美学家类似于认识论和道德领域的虚无主义者，他们试图在艺术作品中寻找所谓的"超越之物"。但这实际上是逃避现实意义的虚无主义立场，也就是美学的虚无主义。而强者的美学则与此相反：艺术是现实的写照，它看到的是更高的现实。相较于日常性，人们更乐于欣赏这种更高的现实。[①]弱者在艺术中看到的是对神性之物的写照、对彼岸之物的宣告；而强者是按照艺术品能否有助于加强其力量来评判艺术品的，强者具有自由的精神，他就是超人。查拉图斯特拉的智慧就是教予这些超人的，其他类型的人都是过渡。拥有这种智慧的还有狄奥尼索斯，这种智慧不是从外部被给予的，而是一种自我造就的智慧。狄奥尼索斯就是他的世界的创造者。阿波罗精神追求物的图像和幻

[①] R. Steiner, *Friedrich Nietzsche. Ein Kämpfer gegen seine Zeit*, S. 57.

象,这是超越人的现实性且并非由人自身造就的智慧。

在这个意义上,尼采是完全的个人主义者。在他看来,每个人都是一个自在的世界、一个独一无二者,他无法忍受普遍人性。施泰纳指出,人之生活的动力只能在个体、现实的个体性中去寻找。这个观点是尼采从斯蒂内(Max Stirner)那里继承的。以人为核心,自由的人自己规定自己的目标,他拥有理念之物,而不是被理念之物所占有。这也是人智学的观点。阿波罗艺术是表象的艺术,它制造一个对象化的艺术品,赋予它美和永恒的价值。而狄奥尼索斯艺术是意志的艺术,将世界意志变为可见的肉身化,艺术家投入其中,自身成为艺术品。① 在这种状态中,艺术家处于忘我的状态,让自身归于生活整体和世界意志。最典型的例子就是狄奥尼索斯祭典,在其中,尼采看到了狄奥尼索斯艺术家的原型。狄奥尼索斯精神就是自由的精神,自由的精神就是按照其本性/自然行动的精神,自由精神的推动力就是生活的本能。施泰纳在他的《自由的哲学》中也宣称,只有当一个人能够创造可以付诸行动的思想时,他才是完全自由的。②

与尼采相似,施泰纳也反对感性—理性、身体—精神的二元对立。他的人智学思想强调人是身体和灵魂的统一,只有有了身体,才是现实的。施泰纳认为,精神和身体的分离是一种病态的本能,后者病态地构建出一个与世界无关的精神王国,而一个健康的本能王国只能是这个此岸世界。③ 不同于二元对立的框架,施泰纳主张人的身、心、灵三个层面的统一。"人能够透过其身而一时与事物有所

---

① R. Steiner, *Friedrich Nietzsche. Ein Kämpfer gegen seine Zeit*, S. 70–71.
② 参见施泰纳《自由的哲学》(王俊译,台湾人智学教育基金会,2017年)"道德想象"一节。
③ R. Steiner, *Friedrich Nietzsche. Ein Kämpfer gegen seine Zeit*, S. 29.

联系。透过其心可以在内心保留住事物给他的印象,而透过其灵才能启示出事物本身所葆真的东西"——人以这三种方式与世界亲近,因此"人是三重世界的公民"。①生活的本能保证了人具有"精神之眼",但科学阻碍了这只"精神之眼"。科学只面对普通可感之物,而无法通达高层真实之物。施泰纳反对康德的"物自体"概念,即康德为人类知识划定的不可逾越的边界。他相信,高层认识是人类认知力量的自然的发展,重要的是唤醒人类身上沉睡的力量,将边界之外的东西纳入认知范围。

三、尼采与施泰纳影响下的博伊斯:艺术回归生活

众所周知,德国当代艺术家约瑟夫·博伊斯是鲁道夫·施泰纳及其人智学思想的忠实拥趸。从创作理念、言谈方式甚至到授课时画的黑板画,博伊斯都在刻意模仿施泰纳。而尼采与施泰纳思想之间的亲缘关系,决定了博伊斯的艺术理念也不可避免地是尼采式的。他自己毫不讳言,通过个体完成的艺术的具体内容与思想上的大观念是紧密相关的。在这个意义上,艺术创作实际上是一个思想层面上的"认识过程"。②

遵循施泰纳的思想,博伊斯推崇"自由科学"(Freiheitswissenschaft)。这是一门研究如何实现人的自由和创造力的科学,也是人智学的目标。博伊斯认为,关于艺术的讨论都具有自由科学的属性。这里的"自由"与尼采和施泰纳的理解一脉相承,即一种创造意义的行为,

---

① 施泰纳:《神智学》,廖玉仪译,台湾人智学教育基金会,2011年,第24—25页。
② "艺术本身是感性的,我们所能表现的……只能是通过个体来完成。艺术……还是一个认识过程。"(哈兰:《什么是艺术?——博伊斯和学生的对话》,韩子仲译,商务印书馆,2017年,第26页)

一种基于权力意志的自我超越。博伊斯说，自由终究是积极的，是一个生产的概念。这种创造和生产是自由的责任。"自由的概念尤其不是指人是无所不能的，而是指人必须出于他的自由和责任而有所为……自由首先让人承担起责任。"[1]这恰是尼采的观点。他说："什么是自由？就是一个人有自己承担责任的意志。"[2]自由的责任就是成为世界的主动创造者并始终处于创造的过程中，而非被动接受。尼采说，"自由意味着男性的、好战好胜的本能支配其他本能……自由的人是战士"[3]。对此，博伊斯说道："思想已经成为一个雕塑性的过程，它也被证实具有一个实实在在的创造性成果。……那么人自己将成为这个世界的创造者，他生活在其中，并且能够指导如何继续这种创造。这就是他的全部责任。"[4]

博伊斯相信，自由和创造不是任意而独断的行为；相反，它们应该被建立在对意志本能和自然本性的认识上，这是"回归自然"意义上的上升。他认为，当代社会对自由和创造的滥用若不是出于某种生物性的本能，就是被某种完全违背事物本来样子的欲望结构所推动的。因此，他指出，意志是实现自由的条件，唯有意志才能控制欲望、约束行为，让你深入到事物中去，从而实现真正的自由和创造。自由正是某种意志行为。在《工作场的蜂蜜泵》这一作品中，博伊斯用一个不断搅动油脂的辊轴来象征一种精神与欲望的缠斗，表明自由是在对阻力的克服中获得的。就如尼采谈到"自由"概念时所说的，"一件事情的价值有时并不在于人们通过它获得了什么，而在于人们为它付出了什么——它花费了我们什么"，生活的价

---

[1] 哈兰：《什么是艺术？——博伊斯和学生的对话》，第138页。
[2] 尼采：《偶像的黄昏》，第176页。
[3] 同上。
[4] 哈兰：《什么是艺术？——博伊斯和学生的对话》，第32页。

值在于它为克服阻力"花费"了什么,要衡量自由,应当"根据必须加以克服的阻力,根据保持支配地位所花费的努力。人们必须到最高的阻力不断被克服的地方去寻找自由之人的最高类型"。①

尼采和施泰纳都认为,自由的本质在于创造,包括思想的创造和行动的创造。博伊斯也循此看法,高度肯定思想在艺术上的创造性。"思想已然是一种创造、一件艺术品了,而且也是一个塑造性的过程,并且是有能力去唤出一个确定的形象的。"②遵循人智学的思想,他把人看作一个"能量的接收器",认为在对于物的观察中,人会形成一种自我意识,由此而建立起自己的形象。这个过程同样也是一个进入事物中的过程,一个思的过程,一个精神自觉的过程,一个自我塑造、自我赋形的过程。这就是艺术的造型过程。因此,人的权力意志和自由是世界的动力,也是艺术创造的动力。"人是自由的……为这个世界的发展提供了进化动力。因此在这里,艺术是与人类学概念相关的。"③

在艺术的造型任务中,人是其自身和周围环境的创造者,是世界的创造者。这不是对艺术家的要求,而是对每个人的要求。换句话说,"每个人都应该像艺术家那样活着"④。博伊斯因此有了"人人都是艺术家"以及"扩展的艺术"的观念。艺术不仅是画画、雕塑,交谈、写作等所有行为都是艺术。生活就是艺术。"每个人都是画家,因为每个人都在尝试表达,无非就是多点或少点。"⑤

博伊斯认为,这种"扩展的艺术"才称得上是"原初生产"(Ur-

---

① 尼采:《偶像的黄昏》,第174—176页。
② 哈兰:《什么是艺术?——博伊斯和学生的对话》,第134页。
③ 同上书,第19页。
④ 同上书,第45页。
⑤ 同上书,第47页。

produktion）和"总体艺术"。这不是一个艺术门类，而是人和万物形成过程中的精神性原则。艺术是万物和人共同参与的创造，是"一个在总体上传递的创造法则"[①]。在"总体艺术"的观念下，尼采所强调的生活整体性得到了呵护。"自由""精神生活""创造力""物质"等概念都通过艺术活动回归人的本质、回归生活。艺术乃是生活的最高使命。

在这种人智学式的艺术理解下，博伊斯宣称，艺术起源于"力的聚合"（Kräftkonstellation）。"力"（Kraft/Energeia）指的是一种起效用的力（wirkende Kraft），它具有生命的特征，它的实现意味着一种新的可能（Dynamis）。每一个确定之物都是力的实现，随即又要进入一种更加辽阔的生活之中。聚合则是一个永恒的运动，没有特殊的定向。就像生命一样，它具有无限的可能，永恒运动。博伊斯通过一组组相对概念（正—反，冷—热，生活—死亡）的转换来呈现聚合的永恒运动。从可以相互转换的对立关系出发，获得的就是一种"总体艺术"，两个方面不可偏废。"力的聚合"是博伊斯对生活/生命特征的领会，他在作品中经常运用蜂蜡和油脂这样的材料，就是为了表现生命活动的质感、生命力的特性。他也经常强调作为一种实体的"热"[②]，后者不是物理学意义上的热能，而是进化的基础之一。在蜂蜜、水晶和铜中，热回归到了物质。热不是现成的质料，而是一种进化的释放，这就是生活和创造的最初原则。万物通过热实现了一种总体上的联合。整个物质世界都通过热的过程转换成有机生命的实现，最后又回复到物质世界：首先是热性的、植物性的、流动性的，然后变得越来越稳固，最后完全固化。物质和精神之间

[①] 哈兰：《什么是艺术？——博伊斯和学生的对话》，第136页。
[②] 博伊斯区分了"实体"（Substanz）、"质料"（Stoff）、"事物"（Sache）三个概念。

不是分裂的二元对立，而是一个统一的过程，它们处在一种相互翻转的运动中。就像尼采所言，酒神精神和日神精神是在相互对立的协调中成就生活的。这样理解的"热"就是我们生活中的一种潜能，是与意志联系在一起的。这是对尼采的权力意志的具象化表达，生命、有机体、体温、爱都是"热"的表现。

如尼采所言，艺术学就是存在论，博伊斯的"总体艺术"和"力的聚合"要突破的也是传统的狭隘艺术理解以及主客分离的认识结构。艺术不仅是视觉的，它不能只停留在视网膜上。博伊斯认为，应当研究物质，所有实体本身中都蕴含着整体意义上的灵魂过程和生活/生命过程。比如，蜂蜡的形态变化不仅是视觉的，还是一种热过程。这就是一种力的聚合，它不仅仅是视觉的。因此，只有对实体的基础性研究才能获得超越物质的表达。这是对生命的整体性赋义，是对生命整体的勾连表达。在艺术中，"真正的体验意味着：给予生命以意义，默默地注视它，而不是选择去逃避"[①]。要从真实的感知出发，观察、感受事物，培养值得信任的洞察能力。信任不是建立在抽象的教义上，而是建立在对人和事物的最原初的直接感知上的。这恰是施泰纳的人智学的要义。

这种对艺术的理解是与传统哲学和现代自然科学针锋相对的。如施泰纳所说，艺术是反自然科学的。在尼采看来，传统哲学和形而上学的基本本能就是远离生活。而现代科学也属于远离生活现实的禁欲理念，科学成为数学意义上的纯粹演算。主体与真理无关，真理只是客观世界在心灵中的印记。人们追求绝对的事实，生活的个体独特性被取消了。"客观的真理无异于新的上帝，它战胜了旧

---

① 哈兰:《什么是艺术？——博伊斯和学生的对话》，第37页。

的上帝。"①客观真理的独大意味着物的丧失，接着就是对于关系的感知的丧失。最终，对生活世界的整体性关系的感知也被毁掉了。作为意志自由和创造之象征的孩子原本是有这个能力的，但他被逐渐毁掉了。在这个意义上，尼采说，"艺术比真理更有价值"②。具体而言，施泰纳特别重视以领会世界的总体性关系为目标的"歌德观察"方法。而在博伊斯那里，对生活整体性的呵护的途径就是"总体艺术"。他说，这是一个总体上的造型任务，雕塑艺术就是呈现在生命流动的整体形态中的被塑造的有机体。在对生活的整体性理解中，事物被串联在一起，一切都不是客观孤立的。整个社会就是一件艺术品，由此形成了博伊斯的"社会雕塑"构想。

艺术介入社会体现的是博伊斯的"扩展的艺术""总体艺术"理念，其背后是一种整体的生命感和整体生态学。这一点，在博伊斯极为重视的古代艺术品皮亚琴察铜肝中有形象的表现。皮亚琴察铜肝上刻有三个词："朱庇特"（Jupiter）、"看门人"（Usher）和"肝"（Leber）（Leben[生命]）。"看门人"意味着边界、界限，是从一个状态到另一个状态的转化象征。"肝"象征着生命，是主要的生命器官。"朱庇特"是神，他不直接处在这个空间里，是边界之外的存在。③这表达了一种整体上的生态学，雕塑艺术即是基于这种生态学的。这种生态学囊括了生活整体的宽泛资源。"在这个社会中，一切

---

① R. Steiner, *Friedrich Nietzsche. Ein Kämpfer gegen seine Zeit*, S. 39.
② 尼采：《1887—1889年遗稿》，第275页。
③ 哈兰：《什么是艺术？——博伊斯和学生的对话》，第101页。这是博伊斯自述的一个经历。他说，有连续一个礼拜，自己早上醒来脑袋里总会闪过三个单词：Jupiter、Usher和Leber。他将之记在纸上，但想不出其含义。直到有一天有人告诉他，在意大利皮亚琴察博物馆里有一件罗马史前雕塑作品《皮亚琴察铜肝》上也有这三个单词。这是一个公元前2或前1世纪制作的铜的羊肝模型，可能是一个传授预言的器物。

都将是相互契合的，一切都将是和谐的。"① 博伊斯说，这就是他的思考和艺术工作的动机。对人与自然、人与世界之间的整体和谐关系的表现，体现了从尼采、施泰纳到当代西方艺术家对现代社会的工具理性的深刻反思。"艺术不是对自然现实的模仿，而是对自然现实的形而上学补充。"② 在博伊斯所有的艺术创作背后，始终存在着尼采—施泰纳这一思想线索，他从未逃脱他的精神导师施泰纳的影响。恰如施泰纳援引尼采所言：

> 艺术家不是用自己的脚站立的。就如瓦格纳依赖于叔本华，艺术家"在任何时候都是一种道德、哲学或宗教的仆从"。③

---

① 哈兰：《什么是艺术？——博伊斯和学生的对话》，第104页。
② 尼采：《悲剧的诞生》，周国平译，生活·读书·新知三联书店，1986年，第105页。
③ R. Steiner, *Friedrich Nietzsche. Ein Kämpfer gegen seine Zeit*, S. 31.

精神生活、日常经验与未来哲学

今天,我们谈及"人类世"这个地质学事件,宣称这是人类决定性地影响地球上的生物、环境、气候乃至地层活动的时代。这标志着全球资本主义进入了前所未有的控制与加速阶段。继两千年前的"地心说"之后,在自由主义技术和资本全球化的推动下,人类又一次自认为居于世界的中心,但其引发的后果是灾难性的:全球变暖,生态系统破坏,生物多样性下降,等等。同时,就个体生存而言,人类世无疑也延续了现代性的弊病:作为消费者和欲望主体的人被无限放大,而自由的成熟理性主体和伦理责任主体则被不断边缘化,文化工业和消费主义生产欲望,海量的数据取代了记忆的知识,不断涌现的信息接收取代了专注的洞察,肤浅的沟通取代了稳定的共同体。如斯蒂格勒所言,这是一个"没有未来的时代""没有时代的时代",因为人类无法再将自己的欲望投射为未来的愿景。一切都在当下实现,技术世界的过度熵化不仅导致了全球生物圈的枯竭和毁灭,更引发了"时间的溶解"。

相应地,"人类世的哲学"就是面对这个时代的批判性哲学。这样一种哲学并非要论证人类在自然中的中心地位,从而导向主体主义和人类中心主义,而是对这个时代特有的人类自身理解和相应的科学主义观念保持批判和反思。人类世的哲学要求我们解构近代以来一些基本的意义构建,批判性地重构人与世界的关系,要求人类真正为这个世界负责。

这样一种批判性哲学实际上要求我们:重建属于这个时代的精神生活。1935年,胡塞尔在维也纳做了两次题为《欧洲人的危机与哲学》的演讲。在演讲的结尾,他充满豪情地展望,如果我们能够与那种对精神生活的厌倦进行斗争,那么"作为伟大的、遥远的人类未来的保证,具有新的生活内在性、升华为精神的不死之鸟将再生:因为只有精神是永生的"[1]。胡塞尔相信,只有重塑精神生活才能克服现代性的危机,才能消除"对自身合理的生活意义的疏异"和"对精神的敌视和野蛮状态"。作为未来之保证的精神生活塑造了新的生活内在性,这是现象学的创始人面对未来的哲学姿态。这样一种现象学式的精神生活不同于西方形而上学传统下的基于精神、身体二分的观念化、抽象化的精神生活。现象学的精神生活是具体的、整全性的,它不仅囊括了理性和感性,也包括了本能、情感、欲望、身体等等。同时,这样一种面向人类世的精神生活是具有批判性的,它批判主客二元的抽象模式,倡导整全的主体性和理性生活,批判技术支配下单向度的生活、人的异化、倦怠的社会等等。

与胡塞尔及其所处时代的情形一致,在人类世亟须重塑的精神生活同样具有多层次的批判性内涵。比如,面对全球化的时代,精神生活应当是开放的、世界性的,而不是封闭的、自我中心的;与这种开放性相应,我们时代的精神生活应当引导我们进入发生性和历史性的维度,而不是固化的、保守的。而最重要的是,面对技术

---

[1] 胡塞尔:《欧洲科学的危机与超越论的现象学》,王炳文译,商务印书馆,2001年,第404页;译文有改动。

的宰制，我们时代的精神生活应当保持对科学意识形态的批判姿态，应当强调生活的自然属性，重建位于大地之上的、以"关照自然"为动机的整体性日常经验。具体而言，人类世的精神生活应当在个体经验和宏观世界两个层面上得到重塑。

就个体生存而言，随着人类传统精神生活的颓败和技术文明的崛起，我们原本具身的、具体的、丰富的、质性的日常经验在当下的技术宰制下被不断抽象和贫瘠化。在数字和网络技术统治的当下，过度的刺激、信息和资讯从根本上改变了我们注意力的结构和运作方式。感知因此变得分散、碎片化，专注力涣散，进而改变了我们认知世界的方式。手指在智能手机上的点击取代了主体面对世界的具身化的真正接触，取代了基于整体日常经验的真实认知。同时，标准化的客观量化知识完全排除了主体的质性感知，流水线生产技术使我们失去了亚里士多德意义上的实践智慧。这是对于生活世界的整体经验和丰富性的丧失。因此我们就能够理解，生活在20世纪初的鲁道夫·施泰纳为什么要在他的教育哲学思想中强调人的十二感。这是通过重塑人类感觉经验的丰富性来捍卫我们的日常经验整全性。实际上，作为施泰纳的精神导师，歌德在一个世纪之前的色彩理论（Farbenlehre）中就以色彩感知为例强调了这种日常经验和感知的整全性，以批判牛顿提出的纯粹量化的物理学色彩理论。歌德认为，色彩是不能通过对光的波长和焦点的计算被量化定义的，而要通过感受和描述这样的质性认知得到表达；色彩不仅是一种物理存在，它还是生理的、道德的、文化的和情感的，是我们的精神生活的象征。

歌德的色彩理论体现了德国浪漫主义和自然哲学的基本信条。他反对启蒙运动以来的理性主义和对自然的机械化理解，号召重建基于日常经验的精神生活，倡导直观经验、艺术直觉和情感体验，建立人和自然之间的亲密联系。歌德和施泰纳的意图并不是建立一种严格的科学认知方法，而是呼吁我们通过质性的、具体的日常经验与自然融合，重建科学时代的精神生活。施泰纳所主张的"歌德观察"方法即是对自然现象的融入式观察和体知，后者通过对细节的直观、想象力的发挥、具身化的经验，达到最真实、最高层次的自然认知。与胡塞尔及其现象学一致，他也认为质性化的主体感受及其描述应当为量化的科学抽象认知奠基，科学家首先是生活世界之中的主体存在，与被研究的对象和自然有着密切的联系。从这个意义上说，在以日常经验为基础的生活世界中，人与自然、技术与自然的对立并不存在，从自然人类文明到技术人类文明的过渡并无断裂；或者更宽泛地看，文化和自然的对立也不存在，技术、文化与自然在人类经验的基础上构成一个连续的整体，构成我们生存的整体性境域，包括科学研究在内的人类的所有行为及其后果都是自然的一部分。从这个意义上说，人类世与之前的时代之间并没有断裂，整体境域仍然是有延续性的。

同时，秉持浪漫主义和现象学精神的人类世的哲学并非完全否定启蒙哲学本身（笛卡尔哲学和康德哲学在启蒙时代有其无可置疑的伟大意义），而是要批判那种"误入歧途的理性主义"，即理性主义和科学主义的意识形态化、对主体和世界的本质主义理解，从而对抗将人异化的当代技术背后的工具理性和意识形态化的技术生活。科学意识形态通往教条式的、单向度的抽象之路，科学主义将人的本质抽象为普遍理性，贬低日常经验。但在现象学看来，人的本质应当是活生生的此在，是具体的、发生性的，是不断的自我超越。因此，海德格尔批评教条式的人道主义。或者如西蒙东所言：每个时代都要发现自己的人类主义。人类世的哲学也正是要以批判性的姿态重建一种符合这个时代的个体生存经验和人的自我理解。

聚焦于以"人类世"为标识的当下时代，从宏观上看，则应当重建人与自然、人与世界的关系，建立新型的生态伦理责任。诸如汉斯·约纳斯、京特·安德斯等人在20世纪70年代就已经忧心忡忡地指出，技术发展使人类面临着前所未有的自我毁灭，以及人在技术世界中被异化后主体责任退场的危险。因此，我们这个时代的哲学所要承担的任务就是，把人类对地球巨大的毁灭性影响力转化为主体责任下的具有建设性的影响力，构建人与世界的共生关系和家园哲学，以避免一场以当前的全球危机为序幕的全球劫难。在传统的自然理解中，自然被视为永远可以依靠的、源源不断的资源源头；而在人类世的背景下，资本主义生产和消费主义已使地球资源的有限性和自然力量的脆弱变得显而易见。如果人类不采取措施来照顾自然、把自然看作与人类经验和文化关切密不可分的一部分，那么自然和人类都将面临灭顶之灾。

正如施洛德戴克所呼吁的，人类世的哲学应当直面作为人类文化、历史的发展与传承之基础的地球的脆弱性和有限性，要求全人类承担起对自身未来之延续的责任，共同努力实现全球生态转向，在生存的基础上实现美好生活。在2009年出版的《你必须改变你的生活》一书中，施洛德戴克提出，我们必须意识到自身不能再继续过目前的这种掠夺式的生活，而需要"改变我们的生活"，开始"照顾整体"。这首先意味着，我们要以整体性的日常经验对抗科学和技术对人的异化，认识到人与自然的整体联系和共生关系。在疫情期间，这还意味着我们要从地方保护主义转向开放的全球主义和全球合作。对于包括防疫在内的全球性问题，我们都无法利用现有的本土技术文化资源来彻底解决，而只能寻求全球范围内的整体联合。这种整体联合不仅是政治和经济层面上国与国之间的合作，还包括人类与生物圈的重新连接，甚至将自然与世界的边界扩展到地球之外。正如瑞典科学家约翰·洛克斯特姆（Johan Rockström）所宣称的，当下我们已经从一个"小世界、大星球"情境进入了另一个"大世界、小星球"情境。为了保护地球边界内的"人类安全操作空间"，我们需要一种整体层面上的全球治理观念，通过共生的方式实现将人类技术文化系统与生物圈重新连接起来的目的。

总而言之，人类世给人类此在带来了新的生存经验和危机。对此做出批判性的反思，面向未来重建人类精神生活，是当代哲学的任务。因此，人类世的哲学无论在个体生存层面还是在宏观世界层面都承担了时代观念和精神生活的构建任务。前者意味着，重建具身性的、丰富的整体性日常经验，并将之作为世界理解和科学建构的基础，扭转科学主义单向度抽象的趋势；后者意味着，重新构建人与自然、人与世界的共生性整体关系，通过关照自然来恢复人类的主体责任。在这两个向度上重建属于这个时代的精神生活，就是"未来哲学"的任务。由此，我们才能对未来有所期待。在这个"没有未来的时代"谈论未来哲学，"以未来性为指向，把新生活世界经验的重建视为本己的任务"①，这本就是一种批判性的姿态。在《人类世的哲学》中，孙周兴教授正是秉持着这样一个极为宽广的、充满生命力和想象力的哲学构想，挥洒自如地把艺术实践、心理学、技术批判都融入了未来哲学的框架之中，为当下人类的生存和思考确定了一个指向未来的准星，同时也为哲学在当下和未来的人类知识

---

① 孙周兴：《人类世的哲学》，商务印书馆，2020年，第353页。

体系中的定位做了妥当的安置。这样一门"未来哲学",如胡塞尔所言,是"真实的、依然生气勃勃的哲学……为自己的真实的意义而奋斗,并因此为真正人性的意义而奋斗"①。

---

① 胡塞尔:《欧洲科学的危机与超越论的现象学》,第25页;译文有改动。

醉酒现象学

醉酒是人类纷繁复杂的意识现象中极为奇特的一种类型。由于酒精类饮品在人类历史中长久存在而且极易获得，因此醉酒成为古往今来极为普遍的意识现象。尽管醉酒状态的消极面向人所共知（引起个体极大的不适感，比如呕吐、头痛、意识模糊，并且时常引发按日常眼光看属于否定性的行为，比如酒后作乱、酒后乱性等等），但同时，酒也是人类历史上最为常见的精神活性物质，由醉酒而引发的创造性和积极性的面向也长久以来为人所称道。在文学作品、历史故事中，醉酒被大费笔墨地描写，而且往往构成关键性的环节。比如，在《水浒传》中，每一章节均有酒的出现。在鲁智深大闹五台山、林教头风雪山神庙、智取生辰纲、景阳冈武松打虎、血溅鸳鸯楼、浔阳楼宋江题反诗等多个脍炙人口的著名章节中，酒以及人物的醉酒状态均起到了关键的推进故事情节的媒介作用。换句话说，在这些故事中，主人公均是在醉酒状态下行事的，这才造就了让读者惊叹称道的情节、事迹。而在诗词中，无论是欧阳修的"一片笙歌醉里归"、辛弃疾的"醉里吴音相媚好"，还是李清照的"沉醉不知归路"、苏东坡的"遥知独酌罢，醉卧松下石"，都赋予醉酒状态最美好的浪漫主义意味。

由于酒自古以来就是一种被广泛需求的日常饮品，因此醉酒也是一种极为常见的日常状态。正如北宋《酒经》所言："大哉！酒之于世也，礼天地，事鬼神，乡射之饮，鹿鸣之歌，宾主百拜，左右秩秩，上至缙绅，下逮闾里，诗人墨客，渔夫樵妇，无一可以缺此。投闲自放，攘襟露腹，便然酣卧于江湖之上，扶头解酲，忽然而醒。"

汉字"醉"是个会意字，从酉从卒，"酉"即"酒"，"卒"表示"极点""极端"。因此，"醉"的本义就是酒喝到极端、失去正常神智的状态。由"醉"所指的"饮酒过量，神志不清"的本义，又引申出"沉迷""过分爱好""醉心""沉醉""陶醉"的意思，比如说很满意地沉浸在某种境界或思想活动中，"沉浸"意味着敞开自身、全身心的投入。因此，醉酒可以区分为不同的层次：首先是摄入酒精过度的生理层次；其次是酒后意志不清的意识层次；再次是敞开自身的主体层次；最后是沉醉于世界之中的万物一体的存在论层次。

众所周知，传统西方哲学旨在探寻人类的普遍理性，因此哲学的讨论对象首先需要有健全的知性能力和思维能力，比如康德哲学所谈的对象明确被限定为"理性存在者"。因此在传统哲学中，诸如病态癫狂、心智不健全、未成年、醉酒等状态始终无法成为中心议题。作为一种随附性现象，醉酒状态始终只在传统哲学的框架边缘被谈及。比如，柏拉图赞许一种类似于醉酒的迷狂状态，亦即"绽出"状态。他认为，这种迷狂状态可以使得心灵脱离身体得到提升，最终洞悉神圣的理念世界。① 康德在《从实用角度看人类学》一文中

---

① 尽管迷狂状态是边缘性的，但柏拉图对这种带有神秘色彩的状态的推崇众所周知。传说，他参加过厄琉息斯神秘仪式。在这个仪式上，人们要喝下一种以大麦和水为主做成的名叫卡吉尼亚（Kykeon）的致幻饮料。随后，如柏拉图在《斐德若篇》中所描述的，他在密教仪式中感受到了心灵与身体的二分。从这个意义上说，醉酒状态启发了人类观念史中的心身二元论。

直接谈过醉酒。在人与自然对立的二元框架下,他将醉酒归于一种非自然的、人为的状态,认为醉酒是"一种跟自然相对的状态,无法根据经验法则来协调感官表征,此状态是过度消费某种饮品的结果……发酵的饮料,如葡萄酒或啤酒,或者提炼的精华,如烧酒,这些物质都跟自然对立,是人造的"①。

随着传统哲学向现代哲学转向,传统哲学的理性范畴被颠覆,从叔本华、尼采、弗洛伊德、威廉·詹姆斯、柏格森和现象学一派开始,前意识的欲望、肉身、病态、梦境、醉酒这些原本不被纳入传统哲学思考范畴的话题逐渐进入哲学家的视野。用锤子从事哲学的尼采是其中的先锋,他对于酒神精神的称颂也人所共知。在他早年的一篇作品《狄奥尼索斯的世界观》中,尼采说道:"人在两种状态中能够达至生存的狂喜状态:梦境和醉酒。"②而且,梦境和醉酒代表了完全不同的两种进路:前者是日神,后者是酒神。③

尼采认为,我们经历过宗教时代、科学时代,未来是艺术时代,而艺术时代所能依靠的美学价值出于两个原则的融合,这两个原则分别由日神阿波罗与酒神狄奥尼索斯所代表。狄奥尼索斯象征动态的生命之流,它不受任何约束和阻碍,力图冲破一切限制。以狄奥尼索斯崇拜为核心的奥尔弗斯宗教源自小亚细亚地区,后来逐渐成为古希腊最为重要的宗教形态。这一信仰提出了身体和心灵的二分,主张弃绝身体,因此对毕达哥拉斯、柏拉图等人影响深远。

---

① 被视为理性主义典型的康德也好酒。据说,他每天中午都要喝一杯葡萄酒,也曾经在经常光顾的酒馆里喝醉而找不到自己在柯尼斯堡的住所。但是,康德从不喝啤酒,他相信啤酒是造成痔疮的原因之一,甚至是"致人死命的毒药"。参见米歇尔·翁弗雷:《哲学家的肚子》,林泉喜译,华东师范大学出版社,2017年,第57—73页。

② F. Nietzsche, "Die Dionysische Weltanschauung", in F. Nietzsche, *KSA 1*, hrsg. G. Colli und M. Montinari, De Gruyter, 1988, S. 553.

③ F. Nietzsche, "Die Geburt der Tragödie", in F. Nietzsche, *KSA 1*, S. 26.

尼采相信，酒神崇拜源自人们身上的酒神激情（Dionysische Regungen），这种激情通常在春天复苏。[1]在春天举行的宗教祭典中，狄奥尼索斯的崇拜者会由于醉酒而陷入迷狂，在宗教仪式中失去个体自我的主体统一性，导致"个体化原则的崩溃"。其结果是人与人的重新团结、自然与人类的和解。这就是酒神和醉酒的特性。尼采说：

> 把它比拟为醉乃是最贴切的。或者由于所有原始人群和民族的颂诗里都说到的那种麻醉饮料的威力，或者在春日熙熙照临万物欣欣向荣的季节，酒神的激情就苏醒了。随着这激情的高涨，主观逐渐化入浑然忘我之境。[2]

在这里，酒这种精神活性物质来自粮食，因此代表着大地和丰收，其中洋溢着生命力。通过醉酒，崇拜者的个体性在群体性的宗教祭典中被吸纳进了生命力量更大的实在，也就是尼采所说的"生命海洋"。个体与宏大的生命在放纵的激情中实现了统一，人与自然合一。与之相对地，阿波罗神则是秩序、节制和形式的象征，他代表着"个体化的原则"。这种力量控制和约束着生命的动态过程，以便创造出有形的艺术作品或可控制的人格特征。如果说狄奥尼索斯的态度在某些类型的音乐中使这种放纵的激情得到了最好的表现，那么阿波罗的这种赋形的力量则在古希腊的雕塑中找到了它的最高表现。

酒神占据着生命之流，他就是个体化的时间，只有他才能将一切更新。在酒神的魔力下，在醉酒状态中，人的日常界限与规则被

---

[1] F. Nietzsche, "Die Geburt der Tragödie", S. 29.
[2] Ibid.

毁坏，主体敞开自身，与他人和世界融为一体。如果离开了酒神，日神就会越来越教条化，所以二者必须结合。酒神是艺术的原动力，日神是调整它的形式。尼采认为，在我们的时代，否定生命的宗教信仰不能给出一个令人信服的对人类命运的洞见，而古希腊的这个方案（也就是美学方案）能够为我们的生存提供一个切实可行的行为准则。

可以说，尼采以诗意的语言描述的酒神形象，赋予醉酒状态一种无与伦比的思想意义，具有强大的批判性。这种批判性可以从我们的直接经验中得到验证：醉酒状态首先令主体与原先亲熟的人和事拉开距离，由此使其具备了一种出离日常经验的姿态——这是批判的前提。酒神意向和醉酒状态的具体内涵至少包含如下三点：一、醉酒状态是心灵超出身体、脱离身体的精神状态；二、醉酒状态是超越理性和日常规则、突破个体的忘我状态；三、醉酒状态是个体与他者和世界融合的状态。

我们接下来尝试用现象学描述的方法对醉酒具有的这些意义进行描述和重构。所谓现象学描述，如胡塞尔所言，就是"接受在现象中的现实可直观到的东西，如其自身给予的那样，诚实地描述它，而不是转释它"[①]，以达到"真正的被给予性"。作为一种主观经验的醉酒状态是主体独特的经验，不可被还原为第三人称的单纯信息，因此也只能用现象学方法加以描述。我们将通过这种描述，来说明醉酒现象如何与尼采的酒神意向呼应，以及醉酒如何能成为一种批判姿态。

首先，醉酒是一种与清醒相对的意识状态，即它是不清醒意识

[①] 这是1923年8月15日胡塞尔访问瑞士心理学家宾斯旺格（Ludwig Binswanger）时，在后者家中的访客簿上写下的一句话。转引自倪梁康：《意识问题的现象学与心理学视角》，载《河北师范大学学报（哲学社会科学版）》2020年第2期。

状态的典型案例。在胡塞尔那里,"在清醒的意识中,世界总是这样地被意识到,这样地借助于作为普遍的地平线之有效性被意识到,知觉只与现在有关";而相对地,不清醒意识则意味着"在这个现在的后面有一个无限的过去,在它的前面有一个敞开的未来";也就是说,清醒意识指向一个"在这里"的当下的对象,而不清醒意识则是一种"完全不再被直观却仍被意识的东西的连续性",既包括"前摄的连续性",也包括"滞留的连续性",是时间之流。[①]因此,包括醉酒在内的不清醒状态为意识的清醒状态奠基,清醒状态像孤岛一样矗立在广袤无边的不清醒状态的大海之中。

如果说清醒意识状态中的个体意识是先于他者的独立的、当下的自我,那么不清醒意识状态中的个体意识则被抹平了。醉酒引发的不清醒状态让主体可以打开封闭的自我、超出身体的界限,放下日常的理性矜持,以一种更为奔放的状态自我表达,与他人和事物融为一体。因此,醉酒是一种打开和释放自我的状态,孤立的、与外部世界对立的自我被酒冲破,主体敞开自身而充满了可能性。醉酒状态把人与人、人与世界的相关性坦诚地联系到一起。所以在我们的直接经验中,日常的人际的关系等级和距离感在醉酒状态中被模糊了,人与人之间变得没有阻隔,更容易交流;个体的自我保护意识减弱或者完全消失,平日里不易表露的情感和情绪得以直接宣泄。从这个意义上说,醉酒状态是一种海德格尔意义上的"绽出"(Ekstase)状态。更有甚者,醉酒状态中绽出的主体不仅仅面对他人,也面对整个世界,他把世界万物都当作自身敞开的对话者。辛弃疾就曾在醉酒的状态中与松树互动:"昨夜松边醉倒,问松我醉何如。只疑松动要来扶,以手推松曰去。"(《西江月·遣兴》)

[①] 胡塞尔:《欧洲科学的危机与超越论的现象学》,王炳文译,商务印书馆,2001年,第194页。

醉酒状态引发的绽出和自我释放最终导致一种忘我的状态，刘伶忘我于天地间就是这样一种状态。从固定的、封闭的个体过渡到主体的遗忘状态，忘记理性自我，也忘记身体，全身心地投入和融入世界之中，这正是一种由酒神象征的神秘论的自然状态，是"通于大和"的状态。并且，这一状态并不是通过有意识的计算或有次第的进阶提升实现的，而是"惛若纯醉而甘卧，以游其中，而不知其所由至也"，从而"纯温以沦，钝闷以终"。①它圆融无碍，不着人工痕迹。这种忘我和融入导致了一种情感宣泄和主体创造性的高度发挥（李白斗酒诗百篇），想象力得到了最有力的刺激，创造力无意识地自然显现。因此，醉酒是对主体理性的否定，从而一种超理性的自然状态或者创造性得以发挥。这正是以狄奥尼索斯精神驱动的艺术创作活动。

　　从肯定方面看，醉酒状态本质上是一种向世界和他人敞开自身、暴露自身的状态。处于醉酒状态的我们勇于离开惯常的习惯和态度，与熟悉的姿态分离，袒露于陌生之物和他者面前。由此，自我的多样性和可能性、生活更为丰富的意义面向方得呈现。这根本上就是现象学所重视的"他者性"的呈现。由此，一种接受和学习的状态才有可能；也由此，我们才能加深自我理解，与世界和他人达成和解。正如米歇尔·塞尔所言：

　　　　离开，走出去，让你自己有一天被吸引。变成多样的自己，勇敢面对外面的世界，与另一个地方分离。这是三种不同的事物，他者性的三种变式，暴露自己的三种基本手段。这是因为，

---

① "故通于大和者，惛若纯醉而甘卧，以游其中，而不知其所由至也。纯温以沦，钝闷以终。"语出《淮南子·览冥训》。

没有暴露，没有经常身处险境，没有面对他者，就没有学习。我将永远不再知道我是谁、我在哪里、我来自哪里、我将去哪里、我要经过哪些地方。我暴露于他者，暴露于陌生的事物。[1]

从主体经验来看，醉酒是一种离家状态，离家以达至他者和世界。酒精让我们以极富挑战性的姿态与他者相遇，离开惯常思维的秩序与目的，对世界和他者做出与惯常状态不同的选择、理解和行为决断。存在的偶然性在醉酒状态中被充分地放大了，离家状态有助于我们克服惯常的狭窄思维习惯，恢复情境的多样性，主体侧的情感和意义可能性随时会以出人意料的方式得到释放，转化为现实。醉酒状态将主体变成丰富的片段式经验，暴露其原本生存姿态的局限，展现每个个体多样的独一姿态。因此，醉酒本质上是一种勇敢的思想实践。

醉酒状态令主体脱离了统一的主体，呈现为片段式的经验。这是一种独一的差异、瞬间的意义，优先于自我和他者的人格统一性，也是世界原初的性质。按照让-吕克·南希的看法，这种独一的差异是个体之外的（infraindividual），个体置身其中，比如生存的具体状态、情绪等。[2]而这些作为个体之基础的片段式经验及其差异，在清醒的理性状态中是被置于个体的统摄下的。只有在醉酒状态中，个体自我才被敉平，他人和世界的这些丰富片段才得以充分呈现，本真状态才得以展现。醉酒状态带领主体进入一种陌生性和独一性，

---

[1] M. Serres, *The Troubadour of Knowledge*, University of Minnesota Press, 1997, p. 8.
[2] "就独一的差异而言，它们不仅仅是'个体的'，而且是个体外的。我永远不会是遇到了皮埃尔或玛丽本身，而是遇到他或她处于这样一种'形式'、这样一种'状态'和这样一种'情绪'等等。"（J. -L. Nancy, *Being Singular Plural*, Stanford University Press, 2000, p. 8；转引自范梅南：《实践现象学：现象学研究与写作中意义给予的方法》，尹垠、蒋开君译，教育科学出版社，2018年，第206页）

这种独一的差异是充满挑战性的，它是"通向世界的另一个通道"①。而在清醒状态中，这条通道是被隐藏起来的。正是在这个意义上，我们说，醉酒状态中的主体向着世界和他者开放自身、呈现自身。

醉酒状态的批判性特征还表现为其对现代社会个体的生活节奏和生存方式的调整和均衡。现代社会盛行所谓的"苟活经济"（Ökonomie des Überlebens）。在这种制度下，我们每个人都是不知疲倦、自我压抑的劳动主体，被庞大的经济体系和信息体系所支配和压制。我们无时无刻不被担忧无法苟活下去的焦虑所支配，只能以机械化的方式不断向前，就像瓦格纳的歌剧《漂泊的荷兰人》里的那艘荷兰船只那样，没有航向，不能停泊靠岸，也无法保持静止，只能在茫茫大海上不停航行。②

然而从技术和效率上看，这个单向度进步的社会反而是一个积极而高效的社会：生命中的欲望和情绪、个体的差异等"消极"面向被边缘化，理性的日常、对效率的追求被视为主流，并被赋予更高的价值，它们反过来形塑了个体生存。在这种价值取向下，可复制、可替代的工业产品式的存在物成为这个时代理想的模型，而脆弱且有死的人则只能怀着京特·安德斯所言的"普罗米修斯的羞愧"生存。同时，在这样一个流水线式的现代社会中，带着羞愧的个体总是被一种涣散的注意力所充斥。我们不得不在多个任务、工作程序之间转换焦点，筋疲力尽。③因此在现代社会中，人类生活变得前

---

① J. -L. Nancy, *Being Singubar Plural*, p. 14.
② 韩炳哲:《爱欲之死》，宋娀译，中信出版集团，2019年，第46—49页。
③ 在信息社会中，我们的大脑时刻处于接受丰富信息的紧张状态，从而引起生活方式和身体的变化。有研究者认为，近年来随着信息技术的提升，大脑时刻处于被信息刺激的状态，这使得人类大脑的某些部位比上一代人更为发达，从而引起一些生理层面的变化，比如鼻子形状的变化、脊椎的快速生长。因此，在智能手机陪伴下成长的年轻人的面容以上一代人的标准来看更显得"面无表情"，也更容易患上脊柱侧弯的症状。

所未有地飘忽不定，没有任何东西能够长久持存，连相对固定的关注都越来越难以实现。与技术时代和工业产品的永恒相对，人类的生活和世界都是短暂的，没有任何东西能够长久持存。这就是现代生活中的存在的匮乏，羞愧由此转换成了个体的存在焦虑。如果我们回忆一下海德格尔对于古希腊人的"求知"的分析（即对存在和世界之本质的追问是要缓解人类面对无常命运的焦虑），那么，今天支配我们的日常生活的紧张情绪和烦躁不安也变得很容易理解了。而且，由于科学技术的祛魅作用，宗教再也无法平息我们的焦虑。在此，醉酒似乎是一种暂时消解焦虑的有效手段。通过醉酒，人与人之间的团结、人与世界的融合给了个体一种安全感。因此，"死生惊惧不入胸中，是故逆物而不慑"，从而"醉者神全"，"心和神全曰醉"。[1]从这个意义上说，狄奥尼索斯精神与海德格尔哲学中那种作为基调的英雄的行动主义是一脉相承的，它们成为现代社会生活中的批判和纠偏的力量。

除了缓解现代社会中个体的存在焦虑之外，醉酒作为生命中的创造力之源，更有对抗技术时代的麻木涣散状态的力量。如韩炳哲所言："生命力是一种复杂的现象，仅有积极面的生命是没有生命力的，因为消极对于保持生命力至关重要。"[2]醉酒状态就是现代社会中这样一种保持消极的面向、对积极状态中的涣散注意力的克服。醉酒状态实际上是一种身体和精神放松的方式，就是本雅明所说的"深度无聊"。一味的忙碌只是在流水线上的重复，而不会产生创造性的成果，而深度无聊的状态则是精神放松的终极形式，是个体脱

---

[1] "心和神全曰醉"语出《康熙字典》。"死生惊惧不入胸中，是故逆物而不慑""醉者神全"语出《庄子·达生》。
[2] 韩炳哲:《爱欲之死》，第47页。

离时代流水线、建构生活意义的过程。

对于一个理性人而言，作为精神放松形式的醉酒是一种偶然的间歇，清醒和醉酒应当成为日常生活中交替出现的状态。用赫尔曼·施密茨（Hermann Schmitz）的话来说，这二者的交替也构成了他视之为身体节奏之根本的"狭窄与宽广的对话"。有了醉酒的衬托，清醒和理性的状态才更有深度，才有紧张与松弛之间的交替和对话。这样的人，被欧阳修描述为"醉能同其乐，醒能述以文者"。

醉酒的另外一层批判性意义在于对日常时间的克服。在日常生活中，主体保持着理性的清醒状态。在这种状态中，日常意味着日复一日地按照一种众人接受的模式和习惯思考、行动，忽略个体差异，忽略独一性。这种日常的时间是无差别的、匿名的和统计学意义上的。在现代技术单向进步观的支配下，时间也是永恒均质地往前延伸的。这样一种日常状态是排斥死亡的，海德格尔称之为"沉沦"。此在的"向死而生"是对这种永恒技术时间的最终克服。而醉酒尽管不像死亡那样对生存有着绝然的巨大压力，但它同样是对沉沦的日常生活和技术时间的挑战和背离，是一种回归个体生命的律动。它并不顺从于我们日常要面对的时间节奏和生存压力，与增量、增值、增长的压力无关，甚至要与不断增速的生活对抗，用一种身体状态捍卫个性。醉酒带给我们的是马尔库塞所言的"感官的革命"或者"新的感官系统"，狄奥尼索斯对于致力于无限增加的现代技术生活而言是毁灭性的。正是在这种背离和毁灭中，艺术式的创造性光辉得以展现。从这一点来看，只有醉酒才让我们回归个体生存的本真的时间，构成另一种本真意义上的"向死的力量"。而且，由于醉酒是可重复的，这种对抗可以被一再施行，构成一种对于技术生活而言的均衡力量。毕竟，对于我们每个人而言，均衡而非死亡才是对个体生命的肯定和积极追求。在这个意义上，我们可以模仿巴塔耶的句式来结束本文：

> 所谓醉酒，可以说是对生命的肯定，至死方休。①

---

① 原句出自《色情史》："所谓色情，可以说是对生命的肯定，至死方休。"参见 G. Bataille, *Die Erotik*, Matthes & Seitz, 1994, S. 13。

元宇宙、生活世界与身体

作为当下炙手可热的流行词之一,"元宇宙"不仅意味着当代最尖端的智能数字和虚拟仿真技术的成果凝聚,更是一个哲学和思想话题。借助于虚拟现实(Virtual Reality)技术,元宇宙为我们编织了一个超现实、超历史的可能性时空,一个美好新世界。Meta-universe并非如字面意义所示,仿佛现实的宇宙背后有一个原初的宇宙;它是一个话语隐喻,指的是终极意义上的虚拟空间,即一个汇集了所有虚拟空间的空间整体或空间的"大全"。在这个被称为"元宇宙"的新世界中,借助于新技术,我们建构了一个比之前的网络虚拟空间或赛博空间更加高级、更加逼真的虚拟现实,个人实现了感知边界和自我认知的极大扩展,其交互性的可能范围、开放性的可能程度、个体参与的可能深度都远远超越了日常生活中的现实世界,进而对现实世界提出了挑战。

诚然,元宇宙的构建首先基于技术的深度介入。如果没有数字化、大数据、虚拟仿真、人工智能等新技术的加持,我们很难想象元宇宙这样一个宏大的虚拟世界的搭建。但无论如何,这个虚拟空间之大全的本质依然是一个想象空间而非现实空间,它是通过虚拟技术作用于人的感觉器官、通过想象力构建而形成的,并非通常客观意义上的空间。在层层叠叠的技术下面，我们必须承认，包括元宇宙在内的所有虚拟空间之构建的原初动力仍是主体的想象力。一切信息的累加、主体间虚拟交往的搭建，只有围绕主体、基于主体的感受力和想象力才有可能。具体而言，作为最高层次的虚拟世界，元宇宙的实现依赖于主体的深度沉浸或全身沉浸。在这种主体沉浸中，主体的自主性和感受性仍然是核心，所有的设备都是围绕着有感受力、想象力的主体被设置的。在这一点上，作为虚拟技术之汇集的元宇宙在某种意义上实现了认识论层面上狭义的"现象学回归"：在元宇宙中，我们关于世界和生活的一切感知和把握都以意识现象的形式呈现出来——我们可以称之为"意识现象学"。但同时，我们还应注意到现象学要强调的另一个维度，即意识主体或存在者的"置身性"，即主体与包括身体在内的世界的普遍关联性——我们可以称之为"存在论现象学"。存在论现象学意味着，现象不仅是意识现象，更是基于存在者之置身性的更为普遍的意义关联，后者包含了前者；或者说，意识现象学应当奠基于存在论现象学。存在论现象学的维度在元宇宙的构想中也可得到体现，即元宇宙的实现有赖于主体沉浸，构造一种"身"临其境的效果。这里的"身"在认知层面上具体体现为视觉、听觉、触觉等多种感知的综合，同时更是一种置身于生活世界之中的、承载着生命的整全的身体经验，它与世界进行着广泛的意义关联构建。

下面，我们从存在论现象学的意义上审视元宇宙。由于虚拟空间中的一切信息和设置在本质上都是代码，是非直观的，因此个体和集体的想象力在其中起到了关键的作用。而我们所有想象力的出发点是生活世界的经验，而关于世界的经验之出发点就是作为多重感知综合的整体性的身体经验。身体构成了我们对于世界的感知

（首先是对于空间的感知）的起点。如梅洛-庞蒂所说："身体对心灵而言是其诞生的空间，是所有其他现存空间的基质（matrice）。"[①] 基于身体这一基质，我们才可把握自身置身其中的空间和世界，从而进一步构建起对于世界整体和具体对象的感知。这个世界整体就是我们生存于其中的生活世界，它是背景式的，构成了我们的所有主体构建活动的视域，其本身不能被对象化。生活世界可以被比喻为大地，我们生活于其中，一切日常活动都与大地有着或近或远的关联，而且这些从未被斩断的关联之网就是"大地属性"（Bodenständigkeit），这构成了我们生活的实际状况。包括元宇宙在内的所有虚拟空间都不可能取代这个作为背景的生活世界，而只能在生活世界之内被构建。它是现实世界的延伸，是基于大地经验和身体经验的想象延伸，完全脱离生活世界、大地属性和身体经验的元宇宙是不可能的。

但是，元宇宙在技术上的设定则刻意掩饰了它与生活世界和现实身体的关联；或者说，元宇宙正是以宣称自身摆脱了现实世界和身体的有限性特征，才成为一个当下最具冲击力的概念的。元宇宙将虚拟信息和人的感受能力叠加在一起，在虚拟环境中放大了人的感受能力，迎合着人的欲望，使人感知到在现实中无法感知的东西，从而使人获得超现实的感官体验，获得一种在现实生活中无法取得的巨大愉悦，从而贬低了现实的生活世界和身体的地位。这个意义上的元宇宙就不仅是一个纯粹的技术问题，更是价值和伦理的问题，是人类实践的问题。如果元宇宙真的实现，那么它将彻底改变人类的生活姿态：通过虚拟技术，人们满足于一种无根状态的主体沉浸

[①] 梅洛-庞蒂：《眼与心》，杨大春译，商务印书馆，2007年，第59页。

和虚拟的感官满足，内卷于虚拟的意识世界之中。技术最终将导致人对生活世界和现实身体的遗忘，从而彻底改变人与世界的自然存在样态。

因此，现代性的危机并没有由于我们构建了一个新的虚拟世界而得到解决；相反，它也只是加剧了人类生活的异化和意义空乏。首先，尽管数据和虚拟技术在某些方面强化了人的感受能力，但同时信息涌现和集中刺激也让感受力和情感变得更加短暂易逝，人基于身体经验的存在领悟力、共情能力、表达能力和现实的行动能力在弱化。如赫拉利所言："退化的人类滥用进化的计算机。"[①]其次，元宇宙通过新技术造成的身临其境的效果混淆了虚拟和现实的界限。在元宇宙中，个体可以有无穷多的可能身份和可能情境，个体可以任意选择满足当下自身欲求的身份和情境。这造成了虚拟世界中极端的个人中心主义，现实意义上的主体间的交互经验被抛弃，个体的现实交互能力被弱化。虚拟技术可以为每个人搭建一个理想的身份和世界，但这些身份和世界的融为一体是需要主体间的现实交往框架来保障的，而这种交互主体的经验又是以真实世界里的身体差异和社会境域为基础的。在虚拟世界里，这种现实的交互主体整体框架无法实现。最后，元宇宙实现了自我中心的个体意识的任意选择、意义系统的任意构建，因此承载着生物学意义上的生命的身体就成了被遗留在现实世界中的多余之物。虚拟世界优先于现实世界，前者占据了整体上的价值、精神、意义系统，而后者则沦于边缘化和碎片化，生命和身体变得可有可无。

总而言之，脱离了现实的生活世界、遗忘了身体的元宇宙构想，

---

① 赫拉利：《今日简史：人类命运大议题》，林俊宏译，中信出版集团，2018年，第66页。

可以说是海德格尔意义上的新技术的"座架"（Gestell），是无限放大的"缸中之脑"。在技术上，这个构想的实现依赖于极端的还原论，即将人类生活全部还原为意识信息，并进一步将其还原为数字代码。人们对极端还原论在哲学和技术应用当中的困难已经多有讨论，在此不再赘言。而就元宇宙构想本身而言，极端还原论的模式也是难以实现的，因为在元宇宙的构建中，基于生活世界和身体经验的主体的感受力和想象力仍是一切技术的核心，认识和想象活动的情境性和身体性不可否弃。意识活动在大脑中发生，而大脑处于身体之中，身体又置身于现实世界之中。元宇宙只是奠基于生活世界之中的意义构建物之一，它无法取代生活世界，身体以及具身性才是一切感知和想象活动的出发点。对于人类整体来说，以绝对还原的立场排除身体是不可能的。

就其伦理后果而言，尽管元宇宙在技术上远未完全实现，但是网络化生活、大数据、局部的虚拟空间等对人类生活姿态的改造和影响已经初现端倪：人类整体行动能力的退化，主体间交往能力的弱化，身体和生命的边缘化，等等。现代精神生活的重建亟须抵抗这种生活的消极面向，抵抗虚拟仿真技术对于生活世界和真实身体经验的排斥。在真实的草坪上踢一场足球赛，与在虚拟空间中玩一场足球游戏，是完全不同的两类活动。前者为后者奠基，后者无法取代前者。元宇宙始终是处于生活世界之中的，是现实世界的延伸，是基于身体经验的。大地属性和具身属性是一切人类思想叙事的起点，包括元宇宙构想在内的任何以人类为主体的新技术变革都不能例外。

加速时代如何"说理"

现代生活的特征之一就是"加速"。在"一切坚固的东西都烟消云散"后,我们的时代和生活的最大特征就是不断加快的社会变迁速度、信息传播速度以及越来越紧张的生活节奏。如哈特穆特·罗萨(Hartmut Rosa)所言,这是一个加速的时代,当下的数字化技术进一步加剧了这种加速。那么,这样一个加速时代会对人际交流产生何种影响?在这样一个时代,我们怎样实现"说理"?我想,有以下三点可以考虑。

第一,传统的处于具体情境中的、有特定阶次的说理方式已不适用于加速时代,当下的说理更容易被情绪所充斥,体现出极大的不稳定性。日常意义上的传统说理是一种交互主体的讨论活动,目的是使参与各方能够就真理达成一致,从而共建共通的生活意义。在古希腊的雅典,政治活动就是一个说理的过程。雅典人聚集在公共区域展开讨论,由此把差异化的意见统一成大家共同认可的真理。这种为了凝聚行动共同体而进行的指向共识的交流活动是人类特有的。因此,亚里士多德说,人是政治的动物。我们也可以模仿造句:人是说理的动物。原初意义上的政治活动就是这样一个说理及至说服他者的过程。这样一种说理过程有其特定的情境性,它一定发生在可以相互共情和理解的主体之间，并且一定发生在公共空间内。而且在古希腊，说理活动一般是有智慧的长者向年轻人说理，有知识的人向欠缺知识的人说理。这就是说理活动的阶次性。这样一种发生在特定情形中、按照惯常的规范阶次进行的说理，其目的是说服、消除意见、构建有行动能力的共同体。

在非洲，有一种叫作乌班图（Ubuntu）的古老议事方式。当一个部落遇到一些需要公共讨论的事件时，所有成员就聚集到一起说理，一直说到最后一个反对者也被说服、接受大家的意见为止。这种议事方式被视为与现代的我们采取的少数服从多数的选票民主不同的说理方式。这是一种最为彻底的说理，是最大限度地尊重说理的情境性和阶次性、重视每一位参与者的说理方式。然而，乌班图这样的说理方式的最大缺点是没有效率，需要耗费大量的时间。与之相比，现代民主制度只是有限的说理。为了效率，我们往往会限定说理的时间，在一定程度上把说理的具体情境性和阶次性简化掉，用抽象的票数来决定说理的结果，强制少数服从。但是今天，不要说乌班图，即便是最后诉诸票决的有限说理，在加速时代也已经不合时宜了。加速时代通过技术媒介极大地压缩了说理的过程，使说理的情境和阶次变得抽象了。今天的数字化时代表面上强化了说理过程的对称性，即参与的各方都能够平等地即时交流，每一个参与者都既是信息的发送者也是信息的接收者，从而把传统说理方式中的权力关系（阶次性）解构掉了。但与此同时，说理这一交流过程通过数字和网络技术被加速和扭曲了。面对屏幕的参与者不再有面对面的情境，也克服了传统信息交流（比如写信）的时间和空间距离。在当下的说理过程中，原本的规范秩序消失了，即时反应和情绪更多地加入其中。因此，这样的交流在很大程度上容易被情绪的冲动所影响。所以，加速时代的说理最后往往难以形成共同认可的真理，反倒会广泛散播冲动，这使得社会被不稳定的愤怒情绪所充斥。这样的冲动和愤怒无助于理性的说理姿态，因此也很难构建具有凝聚性的公共话语和公共空间。

第二，加速时代的说理比传统说理更倚重背景共识，这种作为前提的共识导致了数字化时代的"信息同温层"。加速时代的说理活动的不稳定性导致了，单凭说理这个交流过程，参与者们往往无法逐渐接近和形成共同之理。但是，说理今天之所以还能进行，乃是因为说理活动的参与者在进行说理之前就已经被拣选了，只有具有某种底线共识的人才能进入交流的过程，共识构成了交流的基础、前提和背景。其实不唯现代，从古代开始，我们所有的理解和说理活动都基于共同的背景共识。这符合哲学阐释学的要求，也是胡塞尔现象学对作为背景的视域和课题的强调的内涵。自启蒙时代以来，我们广泛接受一种关于普遍理性的共识（即"人人皆有理性"），由此揭开了人类知识公共化的序幕。但是从另一个角度来看，包括"绝对的普遍真理"这一共识本身在内的所有观念都是被构建的，即便是狄德罗等人编写的《百科全书》，其中的知识论述也是有特定立场的，比如对于宗教的刻意贬低。因此我们说，共识始终是具体的、一部分人的共识。只有通过交流和说理活动，这种共识才能不断得到拓展并被重新构建，并成为新一轮说理活动的视域。

因此，完全脱离共识背景的说理活动是不可能的。由于加速时代中说理活动的参与者对于过程时间的容忍度越来越低，希望以最快的方式来达到共同认可之理，因此说理活动比以往更倚重参与各方的背景共识，共识成为参与说理的入场券。数字化时代的媒体技术实际上为这样一种说理共同体提供了技术保障，大数据可以拣选具有共同共识背景的参与者结成可能的交流共同体。这一方面降低了数字时代交流的不稳定性，减少了交流中可能产生的愤怒情绪和冲突；然而另一方面，则形成了消极意义上的信息同温层，最大程度上规避了具有差异性的他者，降低了说理过程中的对抗，但也使得参与的个体成为井底之蛙。因此，面对这一情况，我们首先应当认识到，任何共识都不是普遍的、绝对的，而是在历史中逐渐构建的、有限的。并且，我们应当通过当下的交流和说理，努力向同温层之外扩展共识。今天的说理并非是要在共识的框架下反复自我论证、强化自恋，而是要致力于扩展共识的边界。构建尽可能广泛的理性交流框架和作为底线的现代性共识，不囿于大数据精心编织的信息同温层的小圈子，这是加速时代的善良意志，也构成了个体面对大数据的对抗性力量。

第三，从根本上看，数字媒体并非理想的对话式媒体。在加速时代，尤其是在数字化时代，人与人之间的交流变得异常便捷，成为最普遍的日常活动。智能手机这样的设备已经成为我们感知世界和与他者交流的新器官，它牢牢地与我们的手长在一起，赋予我们随时随地获取海量信息的可能性。但是与此同时，这个原本宣称给予我们更多自由的新器官却也随时随地强迫我们进行交流。人与数码设备之间形成了一种最为亲密的强制性关系，人发生了数字化意义上的异化，不得不被越来越快的信息交换和强迫交流全面支配。正是在这个过程中，在加速交流和信息的循环中，资本的循环也加速了。同时，在加速时代的海量信息面前，交流只是海德格尔意义上的"漠无差别的领会"，而不是说理意义上的共情、沟通和理解。单纯的信息累加流动，并迅速被遗忘，被新的信息巨浪覆盖。最后，心灵仿佛浪潮退后的沙滩空空如也。

数字化时代的交流在大多数时候并非是要相互说服，而只是单向度的说理、自恋式的自我表达。我在网络平台上公开我的意见，但对倾听他人的意见并不感兴趣。加速时代令每个人的耐心十分有限，稍纵即逝。原本，说理是一种自我与他者的对抗关系，但是加速的技术使得每个参与者都丧失了倾听能力，这意味着他者被取消，对抗消失了。尽管每个人都觉得自己是在说理、陈述真理，但实际上每个人都只是在表达意见。这种单向度的表达本身无比脆弱和空洞，以至于话语可以被压缩为点赞。因此，今天我们随处可见的情形是，加速时代的有限交流被压缩为可以量化的点赞数，原先基于话语叙述和倾听理解的说理过程被简化成了一个简单的点击动作，变成了一种千篇一律的消费行为。数字时代把一切都量化了，同意（点赞数）、友谊（好友数）和钦佩（粉丝数）都可以用数字来精确表达。在精确的数字面前，话语变得冗长和苍白无力，倾听他者成为令人难以容忍的多余环节。一切都在手指的高速触击和精确的计数中呈现，这体现了加速时代的绩效和效率。在这个抽象的过程中，传统的人与人之间的交流过程中的情境性和阶次性通过数字媒体被压缩了，真实的交流情境和交流对象消失了，对抗关系被消解了，真正意义上的交流和说理不复存在，个体通往逻各斯世界的成长之路也就被彻底阻断了。在数字化时代，人不再是积极的行动者，而是在加速时代被裹挟的被动消费者。他们组成了数字化时代的"乌合之众"、没有灵魂的数字群体，语言和文化也随之变得浅薄粗俗。

与此同时，在数字化的加速时代，随着交流情境被压缩，原本构成交流障碍的空间距离也被彻底克服和消解，个体在网络世界直接迎面冲撞。所谓的"数字媒介"，实际上是在不断自噬——数字化最终消灭了媒介，导向人与人之间没有间距的交流。这种毫无界限的交流过程导致了，公共之物和私人之物被混为一谈，公共性的说理和私人表达被混为一谈。因此，人与人之间相互尊重的关系被消解了，代之以情绪化的直面关系。于是，传统意义上的公共性也不复存在。混淆了私人性和公共性的个体无法再通过有效的交流形成稳定的共同理念，从而结成具有行动力的共同体。那些独自面对着电子屏幕的只是众多的个体，他们各自分散、彼此隔绝、相互表达，但却没有相互理解。在越来越快的时代，这样的数字化大众理所当然没有时间和耐心来专注、倾听、理解和说服。

于是我们要问，今天我们如何重建说理，如何重新发现大家能共同接受的理？首先，我们要尽量摆脱数字媒体的强制支配，在不断加速的信息流中最大程度地恢复主动性，要有足够的时间来容纳和恢复说理活动的情境性和阶次性。其次，交流的参与者们应当致力于搭建尽可能宽泛的理性交流框架和背景共识，并且尝试不断拓展共识，而不是在信息同温层中画地为牢，耽于自恋。我们在表达自我的同时，也要重建倾听的能力，在说理式的对抗中不断成长。最后，重建说理的公共空间也必不可少。只有在基于相互尊重的公共空间中，理性的表达与倾听才有可能。

理一旦被说出来，就一定有特定的人用特定的语言说给特定的人听。因此，它就无法是"普遍之理"。同时，在现代性语境中，我们也已广泛认同，不存在恒久的普遍之理。但数字化时代又比以往任何一个时代更需要那种具有内聚能力的公共性，以将数字个体团结为共同体。因此，我们需要"说"出这样一个能够包容多元意见并对之做出规范的"理"。这样一种理并非具有实质内容、特定立场的理，不是要把某一个意见论证为普遍之理，而是要通过说理构建一种宽容的姿态——它高于任何具体命题的理。这样一种基于宽容和倾听的说理，接近于罗萨所言的"共鸣"（Resonance），它反过来也为我们进一步扩大共识提供了条件。

有限与无限之间的阐释艺术
——对"阐释学"的现象学分析

近年来,张江教授对"阐释学"用力甚著,力主以"阐释学"翻译"Hermeneutik/Hermeneutics",取代"诠释学"和"解释学"等传统译法。"阐释"这一概念不仅是一个新的译法,而且在内涵上也更为丰富,强化了这一活动的动态发生性质以及有限性与无限性之间的张力。这是很具有现象学意味的概念。按照德文术语,"阐释"更接近于"Auslegung",而非"Interpretation"。因此笔者认为,实际上不必纠结于"阐释学"是否应为"Hermeneutik"的更优汉译。从某种意义上说,"阐释学"的内涵经张江教授的发挥,已经相对脱离了从施莱尔马赫到伽达默尔的诠释学/解释学传统,成为一个独立的原创性概念。①

张江教授对于"阐释"的推崇,源于完整的汉字考据和义理上的分析。在2019年的《论阐释的有限与无限》一文中,他再度将"阐释"与"诠释"对置,辨析二者的内涵差别。诠释的目的乃是"以确证经籍之本义,尤其是以书写者原意为基本追索,无歧义,可

---

① 为了方便论述,本文将"Auslegung"译为"阐释",将施莱尔马赫—伽达默尔传统中的"Hermeneutik"译为"诠释学",其余皆译为"阐释学"。笔者认为,"阐释学"和"诠释学"尽管来自同一个西文词,但是经过张江教授在中文语境里的阐发,"阐释学"这一概念在内涵的丰富性上超越了"诠释学"。

印证，学术共同体普遍认可"；而阐释的目的在于"以文本为附体，推阐大旨，衍生义理，尚时重用，且'道常无名'，'寄言出意'，乃达释之目"。因此，诠释乃是"寻求与求证文本的可能意蕴，排除文本以外的任何可能"，而阐释是"追求附加与求证文本的意蕴可能，将无限可能赋予文本"。①经此分析，"尚时重用"的阐释较之更执着于文本和客观意义的诠释而言，具有更大的灵活性和开放性。张江教授继而论述了阐释活动的基本面向，即有限性与无限性的辩证关系。对有限与无限的阐释，其决定因素就是阐释对象、阐释者和阐释境域。笔者认为，三者的关系也可以从现象学的角度加以说明，并可以进一步拓展为一种关于阐释的生活艺术，而这是传统诠释学所不具备的。

一、阐释的无限性

胡塞尔现象学的要旨在于，将一切客观构建之物还原为主观被给予之物。他通过意向性构建研究把主体性进一步回溯到主体与世界、主体与客体的关系研究上，一切客观性在主体层面皆有其可阐释性。由此，诸如感知这样的原初认识也具有阐释的基本结构。在感知活动的意向性构建中，对于感觉质料（Hyle）的赋义（Besinnung）——即我把某物看作什么，我把某人看作什么——这样简单的直观感知行为就是一种"具有阐释作用的"行为。胡塞尔有个概念叫"侧显"（Abschattung），指的是对象总是以局部显现的方式被给予我们，而且显现的变化取决于感知对象和感知者在世界中

---

① 张江：《论阐释的有限与无限——从π到正态分布的说明》，载《探索与争鸣》2019年第10期。

的相对位置——随着对象和感知者相对位置（比如对象的运动或者主体的动感）的变化，侧显的角度也在变化。因此，对象的百分之百的完全显现是不可能的，我们要通过想象去充实构建我们的感知对象，所有意识对象均为主体意向性结构中的建构之物。在感知活动中，对象预先被给予我们的部分总是局部性的、在场的部分。我们通过意向性构建，就是要基于被给出的部分构建出一个完整的对象，即从局部构建出整体，从在场的部分构建出缺席的部分。在这个意向性充实的过程中，意向相关项的构建就充满了多样的可能性；换句话说，就其为从行为主体朝向对象极而言，赋义是完全开放的，阐释是无限的。在这个构建过程中，一个依据于主体的阐释空间就被开拓出来。相比于预先被给予的那个部分，在此之上的建构空间是开放的、无限的，在不同的境域内、由不同的主体可以建构出不同的对象和意义。这就是阐释的无限性——一种理论框架上的无限性。

如果说在胡塞尔的感知分析中，感知（wahrnehmen）过程还有内在的明见性和对象极，所以还是要求真（wahr）的话，那么到了海德格尔的此在分析中，真就不是首要的了，他用的是知觉（vernehmen）①，更偏重于主体侧的存在经验、处身性的经验——这是主客分离之前的境界。在这个意义上，如果阐释活动以客观文本和客观原意为目标，那么这就是一个无法完全完成的任务。根本没有一个可以完全脱离主体视野、主体经验的客观的阐释真理，而只有此在经验之中的阐释经验。作为在世之在，我们总是在阐释，而不是在说明。如尼采所言："世界阐释（Auslegung），而非世界说明

---

① "Vernehmen"在陈嘉映和王庆节翻译的《存在与时间》中被译作"知觉"，这个词的原义是"听说、获悉"，不是第一手的觉察。

（Erklärung）。"[1]说明是有标准的、有限的，阐释是无限的。

从发生现象学的角度看，所有的意向性构建都是在视域（Horizont）中进行的，赋义和构建是以积淀在视域中的知识和习性为基础的。凡·高能把墙脚一双破旧的农鞋描绘为艺术品，这跟他天才的艺术直觉和感受力以及由这双切身的农鞋缠绕的生活经验所构成的视域密不可分。视域结构也是伽达默尔阐释学的基本出发点。在日常意义上，视域就是一个人目力所及的范围，这当然是有限的。但是胡塞尔认为，作为意向性建构发生的场所，视域不是静态的，而是不断以发生的方式自我构建的场域，是无限开放的。这种开放性可以从如下三个意义上得到说明：其一，我们都是在世界中存在的，随着我们在世界中目光的转移和身体的运动，视域可以随意地延伸。随着时间的推进，视域的积淀部分也在不断地变化。因此对于主体来说，视域总是可以被进一步规定，其边界是永远无法达到的。其二，阐释的视域可以是个体的视域，也可以是共同体的视域，后者类似于张江教授谈到阐释的有效边界时所指的"公共理性"。与个体视域的延展一样，共同体的视域也在时间之流中不断转移扩展。其三，视域始终是一个无法被课题化、对象化的背景，它始终在那里，但是无法被对象化地构建，因此无法划定其固定的边界。

胡塞尔进一步说，所有视域的大全就是我们的生活世界。这也是所有可能性的汇聚，是从个体视域到交互主体视域的延展，任何意向性建构和阐释行为都是在其中发生的。因此，以现象学的方式描述，阐释的无限性就是视域扩展和意向构建的无限可能性——由个体视域到他者视域再到人类共同体的视域（生活世界）。如伽达默

---

[1] 尼采：《1885—1887年遗稿》，《尼采著作全集》第12卷，孙周兴译，商务印书馆，2010年，第39页。

尔所言，胡塞尔的这个无所不包的世界视域是通过意向性而被构造出来的。在这个意义上，视域就不是一个静态的界限，而是可以随着意向性构建无限扩展的。

众所周知，海德格尔进一步将胡塞尔的现象学阐释学化了。具体而言，他把对于意识的意向性构建分析运用到关于人之存在的此在分析上，意向性构建被转化成此在的生存筹划。在海德格尔看来，此在是建立在领会的基础之上的，人之生存就意味着阐释生存、领会生存，因此此在分析就是阐释学。领会就意味着生存的预先之在（Sich-vorweg-sein der Existenz）。生存总是作为某种样式的生存，因此在一切生存中总有某种意义预先被持有。在此基础上，此在生存着。这种预先持有意义上的生存就被海德格尔称为"领会"。他说道："作为理解的此在向着可能性筹划它的存在。由于可能性作为展开的可能性反冲到此在之中，这种领会着的、向着可能性的存在本身就是一种能在。"① 这也就是张江教授所言"意蕴可能"的无限性。

对生存的领会总是与一种先行的世界领会联系在一起，因为此在所筹划的可能性（能在）总是在世界的可能性中得到阐释。此在处身境域中的一切环视的相遇之物都是上手之物，因为它通往一种阐释的可能性。此在所筹划的阐释可能性在这里成了一个极点。此在筹划着，与世界之间进行结构化的互动。在这个阐释过程中，上手之物有其因缘（Bewandtnis），因缘最终在境域之意蕴中被固定下来。在海德格尔看来，一切存在者总是在其因缘中才能显现，总是"作为"一个被筹划的意蕴显现出来。比如，一把锤子可以作为工具显现，可以作为武器显现，也可以作为政治符号显现。这种"阐释

---

① 海德格尔：《存在与时间》，陈嘉映、王庆节译，生活·读书·新知三联书店，2006年，第173页。

学式的作为"乃是一种筹划或建构行为,它与主体和客体所身处的世界、与对世界的领会密切相关。海德格尔说:"对世界的领会展开意蕴,操劳着寓于上手事物的存在从意蕴方面使自己领会到同它照面的东西一向能够有何种因缘。寻视发现了,这话意味着:已经被领会的'世界'现在得到了阐释。"①一切存在者都在世界之中被阐释学化,被阐释为一种"作为",在阐释中成为上手之物。在这里,作为意蕴的存在者整体就是世界。这是无限的世界,这是意蕴可能的无限性,它保证了阐释的无限性。

伽达默尔将海德格尔的存在论阐释学进一步规定为人文科学的普遍方法,在艺术经验、文本语言等领域论证了阐释学的普遍性及其存在论基础,从而确立了一种"阐释学的普遍要求"。他尤为强调阐释的开放性(Offenheit),认为整个地奠基于一种视域经验的阐释学—存在论的结构必然要具备开放性,这是"视域融合"的前提。伽达默尔相信,理解其实就是视域融合的过程。因此,无限开放的视域和世界成为视域融合和效果历史之演进的前提。"视域融合不仅是历时性的,而且也是共时性的。在视域融合中,历史和现在、客体和主体、自我和他者构成了一个无限的统一整体。"②

二、阐释的有限性

阐释的有限性同样可以用现象学的话语来描述。从意向性构建的角度看,每一个具体的感知过程总是在特定的视域中展开,并趋向一个特定的对象极。这就决定了,每一次具体的意向性构建都是

---

① 海德格尔:《存在与时间》,第174页。
② 伽达默尔:《真理与方法》第1卷,洪汉鼎译,商务印书馆,2010年,译者序言第9页。

有其限度的。一方面，每个个体的视域即预先被给予之物或者先行把握总是有限的，在每一次具体的意向性建构活动中，其所处的视域总是有限的，作为出发点的身体也是有限的；另一方面，意向性构建的对象极也为构建活动规定了边界。从这个意义上说，如果把对象的意向性构建视为最基础的阐释活动，那么这种阐释活动在实际性层面上总是有限的。对实际性的此在而言，阐释活动总是有限的，它是历史境域中的个别行为，被预先给予的具体视域所限定，被意向性构建的对象极所牵引。因此，它终究是有限的。

　　海因里希·罗姆巴赫对于阐释的有限性面向多有涉及，他甚至为之专门启用了一个原本较为边缘的哲学术语，用于对抗传统的诠释学，即Hermetik——我们将之译为"密释学"。与"Hermeneutik"一样，"Hermetik"一词同样来源于赫尔墨斯（Hermes）神。一方面，他是传告之神，向人们传递神的话语和旨意，这是Hermeneutik的面向；而另一方面，赫尔墨斯又是秘密之神，他是封闭的，这是Hermetik的来源。因此，阐释的无限与有限在赫尔墨斯神的基本形象中本就是隐含着的。

　　罗姆巴赫的密释学，是针对伽达默尔的作为人文科学一般方法的诠释学提出的。海德格尔的"阐释"基于在世之在的实际性经验，这也是阐释之有限性的根源。而与此相反，伽达默尔更强调阐释主体面对他者的开放性，并且将与此在关联的实际性阐释活动降低为关注文本和文本关联的诠释学，去处理关于（über）某对象的文本和艺术品，从而令对象（文本和艺术品）所身处其中的总体世界退居其次。这是对海德格尔的生存论阐释学的内涵的贫瘠化，也正是密释学要批判的。

　　与基于开放世界和主体视域经验中的对象显现的诠释学相反，

密释学在根源上追求那个尚未视域化的、前显现的封闭领域。与海德格尔的此在中心论或伽达默尔的主体视域中心论的倾向不同，密释学观视的是蕴含在具体事物中的圆融无碍、先于主客之分的本有境界，意味着"进入这个意义世界，参与它的意义流，仿佛令自身在其中随波逐流"[①]。这样一个意义世界的边界并不是开放的、无限的，而是封闭的、有限的。

　　密释学意味着阐释的有限性，这种有限性针对的是伽达默尔的阐释学模式中无限开放的视域。这种开放性是可思忖性（Denkbarkeit）和可言谈性，而密释学则要强调那个原初境域的不可思忖性（Undenkbarkeit）和不可言谈性。如果说诠释学的基本方式是领会，那么密释学的基本方式就是顿悟。这个密释的原初境域是超越语言、超越世界的领会和文本解释，它是本有之境，是封闭的、有限的。伽达默尔诠释学的开放性在于，总是主体面对对象和文本进行阐释。随着主体的视域不断延展，被赋予对象的意义也有着无穷的可能。而密释学则坚持认为，在阐释或领会行为之前，有一个主体和作品、作者和读者、文本和行为共同构造的原初境域，这是一个共创性的本有之境。而伽达默尔的诠释学正是在以对象化的方式分割了这个共创结构之后才产生的。

　　因此，如果从密释学的角度来看，我们解释得越多，越是投入开放性，就离那个原初本有的境域越远，就越是无法体知这个密释的境界。开放视域和无限世界之前提是，回溯到主体经验这个统一基点上，在普遍化的高度上描述现象之显现。但是密释学则主张，在某个特定向度上对世界众多可能性的同一化回溯尝试是无法成功的，反而会导致原初世界的丧失。这个共创的封闭世界无法回

---

① 罗姆巴赫：《作为生活结构的世界——结构存在论的问题与解答》，王俊译，上海书店出版社，2009年，第35页。

溯到某个视域领会，也无法以主体筹划的方式进行拆解。其边界是密封的，人只能投入其中，方能融贯地体认它。一方面，共创的世界以"一即一切"的方式指引着一切存在；另一方面，在密释学层次上，它则只能以独特的直观洞察的方式对一切加以把握，而不是通过语言、概念或者范畴的分析。当代现象学美学中关于"氛围"（Atmosphäre）的讨论是一个贴切的密释学例子。氛围总是局部的、有限的，不可充分言传，只能置身其中才能体验。罗姆巴赫将宗教经验视为密释学的一个经典情形，他因此批评伽达默尔在《真理与方法》中讨论"对那些超越科学方法论控制领域的真理之经验"或者"那些外于科学的经验方式"时，基于其自身的知识趣味处理了"哲学的经验""艺术的经验""历史本身的经验"等通过科学的方法无法验证的经验领域，却唯独将宗教这种最古老、最普遍的真理经验方式忽略了。[①]

如果说伽达默尔那种执着于开放性的诠释学处理的是"关于"文本或对象的理解问题，那么封闭的、有限的密释学则要表达人、物与世界的关系。一件艺术品首先要表达的是它所从出的世界，这是先于一切语言并且使一切表述成为可能的生活结构。艺术品的真理乃是其世界的一部分；或者说，它展示了其所属的世界；甚至可以说，它就是其世界。雅典卫城遗址首先不是一件孤立的石制建筑艺术品，而是在天空下、大海边、岩石上的那个世界的组成部分。它所属的那个世界是封闭的、有限的、唯一的；同时，构成遗址的每一块石头也折射出它所从出的这个世界和漫长的历史和自然变迁。这种共创的相互映射的关系在逻辑和时间上都先于我们对于这一建筑艺术品的各种方式的对象化研究和赋义。因此，密释学是对本己

---

① H. Rombach, *Der kommende Gott*, Rombach Verlag, 1991, S. 78–79.

世界的把握，是境域化的体验，而不是通过一个对象把握背后的真理。其尺度不是作者想要说什么，而是物本身想要说什么。密释学寻找思想本身的动力，寻找决定作者的思想，而不是作者所决定的思想。在作为普遍方法的诠释学之前，密释学更关注的是那个具体的、有限的起源点，寻找那个喷薄而出的原点。一切阐释的意义都由此涌现出来。

对于所处身其中的有限世界的密释学式的感知是更深层次的感官性知觉，而不是理性化的诠释或者对象化的赋义活动。这种顿悟式的感官性直觉贯通、渗透于我们对有限世界的体认之中。人们无法通过物或者特征来定义密释学现象，它先行于这一切，遵循一种独特的存在论，后者并非服务于物之范畴或者概念。比如"温暖"这个现象。在开放的意义上，它可以有无限多的意义和理解、无限多的个别呈现；但是在密释学的意义上，对于每个具体的人而言，温暖只有在具体情境的关联中才能被感知到，这具体情境中的温暖就是密释学的现象。对于婴儿而言，温暖就是母亲的怀抱，这是有限的、封闭的密释学质性。如果以张江教授的话语来表达，密释学论述的就是阐释对确定性的追求，某种"自在意义"。密释学实际上是一种深层阐释学。

三、阐释的艺术：有限性与无限性之间的均衡

如果我们把阐释学上升为一种海德格尔意义上的"总体阐释学"[①]，其意义就远远超出了伽达默尔所言的作为一种人文科学方法论

[①] 关于"总体阐释学"，可参见孙周兴：《试论一种总体阐释学的任务》，载《哲学研究》2020年第4期。

的诠释学方法，同时也涵盖了密释学的维度。从更宽泛的意义上说，阐释学是追求有限性与无限性之间的均衡的生活技艺。阐释学的无限性面向以从主体及其视域出发的意义阐发为中心，而有限性面向以阐释者、阐释对象及其所处的世界为中心，后者就是罗姆巴赫所言密释学的含义。在作为生活结构的世界之中，阐释学不仅是理解的技艺，更是安置意义、使主体融入共创的世界共同体的技艺。因此，理想的总体阐释学乃是追求均衡的活动，体现出有限和无限的辩证平衡。

一方面，科学主义的绝对客观性和精确性，以及由此引发的生活的单向度和意义的缺乏，致使主体感受力和赋义能力不断萎缩，人在技术世界中不断被矮化和异化。作为对此趋势的克服，现象学重新发现人的意识行为和存在经验中的视域结构的开放性、意义的丰富性、主体的能动性，将人类观念导向破除唯一科学真理、破除唯科学主义的向度，为科学及其方法划定限度。这是阐释学之无限性面向的积极意义。比如，伽达默尔的《真理与方法》一开篇就宣告这本书乃是要探寻"对那些超越科学方法论控制领域的真理之经验"，也就是"那些外于科学的经验方式"，即"哲学的经验""艺术的经验""历史本身的经验"等，"所有这一切都是真理得到昭告的经验方式，而这种真理通过科学方法的工具是无法验证的"。[1]从这个意义上说，阐释学的目标乃是以一种面向生活的非科学方式来描述真理。这是一种阐释的艺术（Kunst der Auslegung）。[2]

而另一方面，与现象学方法有着千丝万缕联系的后现代主义哲

---

[1] 伽达默尔：《真理与方法》第1卷，第4页；译文有改动。
[2] "阐释的艺术"之说法来自尼采。他曾说："虚构一个世界，一个合乎我们愿望的世界……本质上是阐释的艺术。"（尼采：《1885—1887年遗稿》，第415页）

学和极端诠释学经历了主体方面的过度高扬之后,导致了对固有生活体系的绝对破坏。无穷多的破碎意义意味着没有一个完整的意义,没有一个建设性的意义。因此,阐释的有限性面向就要对过度张扬的无限性进行均衡。阐释的无限性是以有限性为根基的,无限开放的视域是以封闭的原初世界为根基的。罗姆巴赫用密释学表达了这个思想意图,他通过对宗教和神话的关注弥补了《真理与方法》缺失的那个维度。他相信,相比于文本、艺术和哲学,神话和宗教经验更加直观地向我们展示了封闭的原初世界的纯粹性。宗教徒在一刹那的信仰体验,是包括文本在内的任何手段都无法通达的。这种令人保持敬畏的封闭的原初世界是一切理解的基础。

更进一步看,阐释的有限性和无限性的两个面向实际上反映的是宗教和哲学视野中的世界差异,是米索斯(Mythos)和逻各斯(Logos)[①]的差异:前者是有限的、原初封闭的;后者是无限的、开放的。Mythos指以故事、神话、诗歌的形式口传;Logos指以层层延展的视域理解进行书写,进一步具体化为概念、符号、体系。叶秀山先生曾明言二者的差别:"Mythos和Logos同样为说,但Mythos'说'的乃是'活生生的世界',是一种艺术的、直接的生命的'体验';而Logos'说'的则是'概念'的'体系','符号'的'体系'。Mythos是'参与'性的,Logos则是'省察'($\theta\epsilon\omega\rho\iota\alpha$, speculative)性的。Mythos侧重于'我在'的度,而Logos则侧重于'我思'的度。"[②]当然,这两个世界并非截然分开或彼此排斥,而是体现出差异连绵和互补,阐释的有限性和无限性在生活世界的历史性进程中不断流变转化。Mythos象征的有限性为Logos象征的无限性奠基;同时,无

[①] 当然,这里的Logos不是科学主义中"理性之滥用"的理性,而是哲学的理性。
[②] 叶秀山:《从Mythos到Logos》,载《中国社会科学院研究生院学报》1995年第2期。

限性又为众多有限性的共同存在呵护一个开放的整体框架。张江教授描述的正态分布的连绵曲线，正是对于生活意义之流涨浮的描述。阐释学的世界既有其兴起（Aufgang），也有其没落（Untergang），在现有视域达到边界之处，恰好是新的原初境域生成之开端。

世界是复数的，而且是处于运动中的，各种文化作为多重层次交织缠绕在一起，众多基层的封闭世界共同勾连表达更高层的世界整体。一方面，我们要捍卫单数的个别世界的原初经验；另一方面，也要呵护多元的世界整体框架。阐释学的有限性与无限性，恰好要承担起均衡这两方面的任务。在作为生活结构的世界之中，阐释学不仅是达成理解的艺术，更是安置意义、使主体融入共创的世界共同体的艺术，是均衡个别世界的原初经验和多元世界之整体框架的艺术。从这个意义上看，兼具无限性和有限性的阐释学就不仅是施莱尔马赫和伽达默尔所构想的作为理解文本之技艺的诠释学方法，也涵盖了关注原始境域、强调境域之原初封闭性的密释学含义，体现出有限与无限两种面向之间的均衡，成为一种存在论意义上的"生活艺术"。

从现象学到

跨文化哲学

从生活世界到跨文化对话

随着当代技术的飞速发展和信息流动的加快，一方面，我们世界中固有的文化传统的内核被不断侵蚀，个体之间、个体与原有的传统生活之间日益疏离，单子式的现代人从传统价值观凝聚的群体中散落，面临着全新的组合方式；另一方面，资本主义工业文明导致了地球村中的人们的生活方式不断地趋同和平面化，技术的进步和生活方式的同质化将个体之间的关系不断拉近。但同时，人群间、民族间和国家间深层的价值观和利益矛盾却不断加大。而与此同时，当今世界上的经济、政治、文化、安全等问题又越来越国际化，绝非某个具体的国家或人群能够独自解决的。面对这一情况，我们需要设想一种新的人类共同体的构建方式，以应对这一既充满疏离又趋向重合的复杂趋势。在这一趋势下，人类如何在深层意义上实现共在，以至于构建一个休戚与共、互惠合作的人类命运共同体，呵护共有家园的和谐状态？如何在开放世界的基础上维护世界文化的多样性，同时又要避免文化间的互斥和冲突？这些问题日渐成为当今思想界关心的核心问题。

与此同时，当代哲学正经历着所谓的"实践转向"，即将关注的目光从传统的抽象理论转向实践生活。其中，"生活世界"这一概念集中体现了哲学兴趣的这一转移。近代以来,很多哲学家都设想了"生活世界"或者与之类似的概念,马克思、克尔凯郭尔、叔本华、尼采、柏格森都从不同的角度出发肯定了生活/生命及其场域的奠基性意义。而现象学将"生活世界"构想为预先被给予的包括科学在内的一切人类实践的基地,以及具有统一功能的历史整体视角,使生活世界理论成为"胡塞尔以后的现象学历史中最富有创造力的思想"[①]。其后,海德格尔的"在世之在"和"此在的日常性"理论、舍勒的"自然世界观"理论、维特根斯坦的"生活形式"和"语言游戏"理论都与胡塞尔的"生活世界"有着密切的思想亲缘性。而古尔维奇(A. Gurwitsch)对于"共在之人在环境世界中的相遇"、帕托契克(Patočkas)对于"自然世界"的思考,许茨(A. Schutz)的"社会层面上的生活世界"、列斐伏尔的"日常生活"、哈贝马斯的"作为交往行为之基础的生活世界"等理论,则是对现象学语境中的"生活世界"概念的延伸和深化。在笔者看来,经过思想领域内的层层累加,"生活世界"这个现象学概念已经变成了一个远远超出哲学之外的传播术语。今天,"生活世界"概念所指的已不是一个自然的自在世界,而是一个开放的、蕴含丰富性和多样性、作为可能性之大全的世界,进而成为人文主义对于世界的理解方式,成为一种开放性的世界模式,它为人类文化的实践和理想世界的营造提供了一个富有意义的开放视角。笔者将立足于全球化时代的文化的多样性语境,借鉴并转化"生活世界"理论的丰富内涵,论证"生活世界"为全球跨文化对话奠定了坚实的理论基础并提供了实践的可能性。对这一思路的重溯和厘清,可以为人类命运共同体的构建提供一个可能的答案。

---

① 施皮格伯格:《现象学运动》,王炳文、张金言译,商务印书馆,2011年,第216页。

一、"生活世界"理论中的世界开放性内涵

"生活世界"概念发端于19世纪末的阿芬那留斯（R. Avenarius）和恩斯特·马赫（E. Mach），他们通过这个概念表达了一种向前科学的、直接的、纯粹的经验的回溯。"生活世界"这一概念作为对被给予之物无前见的描述，指的是"自然的世界概念"。这个自然的世界为迄今一切哲学科学理论及其心理内在（自我，灵魂）和物理外在（世界，自然）的二元区分奠基，是一切科学和认识论的"自然的出发点"。[1]与之相似，胡塞尔也将"生活世界"规定为预先被给予的经验世界，即"前科学的""被具体直观的""始终已存在着的""亲熟的"世界[2]，它为自我与他者的一切意向性行为提供背景和视域，是一切特殊世界（科学世界、宗教世界等）的意义构成的根基，是一切实践的基础。而鲁道夫·奥伊肯（R. Eucken）在他1912年的著作《认识与体验》中，针对被目标理性贫瘠化的"此在世界"，提出了一个综合大全式的"生活世界"概念。[3]类似的想法在胡塞尔那里也有体现。现象学的"生活世界"所指的是包含自然和文化的"周围世界"，自然世界中的一切事物、动物、全部环境，以及人类及其社会所具有的历史、文化及其相互间的关联。如同海德格尔通过"日常此在之世界"所强调的，在前科学的奠基性意义上，生活世界处于形而上学和先验哲学传统的对立面，梅洛-庞蒂在《知觉现象学》中也对此做了充分的说明。在笔者看来，生活世界意

---

[1] P. Janssen, "Lebenswelt", in J. Ritter und K. Gründer hrsg., *Historisches Wörterbuch der Philsophie*, Bd. 5, Schwabe & Coag, 1980, S. 151.
[2] 胡塞尔：《欧洲科学的危机与超越论的现象学》，王炳文译，商务印书馆，2001年，第36节。
[3] B. Waldenfels, *Einführung in die Phänomenologie*, Wilhelm Fink, 1992, S. 36.

味着对对象化的科学世界的悬搁，回返到前谓述的自然经验；意识通过身体融入世界之中，意识与情境及视域密不可分，并且在根底上是有限的。基于对生活世界的讨论，当代哲学中的很多议题得以展开，比如前谓述-自然的经验、有限性、此在的历史性、动态的身体、劳动和社会性等等。

胡塞尔现象学之所以强调世界的生活特性，乃是有意识地与自然科学的世界相区分。由此出发，哲学与科学、西方文明的危机、人类文化史、跨文化等课题得到了进一步的深化思考。对这样一个生活世界的关注就意味着，关注我们置身其中的历史、传统和文化，将之视为一切意义构建和实践行为的视域，以此来对抗客观主义视角下的世界异化和自我异化。比如，海德格尔强调此在的"在世之在""与他人共在"的特征、世界的敞开状态，并揭示科学理论化的反历史性特征，就表达了与胡塞尔的"生活世界"构想类似的含义。芬克（E. Fink）由此认为，根本上是现象学的"世界"概念构成了从胡塞尔到海德格尔的桥梁。生活世界克服科学主义的意义在哈贝马斯那里得到了进一步说明，他提出了系统—生活世界的双层架构来分析和解决现代西方社会的危机。生活世界是从参与者的角度看，着重于社会的规范结构（价值和制度）所具有的整合功能，构成了交往行为的基础；而系统世界则是从非介入的观察者角度看，所有行为都是工具化的，服从市场机制和科层制度的管理。[①]与胡塞尔相似，哈贝马斯认为，系统世界的合理化进程必须以生活世界为基础，否则就会出现一系列社会意义危机，比如社会意义的丧失、秩序冲突、个体生存的异化等。

---

① 哈贝马斯:《合法化危机》，刘北成、曹卫东译，上海人民出版社，2000年，第7页。

在胡塞尔那里，生活世界作为直接经验和蕴含可能性之大全，旨在克服还原主义的单向度抽象，以及由此导致的人类生活意义的空乏和生活意味的丧失。作为一切意义构建的地基，生活世界在根底上乃是要呵护人类生存境域根源处的整体性和开放性，胡塞尔的现象学道路所要致力于通达的也正是这种整体性和开放性。笔者认为，以生活世界为线索，可以这样解读胡塞尔的现象学方法道路：通过描述心理学和意向分析切入主体性层面，并在奠基性的视域结构中把握主体与对象的意向性指引关联；通过对意向对象建构过程的反思，审视意向对象、意向行为与其置身其中的视域之间的发生性关联关系，进而实现回返到生活世界的目标，以克服诸如自然主义等种种弊端。在此，"视域"成为联系意识现象学与生活世界的关键线索。作为前-事实或者课题化之基地的视域首先意味着一种不确定性，正是从这种不确定性中可以导出一种无限开放的特征，以及对所有具体对象和质料在形式上进行统一的能力。每一个意向性建构过程都是在视域中发生的，视域等同于围绕每个存在者的特殊世界。在视域中，主体相关性被勾连表达为一种面向未来的开放性，而所有视域或特殊世界之统一总和就是生活世界。①胡塞尔现象学对于主体能力的开拓与马克思不谋而合。在马克思看来，作为"新世界"的生活世界就应当把对象和现实"当做感性的人的活动，当做实践去理解……从主体方面去理解"②，以保证生活世界的全面性和整体性。

---

① 在此意义上，瓦登菲尔斯（B. Waldenfels）认为，胡塞尔的生活世界具有三重功能：地基功能（Bodensfunktion）、线索功能（Leitfadensfunktion）和统一功能（Einigungsfunktion）。参见B. Waldenfels, *In den Netzen der Lebenswelt*, Suhrkamp, 1985, Kap. 1。
② 马克思、恩格斯：《马克思恩格斯文集》第1卷，人民出版社，2009年，第499页。

生活世界的视域特征并不仅限于意识行为的奠基和构建，而是通达了人类的一切实践行为及其历史成就，从整体上规定着人的存在本质。如马克思所言，"人的本质不是单个人所固有的抽象物，在其现实性上，它是一切社会关系的总和"①；而且，个人总是"从属于一个较大的整体：最初还是十分自然地在家庭和扩大为氏族的家庭中；后来是在由氏族间的冲突和融合而产生的各种形式的公社中"②。在这个意义上，生活世界的内涵就是经历了历史延续的个体及其所属群体的特定社会关系、生活方式和文化传统，它们以"习惯"（habitus）或者"伦理"（ethos）的形式成为人群世代延续且必须遵循的东西，成为生活世界的内核。在希腊语中，"ethos"本就有"居所"之义；而在德语中，"习惯"也来自"居住"这个动词。这种文字上的联系一方面意味着，人类共同体所具有的伦理传统和生活习惯就是他们共同生活居住的家园，基于居住的生活世界体现的是其文化特殊性。而另一方面，随着今天技术的飞速发展，人类生活的历史和现实交会在同一个时空里，"地球村"成为我们共同的生活世界，超越各自特殊文化传统的生活方式的统一性正在以不同的方式不可阻挡地变成现实，基于家园经验的生活世界不断被打开、消融边界，其开放性特征不断得到彰显。因此今天，"生活世界"这个概念既包含了在历史中延续的文化传统的特殊性，又意味着当下和未来人类生活最大外延范围上的开放性。

生活世界的包容性和开放性在逻辑上与现象学"面向实事本身"的思想原则有一致性。现象学精神主张让事物如其所是地呈现，要将一切前见还原为事物本身；体现在文化、哲学主题上，就是论证

---

① 马克思、恩格斯：《马克思恩格斯文集》第1卷，第501页。
② 马克思、恩格斯：《马克思恩格斯选集》第2卷，人民出版社，2012年，第2页。

生活世界的整体性和开放性，让多元文化面貌及其历史完整地呈现，即生活世界这个开放的舞台为文化特殊性的保持和呈现提供可能空间，而不是用任何形式的框架预设限制文化的多元发展和世界的跨文化面貌。

在胡塞尔和海德格尔的论著中，世界的开放性、人类生活的跨文化特征作为课题或多或少都曾被涉及。按照胡塞尔的基本思路，所有人类的意识成就都基于一个处于历史之中的共同的生活世界之上。因此，这种具有理性的"人性生活"是唯一的，它体现出一种统一性。但同时他也注意到，这种人性生活具有"丰富的人类类型和文化类型"。①就这一点而言，我们很难简单地将胡塞尔的理论归于那种传统意义上故步自封的文化一元论或者欧洲中心论，现象学的"生活世界"构想同时具有开放性和闭合性两重面向。作为奠基性的层次，它有能力容纳他者和陌生传统，"同时可以打开通达不同文化差异的道路"②。作为大全视域和特殊文化世界共同体的生活世界将所有文化构建的可能性和发生成就都包含在自身之中，其开放性和整体性相互促成。

多元文化之间的冲突和交融是当代世界的基本状况，现象学要回溯的"实事本身"首要地就包括了这个具有多元文化的复杂世界。除了生活世界之外，现象学关于主体间性的构想也触及了多元文化之间的理解和交流问题，为全球化局势下的世界的开放性和对跨文化论题的讨论构想了一个比较贴切的理论架构。主体间性意味着他

---

① 胡塞尔既强调人性生活的特殊性，也承认人类文化类型的丰富性，这就是生活世界的两个基本面向。参见胡塞尔：《欧洲科学的危机与超越论的现象学》，第373页。
② 黑尔德：《生活世界与大自然——一种交互文化现象学的基础》，载黑尔德：《世界现象学》，孙周兴编，倪梁康等译，生活·读书·新知三联书店，2003年，第215页。

者的优先性，因此每个主体都有能力容纳他者和陌生传统；扩展到文化主体上，即每一种文化都有能力同时打开通达不同文化的道路。因此，与主体包含主体间性特征相应，文化世界本身也具有跨文化性的特征。

正是基于其各自的跨文化性特征，不同的特殊文化世界得以汇聚在生活世界之下。对我而言，最熟悉的特殊世界就是我的家乡世界，与之相对的就是陌生世界，二者之间的张力和关联关系成为"世界的稳定结构"。①这种张力和关联就是跨文化特性。这种跨文化特性总是以动态发生的形式表现出来：一个文化世界总是将陌生世界中的异质文化对象以"投入生长和投入生活的方式被编织进家乡世界"②，在此过程中，家乡世界和陌生世界的边界不断消融。家乡世界首先意味着文化习俗的规范性，相应地，非规范性就是位于这个家乡世界之外的陌生世界。而家乡世界和陌生世界之间的边界的动态可能性意味着，从属于某一特定文化传统的规范性不是一个静止不变的既成之物，而是不断处于构建之中的。实际上，我们的生活世界就是汇聚了各种规范性的构建过程（Konstitution der Normalität）的大全。历史上，规范性的构建就是一个融合不同视角和主体之间的经验差异的开放过程，最后通向对世界更加全面的理解。生活世界的开放性在特殊文化世界之间的彼此交融和规范性的不断构建中得到了充分的呈现。

如同马克思和恩格斯批评费尔巴哈时所言："他没有看到，他周围的感性世界决不是某种开天辟地以来就直接存在的、始终如一的

---

① E. Husserl, *Zur Phänomenologie der Intersubjektivität. Texte aus dem Nachlass. Dritter Teil: 1929–1935*, hrsg. Iso Kern, Martinus Nijhoff, 1973, S. 431.
② D. Lohmar, "Die Fremdheit der fremden Kultur", *Phänomenologische Forschungen* 1997, 1.

东西，而是工业和社会状况的产物，是历史的产物，是世世代代活动的结果，其中每一代都立足于前一代所奠定的基础上，继续发展前一代的工业和交往，并随着需要的改变而改变他们的社会制度。"①生活世界是历史的、开放的，每一种历史规范性都嵌入它们所属的特殊世界。而不同的规范性及其特殊世界之间并不是绝然分割的，众多特殊世界之间通过相互间丰富的关联指引关系相互开放和重叠，在历史中相互融合和渗透，逐渐消弭彼此的边界，指引出那个在形式上处于最底层的普遍世界。像大海一样的生活世界乃是现象学所揭示的人与人之间、世界与世界之间的关联关系的最终汇聚，也是为一切理解活动和规范性构建提供可能的最终基地。它作为主体间和世界间交往行为的潜在来源，以背景性视域、规范性构建、潜移默化的文化和伦理传统、语言和生存习惯等方式发生作用。生活世界所标识的人类生活的主体发生性构建的无限可能性，是无法通过对象化、客观化方式来获取乃至穷尽的。而恰是这种主体可能性和视域构成了人之存在和人性中最本质的决定性部分，主体可能性意味着自由和开放性。

从人类共同体的层面上看，生活世界作为人类生活基底层次的关联域，保证了世界范围内人类成员共同生活的展开，保证了地球上任何区域之间、人与人之间预先被给予的关联性。如许茨所言，这种关联性领域包含了空间、论题、身体多个层面的相似结构。②这种关联性领域为人类成员之间的开放性关系奠定了基础。在德语中，"开放"（offen）与"公共性"（Öffentlichkeit）有着共同的词根，世界的开放性为人类生活的公共性面向奠基。哈贝马斯进一步将作为

---

① 马克思、恩格斯：《马克思恩格斯文集》第1卷，第528页。
② 许茨：《现象学哲学研究》，霍桂桓译，浙江大学出版社，2012年，第152页。

奠基性关联领域的生活世界视为公共性的源泉。与之前马克思从作为人类实践活动结果的价值形态世界、权利形态世界和历史形态世界三个层面来说明生活世界的方式类似，哈贝马斯也从三个层面来描述生活世界：文化（知识储备，如理论、书籍、格言、文件等），社会（合法的秩序，如制度、法律、规范等），个性（人的有机体根基）。①

世界的开放性也是海德格尔的基础存在论首先要论证的课题之一。此在是世界中的存在，而作为"存在者园地"的世界总是"以某种同周围世界交往的方式亮相"，开放的世界才能"把具有这种存在方式的存在者依照它的存在开放出来"，也就是"让上手的东西来照面"。②世界的开放性进而被规定为自由的真理。比如在《论真理的本质》中，他就将"行为的开放状态"视为真理的本质，"真理的本质乃是自由"。而自由是居于"人类主体的主体性"那里的，是居于主体间性那里的，"自由便自行揭示为让存在者存在"。"让……存在"，意味着参与和在场。因此，让一个文化世界存在，就是要让其参与到敞开域和敞开状态中，参与到开放的生活世界整体中。"让存在，亦即自由，本身就是展开着的（aus-setzend），是绽出的（ek-sistent）。"③文化世界的绽出（超出自身），必然要通过开放世界中的跨文化对话和交流方能实现。将这种存在表述运用于文化传统，则跨文化性所标识的文化传统的绽出是整个世界多元文化之整体关联的保证，是世界整体生成的体现，而世界的开放性则是这种绽出的前提。

---

① 参见哈贝马斯：《交往行动理论》第2卷，洪佩郁、蔺青译，重庆出版社，1993年。
② 海德格尔：《存在与时间》，陈嘉映、王庆节译，生活·读书·新知三联书店，2006年，第97、103页。
③ 海德格尔：《路标》，孙周兴译，商务印书馆，2009年，第213、216、217页。

在生活世界的充分敞开状态中，世界存在的本真性才得以保持。与之相反的情况是，当此在被遗忘、存在者整体被遗忘时，人们就会错误、盲目地固守自身的尺度，拒绝开放性。海德格尔对作为真理基础的自由和开放性的强调，不仅适用于个体的生存领域，而且为多元文化世界的存在及其中人的实践刻画了一个模型。在对亚里士多德的阐释中，海德格尔对与人类生存密切相关的实践智慧（phronesis）极为重视，认为实践智慧居于认知（episteme）之上。[①]伽达默尔在此基础之上更进一步，赋予实践智慧以利他主义的伦理意涵和公共维度上的德性。实践智慧作为社会生活可能性的条件和跨文化境域下的实践方式，要求的是宽容开放的心态、众人共享的行为和话语。人与动物的差异在于，人不仅被个体化的生理需求和工具性行为支配，而且还有选择的空间，有脱离个体意义上的工具化层面进入公共生活的能力。这种能力是人之自由的日常起点，也是世界开放性的基础。人的自由本质，即在基础存在论层面上得到描述的此在的绽出特性，即人的生存过程，不囿于自身，不断出离自身与他者和世界打交道。这一生存特性为世界的开放性奠基——这是对主体间性意义上的生活世界之建构过程的生存论表述。

沿着经典现象学对于世界开放性的处理思路，海因里希·罗姆巴赫的结构思想和哲学密释学进一步深化了这一主题的存在论基础。世界的结构性质意味着世界中的每一部分都是作为一个灵动的环节处于世界之中的，众多环节之间并没有高下之分和等级差异，每个

[①] 对于实践智慧和认知的论述，出自亚里士多德《尼各马可伦理学》第6卷。有关海德格尔对此的解读，参见 M. Heidegger, *Platon: Sophistes*, Vittorio Klostermann, 1992; M. Heidegger, *Phänomenologische Interpretation ausgewählter Abhandlungen des Aristoteles zu Ontologie und Logik*, Vittorio Klostermann, 2005。

环节内部、每个环节之间、整体结构与环节之间都处于普遍的指引关联之中,任何一个环节的变动都会导致世界整体的变动。因此,世界就是一个"有生命/生活的结构",呈现出一种"具体的整体性",而"具体的整体是真正的现实范畴"。①如果我们把世界上多元的文化传统都理解为一个大结构中的环节,那么这些文化传统之间就存在着密不可分的关联关系。只有每个环节都在其置身其中的特殊境域中得到充分的生长和发展,世界这个大结构才能焕发勃勃生机。一个结构中的环节是复杂多样的,就如世界上的文化传统也是纷繁多元的。我们不应将某些环节设定为静态的极点,将结构的世界理解为一个固化封闭的等级秩序,而应当充分尊重每一个环节,令每一个环节在与其他所有环节的关联中完整地呈现自身。在笔者看来,推及多元的文化状况,我们也不应预设类似于欧洲中心论这样的一元结构或东西方对立这样的二元结构,而应当以开放的心态充分尊重多元文化的面貌本身,不仅关注自己身处其中的东方或西方的文化,还要关注西亚、非洲、拉丁美洲和大洋洲的文化——世界是由众多活的文化勾连构建而成的活的文化、历史整体。

基于结构思想,罗姆巴赫设想了一种"哲学的密释学(Hermetik)"。"Hermetisch"一词的本义是"封闭的,闭合的"。哲学的密释学反对基于理解者主体立场和视域的阐释学(尤其是伽达默尔的阐释学),主张经验者应当投入到经验事件内部,经验事件和经验者的对应契合是独一无二的。罗姆巴赫举例说,一位长久生活在寺庙中的佛教徒,他对寺庙和佛教的经验是独特的;一位西方的旅行者无论读过多少相关的书籍、有多少外围的了解,都无法完全触及虔诚

---

① 卢卡奇:《历史与阶级意识》,杜章智、任立、燕宏远译,商务印书馆,1996年,第56页。

的佛教徒对于寺庙和佛教的经验。在这个意义上，如果我们想要理解陌生文化，首先要做的不是基于自身的视域去对象化地观察并解释对象，而是要尊重它们。尊重经验发生的原初境域和闭合性，投入其中，方能把握与经验事件相应的独特经验。在这个意义上，哲学的密释学在实践层面上就是要完整呵护和呈现特殊性和原初性，只有在此基础上，世界的开放性才得以成就。只有充分尊重每种文化的原本样态，令每种文化在一场开放的对话中充分地展现自身，我们才能获得一种开放的、全面的世界认知。

二、"生活世界"构想下的实践态度

"生活世界"的哲学构想为跨文化境域下的开放的人类共同体构建提供了理论智慧和可能性。只有基于对共同生活世界的体认，众多特殊视域和世界之间的藩篱才有打开和彼此融合的可能。当然，世界的开放性并不保证实践层面上的跨文化分歧会达成最终的共识。因此，从世界开放性的理论特征中推导出一种呵护世界开放性的实践原则和要求，就成了在多元文化境域下有效地推动建构人类命运共同体、将"生活世界"的哲学构想转化为实践姿态的关键步骤。

在当代社会学和文化人类学中，"生活世界"的意义被进一步丰富了，关涉区域研究、日常生活研究、社会现实研究等等。许茨在威廉·詹姆斯、柏格森、杜威、胡塞尔和怀特海的影响下，将日常生活及其结构确立为社会学的核心研究对象，并将之视为历史的基础。他提倡一种"关于日常生活的常识知识"，而生活世界就是这种知识的储存库。许茨通过胡塞尔现象学中与生活世界有关的两个核心规定——即预先被给予性和主体间性——来描述生活世界的社会结构。前者指的是，生活世界作为个体实践生活的背景是不言自明地预先被给予的；后者指的是，生活世界中的众多个体通过互换视角达到主体间的相互理解。个体的行为和角色均是在生活世界中展开的，作为知识储存库的生活世界同时也是主体间互动的场域，它形塑了我们的行为、思想、情感的一致性以及一切主体间的经验模式。

与许茨一样，哈贝马斯同样重视生活世界作为知识储存库的作用，他认为这是共同体意识的来源。[1]作为主体间交往和共同体生活的背景，生活世界具有一种整体性特征，其中心是共同的语言情境；在中心之外还有若干不确定的界限，生活世界是由社会历史和个人生活交织而成的整体。主体间的交往行为就植根于这样一个前反思的、整体性的生活世界之中。生活世界是"交往行为者一直已经在其中运动的视域"[2]，它为交往行为提供了界限和可能性，而交往行为则是生活世界的核心。主体间的交往不仅是一种认知领域中的意向性构造关系，也是一种生活世界中的日常性互动关系，是现实意义上的生存交往关系。

许茨和哈贝马斯将论述重点放在这一理论以历史—发生的方式对现实社会结构的描述上，而非固守现象学语境中的超越论意义。生活世界以日常生活为核心，具有知识储存库的功能，保证了共同体意识的形成。它是主体间的交往行为的基础，同时又受到这些交往行为的影响。因此，生活世界不是封闭的客观之物，而是内在于人的生活及其历史维度、随着主体间的交往行为不断被构建之物。在此意义上，生活世界的历史—发生特征得到了进一步强调。

在笔者看来，这样一个历史—发生的生活世界是复数的，包括

---

[1] 哈贝马斯：《交往行动理论》第2卷，第181页。
[2] 同上书，第165页。

个体和共同体所置身其中的特殊历史、文化视域，以及多重特殊世界之下的那个一般生活世界。这种层级关系决定了，生活世界具有闭合性和开放性的双重特征。需要注意的是，在生活世界现象学的构想中，这双重特征并不相互对立排斥，而是在主体间和特殊文化世界间的交往中共同呈现出来。

如前所述，海德格尔强调，真理的本质在于自由和开放性，在于生存的绽出特性。这里的真理指的并非科学认知意义上的真理，而是人类公共生活中的实践智慧。在自然科学世界观下，科学真理的唯一性和可获得性决定了，科学争论的目标应当是一种无争论的理想情况，终结这种争论的是一个客观的真理标准，而不是某一特定意见对于争论参与者的说服力、支持某一意见的参与者人数的多寡或者争论的方式。而在与人类主体生活密切相关的跨文化实践中，每一位争论的参与者都深深奠基于自身的家乡世界中——这体现出生活世界的闭合性特征。这种奠基关系决定了，人类公共生活中的实践智慧不同于科学意义上的认知活动，成功的实践智慧以及在此意义上的真理乃是通过对闭合的特殊文化世界的完整和多元的呈现来呵护世界开放性的。

由此，"生活世界"构想就可以被用来区分跨文化对话与科学对话：前者自始至终植根于生活世界之中，在其中，每个参与者都基于自身的视域和特殊世界表达自身的利益和意见；而后者则尽可能地消除每个个体与生活世界以及他所从属的特殊世界的关联，以实现知识的客观性和普遍性。生活世界及其对于唯科学主义和工具理性的抵御最终要揭示的是，包括科学认知在内的所有人类认知方式和生存实践都不可避免地植根于其世界关联之中，因为包括科学家在内的所有人都生活在他的特殊世界之中，凭借他所置身其中的特殊视域和文化传统做出自认为合理的判断。世界以背景化指引关联的方式与人的生存建立了建构性的关系，向着人类生存开放自身。被我们课题化而凸显的每一个对象都产生于我们生存的具体境域之中，因此这个对象被嵌入的背景世界同时也成为对象显现的空间，其中蕴含着生存的无限可能性和开放性。正是世界的这种可能性和开放性，潜在地界定着人类及其所有具体的实践行为。在"生活世界"构想中，特殊世界的闭合性和作为基地的生活世界的开放性并不构成针锋相对的冲突，而是生活世界在不同层面上的建构与呈现的过程。对个体置身其中的特殊世界的认可和接受强化了特殊文化世界的闭合性，而对于这种置身性和奠基性关系的认识则导向对特殊视域有限性的反思——这恰恰呵护了奠基性的生活世界的开放性。

在笔者看来，生活世界的闭合性和开放性的双重特征的兼容模式为全球化境域下分属不同文化传统的人群构建一个休戚与共的"人类命运共同体"提供了理论上的可能和实践上的指导。跨文化境域下的共同体成员应当如何有效维护基于生活世界的人类命运共同体？首要的乃是一种基于对"生活世界"哲学构想的充分认识的所谓"实践智慧"。例如，康德在《判断力批判》中通过"反思判断力"概念对这种实践智慧的要求进行了具体刻画。反思判断力是指基于对主体的反思，从被给予的特殊之物出发去寻找普遍之物的判断力。康德称之为"共感"，即"在自己的反思中（先天地）考虑到任何他人在思想中的表现方式，以便使自己的判断仿佛是依凭全部人类理性……撇开以偶然的方式与我们自己的评判相联系的那些局限，而置身于每个他人的地位……站在别人的地位上思维"。[1]因此，

---

① 康德：《判断力批判》，李秋零译，中国人民大学出版社，2006年，第188—189、306页。

反思判断力乃是一种"开阔的思维方式"，它审视主体做判断的过程，从而消解了僵化的纯粹主观判断，而回溯到一个普遍的立场上，并契合于"生活世界"的构想。

一个人具备反思判断力意味着，他不会停留于特殊的意见对象，而是去思考意见是如何得出的，从而从一个普遍的立场出发，设身处地地为所有其他判断者着想，并且依照其他人的可能判断而反思他自己的意见。如前所述，我们说，在对话中，每个参与者所持的意见都植根于各自的特殊视域。因此，反思判断力就要求人们不囿于自身所处的特殊世界的闭合性，而是要遵循"开阔的思维方式"，对于他者的意见及其嵌入的背景世界有全面的认识。通过这种反思获得的认识将扩展自身的特殊视域，将他人的视域也纳入开放世界的普遍视域之中，以便消融家乡世界和陌生世界之间的界限，扩大自身的视域。只有具备这样一种实践态度，在判断时经过反复的审慎反思，人们才能在跨视域、跨文化的争论中以审慎的态度为他者考虑，从而维护对话的开放性，并且构建起包容所有参与者的共同体。

反思判断力阐明的是一种现象学式的姿态：从自身的反思开始，通过对自身的反思看到自身意见的有限性，进而基于普遍的立场认识到个体意见来源于个体的有限视域和特殊世界。个体的主观意见的产生归根结底是因为我在做判断时有着与他人不同的特殊视域，而我的视域就是我的意见首要的可能性空间。在此意义上，每个人作为在世存在都生活在他所习惯和信赖的有限视域中，每个人都活在他自己的世界中，而且在进行判断和表达意见时，他首先依赖于自己的特殊世界。而反思判断力通过审视自身意见的形成过程，使反思者具有了超越自身视域的可能性，从而能够基于一个开放的立场在自己的世界和他人的世界之间往返活动。当然,这种超越并不意味着,我们可以切断我们与作为判断出发点的我们自身的视域之间的关系;而是说,只有充分反思和审视个体所置身其中的个别视域和特殊世界的有限性,我们才能对他人的意见和陌生世界保持开放的姿态,向着他人的视域开放,这样才有可能扩大自身的视域。不同视域的拥有者基于这种现象学式的反思充分认识到自身的闭合性和有限性,对陌生世界保持开放、包容的心态,才可能通达所有特殊文化世界之下的奠基性的生活世界。

如胡塞尔的科学批判所言,自然科学的研究活动恰好缺乏这种反思判断力。科学真理具有客观性,凭借此客观性可以克服特殊视域和特殊世界中的多数意见,切断知识与生活世界的关联。由此,在科学争论中,真理是唯一的,所有争论都以达到客观真理为最终目的,因此最终都是封闭的。胡塞尔说,科学知识的获得方式是尽力去主观化,但是如果将此方式意识形态化,将其无差别地应用于包括政治和文化争论、精神科学(Geisteswissenschaft)研究在内的一切人类活动,那么这就会是"理性运用的误入歧途"。

因此,基于生活世界的构想,在日常生活和跨文化争论中,由于个别意见始终被嵌入其所从出的特殊世界,所以我们不可能像在科学实践中那样,找到去主观化和出离于生活世界的客观标准。对此,我们只能借助于反思判断力,站在他者的立场上去体贴和接受他者的判断。但同时,我无法保证他者能做到这一点,而且我也无法完全脱离我的特殊视域。所以,达到唯一的终极真理是不可期待的——终极真理的缺席,恰好说明了此类争论的开放性。跨文化对话和争论的开放性要求我们向着他者的视域开放自身,洞察视域之间的指引关联;同时要认可,相对于所有人、所有特殊世界汇聚而成的共同视域或者生活世界就是这样一个具有公共性的人类共同体的基础和普遍立场。这是所有跨文化对话预先设定却无法完全抵达的理想目标。

由此可得出，构建和维护跨文化的人类共同体的实践态度要求，借由反思判断力"站在他人的立场上思维"，尊重他人基于各自视域和特殊世界而做出的不同于我的判断。这一要求决定了，我们必须克制任何形式的自我中心论和排他倾向，为他人的世界留下空间，以便于他们有充分的自由和空间表达自己的意见。克劳斯·黑尔德通过回溯古希腊人的伦理态度，用古希腊语的"羞怯"（aidos）一词刻画出这种实践姿态——在德语中，这个词的意义被表达为"畏怯"（Scheu）。在希腊人看来，羞怯/畏怯的伦理态度正是日常生活世界中的共同生活得以构建的前提条件。[①]一个公共空间或者共同体的维护，必须依靠在成员中占支配地位的畏怯的态度。畏怯在人与人之间撑开一个可以展开反思和争论的空间，亦即跨文化对话和争论的公共空间。在这样的空间中，个体和特殊文化世界的尊严才能得到尊重。

那么，这种畏怯的伦理态度是如何发生的？如黑尔德所言，在希腊人那里，最基本的生活经验有两种：第一种是公共生活经验，即在城邦这个公共世界中的经验；第二种是家庭生活的经验，这是在居所即大家庭共同生活的场所中展开的。家庭经验先于社会公共经验，前者构成了后者的特殊视域，一个人从小获得的家庭经验往往影响甚至决定了此后他在公共生活中的经验方式。此外，人在居所中的以生命持存为目标的行为致力于自我保存、生存和繁衍。因

---

① 黑尔德：《世界现象学》，第279—280页。

此，人们可以将作为这种行为之境域的家庭称为与生活/生命相关的世界。由此，居所、家就构成了我们最首要的特殊世界、特殊视域的指引关联，政治表达的方式嵌入其中。这就是希腊人最初的生活世界。①

基于日常生活经验和生命持存的家庭和居所式的共同生活是所有文化传统共有的基地，因此也是生活世界的原型，是和谐开放的跨文化共同体构想的基础。以维系生命为目标的家庭意味着一种世代生成的家庭经验，这就是畏怯这种伦理态度的来源。在家庭中，我们畏怯于基本的家庭伦理的威严，对于长辈的尊重、对于晚辈的关爱都属于对家的秩序的维护。畏怯为家庭成员提供了可靠的共同生活的空间，并进而形成一种家园意识。这种畏怯的伦理习性在日常公共世界中也得到了沿袭：那种来自家庭的对其他成员的信赖感、畏怯的保护态度，在公共空间中就成为对他人权利的尊重（尊重他人做出判断的视域和权利），从而充分认识到自身的有限性，进而形成共同体的开放性基调。因此，人类命运共同体的伦理态度来自家庭。在生命持存的意义上，家庭和整个人类共同体也有相通之处。通过畏怯的伦理态度，就形成了一种关于人性尊严的非自我中心论的意识，并进而可能发展为人类共同体的普遍意识。因此，这种基于生活世界的基本经验以及由此而来的伦理习性成为通往人类命运共同体的最为基本的关联域。

畏怯的伦理习性通过呵护特殊文化世界之间的差异性，最终维

---

① 黑尔德提出，虽然随着工业时代的主体和社会不断侵蚀、取代家庭，由家族关系维系的生活世界在今天已面目全非，但是在现代社会中，自然和社会经济的生活世界仍然维系着一种家庭的特征，包含了"家"（oikos）词根的经济学（Ökonomie）和生态学（Ökologie），"表现的就是对现代社会中生命保存的社会条件和自然条件的研究"。参见黑尔德：《世界现象学》，第280—283页。

护了生活世界的公共性特征，这种公共性来源于主体间性和特殊文化世界之间的跨文化性。主体间性在认识论和存在论层面上都具有优先性，是人与人之间理解、互通、交往以及客观知识的形成得以可能的前提条件。现象学上关于主体间性和共同体生存的构想，可以消解近代以来西方哲学中的自我中心论的困局，为包容他者的多元主义提供了理论基础。主体间性包含了他者优先的伦理结论，构成了共同体构建的基础。基于主体间性的人类共同体构建意味着具有公共特性的开放性世界的开启，在其中，所有参加对话者都有权发表自己的意见，通过发表意见使自己的特殊视域和特殊世界参与到这个共同体之中，由此开启一个开放的公共空间。这个共同体的显现不是静态的，而是动态的，因为意见和争论是发生性的。所以，这个共同体必须通过众多彼此存在分歧的意见间的张力而保持开放性。

为世界之开放性奠基的主体间性同时也是现代性批判的重要思想资源。主体间性的前提是主体的复数性和差异性，以及对于主体间差异的尊重。但是，全球化时代的媒体工业生产技术则通往相反的方向：一方面，这是造成个体和差异性泯灭的大众时代，"'大众'这个概念指的是大众性，它成了千百万个体的本质属性，而不再是成千上万集中起来的民众"；另一方面，则是人整体上的物化和异化的时代，"在当今的日常生活中，人与之打交道的首先是物和机器世界，尽管在这个机器世界中也有人的存在"。[①]开放的公共世界和个体存在的尊严及自由在工业时代被降低到前所未有的程度。哈贝马斯将这一现象称为"生活世界的殖民化"。他相信，生活世界中主体

---

① 安德斯：《过时的人》第2卷，范捷平译，上海译文出版社，2009年，第44页。

间的交往理性构成了对工具理性的抵抗，因为在交往理性中，人与人之间是平等开放的协商关系，而不是目的—工具的奴役关系。

总而言之，"生活世界"构想所要求的实践智慧就是：人们要以呵护世界开放性为目标，从家庭生活经验转换到公共生活经验；面对行为可能性和意见可能性的汇聚，其中的参与者要具有康德意义上的反思的判断力；而这种审慎的反思、对他者的宽容，则是以畏怯的伦理习性为基础的。畏怯为他人的意见以及陌生世界留下空间，保证了主体间的开放世界的展开。而培育主体间跨文化对话意义上的交往理性，可以抵抗工具理性及其对人的异化。

三、开放世界中的跨文化对话

"生活世界"的哲学构想描述了一个整体开放的世界，这个世界容纳了众多的主体和特殊文化世界。因此，主体间性和众多特殊世界的跨文化特性构成了生活世界中最核心的两个平行论述。基于畏怯的伦理习性，通过反思判断力，公共世界的参与者基于充分的自由以及对他者充分的尊重参与讨论，以促成主体之间和特殊世界之间的共生和融合。如前所述，这种实践姿态一方面要求取消对于世界理解的一切预设框架，以现象学式的"面向实事本身"的态度来进行开放性的对话；另一方面要求进行世界间和文化间的对话时应当呵护具体世界的特殊性，维护众多嵌入各自特殊世界的意见的表达。

开放的生活世界中不同特殊世界的呈现，很大程度上基于各自不同的文化传统的沿袭和呈现，因此跨文化特性是生活世界的基本特征。在全球化趋势下，文化多元性及其相互交流影响已经成了不可避免的图景。对于如何理解和安置开放世界中的多元文化，当今的哲学话语有着不同的尝试，比如以两种不同文化间的异同为主题的比较哲学（comparative philosophy），叙事视野更为宏大的跨文化哲学（intercultural philosophy），强调某一共同体中多种文化的共存的多元文化性（multiculturality），以及重在描述多元文化现状、强调文化杂交特征的超文化性（transculturality）等。在汉语学界，比较哲学是20世纪80年代以来的热点哲学话题，而且汉语语境中的比较在大部分情况下所指的都是中西比较。这种研究及其话语具有明显的后殖民色彩。近年来，在欧洲，有一批关心文化与跨文化哲学论题的研究者开始有意地用"跨文化哲学"的提法取代"比较哲学"的提法。比如，1992年成立的跨文化哲学学会（Gesellschaft für Interkulturelle Philosophie）的创始人之一、维也纳大学教授维默（Franz Martin Wimmer）就是跨文化哲学的倡导者。按照跨文化哲学的构想，上述实践智慧在跨文化领域不仅表现为对于一元论的文化中心论的拒斥，而且也包含对比较哲学的反思批判，最终主张一种更为开放的跨文化对话。

维默指出，尽管比较哲学突破了哲学上的独断论，在一定程度上克服了特定文化传统及其哲学的中心论倾向，但其局限性主要在于，它还停留在不同哲学与文化传统之间的差异性研究上，强调两种异质文化之间的局部差异性，并以此为根据，最终导向一种文化特殊主义。基于比较哲学的二元对话，强调的是"二者之间"。对于汉语学界而言，中西二元比较的框架实际上通过预设固化和强化了被比较双方（东方和西方，亚洲和欧洲）的差异，非此即彼，所有哲学论题都被置于二元的比较框架之下进行研究，具体的哲学论题的研究都会被贴上标签。这种包含先入之见的预设框架和标签式的理解有可能会造成对具体问题研究的误导。

比较哲学下的二元对话的目的乃是论证和强调对话主导者自身的立场,强化差异性,但是这种模式只能描述文化间局部的差异和相互影响,却无法导向与世界开放性相匹配的超出一切具体文化传统的跨文化哲学。因此,尽管比较哲学在一定程度上克服了单一文化的中心主义,但却囿于基于文化差异、文化本位主义的二元构架,无法实现真正的多元文化的开放性。因此维默指出,哲学要系统表达多元文化的开放性,就"必须要有在(总是属于某一传统的)中心论的普遍主义以及民族哲学的分离主义或者相对主义之外的第三条道路",即多极对话(Polylog)的方式,"不只是单纯比较的,也不仅是二元对话的(dia-logisch),而是多极对话的(poly-logisch)哲学经验"。[1]面对同一个对象或者话题,每个人都能说出自己的观点和方案。但是,这种陈述不是为了论证和强化差异,而是为了让尽可能多的观点参与对话,以达到一种更加完善、全面的对于共同对象的认识。

跨文化哲学问题首要地是一个实践问题,它并不通往取消所有意见的统一真理,也不以中心论的视角看待人类思想史,而是通过多极对话让尽可能多的不同的文化传统和意见呈现出来,让参与者通过对话认识到包括自身在内的诸观点的相对性。因此,维默为跨文化哲学规定了"最低原则",这一原则可以通过两种方式得到表达。其一为否定性表达:"不充分论证任何一个只由属于单一文化传统的人们参与促成的那些哲学命题。"其二为肯定性表达:"始终尽可能寻找哲学概念中'超文化的'(transkulturell)重叠,因为得到充

---

[1] F. M. Wimmer, *Interkulturelle Philosophie. Eine Einführung*, Wiener Universitätsverlag, 2004, S. 66.

分论证的命题在多种文化传统中比在单一文化传统中更可能得到发展。"①

跨文化哲学的这一最低原则集中体现在多极对话这一实践策略中，体现出宽容和开放的基本精神，对这一原则的遵守将会改变当今现实生活中科学实践、交往实践和论证实践的态度。在跨文化对话中，重要的不是对某个具体观点的坚持和论证，而是包含了众多立场的对话之为道路整体的展开。所有参与者以开放包容的姿态通过这条道路聚拢到一起，允许自身的立场和他人的立场发生变迁，以共同利益和共同命运为目标，搁置对立，寻找众多立场中的共同之处，获取讨论参与者的理解与包容，达成整体和谐。对于个体而言，这种开放包容的政治秩序意味着"对于一切受到歧视的人都敞开大门，并且容纳一切边缘人，而不把他们纳入单调而同质的人民共同体当中"②。而在跨文化领域，多极对话的最终目的既不是为某一种特殊文化和特殊视域的优越性辩护，也不是构建一个排除一切差异意见的同质化世界，而是基于一个共同的生活世界呵护特殊世界的多元性，营建和谐的对话共同体，构建开放的世界整体。需要指出的是，在日常政治领域内，多极对话显示出一种与西方选票民主不同的实践探索方式，即一种注重商谈参与的政治策略，而非以说服他人、吸引选民为目标的投票表决的技术。在非洲传统政治共同体中，这种始终坚持商谈的方式由来已久。它被称为姆邦齐（Mbongi），即通过共同体成员不断的对话和商谈达成一致，而非以投票行为将不同意见还原为数量加以决断。③因此，在具

---

① F. M. Wimmer, *Interkulturelle Philosophie. Eine Einführung*, S. 51.
② 哈贝马斯：《包容他者》，曹卫东译，上海人民出版社，2002年，第161页。
③ 参见基姆勒：《非洲哲学：跨文化视域的研究》，王俊译，人民出版社，2016年，第八章"对话：跨文化研究的形式"。

体政治策略上，多极对话也有能力提供一个尊重差异的全球化文明治理的可能性方案。在开放的人类共同体的建构中，重要的是参与和对话，开放世界中的对话通向的是一种开放宽容的"协议特性"（Konventionalität）。

因此，作为跨文化哲学实践的多极对话就表现为一种契合于开放世界的框架。在其中，多种文化、多种特殊视域相互间发生影响，其前提就是事实上的相互平等与尊重，以及放弃对所有基本观点的辩护，保持自我反思和自我质疑的姿态。这是一种在实践上不断自我完善的形式，循着对话的道路，参与各方的立场和观点不断地发生融合。多极对话是在全球化时代、在不同的文化传统中去寻找一套相对稳定的普遍哲学话语的尝试，一方面要维护对话参与各方的差异性，另一方面也要保证对话形式对于参与各方的平等性，最终构建一个开放的人类共同体形式。

以哲学讨论中的"存在"概念为例，对于"存在"的描述在不同的文化传统中迥然不同。如果说在传统欧洲哲学中，"存在"描述的是实体性的实存者及其秩序（实体、理念、上帝等），那么在东亚哲学中，与"存在"形式相似的等价物是具有形而上学意味的"道"，而非洲的班图哲学的相关等价物则是"力"——最根本的存在就是生命力聚集和消散的动态过程。[①]因此，在"存在"这个话题上，每一种哲学传统都基于自身的理解给出了不同的表述。当进行本体论研究时，如果我们在一个多极对话的框架中充分关注到了不同文化对于"存在"的理解，那么"存在"概念的内涵将由此变得更为完善。

---

① 参见 P. Tempel, *Bantu Philosophie. Ontologie und Ethik*, Wolfgang Rothe, 1956。

基于生活世界理论所构想的世界开放性，在实践层面上要求个体的反思判断力和畏怯的伦理姿态，在共同体层面上则要求不同特殊文化世界和特殊视域之间的跨文化多极对话。世界是开放的，因此任何给定框架下的二元对话都是不充分的，开放世界的文化多元性表现为结构化体系，每一个单一文化世界都是人类共同体的有机组成部分。因此，生活世界的跨文化特性不仅仅是东方—西方的二元实体模式，而是多极的，因而对话也要以多边方式展开。在充分的敞开性的状态下，世界获得一种开放的统一性。

开放的生活世界所要求的全面开放的跨文化对话，恰好是长期以来中国文化在自我理解和定位中所忽视和缺失的一种姿态。自从近代中国文化被动地卷入全球化的大势以来，我们习惯始终以西方文明作为自身之外的单一参照系，对于自身文化传统的理解和认同完全建立在对"西方"这个唯一他者的感受和想象之上，东西方的二元框架成为今天中国文化无法摆脱的视域。由此，形成了一系列非此即彼的二元对立：西方主动，东方主静；西方在政治、经济和军事上是强大的，东方则是弱势的；西方是科学的，东方是人文的；西方是本质主义的，东方是非本质主义的；如此等等。这种僵化的二元框架视域为所有跨文化的话题贴上既定的标签，预设性地造成误解和对立，与当今的全球化趋势和生活世界的开放性格格不入。以哲学研究为例。对于中国的哲学家而言，文化间/跨文化的哲学问题不言自明地就是东方和西方的比较哲学，是基于中西方民族文化差异的比较研究。出于习惯性的二元对立下的弱者心态，我们在后殖民的民族情绪潜移默化的引导下把研究目标预设为论证自身文化的优越性，而在此过程中同时自觉接受并强化了东方和西方的文化差异，从而形成一种研究定势：比较哲学研究的最终目的就是不断强化论证自身传统相对于西方的合理性和优越性。

但是，这种二元框架预设下的研究不仅偏离了世界多元文化的现状，也不符合生活世界之开放性的哲学构想。民族和文化总是处于动态的互相融合和互相渗透之中，因此作为先入之见的静态的二元框架远不能完整地描述世界文化的多样性和发生性。随着全球化的推进，当今的东方世界已不是单一的相对于西方世界的落后国家和受害者，像海洋般复杂多变的世界文化格局也不仅仅是三十年河东三十年河西的二元间轮换交替，而是多极网络的相互交织，因此要在不断的相互交织和融合中形成自我认识和定位。所以，在这个开放性世界框架中，所有文化传统和特殊视域的自我定位都是相对于复数的他者以历史发生的方式逐渐形成的。文化核心相对稳定，边界则不断模糊、敞开和融合，中国文化在历史上无时无刻不在经历这种面对异质文化的敞开和融合。今天，中国文化在理解和定位自身时，视域不仅要涵盖西方，还要涵盖东亚世界、近东伊斯兰地区，面对南亚、拉丁美洲和非洲。每一个文明传统都是我们的参照系和对话者，都具有与中国文化互动和相互影响的可能性。在这个多元文化的世界中，并没有一个唯一的以西方为参照的具体标准（经济的、政治的、科学的等）可被用以衡量不同文化的高下。因此，只有在这样一个充分敞开的跨文化对话的模式中，我们才能在当今的全球化世界中进行恰当的自我理解和定位，并且为世界的开放性和人类共同体的和谐共存做出贡献。这是全球化时代和跨文化对话对中国文化以及其他文化传统的要求。

跨文化的多极对话呈现的是一条道路，即植根于各自文化世界的参与者加入这场完全敞开的跨文化对话之中的道路。多极对话的过程会使他们原本的立场发生变迁，其前提就是要求每个人都基于反思判断力对陌生世界保持开放。也就是说，每个人根本上都准备好了允许其立场发生变迁，并洞察到其他立场的变迁——这场对话包含了众多立场以及立场的变迁。事实上，这个对话事件叙述了什么，能从中得出何种结论，只有通过充分开放的对话这一道路才能表现出来。

跨文化对话的道路在敞开的状态下永远向着一个统一的目标延伸，这个目标就是普遍的、开放的生活世界。作为哲学构想的"生活世界"是一个极点，它引导着对话的展开。在具体的哲学问题中，有一些影响重大但人们常常无法取得一致立场的问题，比如人权问题、价值论问题等。人类对于这些问题有普遍的兴趣，在不同文化传统和哲学中对此均有讨论。遵循跨文化哲学的原则，可以确保在不同立场之间有一个通往一致目标的过程。这种一致性并非体现在对唯一的具体真理目标的达成上，而体现在这一过程中彼此开放、相互倾听的一致性上。敞开的跨文化对话通往一种拥有更大范围的普遍承认和更为完整的认识，这种共识向着不同的文化立场敞开，蕴含了众多不同的文化传统。随着道路的延伸，达成的共识在不断的叠加中发生着变迁，而基于不同文化立场的观点也在发生着变迁。但是，这场对话为所有的变迁和差异敞开的空间，既不是要基于某种特定文化的本位主义消除文化间的差异，也不是要在某种先入为主的情绪支配下固化、夸大这种差异，而是要容纳和表现所有差异及其变迁，让文化世界的多样性如其所是地呈现。在这个意义上，跨文化性成为文化一元论和超文化性[①]的中道。一种文化传统既要绽出自身，容纳差异和变迁，又要在历史中保留自身的某种稳定内核，

---

① 关于超文化性，可参见 W. Welsch, "Transculturality: The Puzzling Form of Cultures Today", in M. Featherstone and S. Lash eds., *Spaces of Culture: City, Nation, World*, Sage, 1999, pp. 194-213。

而不是在普遍的"文化杂交"中趋于内容上的同一。

跨文化哲学追求实践层面上的开放性,不是要在众多文化中甄别出可把握的唯一的实质真理,也不是要在预设的框架中强调自身立场的优越性,而是要沿着多极对话的道路不断前进。重要的不是最终的目的地,而是在敞开的过程中达到相互间善意的理解并且发生彼此相即的变迁,保持"和而不同"的包容心态,对话的所有参与者都以宽容、尊重的态度看待彼此。借用海德格尔的话来说,跨文化对话是"道路,而非(已完成的)作品"①。这样一条道路并非体系化的理论,而是实践原则,它不通往任何确定的具体文化传统、价值观或者真理,而是跨文化的。如潘尼卡所说:"跨文化哲学把自身放在无人之地,即尚未被任何人所占据的处女地;不然,它就不再是跨文化的,而是属于一个确定的文化。跨文化性是无人之地,是乌托邦,身处于两个(或更多)文化之间,它必须保持沉默。"②

跨文化对话对意见保持开放状态。真理不是某种具体的意见价值,而是这一开放性事件本身,这与"生活世界"的哲学构想以及由此推出的实践姿态一脉相承。跨文化对话一方面要认可和维护不同文化传统在历史中形成的差异性,将之作为对话的出发点和目的,同时又要保证参与各方即不同文化传统在这场多极对话中的平等的话语权利。通过"差异"和"平等"这两个原则,每一个参与全球化进程的特殊文化世界和个体都通过这种参与和在场不断表达自身,同时又进行着持续的自我修正,文化差异和对立在对话过程中不断得到理解和包容。对话参与者通过畏怯之心和反思判断力时刻认识

---

① 这是海德格尔临终前对自己的作品所说的话。参见 M. Heidegger, *Frühe Schriften*, hrsg. von Herrmann, Vittorio Klostermann, 1978, S. 4。
② 潘尼卡:《文化间哲学引论》,辛怡译,载《浙江大学学报(人文社会科学版)》2004年第6期。

到自身的有限性,不断推进责任共同体的建构。这是一个融合不同视角、主体和文化传统之间的经验差异的开放过程,每一个参与者、每一个特殊文化世界都以主体间的方式在最广大的生活世界中扮演自身的角色、承担自身的责任,最终朝向全球化时代的人类命运共同体推进。

这一指向未来的跨文化对话理想,在由20世纪末的一批富有远见的政治家和知识分子联合起草的题为《通往未来之桥》的宣言中得到了鲜明的体现:"对于即将到来的新世纪,基督教和犹太教,伊斯兰教和希腊哲学还会继续成为智慧的重要源泉。其他的生命之路,比如印度教、耆那教、儒教和道教在当代同样充满生命力,并且在未来无疑也会继续发展繁荣。在此基础上,知识分子以及政治家已经认识到,隐藏的灵性形式,比如在非洲大陆、在神道教中、在毛利人那里、在波利尼西亚人那里、在美洲的原住民那里、在因纽特人那里、在中美洲人那里、在安第斯山脉和夏威夷的原住民那里,同样都是'地球村'的灵感源泉。"[①]

四、作为跨文化对话之基础的人类共同利益

"地球村"的比喻意味着多元的人类文化正越来越紧密地关联在一起,人类的统一性和全球共同体正变成不可阻挡的历史现实。但是,我们也不得不承认,纵然"智慧的重要源泉"和"其他的生命之路""同样都是'地球村'的灵感源泉",但它们之间的落差同样不可忽视。那么,基于何种基础,多重文化之间能够相互认同,并

[①] 《通往未来之桥:文化对话宣言》由时任联合国秘书长科菲·安南提倡发起。此处引文转引自基姆勒:《非洲哲学:跨文化视域的研究》,第155页。

通往开放多极的跨文化对话？在历史现实中，文化认同是与其相应的利益基础密不可分的，"文化认同往往不是单一文化形式的连贯而一致的选择，而是多重利益话语的拼接物"[①]。在文化认同和对话的过程中，多重利益实现了某种利益共识，即出现了适用于各方的共同利益，这种共同利益成为共同体构建的基础和根本动力。按照马克思的观点，共同利益不是抽象的观念之物，而是以独立的个体为前提的。"恰恰只存在于双方、多方以及各方的独立之中，共同利益就是自私利益的交换"[②]，是"作为彼此有了分工的个人之间的相互依存关系存在于现实之中"[③]。这种以交换过程为核心的现实的依存关系就是共同体的体现。个人利益是从自身出发的，但是每一个人又与他人有着密切的联系，植根于他的生活世界，从属于不同层面的共同体。每个层面的共同体成员都有某种利益共识，形成相应的共同利益。这些共同利益作为群体成员间的现实联系，同时也指导着所有成员个体的行为。马克思认为，每个自由人力量的联合，就成为真正的共同体，而承载着它的就是以个人发展为目的的个人之间的交往形成的真正的共同利益。

今天的全球化进程使不同国家、民族、文化、群体的相互交往日益频繁，利益交叉点不断增多，相互依存关系也越来越紧密。由此，"人类"才作为整体概念真正以类主体的方式做出决断、应对问题，从而获得了包含地球上的所有文化、民族和国家在内的人类共同体的实践基础和现实规定性，其基础和动力就是人类共同利益。人类共同利益既不是某个单一群体的利益，也不是多数群体利益的

---

① 韩震:《全球化时代的文化认同与国家认同》，北京师范大学出版社，2013年，第39页。
② 马克思、恩格斯:《马克思恩格斯全集》第30卷，人民出版社，1995年，第199页。
③ 马克思、恩格斯:《马克思恩格斯文集》第1卷，第536页。

简单相加，而是高于所有群体、适用于整个人类的利益诉求，成为所有人类成员和群体行为的指导原则。今天的很多国际性问题，比如海洋和外层空间的开发利用、气候和生态保护、基因技术的开发、全球性金融危机的应对等，如果不从人类共同利益这个视角来考虑，是无法得到妥善解决的。而关于多极跨文化对话和人类命运共同体的设想，也正是从此出发方有可能实现。

因此，符合不同人类群体要求的最广泛意义上的人类共同利益就构成了基于生活世界开放性的跨文化对话以及全球化境域下的人类命运共同体建构的现实基础。如果说前文所述的生活世界理论、反思判断力和畏怯的伦理态度构成了跨文化对话的理论和实践姿态上的要求，那么人类共同利益就是跨文化认同和对话在现实层面上的出发点和目标支撑。这个共同利益不是某个群体、国家或民族特有的，而是符合整个人类共同体的发展需求的。同时，这个共同利益也不是局部性的，而是整体性的，是在全球范围内经济、政治、文化、社会、生态文明的全面建设目标。

人类共同利益同样可以通过"生活世界"这一哲学构想得到诠释。作为众多特殊世界之基础的生活世界具有普遍性，这种共同具有的普遍性不仅是超越论意义上的，而且在现实层面上也有体现，即它呈现为最广泛范围内的人类共同利益以及基于此的共同责任。如前所述，跨文化对话需要的公共空间是由特殊文化世界之间的差异性和张力构成的，而世界间的公共空间和世界整体上的多元开放性则是共同利益的逻辑前提。因此，对应于生活世界所具有的开放性和闭合性这两个基本面向，在跨文化认同和对话中，共同利益和文化差异也成了不可偏废其一的一对根本性质。在构建人类命运共同体的过程中，这二者需要保持一种动态平衡。当然，这并不意味着二者应当被绝对等量齐观。在跨文化对话和人类命运共同体的构建过程中，相对于闭合性和文化差异，开放性和人类共同利益始终是优先的。如前所述，一方面，不同文化世界间的交往和沟通过程并不保证一定能得到一个一致的结论，但我们可以导向高于差异性和闭合性的共同性和开放性，即我们可以向着他人的世界开放自身，共同寻找彼此认可的共同利益，由此人类命运共同体的构建方有可能。而另一方面，生活世界的开放性并不排斥特殊世界的闭合性；相反，开放性保护了多元的闭合性。相应地，最大程度上的人类共同利益并不与特殊群体间的文化差异冲突；相反，这一共同利益及其共同责任为多元的文化差异和特殊利益奠基。比如在全球化时代，经济危机和全球变暖问题就不是局部性的问题，也无法以个别立场和文化差异为出发点进行考虑，而必须站在人类共同利益和共同责任的立场上，保证整个人类共同体采取开放合作的姿态应对问题，将全球经济健康发展和全球环境保护作为人类共同利益来看待，个别的、多元的文化传统才能得到更好的发展环境和条件。

因此，人类共同利益是跨文化对话的现实基础，也是人类命运共同体构建的出发点。它既不是从具体的、狭隘的个别立场出发的，也不是抽象和绝对的，而是以不同立场的共识和普遍认可为前提的，是历史的、社会的、现实的、开放的。从内容上看，人类共同利益既不是绝对化的价值立场，也不是特定文化传统中的伦理习性，更不是当下世界上的优势国家或民族的世界观，而是适用于每个人类个体更适用于整个人类共同体的基本诉求，即人类整体的生活/生命和发展的诉求。如马克思所言，"全部人类历史的第一个前提无疑是有生命的个人的存在"[①]。从这个意义上看，人类共同利益在根底上

---

① 马克思、恩格斯:《马克思恩格斯文集》第1卷，第519页。

就蕴含在"生活世界"这一哲学构想之中。如前所述,生活世界与古希腊的居所联系在一起。居所经验构成了一种指引关联,呈现为一种以自我生命持存为特征的存在方式,表现为自我保存、生存和繁衍。这是一种最质朴的关于共同生活的普遍的人性经验,也是人类共同利益的出发点:无论人类成员具有何种肤色,身处哪个国家、哪个阶层,从事何种职业,接受过何种教育,对自我生命的保存以及世代生成的生命经验是他们最基本的实践目的,这也是人类共同利益的基础。因此,人类共同利益是围绕着自我生命的保存和世代生成的延续而展开的,是全方位的、面向未来的。

需要指出的是,全球化境域下的人类共同利益同时也规定了共同责任,即保持自身开放性、从共同体立场出发应对问题、呵护公共空间、保证合作互惠的持久性,而不是从利己主义和自我主义立场出发无限制地追求最大程度上的个别利益。这与作为实践策略的跨文化多极对话的要求是吻合的。参与权责共担的人类命运共同体,是人类整体、全球国家和多元文化传统的自然选择,而非强制性的选择。

如《共产党宣言》所言,世界市场"使一切国家的生产和消费都成为世界性的了……过去那种地方的和民族的自给自足和闭关自守的状态,被各民族的各方面的互相往来和各方面的互相依赖所代替了。物质的生产是如此,精神的生产也是如此"[1]。物质生产和精神生产的全球化决定了世界的开放性,对话先于对抗,国与国之间的互相往来和合作成为国际政治的主旋律,多样性和相互依存成为当今国际社会的基本特征。而人类共同利益则是国家和民族间相互合

---

[1] 马克思、恩格斯:《马克思恩格斯文集》第2卷,人民出版社,2009年,第35页。

作、相互依存的基本动力,也是人类命运共同体得以构建的前提。在人类共同利益及其共同责任的指引和要求下,不同国家和民族应当秉承多极对话的开放姿态,坚持相互尊重、平等相待,坚持合作共赢、共同发展,坚持不同文明兼容并蓄、交流互鉴,打造全球范围内政治上平等互信、经济上融合互助、文化上开放包容的利益共同体、责任共同体和命运共同体。这也是中国近年来推动"一带一路"构想的根本目标。在政治实践中,全球国家只有凝聚成这样一个利益交融、安危与共的利益共同体和命运共同体,才有能力应对当今世界面临的形形色色的全球性问题,比如如何应对远远超出传统安全范畴的恐怖主义袭击,如何防止全球自然生态的恶化,如何有效制止跨国犯罪的肆虐,如何控制核武器的扩散,如何应对克隆、转基因等有可能彻底改变人类生存状况的新技术的发展,等等。

　　人类共同利益是以人类个体和群体生命的自我保存和繁衍为核心的全方位利益追求,包括在经济领域、政治领域、文化领域、社会领域和生态环境领域实现合作共赢和利益互惠。在此,十八大报告中提出的作为中国社会主义建设之目标的"五位一体"总体布局完全可以被转化为人类命运共同体建构的共同利益目标,即在全球范围内推进经济建设、政治建设、文化建设、社会建设和生态文明建设,使之符合人类整体的根本利益诉求;通过这种全方位的建设,推动人类文明向多极化发展,实现开放合作、权责共担、和谐发展的国际新秩序。

　　以建立人类命运共同体为目标,近年来,中国秉承"亲、诚、惠、容"的外交理念,提出了"一带一路"的倡议,以共同利益和合作共赢为基础,为推动国际范围内的跨文化对话和认同提供了政策支持。"一带一路"基于开放、包容、共赢的核心价值观,推动建构符合世界开放性和多极发展的国际政治、经济合作新模式。这一模式摈弃了集团政治、零和博弈的冷战思维,也告别了旧有世界政治框架中南南对话、南北对话的固定模式,本着一种平等、共商、共建、共享、互利共赢的原则,以全球范围内国与国的共同利益实现、人类命运共同体的建立为最终目标,创立不结盟、不对抗、合作共赢的国际合作关系,打造全球范围内各国参与的"交响乐",这也正是多极对话精神的体现。需要注意的是,尽管"一带一路"建设的核心乃是致力于沿线国家的经济增长联动,但是同样不能忽视文化层面上的相互理解和认同。不同传统和文化间的对话、交流和相互认同乃是实现政策沟通、道路联通、贸易畅通、货币流通和民心相通的基础。在具体的方式和途径上,今天的跨文化对话要以共同利益和合作共赢为基本出发点,抱着开放包容的心态,倾听不同文化和政治主体的声音,推动多边的国家层次、次国家层次和非国家层次在各个领域内的文化交流和互动,在公共问题上尽最大可能谋求共识、澄清误解,真正有效地让"一带一路"深入人心,在全球范围内获得广泛认同。在这个意义上,"一带一路"不仅仅是一条经济和基础建设上的互通互联之路,更是一条基于世界开放性的人文交流互通互联之路,是一条跨越历史文化差异、实现心灵相通的跨文化对话之路。

从作为普遍哲学的现象学到汉语现象学

作为20世纪以来最重要的思想潮流，现象学运动在其一百多年的发展中展现了丰富的思想面向和可能性——从胡塞尔的意识现象学，到海德格尔的存在现象学，再到梅洛-庞蒂的身体现象学，以及当代的新现象学、结构现象学等，更遑论种类繁多的现象学与具体研究对象和学科领域的结合产物。此外，现象学的丰富性还表现在，它始终试图突破西方哲学传统，与非西方的思想融合互明，展现出跨文化的发展前景。其中，现象学与东亚特别是汉语思想传统的结合在现象学的发展历史上尤为引人注目。此外，在胡塞尔那里，现象学哲学首先被规定为一门"普遍哲学"。这样一门普遍的超越论现象学在何种意义上能够与多元的"生活世界"构想相协调，最终开辟出通往21世纪的跨文化哲学之路？汉语现象学如何能够承担起为现象学运动"接着说"的重任？当现象学在其发源地逐渐淡出思想舞台的核心地带之时，对于上述问题的澄清和阐释就可被理解为探索现象学之新发展的尝试。

一、现象学的普遍性与多元性意涵

当胡塞尔宣告现象学是"为真正人性的意义而奋斗"的哲学时，

他相信现象学根本上乃是尝试"揭示人类本身'与生俱来的'普遍理性的历史运动"①，因此是一种寻求普遍根基的哲学。自古希腊以来，欧洲哲学的总体目标就是为普遍人性奠基。从这个意义上说，试图为当今的精神生活指明出路、为人类生活赋义的现象学也不可避免地是普遍哲学。胡塞尔就明确指出，当代哲学的危机之根源就在于怀疑论对普遍哲学信仰的消解，这导致了"对形而上学可能性的怀疑，关于……普遍哲学的信仰的崩溃，恰好表明对理性的信仰的崩溃"；而现象学作为一门以"在意识中显露出来的有关理性与一般存在者之间最深刻的本质联系的世界问题"为研究对象的哲学，就"具有新的普遍任务，同时还具有复兴古代哲学的意义的哲学的新奠立"。②具体而言，作为普遍哲学的现象学首先要探讨人类意识经验结构的最普遍类型，进而关注与主体相关的意义世界之普遍结构。如胡塞尔所言，它"作为如此这般的经验世界的普遍结构形式的首要世界科学，有着作为纯粹先天科学的纯粹形态"③。

然而，晚年思考欧洲科学的危机的胡塞尔，又不断强调科学探究活动的历史性特征，貌似绝对客观的自然科学实际上是具有主体视域的科学家的探究活动的产物，因此相应地应当以动态的、发生的态度对之进行把握，进而强调了观念的发生学形态。他说道："严格的科学并不是一种客观的存在，而是一种理想化的客观性的形成过程。如果它根本上只存在于形成过程之中，那么，关于真正人性的观念及其自我构形的方法也只存在于形成过程之中。"④实际上，从

---

① 胡塞尔：《欧洲科学的危机与超越论的现象学》，王炳文译，商务印书馆，2001年，第25—26页。
② 同上书，第23—24页。
③ 胡塞尔：《现象学的心理学》，游淙祺译，商务印书馆，2017年，第83页。
④ E. Husserl, *Aufsätze und Vorträge (1922–1937)*, hrsg. T. Nenon und H. R. Sepp, Martinus Nijhoff, 1989, S. 55.

关于意向性的讨论开始，现象学的核心论域就是对这个"形成过程"即"建构"（Konstitution）的探讨。比如，现象学的悬搁以及由此揭示的意向性建构，描述的就是意识对象的形成过程。这一视角为主客二元的认知关系提供了一种新的描述方式，也就是被给予性当下如其所是的呈现方式。无前提性、具体性、当下性、个体生存经验、历史性等由此进入现象学的讨论范围。现象学正是在描述和处理这样的边缘性问题时，表达了一种对传统唯我论哲学的背离，自我意识的"溢出"、去中心化、情境化成为胡塞尔中晚期哲学表达的重要主题。

而在作为普遍哲学的超越论现象学中，胡塞尔又倾向于将诸多的具体经验和具体价值收拢到一种统一的规范价值中来，认为多样性应当服从于一种同一性。为此，他设想了一种"哲学的文化"，历史中的多元文化都以此为规范和目的，它为诸多文化世界提供了一个理性化的整体性框架。"哲学的文化"解释的是这样一个"无限的世界，这里是诸观念性的世界，……这个世界被构想为一个可以通过由理性、系统的连贯一致的方法所达及的世界。在使用这种方法之无限的过程中，每一个对象都从根本上依据其完全的在自身中的存在而被达及"①。显而易见的是，我们从胡塞尔对"科学的文化"与"哲学的文化"所做的明确区分以及对他"前科学世界"的保留尝试中可以知道，他构想的这个统一性规范并非自然科学。恰恰相反，他明确反对将文化和精神科学这样的领域还原为普遍的自然科学或自然事实，而是要保留主体的丰富性。如他所说："在直观的世界中，人作为自我、作为活动着的和被动接受的主体、作为个人而'生活'，这个世界不能被置于数学化、客观化的自然之下。人们不

---

① 胡塞尔:《欧洲科学的危机与超越论的现象学》，第19页。

能把这个世界上的个人与人之共同体的存在……理解为处于普遍的、客观精确的自然之中的自然事实的存在。"①

问题在于,如果说胡塞尔所言的生活世界层面上统一的普遍规范性不是自然科学意义上的事实,那么他所指的是什么?与之紧密相关的另一个问题是,作为普遍哲学的现象学,其追求的统一性、同一性和普遍性是如何与现象学描述中的最内在领域即直观的、当下具体的、差异的经验协调一致的?胡塞尔用发生现象学的方式论述了这一过程,即从超越论层面谈经验是如何在个人化的和历史性的过程中得到建构的。在这个过程中,过去的具体行为和经验将它们自身沉淀并维持在作为"习性"的主体能力之中。当时间性和交互主体性的话题被引入这个论域时,所谓"统一的自我意识"的复杂层次就展现出来:过去的自我、现在的自我和未来的自我之间的距离,自我意识与陌生意识之间的差异,等等。如果说在这里当下具体之物是历史中的经验关联,那么普遍之物就是对于这种关联法则的把握。

在生活世界现象学中,原初的差异性毫无疑问是优先于纯粹自我的自我同一性的,前者为后者奠基。胡塞尔曾说过,现象学应当"把理论的兴趣转移到主体活动的多样性中去,也就是转移到主体生命的全体联系中去";主体的多样性和具体性为普遍性奠基,现象学"乃是从直观的具体性中出发跃升至直观的必然性与普遍性"。②

在这个意义上,现象学就同时具有两方面的向度:一个向度是具有绝对性、统一性的普遍哲学,一种普遍的意识学或存在学;另一个向度则是对直观的、当下的、活生生的实际性经验——意识经

---

① E. Husserl, *Aufsätze und Vorträge (1922—1937)*, S. 213.
② 胡塞尔:《现象学的心理学》,第41、52页。

验或者存在经验——的描述。这两个向度尽管从表面上看并不相容，但在现象学哲学中却实现了一种统一。胡塞尔的"还原"和海德格尔的"上升"尽管方向不同，但都属于沟通两个向度的尝试。在这两个向度的指引下，现象学处理了在场与缺席、同一与差异、整体性与局部性等结构性关系，体现了高度的包容性和多元性。

胡塞尔说，哲学，亦即作为普遍哲学的现象学，"不是一种集合式的大全，并不是与存在者以外在的方式彼此相互关联的存在，而是一种在它们的意义纽带中不可分离的大全统一体。然而对我们来说，宇宙是关于存在者的预先有效性的视域，它永远是无穷开放的，是通过经验与知识可能获得的确定性之视域"①。这个超越于所有具体文化世界之上的普遍的规范性和统一世界乃是一个包容了自我与他者的开放视域，由此才有可能容纳各种不同的经验可能性。更重要的是，现象学具有的这种普遍规范性表现在它的批判性上。作为普遍哲学的现象学是批判性的，它不仅批判将自身绝对化的自然科学，也批判任何具体的特定立场的普遍化企图。在这个意义上，现象学"试图避免任何一种没有充分根据的理论建构，并试图对以往哲学理论所具有的无可怀疑的统治地位进行批判性的检查"②。因此，它构成了"对所有生活、所有生活目标、所有文化产品和所有从人的生活中出现的体系之普遍的批判，因此它会成为对人类本身的批判，对公开地或隐蔽地指导着人类的那些价值的批判"③。所以，胡塞尔并不赞同诸如"回到康德"之类的口号，而是要坚持"在纯粹理论的兴趣中致力于作为自由精神的实事本身"④，亦即海德格尔所言"澄明即

---

① E. Husserl, *Aufsätze und Vorträge (1922–1937)*, S. 227.
② 倪梁康：《现象学运动的基本意义——纪念现象学运动一百周年》，载《中国社会科学》2000年第4期。
③ 胡塞尔：《欧洲科学的危机与超越论的现象学》，第329页。
④ 胡塞尔：《文章与演讲（1911—1921）》，倪梁康译，人民出版社，2009年，第216页。

自由的敞开之境"①。

现象学倡导"特殊的哲学思维态度和特殊的哲学方法"②，即对包括自然科学在内的所有特定立场之普遍化的批判。"批判的现象学并不意味着，从任一立场出发批判现象，而毋宁说，对于现象的自我说明能够澄清超越自身立场的立场。"③所以可以说，作为批判方法的现象学是非现成的。比如，胡塞尔的现象学并不是要为现象学还原设置一个绝对的还原目标，而是要将之理解为一种开放的思想姿态。用梅洛-庞蒂的话说，"关于还原最重要的说明是彻底还原的不可能性"④。这是因为超越论的结构并非现成的绝对精神，而是植根于流动的多元生活世界之中的。在这个意义上，现象学关注的是可能性而非现实性，它并不追求最终确定的知识或特定的价值，而是面向未来参与构造人类生活的可能性。它只提供一个可能的框架式形式方法或关联法则，而不对特定现实问题的价值做判断和研究。正如海德格尔在《存在与时间》的导论中谈及胡塞尔的"现象学"概念时所指出的：

> 现象学的本质并不在于，"现实地"成为一个哲学"流派"。比现实性更高的是可能性。只有将之作为可能性来把握，才能理解现象学。⑤

聚焦于可能性的现象学，其姿态一方面是开放的和多元的，反

---

① 海德格尔：《面向思的事情》，孙周兴译，商务印书馆，2002年，第80页。
② 胡塞尔：《现象学的观念》，倪梁康译，商务印书馆，2016年，第25页。
③ G. Stenger, *Philosophie der Interkulturalität*, Karl Alber, 2006, S. 839.
④ 梅洛-庞蒂：《知觉现象学》，姜志辉译，商务印书馆，2005年，第10页；译文有改动。
⑤ M. Heidegger, *Sein und Zeit*, Max Niemeyer, 2006, S. 38.

对对陌生传统的敌意和拒斥，另一方面也对将任何具体立场和特定价值绝对化和普遍化的尝试进行批判。现象学最为核心的论题乃是关于建构的洞见，建构就意味着非现成性，这一洞见保证了现象学的多元主义开放立场。现象学的建构打破了传统形而上学中固有的二元论或者中心论的固有认知框架，把"境域生成""生存过程""发生""体验""时间"等概念带入现象学讨论的核心论域。所有客观对象都有其生成的背景和关系设定，都有其建构过程。在这个论域中，作为诸多可能性之汇聚的无中心的多元世界成为现象学所意图描述的课题，而这一多元世界则与全球化时代以高度契合的方式呼应。因此我们不难理解，为什么现象学在当代哲学和人文科学领域能有如此深远的影响力。

此外，现象学对将具体事实普遍化的企图的批判也意味着，"共同的现实世界"以及对此的认识并不是一个确定的普遍性真理，而是有其建构过程，并且也可以以多元的方式去得到理解和表达。胡塞尔在这里引入了交互主体性的话题：共同的现实世界是在交互主体的具体经验交流中建构起来的，也是共享的。

> 只要在我能看到的东西、其他人也能看到的范围内，以现实的方式做出的判断都是客观有效的，即具有交互主体性意义上共享的价值。在所有个体、民族、普遍且有固定起源的传统间的差异之上，存在着共同的东西，可称之为共同的现实世界。它在可交流的经验中被建构，因此每个人都可以理解另一个人，其依据是我们看到的同样的东西。①

---

① E. Husserl, *Aufsätze und Vorträge (1922–1937)*, S. 77.

因此，作为普遍哲学的现象学体现出一种框架形式或者规范意义上的历史性、多元性和包容性，从而使事实的多元性（包括主体建构的多元性［自我与他者］、交往共同体的多元性、作为沉淀物的习俗和文化传统的多元性、知识的多元性、文化世界和生活世界的多元性，如此等等）成为可能。现象学所描述的这个发生性框架是普遍的，它首先确保了多元视角的正当性。因此，真理王国是开放的和共享的。对此，胡塞尔说道："真理的王国，对于每个来自某一文化圈的人而言，不论他是友是敌，不论他是希腊人还是野蛮人，不论他是教会的孩子还是反对上帝者的孩子，他们每个人都能够洞见，每个人都能以关照的方式使之在他们自身中实现。"① 在现象学的普遍哲学框架内得到表述的是有限的具体视域、发生性的意识经验、对象的建构特征、差异的交互主体经验等等。由此，存在于整体性和多元性、普遍性和特殊性、同一性和差异性之间的张力得到了统一，一种基于现象学的跨文化哲学才有可能。

二、从现象学到跨文化哲学

1935年，胡塞尔《危机》演讲中的一段著名的话谈到了多元文化和跨文化经验：

> 在这样的前进过程中，人类就表现为独一的、仅由精神联系而联结起来的人的生活和民族的生活，它具有丰富的人类的类型和文化的类型。而这些类型是流动的、相互融合和相互渗

---

① E. Husserl, *Aufsätze und Vorträge (1922–1937)*, S. 77.

透的。这正如大海,在其中,人民和民族是暂时地形成着、变动着又消失着的波浪,其中一些波浪形成比较丰富、比较复杂的涟漪,而另一些波浪的涟漪则比较简单。①

这段话一方面强调人类生活是由精神联结的独一生活,另一方面又肯定了其中有丰富的文化类型,而且这些类型在历史中是相互融合渗透、如大海般变动的——这里面同样包含了我们在上一节提到的现象学理论所包含的双重面向问题:维系在家乡世界上的文化世界、人性、传统、伦理等的事实多元性,如何与普遍的单一世界、单一人性、单一合理性相互协调共存?如何在跨文化论域中建构一种普遍哲学(独一的人的生活),但又不排斥事实层面上文化和民族的多元性?

胡塞尔在《危机》演讲中流露出的饱受后人诟病的欧洲中心论倾向实际上是他对这个问题的思考之一。很多现象学家曾经为胡塞尔的这个倾向进行过辩护。比如,迪特·洛马(Dieter Lohmar)就认为,胡塞尔在此持有的是一种"规则化的理念",它以一种必定无家乡的哲学激进主义方式言说,即胡塞尔所指的欧洲是那个作为无穷目标的、理性化的理想欧洲,在理念的意义上是正确的。洛马为胡塞尔辩护道:"当胡塞尔说,我们不应遵循已成为历史的印度文化或中国文化而对自身进行'印度化'或者'中国化'时,我们也就不应在历史—事实意义上的欧洲文化的定位上进行'欧洲化'。"②由此出发,对上述问题的回答就是:"一种普遍性的科学和普遍性的伦

---

① 胡塞尔:《欧洲科学的危机与超越论的现象学》,第373页。
② D. Lohmar, "Zur Überwindung des heimweltlichen Ethos", in R. A. Mall und D. Lohmar hrsg., *Philosophische Grundlagen der Interkulturalität*, Rodopi B. V., 1993, S. 86.

理要作为一种特定的、事实上是历史性的'生活世界'而得到建构，其可能性或许永远不会被合法化。"①换句话说，现象学的普遍世界只能作为无限理念而永远处于建构之中，它是一个无限遥远的点，而无法在真实的生活世界中找到对应物。在这个理念框架中，自我与他者相遇，不同文化、伦理和知识传统彼此相遇、交流和融合，从而发生一种阐释学意义上的视域融合和相互表达的过程。也正是在这个对置阐解、相遇融合的过程中，超越于有限的家乡世界之上的关于唯一世界的无限理念才能进一步得到反思和建构。如胡塞尔所言："在不同的国家以和平方式进行相互理解的人群中，那种原本对于一个独自存在的世界所意味的内容发生了转变，变成了世界中纯粹的国家表象形式（有效形式），以综合的和明见同一的形式显现出来。"②一方面，只有在异质经验的相互理解中，普遍的无限理念才能得到建构，他者的可理解性乃是普遍世界和普遍视角之建构的前提；而另一方面，也只有在这样一个普遍的共同视角中，我们才能认识到自身特殊视角的有限性，从而为跨文化的多元性提供事实上的可能。在此意义上，文化领域内的多元性和普遍性才得到了双重实现。

威尔顿认为，随着胡塞尔的思想重点从早期的意识现象学向中晚期关于生活世界的构想的推进，他的哲学中的自我优先性逐渐被他者优先性所取代。"在关于意向性认知的建构现象学中所要求的个人或者自我的优先性，在这里为社会实践之发生现象学中的他人的

---

① 罗斯玛丽·P. 勒娜：《文化和意识形态相遇及冲突之状况的现象学反思》，夏宏译，载倪梁康编：《中国现象学与哲学评论》第12辑，上海译文出版社，2012年，第213页。

② E. Husserl, *Die Krisis der europäischen Wissenschaften und die transzendentale Phänomenologie. Ergänzungsband. Texte aus dem Nachlass 1934–1937*, hrsg. R. N. Smide, Kluwer Academic Publishers, 1993, S. 45.

优先性所取代。"①这一对于胡塞尔整体思想线索的描述的后半句是无可置疑的，即在对生活世界和交互主体性的讨论中，他者或陌异经验作为一种先在的被给予性被引入。而前半句所指的意识现象学和意向性，其中实际上也存在着可以重新阐释的空间。梅洛-庞蒂就认为，胡塞尔的意向性的关键不在于一个既成的表象对象，而在于一种深层次的意向操作过程，后者是意向的生成和构造过程。②在这个过程中，奠基于视域的意向活动是完全开放的，在此基础上构成了超越论主体。这种开放性形成了列维纳斯所言的"溢出"的效果。只有在被如此理解的意向行为和视域结构中，他者的伦理意义才有可能被给出。"这种与不同于自身的他者的关系，只有作为一种对不同于自身的他者的渗入，只有作为一种传递才是可能的……正是统一着不同项的异质性标识出了超越性的真理以及传递的意向性的真理。"③按此说法，胡塞尔现象学中对于他者和陌异性的开放和包容就被决定性地蕴含于意向性的基本结构中。

从这个意义上看，现象学所关注的这种来自他者的陌异性和陌异经验在胡塞尔的思想中就自始至终处于核心论域中。同时，这也是推动主体间和跨文化对话的基本动力。现象本质上具有一种世界属性（Welthaftigkeit），而世界的存在之所以有着发生的性质，乃是由于它"具有一个彻底交互主体性的特征。它与其诸视域一起，构成诸如种族、民族或者文化的共同习性的关联物"④。换句话说，生活

---

① 威尔顿:《另类胡塞尔——先验现象学的视野》，靳希平译，梁宝珊校，复旦大学出版社，2012年，第451页。
② 梅洛-庞蒂:《知觉现象学》，第4、164页。
③ E. Levinas, *En découvrant l'existence avec Husserl et Heidegger*, Librarie Philosophique J. Vrin, 2001, p. 196；转引自马迎辉:《他者现象学何以可能：列维纳斯与胡塞尔》，载《浙江学刊》2018年第3期。
④ 黑尔德:《世界现象学》，孙周兴编，倪梁康等译，生活·读书·新知三联书店，2003年，第68页。

世界与原初的世代生成经验描述了围绕着自我的视域及其构成。这不仅涉及个体的处身情态以及认知经验的不断延展和发展,也涉及一代又一代人的生死变化和世代相续,它构成了我们的历史性存在的情境,成为家乡世界的出发点,相应地也为陌生世界留下了充分的空间。作为个体的人拥有的家乡世界是一个特殊世界,人们"永远只有从我们自己的视域出发来认识这个普遍视域。……这个世界仅从我们的'特殊世界'的角度向我们开放。所以,我们也就无可避免地会遭受到他者的视域带来的种种惊异"[1]。正是这种惊异推动着我们应和陌生世界的召唤,不断扩大自身的特殊世界即家乡世界。在这里,作为构建起点的家乡世界具有开放性特征,"在交互主体性层面上,从作为中心之环的逐渐广阔的'相关周围世界'的形式来看……这种中心之环具有开放的视域性特征"[2]。随着对陌生世界理解的推进,家乡世界的视域扩展,不断覆盖陌生世界的范围,一种理想的跨文化哲学模型在胡塞尔的生活世界现象学中得到了表达。

身体是自我的特殊世界或家乡世界的基石之一,也是跨文化哲学模型的一个绝佳隐喻。胡塞尔说,一方面,作为本原的存在方式的身体是"定位的原点和定位的坐标体系"[3];另一方面,身体也是一切自由活动的承担者和一切行为可能性展开的地平线。一方面,我们的生活受制于我们的身体,比如身体为感知规定了界限;但另一方面,又正是因为我们各自有限的身体为我们提供了摆脱束缚的可能,我们才有可能超出自己的身体,并以此为出发点去理解他人和

---

[1] 黑尔德:《世界现象学》,第68页。
[2] 罗斯玛丽·P. 勒娜:《文化和意识形态相遇及冲突之状况的现象学反思》,第207页。
[3] E. Husserl, *Ding und Raum*, Martinus Nijhoff, 1973, S. 304.

陌生世界。这个例子恰好可以对应于我们的文化世界。没有正常的人仅只存在于他的身体界限之内，同样地，也没有任何一个人只生活在不变的家乡世界中。一个人之所以能够理解陌生文化从而不断扩大自身的家乡世界，首先是因为他对自身的文化有所知，后者构成了一个达至他者和陌异经验的出发点。家乡世界总是多元且开放的，它们不构成一个事实上的封闭边界，而是指向一个无限开放的视域。在这个发生性的双重结构中，家乡世界和陌生世界通过普遍的相互指引关联构成了一个互为视域、相互表达的动态结构——陌生世界始终在家乡世界的视域中得到解读，而自我或家乡世界也无时无刻不受到围绕着它的他者或者陌生世界的影响甚至是规定。整个生活世界就是无数家乡世界和陌生世界相互融合交叠而形成的指引关联的大全。

  这种发生性的现象学建构体现了现象学方法的"内在历史性"。一方面，包括意向性建构、身体经验和世界经验在内的现象都置身于其发生历史之中。由此，传统哲学中超越时间的本体、主客二元结构等现成前提被历史化了，主体及其意识结构和生存经验的建构性特征得到揭示，作为背景和积淀成果的多元文化世界的复杂性和完整性得到了呵护。另一方面，现象学方法本身也非现成的，而是不断在历史中得到推进的，从意识现象学到存在论现象学，再到当代丰富的现象学理论形态，现象学哲学的发展本身也是历史性的、现象学式的。现象学的历史性使得现象学的普遍哲学面向得到了进一步规定。在此，诸如现象学的"本质探究"和"理念化"等都是在历史上有限度的。但是我们也要注意到，历史性的现象学并不等同于一种彻底的历史主义和虚无主义，历史性特征本身就是现象学所强调的"普遍性"。如胡塞尔所言，"原初发生的历史性"就是"人类个人世代连接的普遍联系之精神生活的统一"。①

因此，现象学包含的他者和陌生经验优先的建构性、内在历史性、非现成性等属性决定了现象学的跨文化特征。基于多元世界的跨文化经验必定是交互性的差异居间经验、历史的和非现成的建构经验，这一经验方式撼动了传统的范畴、概念和思考模式，为当代哲学开辟出新的发展可能性。如格奥尔格·斯汀格（Georg Stenger）所说：

> 现象学将是跨文化的……现象学的贡献有两个方面：一方面，文化的显现形式能够作为"现象"被发掘出来，它们才令一个总的文化世界作为"世界"被建构并被看到。另一方面，现象学覆盖了一种跨文化的重要意义和能力，对其传承下来的概念术语和方法基础持续产生影响。这一情形不仅拓展了现象学的研究领域（既有内容上的，也有方法上的），也以一种建设性和富有成效的方式参与了跨文化讨论以及诸世界之间的对话。②

现象学的跨文化特征再次说明，哲学不提供唯一的真理和方法，而是通过朝向异质性思维方式和文化传统的开放实现其多元性的面向。如维特根斯坦所言："不存在唯一的哲学方法，而是有多种方法，就像不同的治疗手段。"③全球化时代是跨文化的、多元的，多元性和跨文化性保证了人类文化史的未来，即所谓"均衡时代"。如舍勒所言，不同的哲学和思想传统"相互平衡和相互补充的时刻已经

---

① 胡塞尔:《欧洲科学的危机与超越论的现象学》，第612页。
② G. Stenger, *Philosophie der Interkulturalität*, S. 56.
③ 维特根斯坦:《哲学研究》，楼巍译，上海人民出版社，2019年，第69页；译文有改动。

来到了",人类社会最终将进入"世界主义"时代。① 在此,现象学为跨文化哲学提供了充分的理论基础。

与意识经验的构造一样,文化世界的构造同样无须预先设定目的论,而是要在多元世界中尊重不同传统的发生过程。在这个开放的视域中,跨文化哲学为我们提供了一个理解陌异经验,交流、达成暂时性共识的平台。这种思维方式永远都不提供一劳永逸的客观立足点,而只在一种生存论意义上对于跨文化相遇事件进行描述。因此,它明确反对任何一种把特定立场普遍化为真理和绝对知识的尝试,而这一构想恰好是由现象学提供的。按照现象学的原则,所有"客观真理"都是理想型的、非现成的,它们实际上是交互主体性经验的建构之物,是维系于时间性和视域性两大要素之上的——只有对于这一点的认识本身才是普遍的。因此,对人类意识的视域性特征和认知界限、个体的生存自由、特殊文化世界的多元性、主体间和文化间的相互指引关联和相互映射的表达就构成了现象学哲学的基本论域,同时也开启了通往跨文化哲学的道路——现象学的道路通往开放的多元世界。相反,对所有具体的特定立场的普遍化和绝对化的尝试、对现成真理的追求则都违背了现象学原则。正如毛尔(Ram A. Mall)援引《庄子》中"井底之蛙"的故事所言:"青蛙视角并非一个错误。真正的错误在于有限视角的排他性。"② 反对特殊立场的普遍化和有限视角的排他性,这一点恰好构成了跨文化哲学最重要的立足点。跨文化哲学乃是一种哲学态度和思想信念,即

---

① 舍勒:《哲学人类学》,刘小枫编,魏育青、罗悌伦等译,北京师范大学出版社,2014年,第226、243页。

② R. A. Mall, "Fünf Fragen zu interkultureller Philosophie", in R. A. Mall, *Polylog: Zeitschrift für interkulturelles Philosophieren*, Nr. 25, Wien, 2011, S. 12.

拒绝将任何一种排他性的具体哲学传统规定为永恒的、普遍的真理。在这个意义上,"跨文化的"和"现象学的"是同义的。跨文化哲学和现象学都不是一个学派,而是符合其所处时代特征的思想潮流,它们都要"面向实事本身",是"不时地自我改变并因此而持存着的思的可能性,即能够符合有待于思的东西的召唤"[①]。

当雅斯贝尔斯构想一种"世界哲学"时,他也在跨文化的视野下强调,哲学这一人类的普遍事业并非是一种具有客观形态的统一理念,而是一种众多文化世界和思维方式普遍交往的可能性框架。对于雅斯贝尔斯而言,哲学是"从精神行为本原的整体中提炼出来的",这一点保证了哲学家们并不受限于其所处的时代和特殊世界,而是"借助这时代使其思想触及永恒"[②]。因此,雅斯贝尔斯的"世界哲学史"和"轴心时代"构想在根底上反对黑格尔的以基督之出现为世界历史中心的狭隘观点。世界哲学史囊括了全球视野内轴心时代的各大文明,意味着无限开放的交流框架,所有具体文化传统中的哲学都被容纳于这个开放性的框架之中,以期实现相互对话和理解。哲学本质上乃是一项永不停止的交流事业,人们借助于阅读和哲思与他者建立交流,从而进入"世界历史"。从这个意义上说,哲学在根底上就具有跨文化属性。其普遍性在于,"哲学家帮助我们意识到自身的现存在、世界、存在以及神性。哲学透过所有的特殊性目的,在整体之中给我们指示了生活的道路"[③]。但是,这种普遍性"不涉及文化差异的克服,而是仅仅涉及跨文化交往的成功,仅仅涉及作为相互对峙的陌生文化之间的对话,涉及对自身异己性

---

① 海德格尔:《面向思的事情》,孙周兴译,商务印书馆,2002年,第98页。
② 雅斯贝尔斯:《大哲学家》上,李雪涛等译,社会科学文献出版社,2010年,第9、11页。
③ 同上书,第13页。

（Andersheit）的理解能力"①。

因此，跨文化哲学乃是哲学的本真形式。它不是一个超越所有特殊文化世界的统一设定（比如提供一个统一的标准来衡量不同的文化），而是思想可能性的汇聚。如以赛亚·伯林所言："希腊不是罗马待客的前厅，莎士比亚的喜剧也不是拉辛和伏尔泰的悲剧的初级形式。这一点有着重大的意义。如果每一种文化表达了而且有权表达它自己的视域，而且，如果不同的社会和生活方式，其目标和价值不可比较，那么也就是说，没有任何一套唯一的原则，没有什么普遍的真理，是无论何时何地对任何人都适用的。"②如果说有什么东西是普遍适用的，那么它只能是对于文化多元的事实本身的认可、对于文化间可交流性的探讨，以及一种立足于所有具体文化传统和特定命题之上的跨文化对话原则。③

跨文化哲学关注古今中西多元文化传统之间的居间重叠之处，这是对话和理解的基础。而这种居间领域也正是现象学哲学要聚焦的话题。胡塞尔和海德格尔都认为，哲学总是产生于特定的文化制约性亦即视域之中。这个现象学洞见排除了一种对于某一对象的绝对化和本质化理解，体现为一种对自身有限性的反思。寻找各自有限的不同文化之间的重叠之处，构成了跨文化对话的阶段性目标。海德格尔在谈到语言之本质时所说，就已经在践行跨文化对话："我

---

① 切萨纳：《哲学思维的跨文化转变：卡尔·雅斯贝尔斯与跨文化哲学的挑战》，金寿铁译，载《求是学刊》2011年第3期。
② 伯林：《扭曲的人性之材》，岳秀坤译，译林出版社，2009年，第226页。
③ 关于跨文化对话的形式，维也纳的跨文化哲学家维默提出了多极对话的两个原则：1.否定性的或者不信任原则：不坚持论证任何其根源排斥某种文化传统的哲学命题或者理论。2.肯定性的或者信任原则：寻找不同思想文化传统的哲学概念和命题中超越文化的重叠之处，因为一个得到完善论证的命题有可能在更多的文化传统中得到发展。参见拙文《从生活世界到跨文化对话》，载《中国社会科学》2017年第10期。

力图在其中寻找语言的本质……这个本质将保证欧洲—西方的道说（Sagen）与东亚的道说以某种方式进入对话之中，而那源出于唯一源泉的东西就在这种对话中歌唱。"[①] 语言的本质和思的体验通达了不同文化传统中共同的东西，即那些开放的、内发的、情境化的人类价值以及相互掩映敞开的思的可能性。所有这些在不同文化中重叠的价值又为更广泛的跨文化对话铺平了道路。

三、跨文化哲学视野下的汉语现象学

对于全球化视野下的汉语哲学而言，"无论是对中国传统哲学（中国哲学史）的梳理，或是现代型'中国哲学'的建构，都离不开西方哲学，都是由于西方哲学的传入引起的"[②]。因此，跨文化性已成为当代汉语哲学研究的重要考量。今天汉语语境中的哲学研究已不仅仅要面对旧有的中西二元框架下西方哲学的强势姿态以及东西方不平等的交流状况[③]，更要应对全球化浪潮对于世界文化和哲学的改造要求。在这两个意义上，跨文化哲学的引入对于今天汉语哲学的建构都具有重要的意义。跨文化哲学的批判性首先是针对哲学上的西方中心论的。在全球化时代，我们对现代性的批判性分析、对文化冲突的反思都不应再以西方世界为唯一出发点和参照系，而要有一个超越于东西方之上、有能力放眼全球的立场。在这个立场上，

---

① 海德格尔：《在通向语言的途中》，孙周兴译，商务印书馆，2003年，第93页。
② 汤一介：《西方哲学冲击下的中国现代哲学》，载《文史哲》2008年第2期。
③ 时至今日，我们还不能说汉语哲学和西方哲学的交流是完全平等的，二者之间的实际落差仍然远超我们的想象。何乏笔就说："几乎所有欧洲哲学的经典著作已译成汉语；相较之下，单是汉语的康德研究在数量上已超过欧洲历来对中国思想的所有研究。"（何乏笔：《跨文化批判与当代汉语哲学：晚期福柯研究的方法论反思》，载《学术研究》2008年第3期）

中国哲学一方面才能以如其所是的方式得到自由表达，另一方面也能以多元文化中一元的身份进行契合于全球化趋势的自身定位。

今天我们所说的"全球化"，首先体现为世界范围内技术、经济、生活方式、话语方式和世界观的同质化和扁平化。因此在文化领域内，不同的文化传统会习惯于将全球化以及由此引发的单一文化统治的可能性视为对它们的存在的威胁。在这样一个背景下，世界范围内的去殖民化过程引发了多元文化和多元民族要求各自的身份和差异得到认可，汉语哲学和汉语文化概莫能外。由此，一种全球化视野下的多元主义在愿景和事实层面得以形成。多元主义下的文化差异如何与全球范围内的众多文化共同体的跨文化共通性和谐相处？对此议题的哲学分析和批判具有调动欧洲、中国、非洲和美洲的历史资源的充分的正当性和必要性。在这个背景下，无论是中国哲学、东亚哲学抑或汉语哲学，都不应被视为或者自视为世界主流文化（西方文化）的异质空间，它们不外在于西方、外在于现代性，而是内在于这个全球化过程中，既是现代全球文明的共同承担者，也是超越东西方二分的当代世界哲学的共同参与者。

20世纪以来，现象学思潮与汉语思想传统的相遇，即是西方世界与非西方世界相遇并达至一种成功的跨文化理解的例子。这一相遇事件是从汉语学界对现象学经典恰当的翻译、领会和阐解开始的。在此，我们借用海德格尔的概念，将这种相遇称为"重演"。一方面，现象学经典在一种陌生的语言和文化的理解活动中得到了重演；另一方面，汉语思想资源在现象学这一外来的话语方式和阐释方式中得到了重演。在这种双向度的跨文化理解活动中，一者是本来固有的文化传统，另一者是新的思想和问题视角，二者的融汇形成了一个全新的讨论和理解的平台。这种讨论和理解并不是单向度的，而是双方相互澄明的过程。人们不仅在重演中以原初视域接受了新的对象,而且这种接受反过来也根本上改变了原初视域。这两个向度融合构成了一个新的历史境域,在其中,无论是原初的视域还是陌生的思想都被赋予了一种全新的面貌,二者在融合的同时开辟出了新的可能性。过去的思想由此在一种新的境域中获得了一种当前性,思想从而接续传统产生新的历史性开端。这种当前性并不是一种无根据的随意解读,而是对蕴含在思想传统之内的隐蔽可能性的揭示——通过对可能性的揭示,思想源头得以在新的境域中转变,重新获得一种鲜活的力量。经由这种鲜活的当前性,思想的历史才得以发生深入的演进,一个全新的开端蔚然形成,那种超越文化和历史界限的人类共同的精神生活才得以可能。

在20世纪80年代以来汉语哲学的发展中,汉语现象学扮演了一个沟通东西哲学的积极角色;甚至可以说,汉语现象学在跨文化理解和中西思想资源的共创性上成为世界现象学和汉语哲学的典范。一方面,当中国传统思想文化逐渐收缩为一个研究专业时,当代国人对于古典文献和思想的感受力已大大萎缩,仅靠汉语传统内部的反思已不足以重新激发思想的活力,而需要一种具有跨文化潜力的外来话语系统和阐释方法来将传统思想资源带入当下的生活。同时,中国的传统思想在当代境域中面临着如何转换进现代全球化语境以实现自身持存的难题,这种重演因此可以被理解为中国的古老传统在全球化和西方文明的压迫下"承传自身的决心",现象学与汉语思想资源的结合应运而生。而另一方面,经典现象学研究在21世纪的西方哲学世界中已逐渐淡出核心位置。在德国,局限于现象学经典文本的研究逐渐穷尽了其活力;而在法国,现象学则不断弥散为后现代哲学的解构主义议题。在此背景下,在西方现象学阵营中也已有了跨文化视野以及对于汉语现象学之价值的充分认识。从海德格尔到罗姆巴赫、霍伦斯坦（Elmar Holenstein）、黑尔德，再到新一代的斯汀格、艾伯菲尔特（Rolf Elberfeld）等人，他们或多或少都以一种突破西方中心论的跨文化视野审视西方之外的思想资源，以期拓展现象学研究的论域，丰富其话语资源，重新激发现象学哲学的思想活力。可以说，在当下和未来现象学领域的国际对话中，汉语现象学可以预见地将逐渐成为国际现象学对话中最重要的力量。

作为现象学哲学之原创性发展的汉语现象学，不仅是把德语和法语的现象学经典译成汉语并加以阐释，也不仅是按照欧美学者的方式用汉语研究现象学经典文本和理论中的问题，甚至也不仅是将现象学中的某些概念和理论片段与汉语传统中的某些概念和理论片段进行对比；而是要从汉语经验出发，通过现象学的话语体系和思想方法对汉语思想资源"彰往察来，微显阐幽"，进而拓展现象学的论域视野，丰富其话语资源。在推动现象学哲学的原创性发展这一向度上，汉语具有双重优势：一是汉语文化传统具有深厚的历史积淀和丰富的思想资源，儒家、道家、佛教、传统审美经验等传统思想资源整体上表现出的对生存整体化的理解、对具体人生实践的偏重、对生命境界的重视与现象学的理论旨趣相近，从而为现象学理论的拓展提供了新资源和新视角；二是汉语本身的形象化和联想性特征及其形塑的思维特性根本上与现象学原则契合，这种深层的契合是汉语现象学建构的重要动力。

从具体路径来说，当代汉语现象学的建构是在两个层次上得以推进的。第一个层次是在思想方法和语汇体系上。现象学之于中国思想传统的意义包括：现象学方法有效地介入了中国思想资源，以及汉语现象学的翻译语汇对中国思想的话语系统做出了贡献。首先，如萨义德所说，没有前话语意义上的真实的东方。我们也不得不承认，20世纪初以来"中国哲学"体系的建构是在西方话语中进行的，是以西方哲学的范畴体系对中国传统思想材料的整理与体系化。就中国思想材料本身而言，它们在西方传统语境中逃不过黑格尔式的偏见。但是，作为思想方法的现象学，其基本动机就植根于对西方传统以及科学主义的批判性反思。现象学要求我们遵循"面向实事本身"的基本原则，悬置一切既有理论和概念框架，拒绝任何具体命题的普遍化，以超然中西框架之外的姿态呵护多元化的生活世界。因此，现象学方法的介入使得中国哲学有可能摆脱西方话语体系，以更为原本的独特形态介入世界哲学的对话。此外极为重要的一点是，经典移译扩充了汉语现象学的语汇，进而使得现象学的话语方式和思维方式与中国传统的哲思方式相互融合激发。由陈嘉映和王庆节在熊伟先生工作的基础上译《存在与时间》开始，到倪梁康、孙周兴、杨大春和张伟等人有组织地进行现象学经典文献的翻译，汉译现象学经典已经初具规模。基于对大量经典文献的翻译以及翻译过程中对一些疑难术语如琢如磨的公共讨论，还有诸如《胡塞尔现象学概念通释》这样的中外文对照概念词典的出现，现象学汉译已经为汉语人文领域提供了为数众多的学术语汇，诸如"此在""超越论""明见性""本有"等。这些语汇不仅在现象学讨论内部有效，更在广泛的汉语人文领域体现了强大的生命力和思想穿透力，汉语传统在现象学文本移译的过程中形成了一个纵横捭阖的意蕴空间。这样的翻译活动，恰如海德格尔所言，是"通过对某种外语的对置阐解来唤醒、澄清、发挥自己的母语"[①]。

[①] M. Heidegger, *Hölderlins Hymne "Der Ister"*, hrsg. W. Biemel, Vittorio Klostermann, 1984, S. 80.

第二个层次则是从思想内容深入，即从现象学与中国传统思想资源的结合出发进行原创性思想的建构工作。在这里，一方面，中国传统思想资源通过现象学哲学话语得到了全新的表达和阐释；另一方面，汉语思想资源也为开放多元同时又作为普遍哲学的现象学提供了许多积极的话语资源和通达方式。[①]从胡塞尔和海德格尔开始，现象学哲学就自我标识为对西方哲学传统的超克。在跨文化的视野下，这一尝试就很自然地推进为从非西方的立场出发来审视、反思和谈论哲学论题。从这个意义上说，从经典现象学到汉语现象学的承继并无裂痕。海德格尔借助于中国思想资源来阐述其观念，这一点已经广为人知。而在当代，现象学的议题和论述方式通过中国思想资源的介入得到深化和拓展的例子并不罕见。可以说，汉语哲学资源为当代现象学的原创性发展提供了众多领域内的反哺。以下仅列举近年来较有影响的四个论题。

第一，基于中国的心学传统，包括儒家道德学说和佛教唯识学，建构心性现象学。中国思想中有心学传统，而胡塞尔现象学是围绕着意识问题展开的。这二者论域相近，有诸多互相发明的可能性。其中，阳明心学和佛教唯识论都为胡塞尔的意识哲学提供了一个高度契合的东方版本。耿宁将现象学的"自知"与王阳明的"良知"比照互释，从汉语语境出发将胡塞尔的单纯知性意义上的"自知"扩展为一种普遍的道德自身意识，意识"不可能是道德中立的，而是对其是好追求或是坏追求的道德意识"[②]。如此理解，以"良知"为

[①] 汉语现象学建构的两个层次，实际上大致契合于沈清松先生所提出的跨文化哲学的两个策略：语言习取（language appropriation）策略和外推（strangification）策略。参见沈清松：《跨文化哲学论》，人民出版社，2014年，第8—23页。

[②] 耿宁：《中国哲学向胡塞尔现象学之三问》，载耿宁：《心的现象：耿宁心性现象学研究文集》，倪梁康编，倪梁康、张庆熊、王庆节等译，商务印书馆，2012年，第464页。

模型的道德意识就被提升为意识本身的原初整全化状态，而胡塞尔意义上中性的、无伦理关切的"自知"和意向行为只是这个统一的心理过程的一个抽象角度。[①]倪梁康将这种以现象学的方法对心的本质或秩序的研究称为"心性现象学"，并在胡塞尔的意识现象学与佛教唯识学之间的比较研究中做了大量工作，尝试以心学的思想资源拓展和丰富现象学的论域。唯识学作为原本外来的文化逐渐被接受为中国的本己文化，民国时期的唯识学复兴乃是借助唯识学来应对当时的外来文化西学。唯识学被当作"最堪以回应西方文化挑战的法宝、最为当机的法门"[②]来回应西方文化，其原因在于二者在意识问题研究上具有共性。这是跨文化理解的一个典型实例。倪梁康将"纵横意向性的现象学"与佛教唯识学的心性思想进行对勘研究，指出"对象性的世界观察"和"起源性的生活观察"两个并行的思考维度不仅存在于由古希腊而来的西方哲学传统中并在胡塞尔的现象学中得到清晰的揭示，而且在印度佛教和中国佛教的古老传承中也一直存在。[③]作为中西哲学内向化转向的典范，现象学和佛教唯识学在面对人的意识这个共同问题时，体现了两种互补的介入角度。"一方面，当唯识学文献所展示的说法繁杂变换、使人无所适从时……现象学所倡导的自身思义（Selbstbesinnung）便有可能提供一种具有原创力的直接直观的审视。另一方面，如果现象学的苦思冥想无法在意识分析的复杂进程中完成突破——这也是对许多现象学研究者

---

① 当然，无可否认，胡塞尔在现象学的伦理学方面也做出了大量努力。倪梁康认为："胡塞尔至少实施了孟子的作为心学的良知伦理学的基本方案，只是尚未开启孔子的作为礼学的礼教伦理学的进程。"参见倪梁康：《现象学伦理学的基本问题》，载《世界哲学》2017年第2期。
② 转引自倪梁康：《缘起与实相——唯识现象学十二讲》，商务印书馆，2019年，第79页。
③ 同上书，第3页。

来说并不陌生的经历——那么唯识学的厚重传统常常可以起到指点迷津的作用。"①

　　第二，现象学关于存在的原初经验和整体化视角，与中国传统思想中的"家""亲亲"和"生生"等观念所表达的自然原发的伦理情境相结合，形成了讨论家园共同体的政治现象学。儒家思想中基于亲情关系的"家"这一共同体概念被带入现象学讨论，基于家的世代生成的时间观念拓展了海德格尔基于个体生存的时间观念，将现象学式的对生存的整体性理解进一步拓宽，为一门政治现象学提供了丰富的思想资源和更为开阔的理论视角。黑尔德对"家园"（oikos）的讨论、汉斯·莱纳·塞普（Hans Rainer Sepp）的"现象学的家园学"已经尝试以一种非西方的视角对经典现象学的相关论题进行拓展。而张祥龙借助现象学的思考方式尤其是海德格尔"存在历史式"的关于大地和家园的讨论，揭示了儒家在"家"和"孝"这样的观念中蕴含的"天性直观化、孝悌伦理化又艺术时机化的哲理境界"②。他对于孔子以及儒家学说进行的情境化还原，对孝和家之经验的时机化和现象学化的描述，可以算是汉语现象学最为成功的原创性尝试之一。在这些尝试中，儒家哲学特别是孔子思想中的发生性、开放性和时机化特征借助于现象学的视角得到了强调，儒家和中国传统中蕴含的那些与现象学的基本精神一致的开放性价值得到了彰显。这一向度上的讨论，一方面赋予现象学的"生活世界"和"存在之家"更多亲情、血脉上的实践伦理意涵，而现象学的存在分析、现代技术批判和对传统形而上学的反思通过儒家伦理视角，拓展为一种积极意义上的伦理道德和共同体关系建构；另一方面通

---

① 倪梁康：《现象学运动的基本意义——纪念现象学运动一百周年》。
② 张祥龙：《家与孝：从中西间视野看》，生活·读书·新知三联书店，2017年，第3页。

过现象学的接引，也拓展了中国思想资源中的"家"和"亲亲"在现代公共伦理和超越层次上的哲学意涵，在中国思想语境中带有明确道德属性的"家"通过现象学话语的阐释，将个体的身体、共在式的家庭关系与更大的政治共同体乃至更宏大的"生生"关系融贯到一起。就此而言，"家"作为现象学话题从经典现象学向汉语语境的拓展，从海德格尔的存在之家向由慈孝经验维系的亲情之家的推进，乃是"中国古代哲学与西方哲学发生实质性交往的一个场所，一条充满诗意的返乡之路"①。

第三，现象学在方法上强调非现成性、无前提性等特征，在思想内容上关注存在的时机化、境域化、人与世界的普遍关联。这与中国哲学的基本精神和旨趣充分契合，从而形成了与西方传统的本体论和形而上学迥异的哲学话语。从最宽泛的意义上说，这是一种符合多元主义和跨文化的未来哲学。首先，在基本思想立场上，现象学与中国哲学相近。众所周知，现象学运动的基本动机之一就是超克主客二元论的西方传统的本体论和形而上学，主张"面向实事本身"，进行无前提的思考，其关注的"现象"包括明见的意识、本真的存在、活的身体等等。现象学不构造彼岸的形而上学体系，而是将之转换为一种在此岸无处不在的关于生活意义及其构成的思考，这一点与中国哲学的旨趣高度契合。海德格尔借火炉旁的赫拉克利特之口说"神灵也在这里"，与中国思想中的"不离日用常行内"和"随处体认天理"异曲同工。其次，在关于本体的讨论中，当海德格尔批判西方传统的"遗忘存在"之弊并尝试返回前柏拉图时代的哲学家时，他乃是要强调存在/是的动词化和时机化特征。现象学的本

---

① 张祥龙:《海德格尔与儒家哲理视野中的"家"》，载倪梁康编:《中国现象学与哲学评论》第16辑，上海译文出版社，2015年，第36页。

体是处于建构之中的、流动的、发生的、历史性的，这与中国哲学"生生之谓易"的宇宙论和本体论关怀殊途同归。这种相似性为海德格尔亲近东亚哲学，以及东亚哲学偏好现象学奠定了思维方式上的基础。最后，中国哲学在本体层次上主张物我一体的境界说，为现象学的存在论提供了丰富的思想资源。海德格尔及其后学对于东方的"基础哲学"进行发掘阐释，引用《老子》中"道""无""空"这样的关键词为处于西方传统边缘的经典现象学开拓出新的路径。从海德格尔的"本有"，到罗姆巴赫将"本有"延伸和具化为活生生的"结构"（亦即人和万物的普遍关联和自主发生），就是在与东亚思想资源的互明过程中尝试摆脱西方传统本体论的路径。与他的老师海德格尔不同的是，在罗姆巴赫那里，中国和东亚哲学资源与现象学的互明更多的不是直觉式的，而是有一个更为宽广的哲学和语文学地基。总而言之，在本体论和形而上学层面上，现象学与中国思想资源尤其是道家学说结合，一种关于人之行为和存在的整体性理解在现象学语境中得到了更为充分的彰显，人与自然、人与世界的共创关系导向一种整体交织的"自然现象学"。这在某种程度上疏解了休谟提出的实然和应然之间的断裂，以及康德面对的自然和自由之间的矛盾。西方传统的思想视域在此得到了拓宽。

第四，现象学的美学向度以及由此引出的修养功夫论，与中国传统的审美经验和身心学说体现出高度契合。现象学主张以非对象化的方式把握身体和空间，以超克传统的心身二元模式。这种方式引起了当代哲学中"主体"概念的转化：主体不再是纯粹的内在心灵，而是身心融合的主体，是处于特定世界之中、与具体情势（Situation）发生着关联的主体。在美学意义上，海德格尔的"在世之在"（In-der-Welt-Sein）和"处身情态"（Befindlichkeit）很容易与中国式的物我两忘的整体化审美情趣，并进而与传统修养功夫论结合在一起。赫尔曼·施密茨（Hermann Schmitz）的新现象学将之推进为一种原发性、情感性的空间理论，它关注原初当下的体验，亦即"身体性空间"，这种体验和情感构成的空间性力量就是"氛围"（Atmosphäre）。格诺特·伯梅（Gernot Böhme）的氛围美学尝试将氛围定位于主客之间的本体论位置上。氛围是知觉的第一对象，是西方传统二元框架下的主体和客体出离自身边界、在周围世界中相互交融形成的，是感知者和被感知对象共享的共同实在。这种以非对象化体验方式得到探讨的"氛围"概念，与中国唐代以来倡导的"境生于象外"的意境美学高度契合。以现象学式的"氛围"概念为代表的超越主客二分的整体性审美体验通过"生活艺术哲学"和"新美学"等构想超出了传统艺术的领域，拓展到日常生活之中，与主张心身连续的中国式修养功夫论结合到一起。身体存在和自然存在最终融入主体的修养功夫之中，构成一种所谓"转型的现象学"（transformative Phänomenologie）。①

总而言之，现象学的非现成性和回返多元的生活世界的姿态以及出离西方传统逻各斯主义的趋向，消解了客观主义认知模式下对象相对于主体身体感知的优先性，消解了彼岸先验世界相对于此岸生活世界的优先性，也消解了西方传统范畴体系相对于东方实践智慧话语的优先性，在思想旨趣上与中国思想资源融合互明。而经由现象学方法接引、激活的汉语思想资源本身则又回应了现象学哲学

---

① R. Elberfeld, *Philosophieren in einer globalisierten Welt*, Karl Alber, 2017, S. 391ff. "转型的哲学"的提法出自塔贝尔（John Taber）和阿多（Pierre Hadot），前者更多的是在科学批判中、后者更多的是在西方古代哲学的传统中发展其思想；而艾伯菲尔特的"转型的现象学"更多地立足于中西思想的跨文化经验。

的核心关切和基本立场，为后者提供了更广泛深入的视角和议题。二者相互间的激发和重演，形成了思想和文化间的良性互动。

四、结　语

纵观思想史，中西哲学无可避免地都起源于历史上的"地方性知识"。因此，所有的现象学论述也都有其具体方式，并置身于具体的历史联系之中。比如，胡塞尔现象学是19世纪"如科学般严格"的数学—哲学心理学传统下的现象学，海德格尔现象学是青年运动和德意志民族主义传统下的现象学，张祥龙现象学是基于中西思想比较的儒家传统下的现象学，倪梁康近年来则更倾向于在东方心学—佛教唯识学的论域中发展现象学的论述方式。随着时代的变迁，人类的精神生活也在不断变化着。如胡塞尔所言："人类的精神生活……在不断地前进着；所有新的精神构形都进入扩展了的生活视域之中，随着生活视域的变化……哲学也发生变化。"[①]现象学正是伴随着20世纪人类生活视域的变迁而出现的思想成果，它在时代语境和历史联系中曲折发展，体现其历史性的发展成就。也因此，现象学本身始终是非现成的，是面向未来开放的。正是这种非现成性、开放性和历史性的特征，以及"面向实事本身"的思想姿态，而非某一位现象学家的具体论述，构成了现象学作为普遍哲学的面向。30年前，罗姆巴赫在《现象学之道》中就确切地描述了现象学这一迭代更新的开放发展模式："胡塞尔不是第一个，海德格尔也不是最后一个现象学家。现象学是关于哲学的基本思考，之前它已经有很

---

① 胡塞尔:《文章与演讲（1911—1921）》，第54—55页。

长的历史，只有也会长久地存在。它自我凸显，大步地超越那些它自己在自身道路上已建构的观点。"①

一方面，非现成的、开放的现象学在面对不同文化中的思想资源时，表现出了高度的包容能力。现象学致力于呵护存在和生活世界的整全性和多元性，致力于让对象如其所是地显现。因此，不同文化传统中的不同论题才能充分自由地得到理解。在面对如何将儒家思想"哲学化"的问题时，张祥龙教授如此回答："首先，不是将儒家硬拉进西方传统哲学的框架，反而要更加原本地理解她，让她更自由、尽性地回返到自己的时代、文本和意识的'江湖'中去。其次，合理地延展哲学的边界，让它也包括当代哲学的新视野……哲学只意味着对终极问题的边缘探索，以什么方式来做都可以。"②作为对"终极问题的边缘探索"，哲学这一行动本身是普遍的，但具体方式则是多元的。这一跨文化的探寻遵循的正是现象学的方式。

另一方面，在今天建立面向世界的中国哲学话语体系的过程中，仅仅依靠汉语传统内部的反省或不足以完全激发传统思想资源的活力，而亟须借鉴以现象学为代表的西方哲学的思想方法和话语方式，努力让中国哲学的古老资源与当下生活经验相结合，以加入世界范围内的理性对话和文明对话。就此而言，我们不仅要以现象学的姿态破除西方中心论，也要在具备充分主体意识的基础上破除"中国中心论"，开拓出"无问西东"的思想境界。

现象学哲学并非先天地从出于欧洲或者希腊，尽管迄今为止的现象学经典多数来自欧洲世界，但未来能够超越自身的思想发展则

---

① 罗姆巴赫：《作为生活结构的世界——结构存在论的问题与解答》，王俊译，上海书店出版社，2009年，第69页。
② 张祥龙：《儒家哲学史讲演录》第4卷，商务印书馆，2019年，第Ⅲ页。

可能来自其他语言和文化传统。这些不同的语言和文化传统都可以在"现象学之道"上对已建构的观点进行审视和反思，贡献出自身的原创性成果。作为方法的现象学并不声称某一现成立场和特定文化传统的普遍化，而是作为跨文化哲学的方法为多元的历史关联提供了法则说明。循着现象学方法本身的理路而入，历史性、多元性、跨文化经验的空间自然被撑开，丰富的哲学论域得到拓展。在这个意义上，在当代，当现象学哲学在其源发之地逐渐退出思想界的核心区域之时，现象学与不同思想传统的融合互明却正在展开，汉语现象学无疑是其中的典范。今天，汉语现象学不是现象学运动基于中国文化和汉语本位的地域性局部发展，也不是在某些问题上、某些领域中的比较研究，而是承接了整个现象学运动的原创性开拓，是"现象学之道"的自然延伸和未来组成。汉语的思想传统不仅是特殊文化世界中的一员，更将是当下和未来现象学哲学主要的原创性来源。现象学正通过汉语被"接着讲"，现象学传统在汉语现象学中得到延续，中国哲学和世界现象学的发展可能性得到开拓。未来的现象学可以也应当是讲汉语的。

基于空间经验重绘世界哲学地图
——空间现象学视野下的考察

空间是人类思想史上恒久的话题之一。现象学的空间理解开启了空间哲学的一个新视角，空间与具身经验、存在的处身性密切相关，成为现象学意义构建的奠基性组成部分之一。依照这样一种与自我理解和世界理解密切相关的空间经验方式审视哲学史的书写，我们就会发现，传统西方哲学史的书写方式在空间上是西方中心论的。因此，以空间现象学的视野重新思考哲学史的书写，基于空间经验重绘世界哲学地图，是今天的全球化时代和多元主义时代必不可少的思想任务。

一、空间的时代：作为"实事本身"的空间经验

与奥古斯丁所言的时间问题相似，关于空间的理解在西方思想史上也一直充满分歧。如亚里士多德所言："空间被认为很重要但又很难理解。"[1]近代以来，作为认知主题的空间以不同的方式被刻画，比如属性论的空间（笛卡尔）、关系论的空间（莱布尼茨）、实体论的空间（牛顿）、先验论的空间（康德）等等。从更漫长的思想史

---

[1] 亚里士多德:《物理学》，张竹明译，商务印书馆，1982年，第103页。

上看，空间观念形态的转变汇成了一条重要的思想演进线索：从中世纪的神圣空间，到自然科学物理学描绘的客观无限空间，再到现象学和后现代哲学中具身性和意义构建的空间（即生活世界中的空间）。现象学视角下的空间经验遵循"面向实事本身"的要求，试图突破传统的主客二元的认识论模式，而转向与主体和身体紧紧铆合在一起的意义空间、情感空间、差异化空间和发生性空间，成为多元差异的现代生存经验的隐喻。[1]由此，空间成为介乎主观和客观之间的赋予意义的隐秘力量，一切空间事物和生存经验都在空间中展开，也被特定空间所形塑。

古典科学的空间理解认为，空间具有外在于意识或存在经验的超越性。[2]笛卡尔甚至将广延视为物质的本质，把空间看作比空间中的事物更真实的存在。与时间一样，这样一种客观空间也必须要有一个先验的基础，后者构成了客观世界的基本框架和尺度。如梅洛－庞蒂所说，"古典科学保持着对世界的不透明性的情感，它通过它的各种建构想要……寻找一个超越的或者先验的基础"[3]。而随着现代哲学的科学批判的展开，关于空间、时间和世界的先验基础的论述就不断受到质疑和解构。经典现象学主张将均质化和几何化的空间回溯到生活世界之中，在客观主义的空间理解模式之外阐释了主观维度上的空间经验方式。其基础乃是意识建构和存在经验，由此关注空间在生活世界中的建构和发生过程，比如"还空间于身体"

---

[1] 现象学的空间经验并非是一种针对自然科学的空间学说的替代方案，自然科学视域下关于空间的绝对论或相对论的争论并不在本文的讨论范围之内。毋宁说，现象学的空间经验是一种文化经验，它是科学客观主义空间理解之外的另一条路径，是人类经验丰富性的体现。

[2] 比如，牛顿就"偏离了他自己的经验主义原则……添加了一个神秘的哲学上层结构（即绝对空间和时间）"。参见爱尔曼：《绝对论—关系论之争的起源》，载邱仁宗主编：《国外自然科学哲学问题》，中国社会科学出版社，1991年，第414页。

[3] 梅洛－庞蒂：《眼与心》，杨大春译，商务印书馆，2007年，第30页。

的尝试，即将空间与身体经验关联在一起。同时，现象学视野下的基于身体的空间并不导向一种自我中心论模式的空间，而导向由从切身的经验生发出来同时又被交互主体模式所构建的差异化的自由空间。这样一种被身体化和精神化的空间进而成为人类实践活动的组成部分，空间体验被呈现为差异化和多元化的空间观念，进而被赋予丰富的文化和政治意义。空间不是抽象的属性，而是大地之上的具体空间。它不是客观的容器，而是与存在者缠绕在一起的意义赋予者。源于现象学的这些空间思考和空间思维模式最终会赋予我们的生活以全新的意义。

现象学视野下的空间经验是我们所要呵护的丰富的生活经验的维度之一，同时也是在全球化时代赋予我们新的理解世界和自身的方式的视域。现象学倡导"面向实事本身"。这个"实事"不是先验哲学，也不是自然科学，而是切身的身体经验；不是从某一特定的哲学立场或哲学流派出发的，而是个体本己的真切体验。笔者认为，现象学视野下的空间经验有如下四个不同的描述维度：第一是空间的具身性，即将空间与身体经验联系在一起，从作为实事本身的身体经验出发描述空间，将空间视为与身体密不可分的生活世界；第二，从身体与空间的置身关系出发，作为空间经验的处身性被视为存在的一种基本属性，进而弥散为一种介乎主观和客观之间的氛围；第三，基于身体经验和处身性的空间经验是意义构建的结构性要素，亦即意义发生的来源之一；第四，作为处身性的空间经验在意义构建过程中以交互主体或共在的方式被构建延展，基于交互主体模式的空间经验包含了对与他者共在和自身之有限的认知。简而言之，具身性、处身性、意义建构和共在的世界这四个不同维度之间相互关联诠释，构成了现象学空间阐释的基本路径。

首先，现象学的空间视角通过身体经验通达空间理解。在现象学的视野下，空间不是静态的对象，而是与身体经验密切相关的发生过程，这是发生现象学的论题之一。在胡塞尔那里，"视域"包含的视觉隐喻所基于的是我们的身体构造和身体动感。通过身体的动感功能，空间视域才具有身体动感的亲熟性，后者成为原初空间构造的游戏空间。随着身体动感的扩展，亲熟的范围也在扩大（以至于无限），生活世界由此才成为可能。因此，视域意识和世界意识必然是以身体的动感意识为基础的，身体在这里发挥了空间定位的功能，"是其他客体之可能性条件"①。这种具身性的空间经验在海德格尔那里被表述为"此在""在世界之中存在的空间性"，这是通过"去远"和"定向"的在世方式显现的。这两种方式同样都奠基于具身性：前者是在身体处于世界之中的操劳活动中获得的空间经验，后者则标明了身体在空间中的定位功能。②梅洛-庞蒂将空间的具身性作为他所有思考的出发点。他认为，身体是我们最原初的表达空间，是其他一切表达空间的来源。因此，当我们思考空间时，我们不是面对着一个客观对象，而是随着身体及其实践被构建的。空间环绕着身体，身体又是空间意义的来源，这也就是梅洛-庞蒂所说，要从"思维性的看"退回到"活动中的视觉"。③

其次，基于此得出了现象学视野下对空间经验的第二种描述方式：从发生现象学视野下基于具身性的空间理解引出了存在者的空间处身性。在海德格尔那里，此在的处身性或在世性首先是对存

---

① 胡塞尔：《共主观性的现象学》第2卷，王炳文译，商务印书馆，2018年，第775页。
② 海德格尔：《存在与时间》，陈嘉映、王庆节译，生活·读书·新知三联书店，2006年，第122—128页。
③ "身体对心灵而言是其诞生的空间，是所有其他现存空间的基质。"（梅洛-庞蒂：《眼与心》，第59、67页）

者空间位置的描述，"此在本质上就具有空间性"①。"在世之在"则意味着此在的世界性，即与此在缠绕在一起的意义世界与可能世界。与之相对，现代科学所见的客观对象则是"无世界的"，技术的方式敉平了对象的空间处身性。而人之存在的特点恰恰在于基于处身性而不断构成世界，人本质上是"一种境域性的存在"。②施密茨在美学的意义上将存在所处身其中的空间或境域称为"氛围"，情感就是这样"一种从空间上涌现的氛围"。③作为氛围的处身性空间，随着身体感受和情感可以自由地倾洒和蔓延。

再次，如果说存在的空间处身性是静态现象学要描述的论题，那么在发生现象学的视野下，处身性意味着存在与空间通过意义构建融合为一。空间成为世界组建和意义建构的结构要素，是意义发生的来源之一。胡塞尔的空间构造理论以现象学还原为起点。基于现象学还原的感知分析，他把事物感知和空间意识还原为意向活动之意向相关项。以空间的方式被给予之物，作为视域的组成部分，是意向主体和意向对象置身其中的境域。因此，现象学的视域并非客观的物理空间，而是意义构建的渊薮。以空间中的对象为例。如果对象是一个三维立体之物，那么我们始终仅仅看到它的某些面，而相应地有一些面是隐藏的，胡塞尔以"侧显"（Abschattung）这一术语对之加以描述。现象学在这里描述的不是客观空间或者事物在空间中的客观存在方式，而是事物在空间中是如何向意识呈现的。事物在空间中的存在（显现），是以主体—空间—对象构成的关系结

---

① 海德格尔：《存在与时间》，第126页。类似的表述还有多处，比如第129页："从存在论上正确领会的'主体'即此在乃是具有空间性的。"
② 海德格尔：《乡间路上的谈话》，孙周兴译，商务印书馆，2018年，第78、85页。
③ 施密茨：《无穷尽的对象：哲学的基本特征》，庞学铨、冯芳译，商务印书馆，2020年，第289页。

构中的意向性构建为起点的。在海德格尔那里，与此在缠绕在一起的空间还参与了意蕴的构造，场所或者空间揭示了此在所通达的因缘整体。也正是在这种因缘整体中，空间得到了规定，被包含于其中。海德格尔认为，作为处于世界之上的空间并非一种客观属性或对象，而是一个建基于存在之上的生成过程，它始终在"组建着世界"。[①]在这个意义上，空间即作为物之可能的"设置空间"的过程。因此，空间并非一种匮乏，而是一种产生，比如杯子的意义恰好就在其"空出状态"之中。[②]在晚年海德格尔那里，作为意义生发原初之境的空间在存在的历史与真理问题中得到了表达，本有的敞开与遮蔽、世界与大地的争执、技术集置与天—地—神—人四方域无不是以空间隐喻得到表达的。[③]作为意义发生地的空间还集中体现在海德格尔对筑居与栖居的关系的讨论之中。他把空间看作"诸位置之开放"，因此"空间化为人的安家和栖居带来自由和敞开之境"。[④]

最后，现象学的空间理解不仅基于个体化的主体经验，同样还基于社会共同体的构成和文化的环境世界的构成，空间也是个体的共同体化及其历史的文化形成物。因此，对于主体而言，作为敞开视域的空间总是在一个"共在的世界"中被经验到，空间经验同时意味着与他者共在的经验以及对自我与他者之有限性的认知。作为"我们大家的世界"的空间"为每一个人而存在"，这样的"全体"结合身体经验、世代经验，成为"民族"这一整体地平线。个体正

---

① 海德格尔：《存在与时间》，第121、129、131页。
② 海德格尔：《艺术与空间》，孙周兴译，载孙周兴选编：《海德格尔选集》上，上海三联书店，1996年，第485、487页。
③ 海德格尔固然指出，天—地—神—人的世界游戏是"时间—游戏—空间的同一东西"（海德格尔：《在通向语言的途中》，孙周兴译，商务印书馆，2003年，第210页），但这个表达明显更偏重空间隐喻。
④ 海德格尔：《艺术与空间》，第484页。

是在这样一个作为普遍共同体的文化世界中了解他人和自身的。①海德格尔则是通过"在世"共同性描述了"共在"的世界：世界是"我与他人共同分有的世界"，因此作为在世之在的此在就是与他人共在。②

概言之，在笔者看来，作为现象学实事的空间经验可以从具身性、处身性、意义建构和共在的世界四个维度得到描述。空间观念的身体化和生存化的方式，使得空间理解消解了唯一的客观空间，空间被阐释为多元的生存经验，空间事物的处身性成为存在者的本质属性，而环绕着它的空间同时参与了存在者意义的发生构建。同时，由于现象学的主体不是笛卡尔的"我思"，而是具身的在世存在，因此空间的身体化理解并不导致传统意义上的自我中心论。毋宁说，现象学视野揭示了一种交互主体的世界构成方式，即用"共在的结构"消融自我中心的绝对化倾向。这二者构成了一种现象学视野下的空间辩证法。空间既是我的、我的身体的，同时又是我与他人、陌异者共有的。从发生顺序上看，我的空间是优先的；而从逻辑顺序上看，交互主体结构下的空间是优先的。

如此描述的现象学空间经验"面向实事本身"，是"无前提的""切身的"经验，因此它不是西方的或东方的，不是希腊的或德国的，而是人类本真的生活经验。下面，我们采用海德格尔在《存在与时间》中"依时间性阐释此在"的句型，尝试"依空间性阐释哲学史"，把依现象学方法呈现的本真的空间经验用于对哲学史的审

---

① "人作为个人是一个文化世界的主观，这个文化世界是个人的普遍的共同体之相关项，每一个个人都在这个普遍的共同体中了解自己，在这里与他人的普遍的共同体的关联中，在与他在其中生活的文化世界的关联中了解自己。"（胡塞尔：《共主观性的现象学》第3卷，第252页）
② 海德格尔：《存在与时间》，第138页。

察。可以看到，这样一种空间经验的引入，为观念史从单向度的时间模式向多向度的空间模式的转换提供了可能性。

二、从时间到空间的视角转换：以哲学史书写为例

如前所述，现象学的空间经验从具身性和处身性的角度被描述，进而成为意义构建的结构性要素，其自身又在交互主体的构建过程中被拓展。一切存在经验和事件都处身于空间中，同时也被空间塑造。马克思指出，资本主义生产是"以时间消灭空间"，其后果是资本主义生产的线性时间模式导致了一种全球同质化的表层全球化，并且在时间向度上导致了人的单向度和加速主义时代。因此，当代批判哲学致力于以多元的空间经验对抗资本主义生产的单向度线性时间模式，以多元空间取代单向度时间，现象学的空间经验为这种批判提供了理论视角。

自20世纪60年代始，"空间"逐渐取代"时间"成为诸多学科的中心话题。笔者认为，现象学的经典论述中就包含了诸多空间优先于时间的含义；或者说，"时间与空间所共有的特征恰恰是其空间化了的特征"[①]。比如在胡塞尔那里，意向性构建基于对象的在场与缺席的结构，这种在场与缺席首先是与身体经验密切相关的空间性的，而非时间性的。因此，作为身体经验被表达的空间在某种意义上是内时间意识的基础；或者至少可以说，时间意识是通过空间隐喻被表达的。胡塞尔用来描述内时间意识的"滞留""前摄"等术语就是通过隐含的空间方位意义表达了时间的向度。因此，莱考夫

---

① 吴国盛：《当代空间哲学》，载邱仁宗主编：《国外自然科学哲学问题》，第386页。

（George Lakoff）提出，"时间"观念实际上是以身体经验的隐喻为基础的。①相比于时间，空间甚至显示出更大的思想可能性：依时间性解释的此在只能是被操心支配的"向死而生"，而依空间展开的生活经验才是存在论意义上充满无限可能的自由生长的事件。

因此，相对于单向度流淌的客观时间，作为生存基础的空间具有更为自由多元的特征。德勒兹的"块茎"概念是对现象学空间经验的贴切描述。自由多元的空间经验不仅取代了时间，为时间奠基，而且也破除了西方传统观念史中的逻各斯中心主义。②块茎可以随意从某一点生长出新的根须与系统，而每一个系统中的点又可以指向新的方向；也就是说，这是一个充满差异与可能的空间，是一个无限开放的反系统。在这一游牧式的空间中，植物的生长不存在中心，更没有前定式的导向。它获得了前所未有的自由，以至于其中的每一个点之间都可以实现连接。由此，原本封闭稳定的单向度结构被解构，完全自由的生成与创造的运动才得到保证，一个充满多样性的新世界从而得以生成。这也暗合弗卢塞尔（Vilém Flusser）指出的人类文化从"线性书写"到"技术影像"的转变。尽管他所谈的"影像"是超越日常时空之外的，但较之线性书写的时代，影像中的空间性意涵无疑更强。

德勒兹认为，游牧的空间是块茎生长的场所，而哲学史也同样

---

① "观念没有一个单一的整体一致结构，因而是内在统一的；相反，每个观念都是隐喻的拼凑物，有时被一种隐喻概念化，有时又被另一种隐喻概念化。事实上，它们并不纯然抽象，而是奠基于身体性经验。"（G. Lakoff and M. Johnson, *Philosophy in the Flesh: The Embodied Mind and Its Challenge to Western Thought*, Basic Books, 1999, p. 133）

② "块茎"的生成比喻意在与一种"分类树"与"谱系树"式的生长系统相区别。对于人类知识系统的"树喻"出自笛卡尔："哲学是一棵树，树根是形而上学，树干是物理学，从树干上生出的树枝是其他一切学问……"（笛卡尔：《谈谈方法》，王太庆译，商务印书馆，2001年，第70页）关于德勒兹的"块茎"，可参见德勒兹、加塔利：《资本主义与精神分裂（卷2）：千高原》，姜宇辉译，上海书店出版社，2010年，第336页。

应该是块茎式的生成过程。在其中，哲学家们不应是按照时间序列排列的一串名字，而应以一种自由空间的方式组合在一起。如同块茎上的芽点，任何一点都可以与现在或未来发生新的连接，生成新的思想——正如他本人与尼采、柏格森遥相呼应。伴随着当代观念史意义的建构，同样有一种处于生成之中的全球化空间意识被建构出来，客观空间的壁垒和辖域被打破。

按照块茎隐喻，当空间取代时间成为哲学史叙事的框架时，一种全新的基于空间经验的哲学史理解就呈现出来：哲学史是观念持续的建构、分解和重组的过程，这个过程总是与其发生的特定空间密不可分。哲学史不仅是线性时间维度中的观念更迭，更是置身于具体情境和空间中的发生事件。因此，在哲学史上，不同的哲学流派及其空间也应该是以块茎的方式自由生长、相互联系且无中心的思维之网。对于哲学史而言，现象学空间经验的引入意味着，空间不只是客观空间或者地理位置，毋宁说是一种发生性的现象学空间经验。第一，哲学观念并非从天而降，哲学史是一系列哲学家构建观念的历史；第二，哲学史的叙述者和倾听者总是置身于空间之中，他们的空间经验与对哲学观念的阐释和领会密不可分；第三，哲学观念所处身其中的空间影响、指引与限定了人类在世界中的理解与行为的各种可能性，因此空间构成了一种意义建构的力量和理解世界的视域框架；第四，哲学史是众多观念和不同哲学家、学派相互影响、不断流变的过程，因此其构建空间具有交互主体的特征，这种交互主体的空间意味着哲学史是主体间和文化间交流的结果，同时每一个特定哲学观念又是有限度的。在这样一个多维度的、发生性的空间经验的基础之上，世界哲学才有可能以新的面貌呈现出来。

众所周知，传统哲学史遵循的是一种纵向时间演进的叙述，叙述所置身其中的空间基本上固着在以希腊为源头的欧洲。其内部蕴含的不同空间相互间的异质性微弱，空间性和空间差异从来没有在哲学史书写中被真正考虑过，因此也不存在一个全球空间视野。如果我们把欧洲视为一个特定的同质空间，那么可以说，整部哲学史实际上就是基于这一特定空间的地方秩序，构建出仿佛具有普遍性、永恒性的纵向展开的线性时间。从这个意义上看，抽象的普遍真理实际上是构建调和的结果，欧洲中心论的立场就是在特定空间中自我中心的绝对化倾向。这里的空间尽管是局部性的，但它并没有被视为参与意义发生的结构性组成部分，也没有被看作不同文化共在的世界，而只是一个地理意义上的客观空间和精神意义上的绝对中心。然而，如前所述，哲学思考作为行为活动必然处身于特定的空间之中并受到特定空间经验的影响。因此，作为意义发生来源的空间是哲学史或观念史形成的前提条件之一，而不能作为均质的物理空间在论述中被忽视。此外，思想史所置身其中的空间具有意义建构功能，也是交互主体的共在世界。所以，将特定观念抽离特定空间、将之普遍化的做法是不合理的，将特定空间绝对化的自我中心论也无法成立。因此，以现象学的空间视野重新审视和书写哲学史，就要求我们在世界和境域化的维度中审视哲学观念的形成与接受，并且从多元的地理空间和民族文化空间出发关注相应的观念史建构。这是当代重绘世界哲学地图的基本要求。

从方法上看，从空间视角突破传统哲学史的书写方法，才能呈现多元图景的世界哲学地图。今天，以全球眼光而不是欧洲眼光审视哲学史，对于哲学史的写作方法本身也是一个拓展。传统意义上的"哲学史"实际上是一种近代欧洲的特定文学体裁。之前，从古希腊、罗马时代到欧洲印刷文明时代，没有出现过用希腊文、拉丁文或阿拉伯文写成的系统性的人类精神或观念的发展史。然而在近代欧洲，却出现了将哲学的历史作为专门对象进行描述的作品。它们运用特定的方法、问题视角和统一的编年顺序，把人类观念和精神的演进描述为唯一的、具有统一性的哲学史叙事，进而使之成为人类历史和世界历史的一个重要部分。

哲学史这种欧洲独有的写作方式首先借助的是语文学的方法，侧重于对书面文本而不是口头传统的批判性处理。因此，传统哲学史无可争议地首先是文本批判性的、以书面文献为基础的历史。随着哲学史叙事被确立起来，到18世纪上半叶，那些没有文本根据的古代时期历史及其观念被彻底排除出哲学史的范畴，比如《圣经》中大洪水之前的历史及其观念。同时，"西方的哲学"或"欧洲的哲学"这类表达也逐渐被等同于"哲学"，爱奥尼亚派自然哲学家成为哲学统一的起源。[1] 这一模式在近年来受到了欧洲之外的哲学形态——比如非洲的口述哲学传统——的挑战。口述的哲学传统更多的是以集体的方式而非哲学家个人的方式来表达观念、重构历史。这就是当代以更为宽阔的空间视野批判性地审视传统哲学史的例子。[2] 此外，以编年体的方式按照线性时间模式来组织哲学史也并非唯一的可能。印度那些古老的论述哲学思想的作品更多地采取的是体系化的形式，即遵循问题逻辑进行叙述：先呈现一个观点，然后逐一呈现其他学派对于此观点的批评。在此，甚至哲学家的名字

---

[1] 斯坦利（Thomas Stanley）在他1655年出版的哲学史中首次指出，"哲学时代"开始于泰勒斯和其他人首次被称为"智者"的时刻，即第49届古代奥林匹克运动会举行后的第三年（公元前582年）。参见 F. M. Wimmer, *Interkulturelle Philosophie. Eine Einführung*, Wiener Universitätsverlag, 2004, S. 76, Anm. 2.

[2] 当然，从语言、神话、谚语等口述传统文化中提炼集体观念是否能够形成一种哲学甚至构建哲学史，这又是一个充满争议的话题。唐普尔的《班图哲学》开辟的部族哲学的研究方法，在后世受到了强烈的质疑：究竟能不能构想一种没有哲学家的哲学？

也甚少出现。而在非洲哲学的论述中，由于其没有统一的语言文字和文化传统，非洲这一空间中的观念史演进也无法以编年体的方式得到叙述。

以更为宽广的空间视角而非欧洲视角对哲学史及其方法进行反思，我们就可以看到，18世纪以来发端于欧洲的哲学史书写方式并非唯一的可能，因为在其中，空间的差异性未能得到充分表达。其背后隐含的是，哲学本身的丰富可能性被忽略了。我们不得不承认，不同空间中的哲学所依凭的文化、语言和习俗都是不同的，它们所关注的问题也是不同的，并且它们由其空间和世界决定的论述逻辑可能也大相径庭。因此，并没有一种先天的普遍哲学。实际上，前现代某一地区的人之所以认为自身的哲学（或思想）是普遍的，乃是由于其认知的有限造成的盲目中心主义的心态。而现代哲学家们宣称的普遍哲学，则是受到科学意识形态感召下的企图。现象学的空间理解从存在者切身的空间体验出发，强调空间的意义建构功能和交互主体的方式，消解了客观空间的普遍有效性，强调了文化空间的多元性。因此，哲学史的丰富性也由此得以展示。

空间不仅是观念发生的位置，同时空间经验也参与了观念的形成。因此，哲学史所置身其中的空间并不是客观均质的，而是差异多元的，这对应了观念的多元性。笔者认为，对这种多元性和差异性的认可是哲学史书写的边界。换句话说，我们不能在多元差异的观念之上横加一个指标对之做出评判。比如，启蒙时代有很多哲学家相信，温带气候有助于哲学的产生。根据赫曼（C. A. Heumann）的说法，在太冷或太热的地区是不会出现哲学家的。有不同气候的地区对应着不同的精神力量：在炎热的国家，人们想象力过度发达，盛产迷信者；在寒冷的地区，人们记忆力过分发展，产出的则多是历史编纂者；只有在温带气候下，才能强有力地教育出判断性理智，从而诞生哲学家。①这一看法就是将欧洲的哲学概念特别是启蒙运动以来的普遍理性观念作为一个前提标准来衡量不同地区的哲学，认为在热带或高纬度国家没有哲学。这种基于西方中心的理性标准实际上是一种虚假的普遍化，将非欧洲人、有色人种排除于理性世界之外，将非西方的空间排除于哲学空间之外。但实际上，这种普遍化模式只是"在忽略现实的意义上具有普遍性"，它本身也只是"一个特殊化的断言"。②

　　哲学史作为人类反思性精神活动的汇集，本身就是一个在世界范围内充满差异的集合。因此，想把某一空间内的特定哲学观念及其历史普遍化的企图本身就包含着矛盾。现象学的空间理解强调空间事物的处身性、共在性和有限性，这同样适用于哲学史和哲学观念。正由于其有限性，任何一种具体哲学的普遍化尝试在逻辑上就是不自洽的。因此，主张每一种哲学的处身性与空间的有限性，可以得出一种阐释学观点。其出发点是，人类的无限性意味着每种文化放弃将自己绝对化和神圣化的企图，并且拒绝使用作为唯一阐释范式的单一的理论概念模型。③因此，基于现象学空间经验的哲学史书写，首先需要破除观念史叙述中的西方中心论，以共在和建构性的姿态扩大"哲学"概念的内涵——它不是希腊或者欧洲所专有的。世界哲学是一个自由发生的整体事件，任何局部化的标准都不可普

---

① "哲学并非在任何地方或任何时候都会出现。而占星术和先辈遗传都没有给出其理由。相反，气候是一个恒定的原因：只有像德国、意大利、法国、英格兰这样气候适宜的国家才能真正产出哲学家。"（F. M. Wimmer, *Interkulturelle Philosophie. Eine Einführung*, S. 84–85）
② L. Gordon, "Black Existence in Philosophy of Culture", *Diogenes* 2014, 59.
③ R. Fornet-Betancourt, *Lateinamerikanische Philosophie zwischen Inkulturation und Interkulturalität*, IKO, 1997, S. 103–104.

遍化。就像雅斯贝尔斯指出的："唯有整个人类的历史能够提供衡量当下所发生的一切的意义的尺度。"①

在西方中心论（20世纪之后主要是盎格鲁中心论）的传统哲学模式下，哲学论题往往以一种理论的纯粹形式呈现出来，强调其普遍性意义。因此，西方哲学论题的空间地域性和历史性面向就被有意无意地弱化了。而在传统哲学史的论述中，非西方的哲学和思想的区域视野、历史背景、实践属性等则不断被强调，进而被排除出哲学史的范畴。黑格尔对儒家思想的评价即为一例。但是，如果从空间事物的处身性特征来看，西方哲学的思想和命题也有其具体的文化语境和历史来源。比如，墨西哥哲学家恩里克·杜塞尔（Enrique Dussel）曾就此质疑过阿佩尔（Karl-Otto Apel）。阿佩尔的对话伦理学及其规范道德是以一种普遍的交往理性和先验的交往共同体为基础的。但是，杜塞尔以他身边的人为例指出，事实上，大多数人并不具备理想化的理性人格，他们的基本生活姿态是排外的，他们拒绝参与到交往共同体中。所以，他批评阿佩尔的出发点只是一种特定的存在视域，是受过良好教育的欧洲人的交往共同体，但他却不加反思地将之视为人类普遍的先验本质。②

每一个哲学观念都是在特定的空间中、在具体的历史文化背景中被构建出来的，空间和文化构成了思想的氛围和基础。哲学的语境（历史的具体生活和人们的生活境域）也是哲学史的结构性组成部分。不存在一种抽象的自在哲学，即脱离文化、语言和语境内容的哲学。对此，维默说道："我们必须注意到，哲学的所有表现形式

---

① 雅斯贝尔斯：《论历史的起源与目标》，李雪涛译，华东师范大学出版社，2018年，第3页。
② E. Dussel, "Ethik der Befreiung. Zum 'Ausgangspunkt' als Vollzug der 'ursprünglichen ethischen Vernunft'", in R. Fornet-Betancourt hrsg., *Konvergenz oder Divergenz?*, Verlag der Augustinus-Buchhandlung, 1994, S. 88.

或内容中没有一处是完全独立于其文化领域和文化内涵的。而尽管有如此局限，哲学还是一再提出要求，恰恰凭借受制于文化的方式试着给其问题以普适的解答。我们将遭逢每种哲学文化性的困境，这种困境就在于，哲学的规划一方面要追求普遍性，另一方面又植根于某一文化语境。哲学不但从这一文化语境中获取其表达方式和特定议题，而且其合理性和说服力也必须在其中得到衡量。"[1]

三、跨文化视野下的世界哲学地图

在传统的哲学史书写中，狭义的"哲学"是指发源于古希腊米利都地区、用欧洲语言表达的一种观念和知识类型，其空间定位被固着在希腊和欧洲。它是西方所独有的，在世界其他地方都没有出现与宗教、诗歌、科学如此截然分开的哲学。20世纪以来，尽管世界哲学地图的很多边缘地区的思想传统也已被冠以"哲学"之名，但上述情况依然常见，世界上的大部分哲学工作者都可以把他的知识谱系追溯到某个欧洲哲学家身上，或者在方法范畴上得益于这种狭义的"哲学"。

随着全球化的推进和多元化空间理解的展开，对上述状况的抵制与抗拒也日益明显。今天，全球化使得世界文化的多元性比20世纪更为丰富。随着以现代技术为标志的西方文明困境的显露，以及世界范围内反西方殖民斗争的不断深入，经济和文化上的全球化趋势持续加强，多元的"世界哲学"作为哲学话题日益引人注目。这个话题正是由雅斯贝尔斯系统地开启的。他的"轴心时代"构想基

---

[1] F. M. Wimmer, *Interkulturelle Philosophie. Eine Einführung*, S. 9–10.

于空间经验的拓展宣称,"哲学"不单单意味着"西方哲学",我们在欧洲外的其他文化类型中也能找到与欧洲的"哲学"形式相似的等价物,并且也可称之为"哲学"。这意味着,"哲学"这个概念的外延扩大了:从独一的欧洲哲学扩大到多元的世界哲学。今天,"世界哲学"的构想正在被进一步拓展。与多元的文化样态相应,多元化的哲学也已经成为人类的共识,除了欧洲以及轴心时代的地区有其哲学,世界上所有有着古老文明传统的地域(比如非洲、拉丁美洲、中亚、俄罗斯、东南亚等)也有自己的哲学。随着哲学史叙事日益与丰富的全球化空间经验联系在一起,哲学的多元化在今天也有着更加丰富的呈现。这是人类文明从欧洲中心论走向文化多元主义的表现之一。

对于人类而言,与多元差异的空间经验相应,文化和历史的多元主义情境才意味着真正的自由可能。如马奎德指出的:"人类不仅需要唯一一种历史或者些许历史,而且需要多种历史;因为假使人类——每一位单独的人和所有人一同——只有一部历史,那么他们就会完全落入这个单一历史之中,并且把自己交付于它;只有当他们拥有多样的历史时,他们才能借助其他历史从某个历史中解放出来,由此有能力发展一种独特的多样性,即成为个体……"①

此外,特定的哲学观念及其历史总是置身于境域之中,而境域空间自身也以共在的方式不断被构建延展。全球化进程使得不同地理空间和文化空间之间的交流日益频密,因此对哲学史的多元化叙述也应当充分关注不同空间中哲学的相互影响和交流。如果说一切历史都是当代史,那么今天的全球化时代的哲学史就应当是一幅全

---

① O. Marquard, "Universalgeschichte und Multiversalgeschichte", in O. Marquard, *Apologie des Zufälligen*, Reclam, 1986, S. 72.

景式的世界哲学地图。①这样一种全球化时代的哲学及其图景，必须找到一条在相互交流、批评和启发中澄清问题的道路。就此而言，现象学视野下的空间经验秉持着"回到实事本身"的精神，蕴含了一种非中心化的、交互主体的空间构建形式；拓展到文化领域，就是一种跨文化的交流框架。2019年，哈贝马斯循着雅斯贝尔斯的道路，以信仰和知识的争论为主线，出版了一部名为《也是一部哲学史》的著作，讨论从形而上学到后形而上学思想的发生史。这部书一方面以全球化的空间视角将佛教、儒学等非西方传统纳入哲学史叙事，另一方面以当下的问题意识呈现出一种全球化视野下的新的哲学史书写方式。

在多元空间的哲学史论述中，"哲学"不再是一个单数概念：希腊和欧洲的标准并非哲学的唯一可能性。跨文化视野下的世界哲学地图不仅要呈现不同地理空间和文化空间中的哲学观念传统，呈现出复数的哲学及其论述方式，同时要为它们之间的互相交流和对话搭建框架。在雅斯贝尔斯那里，"哲学"的内涵也被大大扩展了：哲学不只是基于逻各斯的活动，所有关于个体生活和共同体生活的反思活动都可以被称为"哲学"，"哲学与人类共存"。由此，多元哲学的公约数更容易被找到。基于此，不同哲学传统之间的对话方可展开。雅斯贝尔斯对"轴心时代"的论述强调，"在历史上并不存在普遍被承认的哲学家的概念"，"在人类的多样性中存在着哲学真理的多样性"，因此"我们不能用我们将要知道的哲学中的某种类型来替代哲学的所有流派"。②基于此，雅斯贝尔斯第一次将哲学史叙事

---

① 就像雅斯贝尔斯在《论历史的起源与目标》中（第85页）所指出的："今天开始成为现实的世界和人类的全球一体化，开启了地球上真正的普遍史，即世界史。它的最初阶段始于地理大发现，并在本世纪真正开始。"

② 雅斯贝尔斯：《大哲学家》上，李雪涛等译，社会科学文献出版社，2005年，第8、29、30页。

的目光拓展到欧洲之外，将古希腊的哲学家与印度、中国的哲学家相提并论。尽管从今天全球化的空间视角看，他尚未关注到撒哈拉以南的非洲、中美洲和南美洲（因此，相较于"轴心时代"的构想，今天的世界哲学地图必须考虑更为多元的思想发祥地），但相比于传统欧洲的哲学史叙事，轴心时代叙事已经通过对空间视角的拓展显示出巨大的进步。

随着全球化进程的推进，世界范围内的空间异质特征被凸显出来，传统上依照线性时间展开、在空间上同质的哲学史叙事已变得不合时宜。异质的空间性和线性的普遍时间之间包含着深刻的矛盾。因此，重绘世界哲学地图，首先就要在多元的空间意义而非线性的时间意义上重新理解世界哲学，破除西方中心的立场，在新的时代背景下探讨观念史的公约数。这是展开跨文化的思想对话的基本前提。在这幅新的世界哲学地图中，空间与时间并非各自独立地具有均质化特征，而是缠绕在一起体现出丰富的异质性。同一个时间基于不同的空间具有完全不同的意味，比如12世纪的欧洲和中国、19世纪的欧洲和非洲就不适合用统一的观念史时间轴来衡量。相应地，貌似同样的空间位置在不同的时代也可能引发不同的空间感受。刘易斯·高尔登（Lewis Gordon）就谈道："在欧洲出现之前，当时的地中海地图必须颠倒过来才能让现代的旅行者看懂，因为在古代对于包括非洲东北部（最著名的文明是埃及）在内的地区的组织方式中，'上'指的是南方，'下'指的是北方。换句话说，一个人向上旅行到达后来被称为非洲的地方，向下则到达后来被称为欧洲的地方。"①

在此，我们要提及劳尔·福奈特-贝坦科尔特（R. Fornet-

---

① L. Gordon, "Shifting the Geography of Reason in an Age of Disciplinary Decadence", *Transmodernity: Journal of Peripheral Cultural Production of the Luso-Hispanic World* 2011, 1(2).

Betancourt)的观点,即"其中假定的普遍性连同其抽象的'纯粹'哲学原则实际上不是普遍性,而是某个背景文化的不确定性"[①]。在此具有决定性意义的是,要求并推进对自身立场的语境化和相对化认知,以及对抽象普遍性的拒绝。如果说其中有什么是普遍的,那么它就是多元文化间的交流过程。强调特定文化和思想传统的有限性,正是为这种普遍的交往设立条件。由此出发,基于多元文化的多极化的世界哲学地图就是对于当代世界思想状况的真实描绘,是哲学真理的当下化,也是人类普遍交流的一个前提条件。

一方面,我们要强调哲学和思想的文化属性、空间境域性(我们习惯于说德国哲学、法国哲学,但不会说德国物理学、法国数学),但同时也要反对文化本质主义,反对把哲学所置身其中的空间属性绝对化,形成一种封闭的自我中心论。后者的这种绝对化的倾向引发了很多争议,比如一些当代非洲哲学家出于过度强化的反殖民心态坚持追求那种未受西方影响的纯粹非洲哲学,认为用法语或英语讨论的非洲哲学就不是真正的非洲哲学,甚至认为使用"哲学"这个词就是文化殖民主义。这实际上是一种本质主义的幻想,它似乎认为在历史上的某个时刻有一种纯粹的、不受本传统之外的任何东西影响的文化或哲学。但实际上,现象学视野下基于具身性、处身性和共在性的空间是勾连贯通的,不存在原初隔绝的孤立空间。相应地,哲学的跨空间、跨文化属性古已有之。按照夸西·维雷杜(Kwasi Wiredu)的看法,包括西方哲学在内的所有哲学都是依靠不同语言之间的翻译才得以传承的,因此哲学是必然有跨文化属性的。比如,我们今天看到的希腊哲学文本,就是在8—11世纪经过了阿拉

[①] R. Fornet-Betancourt, *Lateinamerikanische Philosophie zwischen Inkulturation und Interkulturalität*, S. 28.

伯语转译的结果。即便是在普遍理性得到确立的启蒙时代的欧洲，哲学的跨文化特征也始终存在。莱布尼茨和沃尔夫对于中国哲学的赞赏和关注人所共知，与康德同时代的来自加纳的哲学家威廉·安东·阿莫（Wilhelm Anton Amo）也在当时的德国学术界取得了重大成就——他能够用拉丁语写作哲学论著，并先后在哈勒、维滕堡和耶拿大学学习，并担任讲师和哲学教授长达十年时间（1730—1740年）。[1]

全球化时代的世界哲学地图，应当在现象学的空间视野下描述多元哲学普遍交流的多极化框架。与现象学的无中心的、差异化的空间理解一致，世界哲学史也不是西方中心的普遍哲学一家独尊的图景，而是诸多人类思想文化传统起承转合、互动构成的复杂而均衡的整体观念史。全球范围内文化的多极化和多向度交流成为一个牵涉人类历史的整体事件，成为当代哲学研究的背景和基础。因此，重绘世界哲学地图就对当代哲学史书写提出了新的要求。全球化时代的世界哲学地图应当开启的是一个可以容纳不同文化传统及多元哲思的公共空间，突出不同哲学传统之间整体的和局部的关联，展开世界范围内的跨文化哲学对话，寻找并弘扬人道、宽容、多元、自由等全人类的共同价值。"哲学"在这里体现为一种多元开放的统一性，而不是抽象的排他性。通过重绘世界哲学地图，不同的哲学传统得以建立新的自我理解和自我定位，增强对自身文化条件、地位的觉知，从而认识到自身传统在世界范围内的边界和有限性。

文化的多元主义和跨文化的"世界哲学"的构想与一种表面的全球化针锋相对。后者指的是在自身传统的全球校准中，通过科学

---

[1] 关于威廉·安东·阿莫的思想，参见 P. J. Hountondji, *Afrikanische Philosophie. Mythos und Realität*, Dietz, 1993, S. 123-148。

技术、经济政治模式、交通与媒体、流行文化等塑造一个同质化的世界共同体,把全球化视为一种拉平不同文化差异的单向度过程。这种同质化的全球化本质上是盎格鲁中心主义和科学普遍主义的当代想象。但是事实上,这种表面的全球化忽视了全球化过程中发生的深层文化交融。全球化塑造了世界范围内趋向同质的生活方式,但是在更深层面上却导致了不同价值体系、信仰形式和生活意义的相互交融与相互渗透。这两种情况也恰好对应了空间视角的转变:表面的全球化对应的是单一的客观空间模式,而深层的全球化对应的则是空间自由发生和交融的模式。后者也包含了哲学观念的全球化,即在大范围的文化交融和冲突过程中不同文化来源的哲学立场的相遇。"世界哲学"的构想和哲学的多极对话正是对于哲学全球化的一种应对姿态,这一点也正反映了当下哲学的时代性特征,即通过与时代语境中的他者的对话形成更为全面和丰富的自身认识。比如,20世纪60—80年代在拉丁美洲思想界占统治地位的是具有强烈人道主义倾向的反对压迫、争取解放的解放神学;而从20世纪80年代末至今,拉美哲学家们对解放神学的反思变得更为全面,他们既接受解放神学揭露压迫的一面,同时也对其排他主义的对抗立场提出质疑。

如果说"轴心时代"的构想反映的是"一战"后"西方的没落"这一时代基调(即在西方世界之外发现异质的地理空间中的观念和文明),那么在今天,除了多元差异的空间呈现之外,不同观念史和哲学史之间的交流对话、相互映照应当成为世界哲学的主要任务。在全球化时代,我们理应有一种更为开阔的对于世界哲学的理解和反思,将跨文化属性视为哲学的本质属性。在这里,跨文化哲学不仅反对欧洲中心主义,也反对任何形式的中心主义倾向。因此,"跨文化哲学是一个精神性的哲学观点之名称,它伴随着一种持续发展的哲学的所有文化影响而存在,并且绝不让它们取得绝对的状态"[1]。

这样一种多元的世界哲学引发的是哲学的特殊性与普遍性之争。山川异域,何以同天? 在全球化时代,这已是一个无可避绕的问题。多元主义者坚持哲学和文化的地域性和历史性特征。处于历史境域和地理空间中的在地性哲学,用现象学和阐释学的话语来说,就是在具体境域中发生的哲学。哲学的问题、方法、论证和信念都来自具体的文化传统,并且通过不同的民族语言来得到表达;也就是说,它与特定的文化语境密不可分,不可能从特定的语境和历史背景中抽离出来。所以,哲学本身是产生于特定的文化结构和空间境域之中的,每一种哲学都与具体的种族、地理和自然环境、历史传统紧密联系在一起。比如,中国哲学是在汉语文化语境和东亚地区的自然和社会历史中形成的;海德格尔的思想则与德国青年运动和民族主义思潮密不可分;而在非洲哲学中,格耶克耶(Kwame Gyekye)在从阿坎族的谚语出发重构其观念体系时强调了契维语(Twi)本身形象化表达的特征,其丰富的内涵在西方语言的翻译中无法被穷尽。然而,空间本身的交互主体性和共在的构建方式也意味着,哲学传统独特的在地性并不是完全孤立、静止的,而是通过在历史进程中不同区域的传统之间的交流和相互影响才逐步构建起来的。比如,在当代拉丁美洲哲学中,本土崇尚自由和人道主义的精神与天主教信仰、马克思主义混合在一起,才形成了解放神学。哲学的在地性和建构性特征决定了哲学的多元化、差异化和相对化,正是这一点赋予世界上不同地域的哲学一种身份上的平等。如墨西哥哲学家莱

---

[1] R. A. Mall, "Andersverstehen ist nicht Falschverstehen", in W. Schmied-Kowarzik hrsg., *Verstehen und Verständigung. Ethnologie-Xenologie-Interkulturelle Philosophie*, Königshausen & Neumann, 2002, S. 273-289.

奥波尔多·塞亚（Leopoldo Zea）所言，人类正是因为彼此不同才成为同等的人。基于此，世界范围内跨文化的哲学和思想交流才有可能展开。这样的交流并不导向消除多样性的统一历史叙事，而是呈现与呵护多样性。如马奎德所言："与他人的交流，更确切地说不仅仅是与同时代人的同时性交流，而且是与其他时代的人、与其他文化的人的历史性交流，为我们拥有多种生活和多种历史提供了唯一的可能性。这时恰好需要多样的他者，并且重要的不是在交流中消除这些多样性，而是必须保护它、培养它……世界历史只有通过自身历史性的消解成为多元历史，才是人性的。"①

在现象学的空间视野下，哲学的"普遍性"应当被赋新义。在西方中心论的传统哲学模式下，哲学论题以一种理论的纯粹形式呈现出来，先天具有超越历史的普遍性意义。而今天，"世界哲学"的构想则越来越倾向于拒绝这种抽象的普遍性。在现象学的空间视野下，不同哲学传统的地域特征和历史背景通过其处身性不断被强调，哲学真理的普遍性不再被归于任何一种排他的具体哲学传统，每种特定的哲学本身在特定空间内的发生都是过程性的、非统一的。就此而言，哲学的普遍性所指的只能是一种超越具体时代和区域的无内容的框架性特征，是整体上普遍的对话和交流事件，而不是具有客观形态的超历史的统一理念。雅斯贝尔斯在他的《哲学自传》中为哲学下的定义是：哲学乃是一项不间断的事业，旨在致力于完成一种前提，正是这一前提使得普遍交流成为可能。因此，哲学世界史之现实化可以成为普遍交流之框架。②

---

① O. Marquard, "Universalgeschichte und Multiversalgeschichte", S. 73.
② 参见雅斯贝尔斯：《哲学自传》，王立权译，上海译文出版社，1989年。

四、结 语

现象学的空间视野致力于解构自然科学模式下统一的客观空间，通过具身经验的介入将空间描述为发生性的过程和意义构建的来源，而空间事物的处身性成为事物的本质属性。同时，这种构建中的空间是以交互主体的方式展开的。在当代，由现象学的空间经验所引发的多元的空间模式正在取代自然科学所遵循的线性时间思维模式。相应地，如果将这种新的空间理解投射到地理空间及其容纳的哲学史或观念史的发生事件上，那么一种线性时间模式的哲学史叙述方式以及欧洲中心主义的书写模式就受到了挑战。雅斯贝尔斯的"轴心时代"说就是一个基于空间经验的新哲学史模式的尝试。全球化时代更要求，基于多元空间属性的多元哲学样态被充分重视，不同空间中的哲学传统相互交融映照。哲学的普遍性并不来自任何一个特定的哲学传统或哲学命题，而在于多元框架下的普遍交流。

基于现象学的空间经验重绘世界哲学地图，就要坚持"面向实事本身"的现象学原则，以发生学的历史视角看待和分析每一种哲学传统。哲学要描述思想传统的产生与发展及其相互影响的关系，反对抽离历史文化背景的普遍的抽象真理。在某一历史时期，某一具体思想传统有其优势，某些传统处于劣势。但整体上，这是历史性的，而非绝对的。每一种特定的哲学观念所处身其中的空间都是有限的，有其发生过程，因此只有不同哲学和思想传统之间并存和交流的框架是普遍的。所以，在全球化视野下重绘世界哲学地图，我们应当坚持文化多元主义和宽容精神，拓展"哲学"的内涵和外延，放弃将自身绝对化的中心主义观点，消弭中心与边缘的区分，尊重所有思想传统的独立价值，认可不同人类群体的文化创造，从而尊重世界文明的多样性，以文明交流超越文明隔阂，进而凝聚全人类的共同价值，构建人类命运共同体。

重绘世界哲学地图不仅是一个理论构想，更是全球化时代哲学研究的实践要求。综上所述，其实现的路径包括但不限于如下步骤或部分：首先，我们要打破传统西方中心论的哲学史模式，重新理解和定义"哲学"概念，以更宽广的"哲学"定义把全球多元的思想形态囊括到"哲学"之中，并赋予它们同等的地位；其次，我们要抛弃先入之见，系统化地深入研究不同文化传统中的哲学，包括非洲、拉丁美洲、阿拉伯地区、东南亚和大洋洲的文化和思想，将之有效地融入今日的哲学史叙事之中；再次，我们要充分关注不同思想文化和哲学传统之间起承转合、相互影响的跨文化交流史，在全球化普遍对话的框架下书写哲学史；最后，对任何一个特定哲学传统的理解和描述只有在其具体的置身境域中才有可能，在世界哲学的书写中，哲学的在地性特征应当被充分关注。

对于中国哲学而言，作为"实事本身"的现象学空间经验有助于我们在全球化时代实现更为恰当的自我定位。中国哲学并非只是中西二元框架下的一极，更是世界哲学地图中的多元哲学的一个组成部分，它同样有其独特的历史性。在全球化的世界哲学地图中，中国哲学的参照系应当是包括西方哲学在内的各个地理文化空间中的哲学传统。只有基于此，中国哲学才能有足够确切的自我理解，中国自主的知识体系才能真正被构建起来。中国的哲学和观念传统是处于世界之内的。今天的世界哲学地图应当是多元的思想空间的完整呈现，不是西方中心的，也不是东方中心的，而是包含了非洲、拉丁美洲、中亚、南亚等地的所有人类文明和思想的传统。

作为跨文化哲学实践的"多极对话"概念浅析

一、文化与跨文化哲学

在我们的时代,"文化"正日益成为最为常用的关键字眼,对于"文化"的定义也层出不穷、莫衷一是。在日常语义层面上,"文化"(culture)一词与"自然"(nature)一词是相对的。因此,文化不仅仅是社会中的精神和艺术成就,更是涵盖了所有人的行为结果。所有有人介入其中的事实,都可以被称为"文化",比如对植物的种植就是"文化",植物本身的生长则是"自然"。[1]在此意义上,"文化"囊括了所有的人类行为成就。而有关其功能,潘尼卡给出了一个相当到位的说明:

> 每一个文化,在某种意义上,都可以说是一个集体在时间和空间中的特定时刻无所不包的神话;它是使我们所生活、所存在的世界看似有理和可信的东西。[2]

---

[1] 相关论述可参见 D. Hartmann und P. Janich hrsg., *Methodischer Kulturalismus. Zwischen Naturalismus und Postmoderne*, Suhrkamp, 1996.

[2] 潘尼卡:《文化间哲学引论》,辛怡译,载《浙江大学学报(人文社会科学版)》2004年第6期。

在潘尼卡看来，作为神话的文化是一种纯然的主观之物，是作为历史积淀下来的人类主观行为成就，而在功能上则是一种奠基性的背景，甚至超越并囊括了语言。他说："文化不只是语境，当然更不只是由文本构成，文化有一个先于文本和语境的结构。文化间方法超越对文本和语境的解释，触及它们背后的结构，因而是另一种解释学。"① 在这个意义上，文化可以说是最为根本的、与人的生存结合得最为紧密的解释学。

作为人类主观行为成就的积淀和人类生存的解释学，文化具有其延续的时间性维度，它从历史中来，并且以其持续性彰显了未来。但是，这种延续并非一个普遍的独一文化的延续，而是多种形态的共存：文化总是复数的。从人类文明史来看，一方面，没有任何一种单一文化可以表达人类文明整体；另一方面，对每一种具体文化而言，它们在其历史中都呈现出某种中心主义的倾向，比如扩张型的中心主义（欧洲基督教随着殖民运动在欧洲以外地区的扩展）、整合型的中心主义（中国儒家传统对外来宗教的改造性吸收）、分离型或多样型的中心主义，等等。② 这些中心主义倾向在不同程度上隔绝了文化间真正沟通的可能性，它们总是以保持和扩展自身为目的而试图征服他者。

如果说在前现代社会，不同样态文化的共存尚未充分进入人类的视野，或者说，众多保持自我中心立场的文化样态之间的相互影响只是人类历史的边缘现象，那么到了现代，文化间问题（包括文化对话、文化冲突、文化理解）就成为整个人类文明和知识体系亟

---

① 潘尼卡：《文化间哲学引论》。
② 相关的详细论述和图表，可参见维默：《文化间哲学语境中的文化中心主义与宽容》，王蓉译，载《浙江大学学报（人文社会科学版）》2010年第1期。

须处理的焦点问题。在全球化时代，我们的生存境域已经不可能是某种孤立的文化形态，而体现为不断交融冲突的文化间性。如何看待和安顿多种文化样态？如何为多种文化样态的共存寻找一个正义的、合理的共存模式，以达到基于相互理解的和谐局面，从而为我们在现时代的生存奠定一个丰富而稳定、具有高度包容性的解释学背景？这是跨文化/文化间（intercultural）哲学要解决的问题。

在人类文明史上，哲学是文化这个范畴中的重要部分，它发源于它所从属的文化类型，同时又是这整个文化类型中的奠基性部分。哲学的问题、方法、论证和信念都来自具体的文化传统，并且通过不同的民族语言来得到表达；也就是说，它与特定的文化语境密不可分。所以，哲学本身产生于特定的文化结构，每一种哲学都与具体的种族、自然环境和历史紧密联系在一起。狭义的"哲学"就是指发源于古希腊米利都地区的、用欧洲语言表达的一种知识类型。海德格尔在1943年关于赫拉克利特的课上曾说过，人类的哲学理性总是具有单一的肤色（白人）、单一的性别（男性）和单一的世界观形式（基督教世界观）。

当然，20世纪以来，随着经济、政治上反西方殖民化的斗争不断深入，"世界哲学"在知识体系中作为哲学话题日益引人注目，特别是像雅斯贝尔斯的"轴心时代"这样的设想越来越为人们接受，哲学在大多数时候已不单单意味着西方哲学。与多元的文化样态相应，多元的哲学也已经成为人类的共识，除了欧洲，东亚、西亚、非洲和拉丁美洲都有其特殊的哲学类型。这意味着，"哲学"这个概念的外延扩大了：从独一的欧洲哲学扩大到了多元的哲学。

哲学外延的扩大是人类文明从欧洲中心论走向文化多元主义的核心表现之一，但是这个过程带来的问题甚至比它鼓舞人心的一面还要多。一方面，欧洲的哲学家们在面对非欧洲哲学的时候，总是不经意地流露出欧洲中心论的立场，从黑格尔到胡塞尔，概莫能外；而另一方面，当欧洲外的文化类型参照欧洲的方式把自身的思想历程或者世界观形式也称为"哲学"的时候，当欧洲外的人文研究者与欧洲哲学巨擘们据理力争以证明自己的文化传统中也有哲学的时候，这是不是又掉进了一个文化殖民主义的陷阱呢？① 因此，当我们承认多种形态"哲学"（或者与哲学相似的形式等价物）的事实性存在时，同时就应当对它们之间的关系做一个合理的说明，为多元的哲学样式和文化提供一个合理的且不奉任何一种具体文化形态为圭臬的秩序。这种秩序，就是跨文化哲学所要面对的主要问题。

在这里，我们遇到了一个难题：一方面，我们不能否认多元的哲学是以相应的多元文化形态为根源的；另一方面，以构建多元文化之正义秩序为目标的跨文化/文化间哲学本身则要超越任何一种具体的文化传统。潘尼卡是如此描述跨文化/文化间哲学的：

> 跨文化/文化间哲学把自身放在无人之地，即尚未被任何人所占据的处女地；不然，它就不再是文化间的，而是属于一个确定的文化。文化间性是无人之地，是乌托邦，身处于两个（或更多）文化之间，它必须保持沉默。②

作为无人之地的跨文化哲学不能以欧洲哲学、中国哲学或印度哲学的惯常方式开口说话；只要以这种或者那种传统固有的口气一开口，它就错了。因此，潘尼卡进一步说：哲学的跨文化概念"具

---

① 类似的讨论不仅在汉语学界，而且在非洲和拉丁美洲的人文思想界也广泛地展开。
② 潘尼卡：《文化间哲学引论》。

有纯形式的特征，而且只在时间和空间的特定时刻有效，它是先验的，与我们一直称之为哲学的东西不是同一范畴。这一哲学是一个形式的先验物，不是一个范畴"①。

作为先验形式的跨文化哲学在具体的文化传统立场上是沉默的，它只能在先验的位置上才能有所言谈。尽管以逻各斯为基本词的西方哲学一直都在追求先验的形式，但是在跨文化的问题领域，它应当保持沉默，因为它有一种清晰的文化传统归属（古希腊—欧洲）。跨文化哲学不同于具体文化历史形态中的哲学，它不能借助于欧洲哲学或者中国哲学的话语体系，甚至也不能耽于两种具体文化形态或哲学理论之间的具体对比——它要超脱其上。潘尼卡特别指出，跨文化哲学特别要避免一般意义上哲学的理论化倾向，以防止（欧洲意义上的）"哲学"所习以为常的逻各斯传统和朝向理论的还原论观念。他说：

> 跨文化哲学不能排除实践的维度，实践不只是柏拉图哲学或马克思主义意义上所理解的实践，它也是明显具有生存论意味的实践……它与行动有关，而这里所指的行动未必限于纯粹心智的或理性的运作。②

对于理论化倾向的避免，并非出于某种欧洲外哲学或者单纯的反欧洲中心主义的立场，而是在生存论和先验的层面上把跨文化哲学视为一种实践——高于理论的实践。对此，现象学早有洞察。海德格尔就说过：他在对亚里士多德的诠释中得出，理论（theoria）本

---

① 潘尼卡:《文化间哲学引论》。
② 同上。

身也是一种实践活动（praxis），实践智慧/明智（phronesis）乃是揭示真理（aletheuein）的根本方式。①

二、作为跨文化哲学实践的多极对话

跨文化哲学是先验之物，它不属于任何一个确定的文化传统，而是生存论意味上的实践。那么，究竟如何实践？维也纳的哲学家维默提出了一个跨文化哲学实践的构想，即"多极对话"。

所有文化都必须要以一个历史共同体为承担者和维系物，它必然具有某种向心的凝聚力。对于陌生的他者而言，这种凝聚力就表现出中心论倾向。如前所述，维默广泛地考察了人类文明中的中心论样态，比如扩张型的中心主义、整合型的中心主义、分离型或多样型的中心主义等——这些具有中心论样态的文化类型不可避免地都是排他型的。在这些作为解释学生效的文化类型中，有一些采取了普遍主义立场。它们认为，只有从自身出发，才能解释普遍意义上的人类历史的本质和结果。而另一些类型则倾向于分离的个殊论，它们认为自身的文化有理据在一定的区域内作为解释学背景处于中心位置，从而将陌生文化作为入侵者或者野蛮人排除出自己熟悉的区域。而无论是文化的普遍主义还是分离的个殊论都将导致事实上的文化冲突，而非文化和谐。因此，维默的问题是：在全球化时代，这些各自具有中心主义倾向的文化类型相互之间如何共处？为此，跨文化哲学作为高于所有具体文化传统的哲学实践形式，能够提供一个怎样的方案？"多极对话"就是对此的回答。

---

① 参见《海德格尔全集》第18卷（*Grundbegriffe der Aristotelischen Philosophie*）、第19卷（*Platon: Sophistes*）。

作为跨文化哲学实践的多极对话模式的前提是：处身于具体文化中的哲学并不意味着普遍真理或者特定真理的预设，而是要充分调动所有思维能动性进行思考，认识到包括自身在内的诸观点的相对性。潘尼卡说，哲学的发现"总是局部的、假设性的、不确定的、不完全的、充满偶然性的、没有完结的，这不仅是因为实在的无限性，也是因为我们自身的有限性使得每一个发现同时也是覆盖"[①]。

在这里，维默基于跨文化的先验立场重新解释了"跨文化哲学"和"理性"概念。他指出，跨文化哲学并不是要研究某种具体哲学形态或者哲学史的跨文化性，而是要研究一种哲学，它面对每一种论证和质疑总是在反思；不存在唯一的、始终有效的语言、传统和思想形式，而是有很多文化传统，但没有任何一个是在普遍意义和终极意义上符合人类理性的。所谓"理性"只是一个极点，哲学以形式指引的方式标识了这个极点，没有任何一种现实的、历史的具体文化形式是一劳永逸地符合理性的。

但是，此类话语如果在一种后殖民主义的语境中被欧洲外的哲学家们说出，实际上就带有了明确的政治指向性，即在哲学上的反欧洲中心论。与此同时，一些基于非欧洲的或者反西方的文化传统的概念和体系被提升起来。但是，这种概念和体系本身同样不是普遍性的。甚至在这种讨论中，对哲学的普遍性要求已经被看作欧洲人的政治阴谋，而被文化个殊化彻底取代。人们认为，哲学总是在某个文化背景中存在，总是在与这种背景的关联中被判断，普遍性和普全性被彻底放弃了。作为极点的理性退场了，反理性主义被视为多元主义文化观的胜利和宽容美德的彰显。而哲学则常常由此被

---

① 潘尼卡：《文化间哲学引论》。为了避免误解，潘尼卡随即指出："我们把'实在'一词用作一个终极象征，可以不断地容纳更多、更深的东西，甚至可以包括从辩证来看不真实的东西。"

看作一种"部族哲学"或"人种哲学"(Ethnophilosophie)。[①]维默指出,将哲学还原为人种学实际上意味着一种小范围的民族中心论、一种带着排斥性意味的文化保守立场——这也就是我们在前面提到过的文化分离主义的个殊论。

因此,多极对话或者有效的跨文化哲学实践并非要抛弃作为极点的理性,而是要以此为最终目的。理性并不意味着逻各斯传统下以认识论为旨归的理性沉思,而意味着在实践领域不断反思,不断克服自身所处文化视角的有限性,指向一个尽量完整的生活视域。

在这个意义上,作为哲学实践的多极对话提出的是一种相对化的解决方案和实践规则,在人类世代传递的过程中再不断完善和修正。一方面,全球化形势下多元的文化现状使我们认识到,确立绝对真理意义上的普遍哲学理论希望渺茫,因为人类历史上的所有哲学都在具体的传统之中,都有它独特但无法普遍化的视野。另一方面,我们却也可以冀望,在不同的文化传统中找到跨文化重合的问题或者现象,这种重合至少提供了一个在一定的时间和空间范围内相对坚实的知识基础。这种基础提供给我们一种跨文化理解的局部可能性,以达到对某一个跨文化议题更为全面的认识。在此意义上,多极对话的实现意味着获取充足的信息资源,得出一个基于跨文化视野的在世界范围内混合的思想结论。

对此,可以以世界哲学范围内的"自我"这个话题为例加以说明。

[①] "部族哲学"(或"人种哲学")概念最初是由非洲哲学家努库马(Kwame N'krumah)提出的。1948年,他在伦敦完成的博士学位论文中最先使用了这个词。他认为,研究包含在宗教、神话和礼俗中的非洲哲学,首先要基于一种人类学意义上的人种研究。中国哲学家们虽不会接受将中国哲学视为"部族哲学",但是在所谓中西比较中,夸大中国哲学的非理性因素或者对西方传统的理性的批判,都有这种趋于分离主义的后殖民政治色彩。

在不同的文化和哲学传统中，人们对于"自我"有迥异的解释方式。在欧洲传统中，众所周知，从17世纪开始，笛卡尔的"我思"和心物二元论奠定了欧洲人理解自我的方式：自我是理性主体，是客观世界的对立面，自我有能力去完全认识和掌握客观世界。在中国的儒家哲学中，自我则首先是在道德和政治意义上的制度共同体中被实现的，自我的实现并不依靠西方意义上的主体理性的发现，而是依靠道德上的自我修养以及以合乎道德的方式在共同体中层层拓展人际关系，自我的实现就是"正心、修身、齐家、治国、平天下"。

而在非洲哲学中，"自我"则完全是部族共同体的从属概念，南非的祖鲁族有这样的谚语："我们在，故我在。"（Umuntu ngumuntu ngabantu）在政治上，他们认为，某人成为国王意味着，某人由于族群的赞同接受了这个位置。在民主刚果的金沙萨大学任教的非洲哲学家图姆巴（Maurice Tschiamalenga Ntumba）在研究了当地的林加拉语（Lingala）之后发现，在这门语言中，"我们"这个代词可以指称所有个体的人。比如，有人问："你的儿子在做什么？"可以回答："我们在金沙萨念大学。"有人问："你的妻子怎么样了？"可以回答："我们上个礼拜去世了。"图姆巴的研究结论是，非洲哲学是一种"我们哲学"，这与欧洲的"自我哲学"完全不同。"我们"是一种共在的形式，是与自然整体对应的动态流动过程。[①]

可以看到，在"自我"这个跨文化的共同话题上，欧洲、中国和非洲哲学都以各自的方式进行言说。在此，多极对话成为可能。多极对话的哲学实践要求每个参与者都以合作的姿态参与到对话中

---

① H. Kimmerle, *Afrikanische Philosophie im Kontext der Weltphilosophie*, Traugott Bautz, 2005, S. 27-28, 38-39.

来，对话不是为了论证自身的观点是唯一的真理，而是为了达到更为完整的对于共同话题的理性认知。没有任何文化传统可以宣称自己对于"自我"的解释是普遍的知识，每一种理解都能协助我们更好地对此问题进行把握。我们通过不同的途径更完整地认识，我们在多极对话的合作实践中知晓并且接受了其他不同的知识方式。

类似的例子在跨文化哲学研究中不胜枚举。比如，哲学中最核心的存在论在欧洲、东亚和非洲也有完全不同的表述。如果说在传统欧洲哲学中"存在"描述的是实体性的实存者及其秩序，而在东亚哲学中与"存在"形式相似的等价物是具有形而上学意味的"道"，那么在非洲的班图哲学中相关的等价物则是"力"，最根本的存在是力的动态过程。①在存在论这个话题上，每一种哲学传统都给出了不同的描述，哲学的"存在"范畴由此更为完善。

因此，多极对话对于实践者的基本要求是：首先，实践者必须将所有他者都看作需要用信任和宽容去对待和尊重的陌生者，而不是野蛮人或者入侵者；其次，要看到所有异质文化之间都存在交互影响，文化间的对话不是诸文化间任何形式的单向度传递；最后也最重要的是，跨文化对话绝非你—我二元的交流传递，而是错综复杂的多点式网状交流方式。最后一点是多极对话要传达的核心理念之一。

传统上，哲学总是以系统化的方式处理文化差异性的事实。比如，独断论（Monolog）的模式会导致强势文化的中心化，这是历史上的文化中心论的典型表现。还有文化间的对话（Dialog）的模式。

---

① 参见唐普尔的《班图哲学》。这是最早系统研究非洲哲学的著作，唐普尔作为传教士曾在当时的比属刚果工作，他研究了当地班图人的一支卢巴人的思想和哲学。此书最初是用弗拉芒语写的，1945年出版，1956年被翻译成德语。

希腊语"dia"指的并不是一般意义上的"之间",而是"二者之间"。这种二元的设定实际上预设了现实状况的二元分裂(东方和西方,亚洲和欧洲),非此即彼。二元对话过程则是双方对自身的立场的论证和强调,它强化差异性。但是,这种模式只能实现文化间部分的相互影响,无法导向超出一切文化形式的跨文化哲学,而只停留在一种强调局部差异性的比较哲学上。所以,维默用"polylogia"这个希腊语词来描述他的跨文化哲学对话。在跨文化哲学中,这个术语并非沿用其在希腊语中的"七嘴八舌"之义,而意指"很多人关于同一个对象的对话"。面对同一个对象或者话题,每个人都说出自己的看法和观点。但是,这种陈述不是为了论证和强化差异,而是为了达到一个更加完善全面的对于共同对象的认识,是为了实现作为极点的理性,放弃任何中心论的倾向,将自身所处的个别传统相对化,以达到文化间充分的相互影响——这就是多极对话的基本含义。或者如维默所说,多极对话的"最低原则"就是:"不论证任何哲学命题。"这个最低原则会引导我们改变自己的公共生活方式。[①]

维默进而提出了跨文化哲学实践也就是多极对话的两个基本原则:

1.否定性的或者不信任原则:不坚持论证任何其根源排斥某种文化传统的哲学命题或者理论。

2.肯定性的或者信任原则:寻找不同思想文化传统的哲学概念和命题中超越文化的重叠之处,因为一个得到完善论证的命题有可能在更多的文化传统中得到发展。[②]

如果贯彻了这两个原则,那么多极对话在现实中就表现为多种

---

① F. M. Wimmer, "Plädoyer für den Plolylog", *Impuls. Das Grüne Monatsmagazin* 1994, 6.
② F. M. Wimmer, "Polylog-interkulturelle Philosophie", in *Enzyklopädie vielsprachiger Kulturwissenschaften*.

文化相互影响的形式，其前提是事实上的平等和对一切基本概念的质疑。这是一种在实践上不断进行自我修正的形式，它朝着作为极点的理性不断修正，但永无完结。这是在全球化时代、在不同的文化传统中寻找一种共同的体系化哲学的尝试。

三、多极对话的现实性意义

"多极对话"的构想具有很强的现实意义。维默认为，当今哲学研究有两个必要步骤：第一，创造新的哲学史观；第二，在具体的哲学问题上开展多极对话，不仅有哲学上的南北对话，还有南南对话。①

从雅斯贝尔斯开始，新的哲学史观的创造努力就从未停止。近年来，瑞士哲学家霍伦斯坦的《哲学地图》就是一种杰出的尝试。②哲学上传统的欧洲中心论不断被消解，世界范围内的哲学传统多元论局面得到强化，非中心主义的人类思想史观正在形成。

按照"多极对话"的构想，任何二元对话都是不充分的，世界文化的多元性表现为结构化体系。跨文化不是东方—西方的二极模式，而是多极的，因此对话要以多边方式展开。

对于中国哲学而言，自跨入现代化大门以来，我们一直以西方—欧洲传统作为自身的单一参照系，我们对于自身文化传统的认同和追求完全建立在对西方这个强势文化他者的想象和感受之上。因此，对于中国哲学家来说，跨文化／文化间的哲学问题不言自明地

---

① 维默:《文化间哲学是哲学的一个新分支还是新方向?》，王蓉译，载《浙江大学学报（人文社会科学版）》2009年第6期。
② 参见 E. Holenstein, *Philosophie-Atlas: Orte und Wege des Denkens*, Ammann, 2004。

就是东方和西方的比较哲学，是基于东西方种族文化差异的比较研究。在这种研究中，我们在民族情绪的引导下把目标预设为"中国也有哲学"这一信念，同时自觉接受并强化了东方和西方的文化差异，习惯性地把自己放在当下弱者的位置上。

但是，这种二元关系在今天的多极化世界中已经过时。我们不是相对于西方的落后国家和受害者，历史也不是三十年河东三十年河西的二元间轮换交替，而是多极网络的相互交织。在理解自身时，我们不仅要面对西方，还要面对东亚、近东伊斯兰地区、南亚、拉丁美洲和非洲。每一个文明传统都是我们的参照系和对话者。只有在这样一个多极对话的模式中，我们才能在当今全球化世界中真正地进行自我理解和自我定位。这也是全球化时代对中国哲学以及所有特定哲学传统的要求。

在具体的哲学问题中，总有一些影响重大但人们无法就其取得一致立场的问题，比如人权问题、价值标准问题、存在论问题等等。人类对于这些问题有普遍的兴趣，不同的文化传统和哲学对此均有讨论。那么在此，遵循多极对话的原则，可以确保不同的立场之间有一个通往一致目标的过程，后者通往一种普遍的承认和更完整的认识。

然而，作为跨文化哲学实践的"多极对话"构想并非毫无问题。如赫尔德所言，语言让知识民族化。语言是文化和哲学的构建基础，那么，跨文化哲学甚至是哲学如何可能在理论和实践上彻底摆脱语言和具体的文化传统？换句话说，我们如何才能以正义的方式或者说完全公正地对待所有地域性的哲学传统？如何从这些具体的本土化传统出发去寻找一种普遍的哲学真理或者价值标准？

维默并没有对此提供一个明确的答案，而是指出：去寻找此类答案并不容易，但是应当找到有能力通往答案的路径。在这种寻找的实践活动中，文化传统间的差别不应被忽视，也不应被看作需要被克服的东西，正是这些差别使跨文化哲学成为必需。在这个意义上，作为跨文化哲学实践规则的多极对话必须预设所有概念和方法的相对性，这使它看起来更像是一种满足于相对状态的权宜之计。当然，我们也完全可以从一个更积极的角度以非欧洲的话语对之加以描述：多极对话是新的开端，它是"道路，而非（已完成的）作品"。

以跨文化的视野扩大哲学研究的范围

全球化和跨文化交流是当代人文社会科学乃至人类整体生活无可摆脱的时代背景，这一趋势向我们提出的要求已不仅仅局限于具体研究方式和研究内容的变迁，而是首先要求我们充分认识到多元文化的世界背景，从而确立一种新的多元主义世界观。在这一要求下，哲学应当在所有人文学科中起到关键的引领作用。

长久以来，作为学科和理论的哲学与西方中心论有纠缠不清的关系，这导致了20世纪以来几乎每一项西方外地区的哲学研究首先面对的都是同一个问题："我们有哲学吗？——中国有哲学吗？非洲有哲学吗？诸如此类。"然而，伴随着这样的追问和世界上不同地域的哲学研究的推进，"哲学"概念也在不断扩大。如雅斯贝尔斯的"轴心时代"所描述的，哲学史不再是西方的专属之物，而是一幅宏大的世界哲学史画卷。在不同文化传统下的众多哲学的跨文化对话中，"哲学"概念越来越宽泛并具有包容性。比如，非洲哲学研究中的热门话题部族哲学和口述哲学的讨论，就对西方传统的哲学形态提出了有力的挑战：哲学并非必然由哲学家创建，哲学也并非只能借助于书写和文本流传。在这样的多元框架下，包括西方哲学在内的所有哲学传统对自身的特点和有限性都有了新的反思和理解，哲学研究的视野也被大大拓宽了。

汉语文化传统对于跨文化问题的真正思考是在19世纪的殖民和反殖民战争的裹挟下展开的,西方世界这个巨大的文化他者成了接下来两百多年汉语文化的跨文化经验的最重要甚至是唯一的来源和参照系。对近两百年以来的中国人而言,唯一的他者和陌生世界始终是欧美西方世界,现代中国文化的自我理解和自我定位就是以西方这个唯一他者作为参照系进行的。在中国文化的定位中,这个他者始终是强势的、具有侵略性的,与之相对的中国和东方则是弱势的、饱受欺凌的、亟须崛起的。20世纪80年代之后,东西比较哲学在汉语世界逐渐成为热门话题,但贴标签式的研究所谈大多无非或明确或隐晦地指向中西二元框架下三十年河东三十年河西的中国文化崛起论,背后隐含的是文化领域殖民与反殖民的情绪之争。

而与此同时,随着中国经济的发展,中国人的投资足迹已遍及全球,近年来更在政治上提出了文化输出和"一带一路"的外交倡议:中国要拥抱全球化。遗憾的是,我们在媒体上仍然可以经常看到中国同胞、中资公司在一些国家受到不公正的对待,与当地民众发生冲突的事例比比皆是。究其原因,一方面,我们固然可以责怪他国法制不健全、民众不文明、政客居心叵测等;但另一方面,如果反躬自省,我们是不是应该反思自身的问题:在去非洲、拉丁美洲、中亚、西亚、南亚和东南亚国家进行经济投资和合作时,我们对这些国家本身的文化了解多少?我们有没有在全面了解的基础上尊重他们的传统?答案几乎都是否定的。以哲学学科为例,多年来汉语哲学界对于非洲、拉丁美洲、近东等地区哲学的研究几近空白,汉语哲学下的外国哲学研究的大部分力量聚集在欧美哲学研究上,少量涉及日本和印度哲学。看到2018年北京世界哲学大会的99个分会场,汉语学界才发现有如此多陌生的哲学传统和哲学论域是我们几乎从来未曾关注和涉足的,比如非洲哲学、非裔哲学、拉丁美洲哲学等等。这当然不是一个正常的现象,与当下中国大规模文化和资本输出的国家战略也是不匹配的。今天当我们面对全球化、需要展开国际交往的时候,当我们在非洲、拉丁美洲和近东地区展开大规模政治和经济合作的时候,以哲学研究为重要基础的文化研究这门基本功课却几乎还是空白,更谈不上基于对多元传统的认知和理解的文化交流和文化创新了。

在这个意义上,今天我们对于原本属于中国人"文化盲区"的非洲、拉丁美洲、中亚、西亚等的关注,汉语学界对于这些地区的哲学传统的研究,就有了非常重大的意义。从世界范围看,以现象学思潮为代表的现代和后现代哲学致力于消解传统哲学的自我中心主义,强调多元复数的他者是自我意识的前提,这恰与鸦片战争以来我们的民族和文化认同中只有唯一他者的视角格格不入。从汉语传统看,随着全球化的推进,我们的国家和文化面临百年未有之大变局,世界和时代要求我们更新我们的自我意识和自我定位,只以西方的唯一他者为参照系显然是过于狭窄了。世界上还有非洲文化、拉丁美洲文化、中亚文化等历史悠久的伟大传统,在全球化时代,不同文化的相互影响和交流日益频密。中华文化的自我理解和自我定位,只有基于对全球文化的全面认识,在多重他者的参照下和多元主义的世界观下,才能真正形成。毕竟,在全球化的时代,我们的世界不是河东河西的两极,而是多极的。对于哲学研究而言,以符合全球化要求的跨文化视野积极扩大哲学研究的范围,乃是汉语哲学实现自我更新和发展的必要前提。

以跨文化的视野扩大哲学研究的范围,要求哲学研究的目光突破中西二元的框架，广泛译介、深入研究狭义东西方世界之外的哲学传统和思想资源，比如非洲哲学、拉丁美洲哲学、东南亚哲学、中亚哲学等等。这样广泛的研究有助于更新我们对于"哲学"的理解，也有助于我们思考汉语哲学自身的问题，建构符合全球化趋势的多元主义世界观；基于此，我们对于这些非西方地区的文化传统也会有更为全面深入的了解，从而为更广阔领域内的对话合作奠定基础。这是构建人类命运共同体这一设想对于哲学和人文研究的要求：构建人类命运共同体的目的不是在狭隘民族情绪的支配下单向度推广自身的文化，而是要积极拓展研究的视野和领域，建立具有多元主义整体观的新的世界观，以更开放、包容的心态立于世界文化之林。

追寻非洲哲学

没有人会否认，非洲的文化、宗教、艺术传统等是人类文明宝库的重要组成部分，但是即便到了20世纪，像雅斯贝尔斯这样的大哲学家在构想他的世界哲学图景时，也几乎没有涉及非洲哲学。一方面，迄今人们对非洲哲学的有限所知，更多地局限于北部非洲靠近欧洲的地区，比如著名的《黑色雅典娜》一书谈了古希腊哲学来源于非洲的奇论、奥古斯丁来自北非城市迦太基以及德里达的故乡是阿尔及利亚等。而关于非洲哲学的系统研究，在非洲本土和西方世界都是在20世纪下半叶才逐渐展开的，而这一研究在汉语学界至今仍几近空白。但另一方面，非洲的文化和思想传统始终具有支撑非洲人独特生活形态的重要意义。在全球化时代，研究和理解这些文化和思想传统是我们把握人类文化整体以及进行恰当的自我理解、展开跨文化交流的必要步骤。因此，关注非洲哲学，是当下汉语学界无可回避的任务。

作为研究领域的"非洲哲学"，通常意义上不包括撒哈拉沙漠以北以伊斯兰哲学为主的思想传统，而是指撒哈拉沙漠以南"黑色非洲"的哲学和思想形态。在这里，"非洲哲学"首先是一个研究层面上的构建性概念。实际上，在非洲这个地理空间之内，在漫长的历史中既没有一个系统性的观念演进历史，也没有完整的思想、知识和文本系统，甚至没有统一的语言。这跟中国哲学的情况有很大的差异。虽然说系统的"中国哲学史"是20世纪初期才被构建的，但在历史上，中华文化包含了一以贯之的观念史和文本知识传统，这是构建哲学传统的重要基础。但非洲缺乏这样一个统一的基础。即便当代一些非洲哲学家尝试构建非洲部族哲学或智者哲学的传统，但实际上，这种意义上的哲学也缺乏整体的系统性和知识性，其中更没有观念演进的路径。从这个意义上说，"非洲哲学"更像是一些散落的珍珠，而没有进入系统化的思想史。部落中的智者表达的一些人生智慧，既没有鲜明的时代特色，也缺乏可传承讨论的概念系统。

1945年，比利时传教士唐普尔（Placide Tempels）出版的《班图哲学》是克服非洲哲学上述问题的最早也是最重要的尝试之一。唐普尔对当时比属刚果东北部的卢巴族的语言、神话传说和风俗进行了深入的研究，企图按照西方哲学的传统范畴为这个部族勾勒出其特有的哲学，比如卢巴族的本体论和伦理学。唐普尔的尝试在世界范围内获得了成功，比如"力的本体论"这样的概念很快被运用于跨文化比较哲学的讨论中。这种作为本体的"力"乃是一个多元的动态过程，是各种物质成分渗透融合的总和，因而无法被还原为一元或二元的结构，这与西方和东方的传统本体论有着明显的差异。

但是，这一研究方式的困难也显而易见。首先，非洲部族本身的语言和习俗就其本身而言并没有自觉地展开为一般意义上的哲学；其次，仅仅对卢巴族进行研究，实际上与一种普遍的非洲哲学之间还存在着巨大的鸿沟；最后，唐普尔的研究立场和范畴体系仍然是西方的，实际上是以西方哲学的范畴体系对非洲智者话语中的内容进行提炼和抽象，且他还有传教的实践目的。尽管像卡伽梅（Alexis Kagame）、姆比提（John S. Mbiti）、格耶克耶这样的非洲本土哲学家沿着唐普尔开辟的道路扩大了语言研究的范本，试图实现研究成果的普遍化，但是人们对部族哲学是否符合一般意义上的哲学的要求仍然充满了争议。

但是从积极方面来看，围绕着非洲哲学合法性问题的争议，乃是对于西方传统哲学范畴的一个挑战。哲学在非洲的形态是局部化的、非体系化的、非文本化的，也没有哲学家或思想家的系统传承。这些按照西方的哲学标准被视为缺陷的特征，却恰好在今天世界范围内的哲学讨论中提供了突破西方中心论的一条可能道路。比如，部族哲学研究谚语和语言以及一些部落智者的格言。这种哲学以口述为主，与西方意义上的基于书面文献的哲学大相径庭，因此不具备将思想概念化和系统化的可能性，生活智慧也就没有进一步演化成具有复杂性的观念体系。但是，以口头形式交流和传承的哲学体现了其与部落生活密切相关的实践特征，更加突出思想和理解的情境性和整体性，体现了其独特的优势。基于这一现实，我们就得承认，书写特性不再是哲学活动的必要因素，就如德里达所指出的，口述与书写是平等且同等原初的。

在这个意义上，"非洲哲学"这个提法本身就具有跨文化的特征，部族哲学的研究立场首先是西方式的。正是通过对西方哲学传统范畴的解读，非洲部落的生活智慧才展开为哲学，非洲哲学作为他者的价值才被发掘出来，由此才获得了在世界哲学中的合理定位并得到广泛的认可。比如，拉莫斯（Mogobe B. Ramose）在祖鲁语、斯威士语等多种南非原住民语言中发现了共同体"我们"的重要作用。这些语言中都有一句类似的谚语，可以对照笛卡尔的名言被翻译成"我们在,故我在"。个体依存于共同体,这种非洲特有的共同体观念在格耶克耶对阿坎族谚语的研究中得到了有力的支持和进一步的理论发挥,并且介入了世界哲学的讨论。查尔斯·泰勒和麦金泰尔都将格耶克耶的研究视为伦理学讨论中反对极端个人主义的有力论据。更进一步,这里的共同体不仅是由部族成员构成的,也可以扩大到动物、自然界和整个宇宙。这种"民胞物与"的个体理解体现出与西方启蒙理性下的个体观念完全不同的意涵。

如果说历史上的非洲思想文化绝大部分是以部族为单位发展起来的,那么到了20世纪下半叶,随着全球化的推进,非洲大陆作为一个政治和经济的共同体日益形成,相应的统一文化性也在不断被尝试构建,在非洲各国的反殖民斗争中被提出的"黑人性"(Négritude)概念就是一个例子。由塞内加尔首任总统、政治哲学家桑戈尔(Léopold Sédar Senghor)最先提出的这个概念,试图以肤色为基础,把非洲、加勒比地区、美洲与欧洲的黑人作为一个共同体概念提出,以此反对白人的统治。由此,殖民与反殖民斗争被转化为不同肤色人群之间的斗争,黑色皮肤而非阶级或历史处境成了这些被压迫人民的历史纽带。当然,今天回头来看,对此进行批判的声音不在少数。正如孟加(Célestin Monga)所言,黑人世界的种族同质性的神话以及由此产生的世界观的同一性是经不起推敲的。这也说明了非洲这个地理空间内思想文化的多元性。因此,他更加推崇用基于文化交融的"非洲性"(Africanness)来取代基于生物学和种族的"黑人性"。

在反殖民斗争的背景下,除了"黑人性"或"非洲性"这样的统一概念的构建,非洲作为一个文化整体融入世界的努力也从20世纪中叶开始不断被尝试,其中最广为人知的就是1947年以迪奥普

（Alioune Diop）为首的一群法属非洲地区的知识分子在巴黎建立的"非洲出场"出版社及其出版的一套同名书系。这套旨在向世界介绍非洲文化、文学和哲学的著作在西方世界赢得了很高的声誉，萨特为其中桑戈尔的诗集写了一篇序言，题为《黑色俄耳甫斯》。而到了1978年，在德国杜塞尔多夫举行的世界哲学大会正式设立了"当下非洲形势中的哲学"这一论坛，当时最知名的非洲哲学家都参加了会议。非洲哲学在世界范围内得到了认可，并逐步与国际哲学界建立了稳定的联系纽带。

在当代迅猛发展的非洲大学中，哲学研究也得到了充分的重视，与国际哲学界紧密联动。非洲各国的高校教师大部分都有在原殖民国学习的经验，因此在非洲大学哲学系中，西方哲学的研究和讲授具有压倒性的优势，并且受到原殖民国的影响：在英语国家，重点是盎格鲁-撒克逊的分析哲学；在法语区域，重点是大陆—欧洲的现象学和存在主义哲学。其中，非洲的大学哲学家也体现了其自身的研究兴趣，即对伦理—道德问题尤为重视。此外，他们也关注非洲的智慧哲学传统，并结合西方哲学的资源对此做出了不同角度的批判和反思。

非洲哲学不仅仅存在于非洲大陆的大学中，我们习惯上也会将非洲移民聚居区的大学中的哲学家所做的研究工作视为非洲哲学的一部分——这主要是指美国以及加勒比地区的非洲后裔所进行的哲学工作。美国的非洲哲学家体现了与非洲本土的哲学家不同的问题视野，他们尤为关注肤色差别下的身份问题，特别是对黑奴历史的处理，以及在白人人口占优势地位的国家中反对歧视黑人的斗争。在最近的BLM民权运动中，相关的伦理学和政治哲学思考更显示出其紧迫性和重要性。这些研究为全球化和开放的问题视域下的非洲哲学讨论做出了特殊贡献。

总而言之，今天的非洲哲学仍在全球化的背景下不断自我建构。一方面，近代以来，在不断融入世界的过程中，非洲的政治、经济和文化问题也不再是其特有的，而与时代问题汇聚为一。比如从18世纪下半叶《纽约时报》上"出售黑人"的商业广告到今天买卖人体器官的国际地下市场，其引发的伦理思考和道德哲学争论是一以贯之的——哲学应当在此体现其普遍性。追寻和探索非洲哲学，是构建全球化时代整全世界观的必要步骤。另一方面，丰富多元的传统思想资源被持续发掘，体现出其与西方和东方思想传统迥异的视角。全球范围内的跨文化对话只有在富有差异的参与者之间展开才有意义，因此非洲哲学介入世界哲学正是这场跨文化对话的重要拼图。充分的跨文化对话和同理心对于中国尤其重要。近两百年来，中国文化一直在西方这个唯一他者的对照下进行模式化的自我定位：西方强，我们弱；西方的科学发达，我们的科学落后但人文传统强大；西方张扬，我们内敛；如此等等。总的基调是，中西二元框架下的中国文化是受欺的弱者。这种基调奠定了两百年来中国人面对世界的基本情绪，即被一种反殖民、民族自强、反抗西方的意图支配的看世界的方式。在这种基本情绪和方式下，世界文化的多元性被一再漠视，即便在全球化已无可避免的当下，汉语的文化视野中仍然很难找到非洲、拉丁美洲、东南亚、中亚等地区思想文化传统的位置。在这样一种脱离于全球化时代的偏颇视角下，我们自然无法体贴地理解那些在东西方传统之外的人类文明传统和思想财富，这并非仅仅是一种知识的缺失，更影响到我们在全球化时代找到一种适当的自我理解和自我定位，阻碍了我们对人类命运共同体的感同身受。因此，推动汉语哲学视野中的非洲哲学研究就有了开拓性意义，这是一个汉语文化视野在全球化进程中不断拓展和完善的重要步骤，更是中国在当今世界获得符合时代特征的自我意识和自我定位的前提条件之一。

《非洲哲学：跨文化视域的研究》译后记

2013年夏天我在维也纳大学访学时，参加了欧洲跨文化哲学学会的一个会议，会上认识了海因茨·基姆勒（Heinz Kimmerle）教授。对于他早年在德国波鸿大学时期的黑格尔研究，我早有耳闻。他很有兴致地跟我攀谈，谈及自己近年来关注非洲哲学的研究，但是中文世界对于非洲哲学的关注甚少，教授建议我如有时间可以做一些这方面的翻译。数周后，他从荷兰寄了这本题为《世界哲学背景下的非洲哲学》的小书给我。当时我翻看了一下，此书清晰全面地介绍了非洲哲学的概况。但我当时手头另有研究和翻译任务，因此并未真正考虑把它翻译出来。

2014年春天，我邀请维也纳大学哲学系的跨文化哲学研究专家维默教授访问浙江大学，其间也曾聊及中文哲学研究视野的狭窄。实际上，汉语哲学并不乏可以从非洲哲学中借鉴参考之处。"非洲有没有哲学"、西方传统与本土文化、政治哲学的本土化、全球化中自身民族文化身份的认同等这些问题和议题在汉语文化中都似曾相识。了解非洲这个他者在这些问题上的思考和应对，对于汉语文化在全球化世界中的自身定位，毫无疑问有着极为重要的借鉴功能。因此，维默教授也建议可以做一些这方面的翻译，比如翻译基姆勒教授关于非洲哲学的这册小书。

及至2015年下半年，在与我的大学同学、人民出版社的李之美编辑聊翻译选题时，我提到了这本书，得到了热心的回应。李之美编辑很快推动了此书中文版权的落实。因此，翻译一事再也无法推脱。好在本书语言清晰、篇幅紧凑，我花了数月时间即告译毕。最令我遗憾的是，2016年初在日本奈良旅行时，我得知了基姆勒教授去世的消息。在处理中文版权以及我着手翻译时，我们还通过邮件联系。很可惜，他无法见到他的这本著作的中译本最终付梓了。

这本书应是中文世界第一本概述非洲哲学全貌的译著。说起来，"五四"之后的中国对于外国文化颇为看重，但这个外国始终是欧美西方世界。甚至可以说，现代中国文化的自我理解和自我定位就是以西方这个唯一他者作为参照系而进行的，而且这个他者始终是强势的、具有侵略性的，与之相对的中国和东方则是弱势的、饱受欺凌的、咬牙立志崛起的。20世纪80年代之后，东西比较哲学在汉语世界逐渐成为热门话题，但所谈大多无非或明确或隐晦地指向中西二元框架下三十年河东三十年河西的中国文化崛起论。

而与此同时，随着中国经济的发展，中国人的投资足迹已遍及全球，近年来更在政治上提出了文化输出的策略和"一带一路"倡议，中国要拥抱全球化。遗憾的是，我们在媒体上仍然可以经常看到中国同胞或公司在一些国家受到不公正的对待，与当地民众冲突等事例比比皆是。究其原因，一方面我们固然可以责怪他国法制不健全、人民不文明、政客居心叵测等；但另一方面，如果反躬自省，我们是不是应该反思自身的问题：我们在到非洲、拉丁美洲、中亚、西亚、南亚和东南亚的这些国家进行经济投资和文化合作时，我们对这些国家本身的传统了解多少？我们有没有在全面了解的基础上尊重他们的传统？我想答案都是否定的。以我所在的外国哲学学科为例。多年来，汉语学界对于非洲、拉丁美洲、近东等地区哲学的研究几近空白，所谓外国哲学只是欧美（可能还有一点日本和印度）哲学而已。这当然不是一个正常的现象，与当下中国大规模文化和资本输出的国家谋略也是不匹配的。我经常想到一些并不合适的对比：在欧美列强19世纪殖民中国之前，已有两百年的以传教士为主体推动的汉学研究历史，中国的文化经典如《易经》《道德经》《论语》等在欧洲有了多种译本和大量读者；当年日本在推行"大东亚共荣圈"、图谋侵吞亚洲时，他们的学者在东北亚、东南亚做了大量细致的文化研究工作，以至于到了今天在诸如宗教学、民俗学、人类学等很多学科，当时那批日本学者的研究成果仍然是奠基性的经典之作。相形之下，今天当我们面对全球化、需要展开国际交往的时候，当我们在非洲、拉丁美洲和近东地区进行大规模经济合作的时候，文化研究这门基本功课却几乎还是空白，更谈不上基于对陌生传统的认知和理解的文化交流和文化创新了。

在这个意义上，今天我们对于非洲、拉丁美洲、中亚、西亚等原本中国人的"文化盲区"的关注就有了非常重大的意义。往大了说，以现象学思潮为代表的现代和后现代哲学致力于消解传统哲学的自我中心主义，强调多元复数的他者是自我意识的前提。但是在近代的中国语境中，自鸦片战争以来，我们的民族和文化认同却只是在对西方这个唯一他者的仰视中形成的。但是随着全球化的推进，当我们需要更新我们的自我意识时，只以西方的唯一他者为参照系显然是过于狭窄了。世界上还有非洲文化、拉丁美洲文化、中亚文化等历史悠久的伟大传统，中华文化的自我理解和自我定位只有基于对全球文化的全面认识、在这多重他者的参照下才能真正形成。

毕竟，在全球化的时代，我们的世界不是河东河西的两极，而是多极的。往小了说，2018年世界哲学大会将在北京举行，彼时我们将看到全球化时代哲学的多元化图景，看到非洲本土哲学、非裔哲学、拉丁美洲哲学等陌生领域的研究状况。在此意义上，这本小书也为汉语学界即将面临的这次"相遇"做了些微准备。

作为去殖民化概念的"非洲"
——尼雷尔"非洲统一"思想初探

一、非洲的殖民遗产与"间接统治"

作为"现代性的阴暗面"的殖民运动可以追溯到新航路的开辟。20世纪60年代之后,殖民主义以新的形式对殖民地进行主权侵犯和财富掠夺,持续构建着不平等的世界秩序。根据马克思的殖民理论,现代殖民就是一种资本主义殖民,资本主义因其固有的掠夺本性和独特的现代性本质而充当了新帝国的殖民方式。对于非洲来说,它的现代历史就是一部殖民与反殖民的复杂历史。一方面,西方国家的殖民主义在经济、政治、文化等多个层面对非洲造成了不可估量的破坏;而另一方面,殖民主义也在某种程度上加速了非洲落后民族和地区的开化与启蒙,将野蛮文明纳入世界历史。正如马克思所言:资产阶级通过殖民"把一切民族甚至最野蛮的民族都卷到文明中来了"[1]。尽管马克思本人没有直接分析过西方国家对非洲的殖民,他更多关注的是大英帝国在远东和印度的殖民历史,但他对殖民问题的研究具有普遍性意义。他强调殖民的"双重使命":"一个是破坏的使命,即消灭旧的亚洲式的社会;另一个是重建的使命,即在

---

[1] 马克思、恩格斯:《马克思恩格斯选集》第1卷,人民出版社,2012年,第404页。

亚洲为西方式的社会奠定物质基础。"①在后一个意义上,大英帝国作为殖民者在印度同时"充当了历史的不自觉的工具"②,包括马克思主义理论本身都是伴随着殖民主义运动才得以在殖民地传播的。当然,这种殖民者的"建设的使命"之后果是复杂的,尤其是在观念、制度和文化等层面。殖民遗产的消极作用不容忽视,比如非洲殖民历史下的种族、部落、原住民与移民的界限、地方文化传统乃至国境线都是殖民者界定的,是维系殖民统治的策略。这就是马姆达尼(Mahmood Mamdani)的书名"界而治之"(Define and Rule)的含义。这些殖民构建给非洲埋下了种族冲突、国家和部落间战争的种子,导致今日的非洲仍未能走出殖民语境。

因此,当代非洲国家所面临的诸多治理问题很大程度上都与"殖民遗产"有关,与它们的殖民地历史有着千丝万缕的联系。尽管与马克思所言的英国之于印度的殖民统治具有建设性功能类似,西方也通过殖民统治将非洲的政治治理带入现代语境,但是更多的殖民遗产是破坏性的:扭曲的生产关系和市场结构,被刻意强化的族群意识和族群竞争,威权政治,依附性的政府治理体系,日益加剧的阶级分化和社会碎片化,违背自然和历史传统的国境线,等等。同时,构成非洲现状的这些殖民遗产并非一蹴而就、一成不变的结构性因素,而是随着全球性和地方性因素一道变化的。"非洲现状并非通过宣称独立而成为现实的,而是长期的、错综复杂的,并且仍处于持续的历史进程之中。"③

---

① 马克思、恩格斯:《马克思恩格斯选集》第1卷,第857页。
② 同上。马克思说,大不列颠人"破坏了本地的公社,摧毁了本地的工业,夷平了本地社会中伟大和崇高的一切,从而毁灭了印度的文明。他们在印度进行统治的历史,除破坏以外很难说还有别的什么内容"。但是,他又说,从历史的观点来看,"如果亚洲的社会状态没有一个根本的革命,人类能不能实现自己的使命?如果不能,那么,英国不管犯下多少罪行,它造成这个革命毕竟是充当了历史的不自觉的工具"。
③ F. Cooper, *Africa Since 1940: The Past of the Present*, Cambridge University Press, 2002, p. 6.

具体就政治和治理体系而言，即便20世纪60年代以后大部分非洲国家在政治上宣告独立，但是它们在很长时间内依然很难摆脱殖民主义遗留给它们的国家治理和社会关系的模式：首先，非洲国家前殖民时期的专制特征在国家独立后基本上被保留下来，部分非洲国家呈现出国家权力个人化的威权主义发展特征；其次，殖民地国家呈现出外翻性（extraversion）特点，它们延续并加剧了前殖民时期中央权力与所在社会之间缺乏有机联系的特征，因而严重依赖外部的合法性资源、经济和军事资源；最后，殖民地国家的政府力量的有限性使得它们不得不竭力维持非洲社会的碎片化，推行"间接统治"制度，保护非洲"传统"，这导致非洲社会发生深刻的结构性变化，成为当代非洲国家治理所必须面对的基本现实。[1]

马姆达尼在《界而治之：原住民作为身份政治》一书中对上述第三点"间接统治"进行了鞭辟入里的分析。他将非洲的殖民主义分为直接统治和间接统治两种方式，后者是直接统治的同化主义工程失败后的尝试。间接统治"是这样一个制度，它将部落性差别对待予以制度化，并将其作为文化身份认同的不可避免的后果而加以正当化……它将文化身份认同物化为一种行政推动的政治身份认同"[2]。殖民者通过界定甚至创造差异来实现间接统治，即塑造一个"部族志国家"（ethnographic state），通过人口调查中的一系列身份认同来塑造当下，通过一种新型历史编纂的动力来塑造过去，以及通过一种法律和行政计划来塑造未来。由此，殖民国家构建了一种"内部差别对待制度"，"从而有效地将被殖民的大多数人碎片化，使

---

[1] 关于非洲殖民地国家的基本特征，可参见李鹏涛、陈洋：《殖民地国家的基本特征与当代非洲国家治理》，载《西亚非洲》2020年第3期。
[2] 马姆达尼：《界而治之：原住民作为政治身份》，田立年译，人民出版社，2016年，第70页。

其成为行政驱动下的为数众多的政治少数"。①在非洲，这就是种族和部落。种族和部落将外来人群和原生人群区分开来，不同部落之间的文化差异被夸大和强化，进而将这种差别制度化。

间接统治利用的是受文化约束的习俗法，而非不受文化约束的民法。"习俗法是受语境约束的，而民法具有一个超越的语境。"②二者分别对应静止性社会和不断进步性社会。这种强力推行的习俗传统以及部落之间的差异变成了巩固殖民统治的一种方式，形成了习俗性政体（customary polity）。这导致了殖民地和后殖民地国家中的一种政治原教旨主义。在这一过程中，殖民国家还界定了"原住民"（pribumi）的观念。"原住民"的含义就是地理战胜了时间，是封闭、孤立和不变的静止性社会。殖民国家通过"本土"概念的构建，将原住民封闭在一个与世隔绝的概念世界中，通过二分法把原住民与移住民的世界隔绝开来，并将二者固定下来使之成为政治身份。原住民享有获得土地、参与权力机构行政管理和解决争议的特权，而移住民则不享有这些权力。这种原住民和移住民之间的不平等在殖民统治中被制度化，以便于殖民政府的统治。在这种治理模式下，原住民行政的关键是原住民和移住民（外乡人）之间的行政区分。原住民是起源于该地区的人，而外乡人无论在此生活了多少年都永远是外乡人。作为行政实体的部落，相应地也会区别对待原住民和非原住民。但实际上，这样的部落在殖民统治之前的非洲历史中并不存在，它完全是由殖民者有意构建的。殖民主义的这种"界而治之"的方式造成了一系列深远的历史后果，比如：通过原住民行政的构建，部落才变成单一的、排他的和整体的身份认同，其后果是

---

① 马姆达尼:《界而治之：原住民作为政治身份》，第61—62页。
② 同上书，第24页。

两类居民"走向爆炸性的对立"①,在非洲引发了种族隔离、部落屠杀等历史事件;此外,这种统治方式往往将部落权威树立为最高传统权威,强调被殖民群体传统的纯洁性,从而造成了一种政治原教旨主义的倾向。

因此,通过种族化和部落化构建人群差异,是间接统治和原住民行政的核心。殖民国家建立在种族和部落双重差别对待的基础上。"种族被说成是有关一种文明等级体系,而部落被说成是反映了某一种族内部的文化(民族)多样性。"②要反抗殖民统治、去殖民化就需要一种跨部落、跨地区的身份认同,建立具有高度包容性政治共同体的公民权形式。在后殖民时代,非洲国家的政治独立从很大程度上说并没有完成这一去殖民化的任务。在此,建立新的身份认同、彻底去殖民化的最有效途径并非暴力(因为殖民国家及其间接统治的遗产的支柱并不是军队和警察),而是行政制度、司法体系和社会观念。通过暴力并不能改变这些东西,而是需要有效的去殖民化的观念,以及在此观念支配下的政治远见。马姆达尼认为,朱丽叶斯·尼雷尔(Julius Nyerere)在坦桑尼亚的治理方式就是"通过持续而平和的改革来拆解间接统治体制的最成功的尝试"③。他的开创性成就在于,他创造了一种包容性的公民权,建造了一个民族—国家,并积极推动具有世界性眼光的后殖民时代的非洲统一。

二、作为去殖民化概念的"非洲":以尼雷尔为例

后殖民时代的非洲政治家和思想家们利用了"泛非主义"和

---

① 马姆达尼:《界而治之:原住民作为政治身份》,第69页。
② 同上书,第96页。
③ 同上书,第140—141页。

"黑人性"这样的政治哲学概念，旨在克服非洲社会碎片化的殖民遗产，维系黑人精神世界的统一。[1]坦桑尼亚独立运动的领导者朱丽叶斯·尼雷尔是泛非主义和非洲统一运动（African Unity Movement）的坚定支持者和推动者。尼雷尔相信，只有通过泛非运动和非洲统一运动，才能使非洲在政治上实现彻底的去殖民化，清除殖民时代的遗产，消灭种族和部族的特权差异。

在政治上，尼雷尔不遗余力地推动非洲统一运动，试图建立一个统一的"非洲合众国"。非洲统一组织本身就是泛非主义思想的产物。尼雷尔在1966年赞比亚大学成立仪式上的演讲中指出，战胜殖民主义就意味着要结束非洲内部的分立状态，让"我是非洲人"成为现实。作为第一代非洲独立运动的领导人代表，尼雷尔坚持推崇作为整体的非洲。他说道："非洲是一个整体。除非我们整个大陆都能从殖民主义和种族主义中解放出来，否则没有哪一个非洲国家的独立是安全的。"[2]因此，他倡导从整个非洲的角度看待非洲问题。"非洲人民遭受压迫，这是整个非洲的历史。我们团结一致，结束这种受压迫的状态，这是整个非洲共同的使命。"[3]相应地，众多非洲国家都是非洲整体下的部分，"这个大陆的民族在称呼自己是这个或那

---

[1] 泛非主义（Pan-Africanism）是由西印度群岛和美国的黑人最早发起的争取种族平等的运动，旨在将非洲人联合为统一的政体。泛非主义运动开始于1900年西印度群岛律师西尔威斯特－威廉斯在伦敦倡议召开的泛非会议，主要代表为美国的W. E. B. 杜波依斯（W. E. B. Du Bois），第一阶段主要是北美黑人的争取平权运动。"二战"后，随着第五届泛非大会的召开，泛非主义运动进入非洲各国争取国家独立和反殖民主义的阶段。1974年，在尼雷尔的支持下，第六届泛非大会在达累斯萨拉姆举行。"黑人性"概念是20世纪30年代初由黑人法语作家桑戈尔提出的，他主张团结在黑人身份下，恢复黑人价值，唤起非洲殖民地社会民众对于自己文化个性与文化归属的自尊、自信和认同，拒绝殖民主义和种族主义。
[2] 尼雷尔：《自由与解放：1974—1999》，《尼雷尔文选》第4卷，谷吉梅等译，华东师范大学出版社，2015年，第182页。
[3] 尼雷尔：《自由与发展：1968—1973》，《尼雷尔文选》第3卷，王丽娟等译，华东师范大学出版社，2014年，第276页。

个国家'国民'之前仍旧认为他们自己是'非洲人'"①。"非洲"这个概念在这里是作为去殖民化的手段出现的，尼雷尔清晰地认识到了殖民主义间接统治对于非洲社会的破坏性后果，比如社会的碎片化、非自然非传统的国界划分等。以统一为目标的"非洲"概念就是对这些后果的克服，以免落入新殖民主义的陷阱：

> 没有一个非洲的国家是"自然"的单元。我们现在的边界……是在殖民主义争夺非洲的时候欧洲国家决定的结果。它们是毫无意义的，它们人为分割的种族集团，不顾自然的物理分区，最终会导致一个国家内部充斥着许多不同的语言群体。这蕴含了内部冲突和进一步分裂的危险，如果朝着这个方向发展，那么一个新阶段的外国统治是不可避免的。②

首先，尼雷尔已经清晰地认识到，非洲各国的国界、种族和部落差异，都是殖民主义强加的。现有的非洲各国的国境线是不明确的，从民族学、地理学来看也没有意义，纯粹是殖民遗产，是众多分歧的源头，为此消耗军事支出毫无意义。所以，要追求非洲统一，把国家边界"变成一个大的单元内行政区域的边界线"③。非洲统一的目的是建立一个非洲合众国，这是通过非洲各国的平等协商实现的，建立在各国人民自愿的基础上，由此来克服殖民主义遗留下来的分割状态。在具体推进策略上，他主张建立非洲大陆政府，为此需要

---

① 尼雷尔：《自由与社会主义：1965—1967》，《尼雷尔文选》第2卷，李琳等译，华东师范大学出版社，2015年，第152页。
② 同上书，第144页。
③ 尼雷尔：《自由与统一：1952—1965》，《尼雷尔文选》第1卷，韩玉平译，华东师范大学出版社，2015年，第153页。

包括坦桑尼亚在内的各国在主权上让步，建立一个合众国式的联合政府，而不是集权政府。同时，他强调这个过程是循序渐进的，可以先在协议框架内实行泛非合作。

为了对抗殖民主义的"界而治之"及其后果，尼雷尔首先强调团结："所有帝国主义分子、法西斯分子，所有的种族主义者和压迫人民的人，想分裂人民并让他们保持分裂。……因此，全世界被压迫者所要学会的第一件事，也是他们不得不学习且持续学习并付诸实践的，就是：团结是获得解放的武器。"①他一生追求的"非洲统一"目标，强调的是非洲各国之间的团结互助。自由是整个非洲大陆的，而不是某个国家特有的，"因为自由的权利要么存在于整个非洲，要么在非洲根本就不存在"②，"如果不团结统一，就不会有强大的非洲和非洲的救赎"③。

其次，尼雷尔的"非洲统一"目标是基于人道主义和人人平等的。包括"非洲统一"在内的所有国家治理和策略首先是以人民为中心的。1991年，他在北京的一次讲话中专门引用了南方委员会报告中的话："真正的发展是以人民为中心的，是以人民潜在的满足感和人们社会、经济幸福感的提升为标准的，并且以人们对他们社会和经济利益的确保为指导原则。"④以人民为中心是人道主义和人性化的体现；反之，殖民主义和帝国主义是非人性化的，因为它们"不懂得开展合作实现共赢，完全是动物的行为，不是人类具有的特质"⑤。

具体而言，这种人道主义体现在对平等的重视上。以尼雷尔提

---

① 尼雷尔：《自由与解放：1974—1999》，第112页。
② 同上书，第71页。
③ 尼雷尔：《自由与社会主义：1965—1967》，第153页。
④ 尼雷尔：《自由与解放：1974—1999》，第259页。
⑤ 尼雷尔：《自由与发展：1968—1973》，第275页。

出的《阿鲁沙宣言》为例,他说道:"内化于《阿鲁沙宣言》中的,是对与公民之福祉相对立的国家之壮大的拒绝,也是对纯粹物质财富追求的拒绝。……如果追求财富与人之尊严和社会平等发生了冲突,那么人之尊严和社会平等将得到优先考虑。"①从个体生存出发反对殖民主义造成的不公正制度和种族主义,将作为身份的种族和部落去政治化,是尼雷尔的基本出发点。这个宣言是反种族主义的,它"适用于所有人以及制度——而并不仅仅适用于某个种族、某个部落"②。

在具体的治理策略上,尼雷尔在坦桑尼亚推行的村社(Ujamaa)制度实验就是一个倡导各种族的平权运动、人与人之间的平等团结、消除殖民主义间接统治的策略。尽管村社实验由于强制的农业集体化、经济上的低效率等在实际效果上不尽如人意,最终被坦桑尼亚政府放弃,但从作为出发点的原初理念来看,"村社"强调的是非洲传统的村社精神,即爱、分享和劳动原则:兄弟般互爱互敬;所有物质财富都为家庭成员共有和享受;人人必须从事劳动。通过这样一种集体劳动模式,反对剥削,这种模式"必然将增加村社的产量,提升服务的质量,从而使全体社员受益"③,进而克服不平等和贫困,实现"基于共同体团结的正义社会秩序"④。值得注意的是,村社实验的原初目的实际上是政治的,而非经济的,很大程度上是为了消解间接统治的殖民遗产,结束部落分治的局面,建立集权化国家。他通过村社实验等一系列政策,试图把国家机器扩张到各个行政区,废除原住民权力机构,使之服从于国家机器。

---

① 尼雷尔:《自由与社会主义:1965—1967》,第229页。
② 同上书,第231页。
③ 同上书,第258页。
④ 马姆达尼:《界而治之:原住民作为政治身份》,第141页。

针对殖民间接统治遗留的种族不平等和部落差异，尼雷尔还在国家治理中广泛地推广平权运动，消除殖民国家构建的政治身份差异，比如在民法中废除所有基于种族的区分，实现人的平等。他还开展了废除原住民权力机构的政治工程，废除原住民和部落特权，其目的是建立中央集权的国家机构，废除间接统治的殖民遗产，即习俗法与民法的分立，以及国家权力机构与原住民权力机构的分立。这些分立导致的人群分裂，实际上是殖民国家为了维持自身统治的治理术，是一种罪恶的行径。反殖民斗争和去殖民化是反对帝国主义和种族主义的斗争，本质上是反对压迫和剥削的不平等状况的斗争。所以，尼雷尔提出，坦桑尼亚的社会主义目标，"是建立这样一个国家，在那里全体人民享有平等权利、平等地位"[①]。尼雷尔在1962年的总统就职演讲上就把建国目标定为："在人类的平等与尊严的基础上，建立一个统一的民族国家。"同时，人与人之间、国与国之间的平等也确保了国际范围内的和平与合作，后者甚至是"人类克服现代技术带来的危险并利用它推动人类发展的唯一基础"[②]。

值得注意的是，这种平等首先指的是人与人的平等，而不是某些殖民国家所承诺的种族对等。殖民主义间接统治通过"界而治之"，造成了一种多元种族主义。许多非洲国家尽管取得了政治上的独立，但在思想观念和行政治理上依然延续了这一观念，特别是非洲左翼势力正是试图用一种种族对等的政策即用一种颠倒的种族主义来实现去殖民化。如萨特所言，这是一种反种族主义的种族主义。比如在坦桑尼亚，非洲国民联合阵线党到1956年才允许吸纳非洲其他种族混血的人成为其成员，但始终禁止亚欧裔的人加入该党。

---

① 尼雷尔：《自由与社会主义：1965—1967》，第248页。
② 尼雷尔：《自由与解放：1974—1999》，第82页。

更激进的左翼，比如非洲国民大会党，提出建设"非洲人的非洲"，明确要求公民权只限于原生人口，要求以种族界定国家、政府应当全由非洲人组成，要求"通过把历史地享有特权的非原住民（欧亚）少数族裔的财富和收入重新分配给历史地受压迫和处于不利地位的原住民（非洲）多数族裔来重新构造社会"①。对此尼雷尔谴责说，种族对等只会"巩固和延续种族主义"，而不是创造一种"承认个体的基本权利——无论他或她的肤色或信仰如何——的民主的伙伴关系"。②

因此，尼雷尔明确反对坦桑尼亚左翼势力实行政府工作人员非洲化的企图，后者以反抗种族主义为口号，极端强调黑人的优越性和特权。对此，尼雷尔批评道："这同样是邪恶的，对世界和平与发展而言同样是毁灭性的。"③1961年10月独立前夕的坦桑尼亚议会进行了关于公民权的辩论：公民权应该是基于种族还是基于住地？尼雷尔旗帜鲜明地反对任何基于种族的差别对待，认为无论是非洲人、欧洲人还是亚洲人，只要居住在坦桑尼亚，都应当享有公民权。他的非洲不是特定种族和肤色的非洲，而是每一个非洲人个体的非洲。如马姆达尼所言："尼雷尔彻底地拒绝一切基于群体的权利概念，理由是群体权利与殖民时期的种族政策相关，他要求的是个体的权利而非群体的权利。"④他提倡一种具有高度种族包容性的公民权。

尼雷尔所设想的"统一的非洲"是一个去殖民化的概念，贯彻到具体的国家治理中，首先是反对种族差别和种族的政治身份，其次是消解部落和原住民的政治身份，同时警惕任何形式的种族对等，

---

① 马姆达尼：《界而治之：原住民作为政治身份》，第145页。
② 同上书，第144—145页。
③ 尼雷尔：《自由与解放：1974—1999》，第26页。
④ 马姆达尼：《界而治之：原住民作为政治身份》，第153页。

提倡具有高度包容性的公民权，总体而言即旨在化解殖民主义的"界而治之"对区域政治环境的消极影响。坦桑尼亚比较彻底地清除了这一环境，实现了去殖民化。马姆达尼指出，这要归功于尼雷尔的国家治理策略。

三、作为世界公民的非洲人

尼雷尔秉持泛非主义的理念，相信只有非洲统一才能解放非洲，因此他非常看重非洲统一组织。1975年，他在非洲统一组织外长会议上发表讲话，指出"非洲整体统一的观点很重要……促进非洲解放和非洲团结大业，这是非洲统一组织的两大任务，实则是同一事物的两个方面，相辅相成，缺一不可"①。1994年8月，非洲统一组织解放委员会解散；此前的6月，纳尔逊·曼德拉作为南非总统参加了非洲统一组织召开的突尼斯峰会。这标志着，非洲大陆已经完全从殖民主义和少数种族统治中解放出来了。非洲统一组织的第一个任务已经实现，而第二个任务仍然任重道远。为此，尼雷尔呼吁："我们需要统一，没有统一的非洲大陆就没有未来！"②

他敏锐地洞察到，非洲的民族主义和民族国家的强化实际上可被看作殖民遗产的延续，其后果会导致非洲"被那些急于让非洲因分裂而疲弱或那些急于让非洲保持分裂的人所操纵"，因此他反对独立国家的各自发展，而是在泛非主义视野下审视非洲国家的独立和民族解放，倡导"通过民族主义达到非洲团结"，并且将非洲统一视为终极目标和解决非洲问题的最终手段。③"非洲必须自由。非洲的

---

① 尼雷尔：《自由与解放：1974—1999》，第45页。
② 同上书，第289页。这句话是尼雷尔的政治名言。
③ 尼雷尔：《自由与社会主义：1965—1967》，第146—147页。

自由将只能通过统一的行动实现。先有统一，然后才会有针对特权和种族主义的余留堡垒而采取的重大行动。"[1] 由此，非洲民族国家的独立只是通往统一道路上的一个步骤而不是最终目标，非洲民族国家和民族主义如果不是以泛非主义和非洲统一为理念指导，那将是危险且无意义的。同时尼雷尔也提醒，独立的非洲国家不应当卷入意识形态的斗争，泛非主义运动是超意识形态的，非洲统一"建立在地域基础上，而不是意识形态上"[2]。

同时，类似于在公民权问题上所体现的高度包容性立场，在非洲统一问题上，尼雷尔也强调对差异性的包容。非洲统一运动是一场以团结和平等的姿态包容差异的运动，虽然非洲各国有不同的理念和组织，但它们却有着可沟通的文化遗产和共同的殖民经历。尼雷尔指出："一味等待道路上或政治理念上的差异消失毫无用处，我们整个非洲首先要团结起来。差异是不会消失的。如果我们想要团结起来，就必须在统一进程中包容这些差异，允许它们存在，以这种方式，我们统一的进程才能完成。"[3]

对差异的包容意味着泛非主义的开放性和无边界性。最早的泛非主义来自美洲，随后成为非洲反殖民运动的思想旗帜。但在尼雷尔看来，它的界限也并非非洲大陆，而是世界性的，泛非主义最终通向世界主义和人类共同价值。非洲统一运动并不是要敌视欧洲、亚洲或者美洲。一个人既是非洲部落的一员，也是国家的一员，也通过非洲统一组织与其他非洲国家联系在一起。同时，他也是世界的一员，"所有这些共同体都是相互联系、相互作用的"[4]。从这个意

---

[1] 尼雷尔：《自由与社会主义：1965—1967》，第215页。
[2] 尼雷尔：《自由与发展：1968—1973》，第17页。
[3] 同上书，第10页。
[4] 同上。

义上说，以泛非主义为指导理念而建立的非洲统一组织就"不只是一个黑人组织，而是一个所有肤色人种的组织"①。因此对于泛非主义运动而言，与其说肤色是分离人种的因素，倒不如说肤色是"团结人民的因素"。人们由于肤色和共同经历团结在一起，而不是因为民族、政治立场、宗教和文化的差异而分裂。对于非洲人而言，"他们的肤色成为一个标记，也成为贫穷、屈辱和压迫的根源"②。但肤色并不是导致种族隔绝的政治身份标准，因为对于全非洲以及有着非洲血统的人来说，"他们自己的经历迫使他们成为国际主义者，关心世界其他地区人类的状况"③。

因此，泛非主义运动最初是为反对种族主义而诞生的，同时它也是世界范围内人类解放斗争的一个方面。泛非主义指向的是非洲和世界范围内的反殖民和反压迫的斗争，其基础不仅仅是肤色，更是世界范围内受压迫者的相互支持。尼雷尔在1974年的泛非大会上说："如果我们将自己视为与人类其他种族不同的人，不断地要求维护我们的黑人身份，我们就会削弱自己，世界上的种族主义者会是最大的受益者。现在全世界都在为争取人人平等而斗争。"④从这个意义上说，泛非主义运动的基础乃是全球范围内的人道主义立场这一人类共同价值。尼雷尔特别强调全人类人性的不可分割。由于殖民主义与种族主义是"对人类交往基本原则的挑战……都否定人性"，因此它们"是邪恶的，原因在于它试图把人与人分开，否认人们之间作为地球上平等的居民相互联系的权利"；同时，它也是"一种少数统治者保持对多数人统治的手段，维护自己从殖民政府遗留下

---

① 尼雷尔：《自由与解放：1974—1999》，第2页。
② 同上书，第4页。
③ 同上。
④ 同上书，第5页。

来的特权地位"。①尼雷尔清楚地意识到了殖民主义和种族主义"界而治之"的危害,并从世界主义的立场出发对之加以批判。他指出:"作为世界公民……我们必须摆脱殖民主义和种族隔离带给我们的精神上的影响。我们必须与世界各地的肤色歧视和种族隔离做斗争;我们必须维护、尽可能地促进全世界的人平等分享世界资源的权利。"②

尼雷尔有一个极具包容性的跨文化视野,他反对种族制度,反对以肤色作为公民权的基础,但这种反对并非是从黑人立场出发的。如前所述,他也反对国家行政机构的非洲化,因为这对生活在非洲的欧洲裔和亚洲裔的弱势人群不公,"纯粹的非洲"也是在否定历史。他指出,非洲在吸取过去和现在的教训以及决定非洲未来的过程中,要建立一种新的综合体,一种从欧洲和亚洲、从伊斯兰教和基督教、从集体主义和个人主义那里吸收了精华的生活方式,因此统一的非洲并不意味着整齐划一的非洲。更进一步,"非洲人"这个概念也并非以肤色为界限,而是意味着开放的世界公民。不可分割的人性是全人类的共同价值,是世界公民的共同基础。他说道:"我认为'非洲人'一词可以包括任何以非洲为家的人,不管他是黑色人种、棕色人种还是白色人种。……这就意味着,我们应当忘记肤色或种族,牢记人性。"③

尼雷尔的这种世界性的眼光和胸怀对应了去殖民化斗争的两个层面:首先,从资本主义经济生产的角度出发,如马克思所指出的,殖民主义是资本主义社会发展到一定阶段的必然产物,是受到资本

---

① 尼雷尔:《自由与解放:1974—1999》,第23—24页。
② 同上书,第9页。
③ 尼雷尔:《自由与统一:1952—1965》,第78—79页。

扩展世界市场这一动机支配的，因此殖民主义的内在逻辑并不限于某一地域之内，而是世界历史层面上的。其次，今天全球化背景下的去殖民化斗争并不是一种自我中心的身份建构，而是在多个他者的关联中追寻自身在世界中的恰当身份。因此，作为去殖民化概念的"非洲"并不通向任何形式的非洲中心主义和自我中心主义，而是知识生产体系和知识标准的多元转换，是多元文化和多元观念下的自身身份的寻求，是作为世界公民的非洲人自我意识的建构。刘易斯·高尔登将之称为"转换理性的地理学"（shifting of geography of reason）。

在此，我们要重提村社社会主义实验。尽管这一实验在实际操作上遇到了挫折，但在理念上，尼雷尔相信，基于家庭形式的村社具有的诸如商讨民主的形式（即充分尊重任何少数群体和个体的不同意见，商讨直至取得共识）最终可以扩展为世界范围内的人类之爱。在一篇题为《村社：非洲社会主义的基础》的文章中，尼雷尔把村社这种非洲传统的劳动和家庭组织形式视为社会主义的方案，并相信村社的扩展最终会导向非洲的统一，相信这是克服殖民主义的有效途径。"我们必须进一步扩大对我们共属家庭的认识——超越部落、社会、国家，甚至大陆——来拥抱整个人类社会。这是对真正的社会主义唯一合乎逻辑的总结。"[1]基于此，1961年12月14日，尼雷尔在联合国发表坦桑尼亚的独立演讲。他说道："我们毫无疑问地接受一个基本的信条，那就是每一个人都平等地享有继承地球、分享地球的欢乐和悲伤，按照自己及其子孙的意愿建设社会的权利。"[2]

纵观非洲的反殖民历史，第一代非洲独立运动的领导人如尼雷

---

[1] 尼雷尔：《自由与统一：1952—1965》，第122页。
[2] 同上书，第103—104页。

尔、纳赛尔、肯雅塔、恩克鲁玛等都是泛非主义运动和非洲统一的积极推动者。但是，20世纪80年代之后，随着这一代领导人的去世或离职，非洲统一运动逐渐陷入低潮。2002年，随着非洲统一组织第38届首脑会议的召开，非洲统一组织正式宣告解散，取而代之的是非洲联盟。无可否认的是，非洲统一组织的历史成就为非洲大陆的一体化奠定了政治、思想和一定的经济和组织基础，其倡导的团结、合作、统一、发展的精神对于非洲未来的经济、社会发展以及一体化进程依然具有指导意义。正如中国政府在发给非洲统一组织第38届首脑会议的贺电中所评价的："在过去39年的光辉历程中，非统组织为争取非洲的民族独立和政治解放，促进非洲的和平、稳定与发展做出了重要贡献。"[①]尽管还没有明确的"人类命运共同体"的理念，但泛非主义和非洲统一运动可以被看作通往这一目标的初步尝试。

今天，在新殖民主义的威胁下，尽管政治层面上的非洲统一运动逐渐隐没，但泛非主义依然具有广泛的影响，是加强非洲的团结与统一、维护非洲的和平与发展以及复兴非洲的经济与文化的理念旗帜。作为基于世界主义的人道主义理念，泛非主义的目标绝非以肤色划界，而是反对世界上一切压迫和不平等的思想武器，"根除一切形式的殖民主义"[②]。如尼雷尔所言，作为世界公民的非洲人应该看到，"自己不是在与其他种族的人进行对抗，而是在与殖民制度本身进行对抗"[③]；不仅是以政治上的国家独立反对殖民主义，而且要从观念上清算"界而治之"的殖民遗产，反对压迫和不平等，"殖民主

---

① 新华社北京2002年7月8日电。
② 出自1963年制定的《非洲统一组织宪章》。
③ 尼雷尔：《自由与统一：1952—1965》，第44页。

义的终结只意味着肤色基础上压迫的终结,而并非是人类压迫的终结"①。

因此,尼雷尔的"非洲统一"思想是非洲后殖民时代延续下来的去殖民化斗争的引导性思想,旨在与殖民遗产观念对抗。作为一个"长期的乐观主义者",尼雷尔相信,这样一种对抗和反思最终会取得胜利,有一个新世界正在孕育之中,这是"一个让每个人都活得更有尊严、更自由的世界"②。今天,"随着社会生产总过程的全球化,一切民族国家的生产和消费都逐渐具备世界历史性特征,资本主义经济全球化所开拓的世界市场也不再只是某些霸权国家的附属品,而是愈发成长为不由单一主体成员主宰的独立自主的世界体系"③。尼雷尔展望的"新世界"正是基于此形成的,它不是西方殖民主义下的单边化的世界治理体系,而走向更平等、更合理、更多元的新世界秩序。这个新世界图景就是今天中国所倡导构建的基于全人类共同价值的"人类命运共同体",作为整体的非洲是其中不可或缺的组成部分。

---

① 尼雷尔:《自由与解放:1974—1999》,第6页。
② 尼雷尔:《自由与发展:1968—1973》,第275页。
③ 刘同舫:《构建人类命运共同体对历史唯物主义的原创性贡献》,载《中国社会科学》2018年第7期。

我们为什么要研究非洲哲学？

作为学术概念的"非洲哲学"一般指的是撒哈拉沙漠以南的"黑色非洲"的哲学，也指来自黑色非洲、以少数族群的身份生活在北美、欧洲以及加勒比地区的非洲移民及其后裔所做的哲学工作。"非洲哲学"这一概念本身就充满了张力。其主要原因是，非洲并不是一个统一或者有共同起源的文化和语言的共同体，而是由众多差异化的部族及其语言、宗教信仰、生活方式汇集而成的地理学和人类学概念。即便当代一些非洲哲学家尝试构建非洲部族哲学或智者哲学的传统，但实际上，这种意义上的哲学既缺乏在整个非洲范围内有效的知识系统性，也没有连续的观念演进的路径。与德国哲学、中国哲学不同，非洲哲学是"没有哲学家的哲学"。它并不是由一连串哲学家和经典著作构成的系统化的思想史，也缺乏可传承讨论的概念系统。因此，迄今为止的非洲哲学研究并没有构成一部系统化的完整学术史，而是围绕着一些观念和问题展开的讨论。从这个意义上说，"非洲哲学"实际上是一个建构性的研究概念。除了非洲哲学本身的建构方式之外，其论述主体、思想起点、论述方式、思维方式等也都与我们惯常理解的哲学有很大的不同，这充分标识了非洲哲学的独特性。这种独特性令非洲哲学成为相对于我们的另一他者。这一他者维度的介入，对于原本为我们熟悉的中西二元比较体系、对于我们的自我理解、对于全球化背景下重绘世界哲学地图都有重要的意义。

一、非洲哲学的独特性

非洲哲学的主要论域可以划分为非洲政治哲学、非洲传统哲学、当代非洲哲学等，每个论域都无可避免地借鉴和吸收了西方哲学的论题、思想或者方法，但是它们也有其独特的问题范畴和讨论方式。这种独特性是基于非洲独特的思考主体、思想起点、哲学形态、思维方式等呈现的，非洲哲学是世界哲学地图中不可被取代和忽视的一部分。

第一，非洲哲学的独特性是基于哲学思考主体的独特性，首要的是基于肤色和人种的特殊性。在此，由曾担任塞内加尔首任总统的桑戈尔提出的"黑人性"概念首当其冲。在非洲政治哲学中，20世纪40年代以来，反对西方殖民、追求政治独立是非洲政治生活的主旋律。在这个过程中，一方面，马克思主义、社会主义理论被视为斗争工具；另一方面，非洲人和非洲文化的身份认同成了迫切需要非洲政治哲学回应的核心问题之一。"黑人性"不仅是一个哲学概念，更是一场从非洲黑人的第一人称视角出发、践行马克思人类解放思想的政治运动。"黑人性"被定义为"在黑人的生活和著作中表现的黑人世界的一整套文化价值"，它"强调自我意识"，认为由情感刻画的非洲人和由理性刻画的西方人是平等的，进而成为"反殖民化斗争的武器"。[1]相关的论述一方面体现了非洲政治哲学家急于

---

[1] 参见 L. Senghor, *Liberté I: Négritude et humanisme*, Seuil, 1964; L. Senghor, *Liberté III: Négritude et civilisation de l'universel*, Seuil, 1977, pp. 90—91。

构建自身理论身份的愿望，但另一方面也无法免除其刻意构建二元对立的嫌疑。因此，萨特曾批评桑戈尔的"黑人性"理念是"反种族主义的种族主义"①。作为回应，桑戈尔也强调，作为中间环节之资格的"黑人性"最终必须被超越，以达到一种不带有种族或者阶级对立的普遍文明，后者是国际化的、超出非洲大陆的。

第二，非洲哲学的独特性还体现在，其思想出发点始终是非洲的社会和家庭关系；或者说，在非洲，共同体关系和共同体意识被视为头等重要之事。麦斯（Thaddeus Metz）在他的新著《一种关系化的道德理论：从本土走向世界的非洲伦理学》中，就把和谐的共同体关系视为非洲伦理学中最高的价值观，提出"友情即正义"②。在政治哲学领域，由曾担任坦桑尼亚总统的尼雷尔所一力倡导的村社社会主义实践也基于非洲共同体关系理念。尼雷尔参考东欧社会主义合作社的模式在非洲进行类似的实验，尝试把出于非洲社群传统的村社自治方式和社会主义经济合作糅合到一起。在尼雷尔的村社中，人人如兄弟般互敬互爱，财产为所有成员共享，人人必须从事劳动。这种彼此间相互援助的生产合作方式的基础就是非洲的共同体意识，首先是基于血缘关系的家庭和部族共同体形式。③曾担任肯尼亚总统的肯亚塔也极为推崇这一点。他以吉库尤人为例指出，家庭及其血缘关系构成了村庄、部族和整个非洲大陆人际关系的理想模板，所有人之间的关系都是父子、母子、兄弟，财富应当共享，不存在个人占有，所有财物都要按照需求和贡献进行分配，由此出

---

① 卡尤迪·C. 马巴纳：《利奥波德·塞达尔·桑戈尔与普世文明》，马胜利译，载《第欧根尼》2013年第1期。

② Th. Metz, *A Relational Moral Theory: African Ethics in and beyond the Continent*, Oxford University Press, 2022, p. 3.

③ 尼雷尔：《自由与社会主义：1965—1967》，《尼雷尔文选》第2卷，李琳等译，华东师范大学出版社，2015年，第246—247、258页。

现了非洲特有的平等的生产合作形式。①虽然基于村社的社群自治实验在现实中并没有成功，但是基于血缘和家庭的非洲共同体意识和传统合作生产方式与社会主义、社群自治主义的相互阐发成为非洲政治哲学的一个典型议题。

第三，非洲哲学的独特性还突出体现在其哲学形态上，即非洲的口述哲学对于东西方传统哲学形态的颠覆。基于唐普尔所开创的部族哲学的研究方法，我们看到，非洲哲学的研究中有相当一部分材料基于各部族的谚语和神话传说。这些内容并非以文本的形式，而是以口述的方式代代流传。这种哲学的形式与传统西方和东方哲学基于文本的方式完全不同，也引发了关于哲学本身的充满张力的思考：哲学究竟是否必须是基于文本的，能不能以口语的方式流传？可以说，非洲哲学为哲学提供了一种不同于东西方传统的新形式。在这个向度上，奥卢卡（Henry Odera Oruka）、万尤海（Gerald J. Wanjohi）和图姆巴专注于研究古老的谚语以及一些部落智者的格言，由此勾勒出非洲的智者哲学传统。②这种哲学以口述为主。固然，其思想的概念化和系统化程度不高，生活智慧也没有进一步演化成具有复杂性的观念体系，但以口头形式交流和传承的哲学依赖于代际之间的亲密的生活联系，体现了其与部落生活密切相关的整体实

---

① J. Kenyatta, *Facing Mount Kenya*, Vintage, 1962, pp. 1–19.

② 参见 H. O. Oruka, *Sage Philosophy: Indigenous Thinkers and the Modern Debate on African Philosophy*, Brill, 1990; G. J. Wanjohi, *Philosophy and Wisdom in Gikuyu Proverbs. The Kihooto World-View*, Nairobi, 1997; M. T. Ntumba, *Langage et société. Primat de la Bisoité sur l'intersubjectivité*, Kinshasa, 1985。智者哲学是当代非洲哲学家对古老部落文化中的智者口述哲学和流传的谚语的整理和研究。这种哲学是围绕着一些特定的部族智者展开的，类似于我们的传统哲学史是围绕哲学家展开的。非洲部族中都有智者（Sages），这个概念是由奥卢卡提出的。在其著作《智者哲学》中，他记述了卢奥族和肯尼亚其他民族中的七位民间智者和五位哲学智者的学说。智者们代表着部族的最高智慧，也是谚语的创造者，他们善于把一些对于他人和共同体生活和行为的建议以一种相对普遍化的隐晦方式表达出来。这些表达中比较精辟的部分以谚语的方式流传下来，内容涉及生死、信仰、性别、教育、法律和惩罚等人与自然的各个方面。

践特征，更加突出了思想和理解的情境性和整体性，体现了其独特的优势。基于这一现实，我们就得承认，书写特性不再是哲学活动的必要因素。正如德里达所指出的，口述与书写是平等且同等原初的。哲学的形态通过口述哲学得到了丰富和拓展。①

第四，尽管在当代非洲哲学论述中西方哲学的范畴系统的框定显而易见，但我们仍然可以看到在一些经典哲学问题上基于其思想传统的非洲哲学的独特立场。比如，令人惊叹的是，在非洲哲学中，我们也可以发现与中国哲学的"中道"类似的思维方式。非洲当代哲学家齐马柯南（Jonathan O. Chimakonam）提出了一个尼日利亚伊博语（Igbo）中的"伊祖梅祖"（Ezumezu）概念，用以表达一种具有非洲特色的哲学思维逻辑。这个词的本义为"最可行、最有潜力和最强大的一切的汇集、整合或总和"。按照齐马柯南的说法，伊祖梅祖有别于西方的亚里士多德传统下形式逻辑中的矛盾律、排中律这样的二元对立方式，而是一种三重价值维度互补的思维模式。他指出：伊祖梅祖代表的是两端值之外的第三个值，意味着两端值的融合、互补和平衡；有了这个第三值，两端的值之间就不是简单的相互排斥的矛盾对立关系。在这样一种独特的思维模式中，任何两端的值都不可能是一端绝对正确而另一端完全错误，两端乃是互补的。齐马柯南还指出，伊博语中类似"逻辑"的词语"ngho"，其意思就是"动态和灵活的推理"。伊祖梅祖所代表的这种非洲的思维逻辑既强调互补统一，又考虑到了语境的特殊性。②

---

① 奥鲁沃（Sophie B. Oluwole）和马贝（Jokob Emmanuel Mabe）对非洲口述哲学的问题做了非常全面的研究。参见 S. B. Oluwole, *Philosophy and Oral Tradition*, ARK, 1999; J. E. Mabe, *Schriftliche und mündliche Formen des philosophischen Denkens in Africa*, Peter Lang, 2005。
② J. O. Chimakonam, *Ezumezu. A System of Logic for African Philosophy and Studies*, Springer, 2019, p. 94.

与非洲逻辑的这种语境性相关，在当代非洲哲学中，关于真理的理解也强调其情境性特征。传统西方哲学认为，真理是客观的、普遍有效的，但当代非洲哲学家夸西·维雷杜则提出了两个具有挑战性的命题："真理就是意见"，以及"真理是与立场联系在一起的"。他想将"真理"概念固定在日常经验之中。这是一种视角主义立场，强调真理产生的背景或者说一种立场相关性。因此，主观化、立场化的真理可以在不同的哲学传统中被具体化。这是一种具有非洲特征的多元主义的真理观。[1]德佐波（N. K. Dzobo）的研究支持了维雷杜的观点，他援引埃维族（Ewe）谚语"真理使事物成为善的"来说明此点。这句谚语的意思是，真理具有一种伦理内涵，它必须要顺从人，这就是善。因此，真理是要在具体情境中被具体描述的。[2]

可以看出，尽管非洲哲学与西方哲学有着密切的思想关联，但是其叙述主体、思想起点、探讨方式、思维方式都有鲜明的非洲在地化特征，根植于独特的非洲生活经验之中。如果以跨文化哲学的视野来审视，这种独特性及其意义将更为明确地呈现出来。

二、作为另一他者的非洲：非洲、西方与中国

在全球化时代，世界不是中西二元的，而是多元的，跨文化哲学的任务之一就是致力于描述多元文化之间的起承转合的相互建构关系。跨文化对话不仅是中西对话，更是多方参与的多极对话。非

---

[1] 参见 K. Wiredu, *Philosophy and an African Culture*, Cambridge University Press, 1980。
[2] N. K. Dzobo, "Knowledge and Truth: Ewe and Akan Conceptions", "African Symbols and Proverbs as Sources of Knowledge and Truth", in K. Wiredu and K. Gyekye eds., *Person and Community. Ghanian Philosophical Studies I*, Council for Research in Values and Philosophy, 1992, pp. 71–100.

洲哲学的引入，对于中国思想文化传统在全球化时代的自我理解和自我定位有着重要的意义：世界不是非西即东的二元架构，而是如海浪般连绵不断的多元文化的复杂构成。具有独特性的非洲作为西方之外的另一他者，为我们提供了一个截然不同的参照系和比较维度。非洲、西方与中国构成了一个三方参与的多极对话格局，在很多问题上开启了更为开阔的理论视野。

比如在东西方哲学关于本体论的讨论上，我们知道，西方的本体论关注的是存有、不变的实体和静止的本质；而与之相对，东方哲学尤其是道家哲学和日本哲学致力于对于"无"的讨论——关于西方和东方本体论的有无之辩是比较哲学研究中的经典论题。而非洲哲学在本体论上给我们提供了一个不同的视角，即"力"的本体论。唐普尔在《班图哲学》中指出，班图思想中相当于西方的"存在"概念的乃是多种力的游戏的动态事件过程。这里涉及的既不是西方的静态存在关系，也不是东方意义上的"无"，而是由多种力组成的一场动态的游戏。唐普尔指出：

> 他们［班图人］言说、生活、行动，仿佛对他们而言"力"是存在本身的一个必然要素。对他们而言，"力"的概念与"存在"的定义是不可分离的。力与存在不可分离地关联在一起。因此，在存在的定义中，这些概念都是不可分的。①

即便在此放弃"本体论"这一西方哲学范畴，我们仍然可以把西方、东方和非洲的三个最基本的哲学观念放在一起进行审视，认识到不同人群对于世界之本质的理解的多样可能性。力的本体论把

---

① P. Temples, *Bantu Philosophie. Ontologie und Ethik*, übersetzt J. Perters, Wolfgang Rothe, 1968, S. 26.

错综复杂、相互作用而又变化多端的力看作世界的根本,这一看法成为非洲人重视存在的整体性和普遍关联关系的基础——存在首先不是独立的存在,而是与他者共在。这种本体层面上的认知也决定了非洲人对于人之生存的理解:个体首先是被基于血缘、家庭、部族的社群关系定义的。这一观念被称为"乌班图",它也可以扩展到动物和一切自然物上。这不同于西方自由主义对于个体和共同体的理解,即先有理性主体,主体具有天赋权利,然后个体再决定是否把这种权利让渡给群体。在非洲,不是先有个体式的主体,而后主体承担了各种群体关系;而是群体关系优先于个体,群体拥有力量,个体要在群体之中才能分享力量并生存下去。① 在强调共同体关系上,非洲经验接近于儒家思想,儒家也极为重视家庭和社会关系。不同的是,儒家的美德伦理最终要落到对于个体的道德修为要求上;而在非洲思想中,并没有对个体的强烈的德性要求。

基于关系伦理的非洲共同体形式还形成了非洲独特的民主形式。这种非洲的民主不仅区别于东方的威权政治,与现代西方意义上的民主政治也有明显的差异。现代西方民主的核心是少数服从多数,但在非洲的民主中,共识的原则被视为核心。在此原则的指导下,每个人都有权利陈述他的观点并与他人协商,通过漫长的讨论达成共识。这就是非洲共同体中被称为"姆邦齐"的协商对话形式。瓦姆巴(Ernest Wamba dia Wamba)最先发掘出这种对话形式,将之作为与西方议会辩论加投票的民主形式相对的非洲民主形式。在姆邦齐中,共同体中的所有成员都参与其中。他们并不是无差别的,但是却都平等地阐述自身的观点,持续协商直至达成一致。非洲民主

---

① J. O. Chimakonam, *Ezumezu. A System of Logic for African Philosophy and Studies*, p. 103.

的这种协商形式充分体现了从商谈、对话到达成共识的平等精神，克服了西方民主最终诉诸投票、还原为数量从而忽视持不同观点的少数人权利的缺点。同时，姆邦齐这一非洲的民主形式反对精英政治，而主张人民大众要参与商谈，共同规定政治进程。①

如果我们把非洲引入中西之间的哲学讨论，一个经典问题可能在此就无法被忽略："非洲有没有哲学？"唐普尔通过对当时比属刚果东北部的卢巴族的语言、神话和习俗的研究，完成了《班图哲学》一书，首次提出了"非洲哲学"概念，对上述问题做出了肯定的回答。唐普尔借助班图语的特殊符号全面、深入地研究了卢巴族的语言，并且通过分析这个民族的谚语、神话传说以及习俗，建构了卢巴族的哲学。通过对于非洲某一部族的语言、神话、谚语、习俗等的研究和诠释，提炼出特定部族的哲学概念和体系，建构部族哲学，成为非洲哲学研究的重要方法。类似的做法在卡伽梅、姆比提和奥卢卡等人那里得到了进一步贯彻和推广。他们采用了比唐普尔更为广泛的研究样本，除了研究更多的卢巴族语言形态之外，还对吉库尤族和卢巴族的语言和神话进行了分析。②

由《班图哲学》所开辟的部族哲学的研究方式对于"非洲有没有哲学"这个问题给出了一个肯定的回答，但是也引发了很多争议。除了唐普尔本人的传教士身份造成了传教的实践动机和欧洲中心主义的倾向之外，洪东基还批评说，部族哲学并不是完全意义上的哲学，因为从部族语言和习俗中提炼、诠释的观念并不能被普遍化，不能将之看作在整个非洲都有效。洪东基认为，非洲哲学应当也是科学化和普遍化的，应当拓展普遍性价值和对于人性的理解。③更为

---

① 基姆勒：《非洲哲学：跨文化视域的研究》，王俊译，人民出版社，2016年，第161—162页。
② 同上书，第28—32页。
③ P. J. Hountondji, *Afrikanische Philosophie. Mythos und Realität*, Dietz, 1993, S. 54—74.

极端的观点来自尼日利亚哲学家奥格乔福（Josephat Obi Oguejiofor）。在2018年北京世界哲学大会上，他指出："哲学"一词来自西方，而西方的启蒙哲学家如洛克、休谟、孟德斯鸠、黑格尔等均曾在理论上将非洲人非人化的，视之为低等人类或野兽。因此，对于黑色非洲而言，"哲学"一词是带有原罪的，"非洲哲学"表达的无非是西方世界对非洲的殖民与奴役。

类似的讨论在中国哲学的研究中也曾被反复提及："中国有没有哲学？"众所周知，在西方主流的哲学史书写中，狭义的"哲学"就是指发源于古希腊米利都地区的、用欧洲语言表达的一种特殊的理性观念和知识类型，它与宗教、诗歌、戏剧、诗歌、历史论著截然不同。这种意义上的哲学是欧洲—西方独有的，进而成为人类知识谱系的主流。就如海德格尔所说，人类的哲学理性总是具有单一的肤色（白人）、单一的性别（男性）和单一的世界观形式（基督教世界观）。及至20世纪，世界上大部分哲学工作者都可以把他的知识谱系追溯到某个欧洲哲学家身上，或者在方法范畴上得益于这种狭义的"哲学"。中国哲学的出现就是如此，胡适在编写完《中国哲学史大纲》上册后对于"中国有没有哲学"就抱有怀疑的态度。这种狭义的"哲学"理解，以及欧洲—西方哲学理性的普遍化，造就了我们熟知的西方中心论的世界哲学地图。

但是，随着全球化的推进和多元主义世界观的兴起，这种基于特定中心论的知识模型亟须更新。对于"非洲有没有哲学""中国有没有哲学"这样的问题的争议，其关键是对"哲学"的理解和定义。今天，随着非洲、中国以及其他地区的思想传统逐渐加入世界哲学的讨论，我们已经普遍接受孔子的实践智慧、非洲部落的智者话语也属于哲学的形式。当代非洲哲学家就在积极地探讨哲学的多元定义。比如，姆比提将非洲哲学定义为"非洲人在不同生活情境中的思考、行动或言谈方式背后的理解、思想方法、逻辑和感知"；奥卢卡将非洲哲学视为"处理那些由非洲本土思想家或精通非洲文化生活的人提出的特定非洲问题的工作"；莫姆（C. S. Momoh）将非洲哲学视为非洲人关于宇宙的教义或理论，其中有创世者、要素、制度、信仰以及概念。[1]我们在非洲、中国和西方的三元甚至更多元的立场上考虑哲学的定义，就能更容易地避免非此即彼的二元选择和对立思维，而在最大程度上扩大哲学的含义（比如把哲学理解为对于世界本质和生活意义的反思活动），以实现多元主义时代的哲学讨论。

今天我们谈的"世界哲学"中的哲学已不单单意味着"西方哲学"，"哲学"概念的外延在非洲、中国和地球上其他的古老文明中得到了扩展。我们在欧洲外的其他文明类型中也能找到与欧洲的"哲学"形式相似的等价物，并且也称之为"哲学"。这意味着从独一的欧洲哲学到多元的世界哲学的转化，这是人类文明从欧洲中心论走向文化多元主义的表现之一。非洲哲学介入中西二元的对话，是跨文化的多极对话展开的重要条件。通过多元的哲学传统的对话，确立不同文明传统中的哲学的合法性地位，对于消除西方中心论的影响、重塑非西方文化的主体地位具有重要的意义和价值。

三、多元主义背景下的世界哲学地图

非洲哲学的独特性使得非洲成了我们今天的哲学研究活动中的另一他者，而充分关注这一他者，对于哲学本身的时代建构具有重

---

[1] O. R. Adesuyi, "Cultural and Social Relevance of Contemporary African Philosophy", *Filosofia Theoretica: Journal of African Philosophy, Culture and Religions* 2014, 3(1).

要的意义。

以非洲马克思主义为例。我们知道,非洲马克思主义是马克思主义体系的一个重要组成部分,是马克思主义在非洲传播、发展的历史产物。马克思主义从实践中产生,在实践中发展。一个国家的革命和建设要取得成功,应该根据本国的具体国情,找出适合自己的道路。马克思主义只有不断地与各国实际相结合,才能永葆生命力,离开各国实际谈论马克思主义,只能是抽象的、空洞的、教条化的马克思主义。非洲马克思主义的独特性就在于,它是与民族独立和反殖民斗争结合起来的,并结合了对于肤色、身份的思考。非洲的社会主义主要并非源于社会中的阶级冲突,而是通过反抗殖民统治、争取民族独立的方式获得成功的。非洲马克思主义是我们重新反思马克思主义的普遍性和特殊性的关系问题的重要样本。

当代非洲哲学已经成了世界哲学中的重要一环,非洲哲学与西方哲学的合作与交流、介入世界哲学早于东亚哲学,其原因当然有多个方面。比如,非洲的殖民地历史使得当今主要的非洲知识阶层是在其西方宗主国接受教育的,这在很大程度上有利于他们与西方相应的哲学流派进行交流与合作。在受英语国家殖民的非洲国家中,哲学的重点就是盎格鲁-撒克逊的分析哲学;而在法语区域,重点就是大陆—欧洲的现象学和存在主义哲学,这些都直接反映在当今非洲大学的哲学系中。当今的非洲哲学家一方面熟知西方哲学的体系和议题,另一方面充分利用非洲传统的思想资源进行思考,令二者之间的讨论变得充满活力。而他们所关注的问题也充满现实感和世界意义,比如从非洲哲学的性质出发讨论哲学的普遍性和特殊性问题、从非洲传统的共同体方式出发讨论西方民主制度、从非洲的部族哲学出发讨论非洲人的时间观,等等。

从20世纪70年代巴黎的"非洲出场"书系的出版，到杜塞尔多夫世界哲学大会上首次设立非洲哲学分论坛，非洲哲学走进世界哲学成为当代哲学发展的一个重要部分。1947年，一群来自法属非洲地区的知识分子在巴黎聚集，支持迪奥普建立了一家名为"非洲出场"的出版社。它在西方世界出版了一套与出版社同名的系列丛书，汇集了关于非洲文化、文学和哲学的代表著作（作者包括唐普尔、桑戈尔、卡伽梅、阿卜勒马农［F. M. Ablémagnon］、姆迪贝［Valentin Y. Mudimbe］等非洲著名思想家），影响巨大。"非洲出场"在西方文化的话语空间内树立了一个黑色非洲的他者政治形象，致力于通过介入世界哲学讨论和跨文化对话恢复在殖民历史中被否认的非洲人和非洲文化的身份、尊严。另一场非洲哲学与世界哲学的著名对话是由迪梅尔（Alwin Diemer）在1978年杜塞尔多夫世界哲学大会上设立的"当下非洲形势中的哲学"分论坛，当时几乎所有重要的非洲哲学家都参加了这次会议。①

萨特、查尔斯·泰勒、麦金泰尔等当代哲学家都曾充分关注非洲哲学的独特性并做出回应。非洲哲学与世界哲学的互动也在跨文化哲学领域产生了丰富的思想成果，甚至推动了跨文化哲学方法论的发展。其中，非裔哲学的展开本身就是一个跨文化哲学的例子。在北美和加勒比地区，身属非洲移民及其后裔的哲学家具有天然的跨文化身份，他们除了研究非洲的哲学传统，也极为关心肤色和种族问题、非裔族群在美国社会的身份认同问题等。

非洲哲学与世界哲学的互动是多元主义时代重绘世界哲学地图的重要环节。全球化时代令我们愈发认识到哲学的多元性。早在雅

---

① 基姆勒：《非洲哲学：跨文化视域的研究》，第97—98页。

斯贝尔斯关于"轴心时代"的构想中,他就曾强调,"在历史上并不存在普遍被承认的哲学家的概念","在人类的多样性中存在着哲学真理的多样性",因此,"我们不能用我们将要知道的哲学中的某种类型来替代哲学的所有流派"。① 无论是在欧洲、中国还是在非洲,哲学作为人类系统性的反思活动都普遍存在,而且植根于其文化背景之中。如劳尔·福奈特-贝坦科尔特所言,不存在"那种所谓的普遍观点","因为其中假定的普遍性连同其抽象的'纯粹'哲学原则实际上不是普遍性,而是某个背景文化的不确定性"。② 多元主义背景下的世界哲学地图强调的是多元文化间的交流过程的普遍性,亦即"人们意愿达到一种具体的历史的普遍性,它不是作为野蛮的抽象和简化所产生的具有欺骗性的简单结果,而是真正地作为一种通过不懈的艰苦努力而实现的跨文化/文化间交流的普世氛围"③。强调特定文化和思想传统的有限性,发掘和认可多元的哲学形态,正是为这种普遍的交往设立了条件。多元主义背景下的世界哲学地图就是对于当代世界思想状况的真实描绘,是哲学真理的当下化,也是人类普遍交流的一个前提条件。

多元主义背景下的世界哲学地图,一方面要强调不同哲学传统的在地化特征;另一方面也要看到,任何特定的哲学传统都是在广泛的跨文化对话和交流中被建构的,因此应反对任何思想传统自我绝对化的倾向。实际上,这种自我绝对化倾向在西方表现为自我扩张的西方中心论及其普世化幻觉;在非西方传统中则表现为对自身

---

① 雅斯贝尔斯:《大哲学家》上,李雪涛等译,社会科学文献出版社,2002年,第8、30页。
② R. Fornet-Betancourt, *Lateinamerikanische Philosophie zwischen Inkulturation und Interkulturalität*, IKO, 1997, S. 28.
③ Ibid., S. 30.

传统的本质主义幻想，矫枉过正地拒绝开放和交流。比如，前述非洲哲学家认为"哲学"一词就是文化殖民；另外一些非洲哲学家则认为，用法语或英语讨论非洲哲学就不是真正的"非洲哲学"，未受欧洲影响之前的非洲思想才是真正的非洲哲学。但实际上，哲学传统独特的在地性并不是完全纯粹的，也不是孤立静止的，而是通过在历史进程中不同区域的传统之间的交流和相互影响才逐步构建的。比如在当代拉丁美洲哲学中，本土崇尚自由和人道主义的精神与天主教信仰、马克思主义混合在一起，才形成了解放神学。哲学的在地性和建构性特征决定了哲学的多元化、差异化和相对化，正是这一点赋予世界上不同地域的哲学一种政治身份上的平等。如墨西哥哲学家莱奥波尔多·塞亚所言：人类正是因为彼此不同才成为同等的人。

　　人类命运共同体的建立要以全球范围内的对话、交流和理解为基础，而跨文化对话的展开只有在富有差异的参与者之间才有意义，因此非洲哲学介入世界哲学正是这场跨文化对话的重要拼图。充分的跨文化对话和共情之心对于中国尤其重要。近两百年来，中国文化一直在西方这个唯一他者的对照下进行模式化的自我定位，这样一种中西二元的框架造成了一种非此即彼的单纯竞争性和对抗性的基调和模式。这一基调导致了中国人对于世界文化的多元性的漠视，即便在全球化已无可避免的当下，汉语的文化视野中仍然很难找到非洲、拉丁美洲、东南亚、中亚等地区思想文化传统的位置。在这样一种脱离于全球化时代的偏颇视角下，我们自然无法体贴地理解那些在东西方传统之外的人类文明传统和思想财富，也不可能把握世界哲学图景的全貌。这并非仅仅是一种知识的缺失，更影响我们在全球化时代找到一种适当的自我理解和自我定位，阻碍了我们对人类命运共同体的感同身受。在这个意义上，推动汉语哲学视野中的非洲哲学研究就有了开拓性意义。这是一个汉语文化视野在全球化进程中不断拓展和完善的重要步骤，更是中国在当今世界获得符合时代特征的自我意识和自我定位的前提条件之一，是当代汉语学界重绘世界哲学地图的重要步骤。具体而言，今天我们研究非洲哲学，有如下三个方面的意义。

首先，只有基于全面的文化理解和认同，才有真正富有成效的互动和交流。因此，对非洲哲学的译介和研究是促进中非人文交流、推动中非间开展富有成效的政治、经济、外交互动的不可或缺的前提条件之一。在当今错综复杂的国际形势下，"人类命运共同体"构想需要多层次、全方位的理解和推进，其中人文领域的交流和互鉴是必不可少的基础。非洲大陆作为世界版图的重要组成部分，其负载的历史、文化和智慧传统也不可在哲学和文化研究中被忽视。只有更好地了解非洲的文明和思想传统，我们才能更好地理解世界，才能对人类命运共同体有更为全面的感同身受。

其次，非洲哲学研究中有很多论题和观点值得中国哲学借鉴。非洲哲学研究中的一些核心问题，尤其是近现代非洲哲学的很多问题（比如殖民与反殖民、与西方世界的关系、文化身份的认同等），与中国哲学界一百多年来面对的问题有高度相似性。了解非洲哲学在这方面的建树，对于中国文化的自我认识具有借鉴意义。非洲哲学与西方世界的交流和互融，也值得中国哲学界了解并借鉴。

最后，对非洲哲学的了解和研究是汉语学界扩大哲学研究范围、重绘世界哲学地图的坚实一步。汉语学界对于非洲哲学的研究存在空白，导致我们对于黑色非洲的文化和思想方面的认识长期以来严重匮乏。这既易造成我们对非洲的误解，也阻碍了我们在全球化时代建立正当的自身文化身份认同。在哲学学科中，外国哲学研究几乎从未将非洲哲学包括在内。因此，研究非洲哲学的重要目的之一，乃是在跨文化哲学方法论的指导下，向汉语世界呈现一个古老大洲的思想传统和文化风貌，以克服汉语思想界流行的西方中心论或东方中心论的偏颇，将哲学研究的范围扩大到东西方之外，展开跨文化的多极对话，使得中国学界具备完整的跨文化视野，重新绘制世界哲学地图，以真正应和全球化的潮流。

作为马克思主义宗教学研究方法的宗教现象学

顾名思义，宗教现象学就是以现象学的方法来研究和诠释宗教及其信仰。与传统宗教哲学不同，宗教现象学并不以理性方式论证外在的神圣实体和系统化的神圣经典，而只从呈现出来的宗教现象（首要的是信仰意识的现象，即信仰者切身的信仰经验、直观意识和生存经验）出发进行描述，将宗教视为与个体的生存经验紧密相关的意义纲领和意义系统。宗教现象学研究首先关注的是宗教作为信仰活动的主体特征，强调信仰这一心理经验的主观维度的不可化约性，并将之视为宗教研究的基础。

具体而言，宗教现象学并不是一种严格的单一方法，而是一组呈现不同可能性向度的研究方法。比如，广义的宗教现象学是指对于宗教中的各类现象的"中立"研究，它致力于对一切宗教现象进行描述和整理。这种方式接近于宗教形态学或类型学。这个意义上的现象学，首先取"现象学"字面的意思，同时也来自黑格尔的精神现象学，即从多样性中分辨出统一性，在宗教多样性的显现中把握其本质。流行于19世纪末20世纪初的比较宗教学研究方法旨在通过对不同宗教现象的比较研究，发现宗教产生的共同根源以及发展的规律。这就与宽泛意义上的宗教现象学十分接近了。布伯、蒂利希、施莱尔马赫、马林诺夫斯基（Bronislaw Malinowski）、马里坦（Jacques Maritain）等人都可以被归为广义上的宗教现象学家，甚至有人将费尔巴哈也放入这一阵营。

与广义的宗教现象学相对的是狭义的宗教现象学，后者是指用现象学方法研究宗教，即通过对主体内在的宗教经验和信仰意识的现象学研究来探寻宗教现象的本质、意义和结构。这包括胡塞尔的意识现象学方法的运用，以及海德格尔的存在论现象学和现象学阐释学在宗教研究上的运用。海德格尔是狭义的宗教现象学研究的先驱，之后像奥托（Rudolf Otto）、伊利亚德（Mircea Eliade）、克里斯滕森（Brede Kristensen）和范德留（Gerardus van der Leeuw）等人的研究都在不同向度上为这种狭义的宗教现象学方法的建构做出了贡献。这一研究方式秉承了现象学"面向实事本身"的思想方式。现象学悬搁实体，只描述意义的建构；相应地，在宗教研究上，就是不预设居于信仰者的体验和意识之外的任何超越实体，不再把人的信仰体验和存在经验视为由超越的神圣实体在心灵中引发的后果，而是悬置神圣实体（比如自然神学主张的超越的神、神圣秩序、终极实在等），只从人的意识直观和体验出发，描述和分析个体在宗教信仰框架中的神圣感、神秘感、敬畏感、孤独感等经验的意识结构，对人的形而上学冲动本能、对自身有限性和偶然性的自觉、对无限性的渴望、对必然性根基的寻求等做出认识论和生存论意义上的阐释，由此来呈现宗教的意义框架及其效应。这一意义框架包含了很多宗教的要素，比如神话、灵感、象征、仪式、祈祷、禁忌、宗教节日、宗教场所、宗教经典以及宗教音乐与颂词等。但狭义的宗教现象学并不是直接研究这些要素，而是从主体经验和信仰意识出发去揭示这些要素的意义内涵。比如，海德格尔在他著名的"宗教现象学导论"课程中就通过此在分析、通过对人的具体历史情境的分析来对原始基督教特别是保罗书信进行阐释,并基于他早期提出的"形式指引"和"实际生活经验"等构想,对宗教经验的对象和领会方式进行了一种现象学的拆解。他指出,保罗书信并非来自任何现成的神圣教义或者教诲,而只能源自圣徒保罗自身的实际生活经验和生活情境。这是狭义宗教现象学研究的典型案例。

这种现象学的研究方式实现了宗教研究从实体论向认识论、价值论和阐释学的转向。这与启蒙哲学以降的宗教批判特别是休谟和康德对于自然神学的质疑以及神圣实体的解构一脉相承,也与哲学研究的现代转向一致。同时,狭义的宗教现象学将传统宗教研究中关于神圣实体的论证和研究转化为主体的意识分析和生存经验阐释。这一立场也使它有别于宗教研究中历史的、社会学的、心理学的以及人类学的进路。

因此,这个意义上的宗教现象学根本上是人本主义的,关注的是属人的研究。它将宗教归结到人的主观信仰经验上,而不是直接从超越的神或者神圣经典出发去谈论宗教,超越的神或者神圣经典也只能在与人的信仰体验或存在意义的联系中才能够被阐释。范德留是狭义的宗教现象学研究的重要代表。在《宗教现象学》中,他将神及宗教问题由实在领域引向意识领域,认为神不是心灵之外的实体,而是意识自身的意向性指向。他尝试把宗教意识作为现象学意义上的"现象"或"实事本身"来加以考察,从意识内在的主观结构出发来理解宗教,将神秘的宗教现象视为人类自我理解的一个必要部分。比如他认为,人总是在现实生活中体验到自身力量与一种异己力量的遭遇,宗教便产生于遭遇这种异己力量的体验。在这个意义上,宗教是一种象征,它揭示了人对其自我经验局限性的内在挑战,并指向那种具有超越性的异己力量。与狭义的宗教现象学相似的哲学立场其实在威廉·詹姆斯那里就已初现端倪,他的《宗教经验种种》的出发点就是个人宗教体验。他相信,制度宗教与个人宗教分属不同层面或领域,前者关注神,后者关注人。其中,个人宗教是原生的,是"最源始的东西",宗教实质上意味着"个人独自产生的某些感情、行为和经验,使他觉得自己与他所认为的神圣对象发生关系";而制度宗教则是次生的,即便是最简单的宗教仪式,也为不可见的内在宗教动机所驱使。"无论哪个教会,其创立者的力量最初都来源于他们个人与神的直接感通。"这个看法与宗教现象学的观点异曲同工。

从传统的宗教研究方法到狭义的宗教现象学方法的转换,其背后实际上体现出从传统哲学向现代哲学的演进,即从对超越的本质或者实体的哲学的讨论转向对具体的主体经验和意识结构的关注。因此可以说,宗教现象学首先关心的是具体的人,而不是宗教的外部技术;是个人行为,而不是仪式行为;是信仰经验,而不是神圣教义。其基本精神符合现代哲学的旨趣。在宗教现象学中,对于宗教仪式、技术及其他外部因素的关注,都是通过描述个体的内心倾向来实现的。如果说宗教的彼岸是此岸世界的参照系,是一面镜子,那么宗教现象学恰好让我们面对这面镜子看到自身。具体而言,可以概括出狭义的宗教现象学研究的如下基本立场:

1. 坚持反化约主义、反还原主义的人本主义立场。宗教学现象学研究捍卫宗教的独立性,反对将宗教的复杂性化约或还原为社会学、人类学、心理学和经济学等非宗教的研究立场,而是坚持以人为本,从主体经验出发研究宗教意义和宗教经验本身。

2. 坚持悬搁、描述等现象学方法。比如,悬搁对于不同宗教的价值比较，悬搁研究者的价值判断，保持价值中立，从信仰者的第一人称视角出发进行研究，并且只对宗教现象进行如实的描述。

3.坚持对于意义建构与意义整体之把握。宗教现象学通过对信仰经验和宗教意识的建构研究对意义进行把握，由此以整体性的眼光审视"宗教人"的在世结构之意义，把握宗教的意义世界与信仰者的整体意义。

4.由于宗教现象学坚持价值中立的"站在外"的宗教学研究，不受具体信仰和价值支配，而是将一般人类的信仰经验和意识作为理论出发点，因此这一研究不是排他性的，也不会出现特定宗教的中心论，而是可以研究多元宗教，能够充分关注宗教学研究的跨文化属性。这也是现象学方法的要求。因此，在价值多元和宗教冲突的全球化时代，宗教现象学可以导向普遍的全球宗教对话。

我们看到，宗教现象学的整体倾向以及基本立场与马克思主义宗教学的基本立场是一致的。众所周知，马克思主义宗教学的终极目的是"把信仰从宗教的妖术中解放出来"，"废除作为人民的虚幻幸福的宗教"。但是，这并不意味着马克思主义宗教学研究最终要消灭作为历史现象和社会现象的宗教。作为批判和研究对象的宗教将长期存在，在社会现实中，宗教的产生和消亡有其历史过程。这不是宗教学研究可以改变的。而马克思主义宗教学倡导的无神论，实际上旨在否定那种误导信仰经验的虚幻的神圣价值，消灭让人民信以为真的虚假天国。但是，宗教本身作为历史产物和人类社会的意义系统，是可以在马克思主义的指导下得到长期研究的。

马克思主义无神论不承认神圣实体，故而马克思主义宗教学研究首先关心的不是真与假的问题，而是有意义与无意义的问题，是意义建构的问题。宗教现象学作为一种科学的方法，就提供了一条通往无神论的路径。按照现象学的看法，宗教实际上是一个意义问题，而非神圣实体的问题，意义问题才是现象学要处理的。另外，宗教现象学基于"面向实事本身"的反还原主义、反化约主义立场，与马克思主义的"实事求是"立场不谋而合。

还有重要的一点是，围绕着人的经验分析宗教的功能、效用和本质，以现象学的方式研究宗教，是符合马克思主义宗教观的，即将宗教研究去神圣化，把宗教问题转化为世俗问题。众所周知，马克思认为，宗教是人的异化形式，宗教的本质就是人的本质，是"人创造了宗教，而不是宗教创造了人"。恩格斯在《反杜林论》中也指出："一切宗教都不过是支配着人们日常生活的外部力量在人们头脑中的幻想的反映，在这种反映中，人间的力量采取了超人间的力量的形式。"因此，马克思主义宗教学是人本主义的宗教学，这与现象学的存在论立场十分接近。海德格尔甚至认为，马克思的人本主义是"深入到历史的一个本质性维度中……故而无论是现象学还是存在主义，都没有达到有可能与马克思进行一种创造性对话的那个维度"。

如果从思想史来看，马克思主义宗教学的哲学基础是18世纪法国唯物主义、启蒙哲学以及德国古典哲学的宗教批判。法国唯物主义揭露了基督教神学的虚伪，否定了神圣教义，成为宗教批判的出发点。而在德国古典哲学阵营中，从康德、黑格尔到费尔巴哈，宗教批判也是一以贯之的立场。费尔巴哈秉持唯物主义立场把宗教的本质归结于人的本质，认为神不过是人类思维把意识自身的无限性外化的结果，并因此把幻想中天国的生活还原为现实的人的生活。马克思站在唯物史观的立场上进一步指出："费尔巴哈把宗教的本质归结于人的本质。但是，人的本质不是单个人所固有的抽象物，在其现实性上，它是一切社会关系的总和。"与这一思想脉络相似，现象学也是在对启蒙哲学和德国古典哲学进行批判性继承的基础上形成的。启蒙哲学和德国古典哲学确立了理性人主体的核心地位，而现象学则进一步把抽象的理性人丰富为构建性的意识经验结构和具体的在世之在，反对任何抽象，把人理解为各种关系设定和关系总和。由此可见，马克思主义宗教学与现象学有着相似的思想史背景，体现了高度一致的理论旨趣。

由于马克思主义宗教学不囿于特定宗教或特定信仰，而是将宗教作为特定的人类经验和历史现象进行研究，因此它完全有能力以中立的态度研究多元宗教以及不同宗教之间的冲突和对话，这也与宗教现象学的立场十分接近。马克思主义在宗教批判的基础上强调，信仰自由是人的一种基本权利，在整体史观上也有能力导向一种开放包容、多元平等、文明共生的人类文明新秩序，以及包含多元宗教在内的不同文化传统的交流互鉴。在具体研究方法上，作为科学方法的宗教现象学提供了一条可行的路径：从信仰经验和社会关系等现象入手研究宗教，摆脱特定宗教的信仰视角和价值判断，从而导向多元宗教的比较研究和对话，从而凝聚全人类的共同价值，为构建人类命运共同体做出贡献。

当然我们也必须认识到，一方面可以说，宗教现象学的研究路径为马克思主义宗教学提供了一种具体的操作可能；但另一方面，由于宗教现象学在研究过程中倡导一种价值中立和价值悬搁，因此它作为研究方法必须要被置于马克思主义宗教学的价值框架下才能展开。宗教现象学从对主体的信仰经验和意识结构之描述出发，分析宗教各要素的意义系统，是宗教研究现代化、科学化的有效途径。但是，在整个研究方法的价值立场上，必须要坚持彻底的无神论立场，这就需要马克思主义宗教学提供的最终研究目标和宗旨。

　　概言之，由于现象学方法与马克思主义立场之间有诸多共同之处，因此宗教现象学与马克思主义宗教学之间也有颇多相通之处。可以说，宗教现象学不仅不违背马克思主义宗教学的基本立场，更应当被看作马克思主义宗教学的具体研究视角和方法之一。通过现象学方法，一种无神论的、面向实事本身的、以人为中心的宗教学研究才能展开。

文章列表

对于经典现象学的非经典研究

《现象学中的偶然性问题及其思想效应》，原载《哲学研究》2018年第11期，第78—86页。

《现象学与自然主义的形而上学之争》，原载《中国社会科学报》2012年11月19日。

《胡塞尔现象学的生活哲学面向》，原载《中国社会科学报》2016年7月26日，第1015期。

《厌倦与拯救——重读胡塞尔〈欧洲人的危机与哲学〉》，原载《浙江社会科学》2014年第4期，第116—121页。

《意义从何而来——从胡塞尔现象学驳自然主义意义观》（原题《意义从何而来？从胡塞尔现象学视野质疑神经自然主义的意义观》），原载《复旦大学学报（社会科学版）》2014年第6期，第28—33页。

《胡塞尔现象学中的实践维度》，原载《江苏社会科学》2016年第3期，第39—47页。

《世界现象学中的存在问题——晚年胡塞尔论存在》（原题《胡塞尔现象学中的存在论构想——对胡塞尔现象学的一个另类解读》），原载赵敦华编：《哲学门》第22辑，北京大学出版社，2011年，第161—176页。

《汉语现象学如何可能？——循"现象学之道"而入》，原载刘国英、张灿辉编：《现象学与人文科学》第8卷，2019年，第1—30页。

《陷于历史之中——简论威廉·沙普的历史现象学》（原题《陷于历史之中——简论W.沙普的历史现象学》），原载中山大学现象学文献与研究中心编：《中国现象学与哲学评论》第24辑，上海译文出版社，2019年，第65—77页。

《现象学与人智学——一个曲折的思想关联》，原载《浙江学刊》2020年第5期，第142—149页。

《Über Heidegger?——浅析京特·安德斯的海德格尔批判》，原载孙周兴主编：《德意志思想评论》第19卷，商务印书馆，2022年，第291—306页。

《从海德格尔的宗教现象学到密释学——兼论信仰经验的密释学性质》，原载《道风》2017年第1期，第267—290页。

从现象学到生活艺术哲学

《从"现象学"到"现象行"——对当代现象学实践化转向的一个新解读》，原载《华中科技大学学报（社会科学版）》2018年第5期，第1—7页。

《从现象学到生活艺术哲学》，原载《浙江大学学报（人文社会科学版）》2018年第1期，第231—239页。

《〈认识世界：古代与中世纪哲学〉译后记》，原载普莱希特：《认识世界：古代与中世纪哲学》，王俊译，上海人民出版社，2021年。

《现象学视野下的事与物》，原载杨国荣主编：《思想与文化》第32辑，华东师范大学出版社，2023年，第111—117页。

《艺术重归生活——从尼采、施泰纳到博伊斯》，原载《浙江社会科学》

2021年第6期，第103—109页。

《精神生活、日常经验与未来哲学》，原载《哲学动态》2022年第1期，第39—42页。

《醉酒现象学》，原载《贵州大学学报（社会科学版）》2021年第4期，第19—24页。

《元宇宙、生活世界与身体》，原载《上海体育学院学报》2022年第5期，第15—17页。

《加速时代如何"说理"》，原载《探索与争鸣》2023年第1期，第62—64页。

《有限与无限之间的阐释艺术——对"阐释学"的现象学分析》，原载《社会科学辑刊》2020年第6期，第39—43页。

从现象学到跨文化哲学

《从生活世界到跨文化对话》，原载《中国社会科学》2017年第10期，第47—69页。

《从作为普遍哲学的现象学到汉语现象学》，原载《中国社会科学》2020年第7期，第42—60页。

《基于空间经验重绘世界哲学地图——空间现象学视野下的考察》，原载《中国社会科学》2023年第3期，第151—167页。

《作为跨文化哲学实践的"多极对话"概念浅析》，原载《哲学分析》2015年第6卷第4期；《中国社会科学文摘》2015年12月转载，第47—48页。

《以跨文化的视野扩大哲学研究的范围》，原载《中国社会科学报》2019年10月18日第5版。

《追寻非洲哲学》，原载《社会科学报》2020年4月30日第5版。

《〈非洲哲学：跨文化视域的研究〉译后记》，原载基姆勒：《非洲哲学：

跨文化视域的研究》，王俊译，人民出版社，2016年。

《作为去殖民化概念的"非洲"——尼雷尔"非洲统一"思想初探》，原载《马克思主义与现实》2022年第1期，第171—178页。

《我们为什么要研究非洲哲学？》，原载《世界哲学》2023年第5期，第152—159页。

《作为马克思主义宗教学研究方法的宗教现象学》（原题《作为宗教学研究方法的宗教现象学》），原载《中国社会科学报》2023年3月28日第3版。

未来哲学丛书出版书目

《未来哲学序曲——尼采与后形而上学》（修订本） 　　　孙周兴 著

《时间、存在与精神：在海德格尔与黑格尔之间敞开未来》 　　柯小刚 著

《人类世的哲学》 　　　孙周兴 著

《尼采与启蒙——在中国与在德国》 　　　孙周兴、赵千帆 主编

《技术替补与广义器官——斯蒂格勒哲学研究》 　　　陈明宽 著

《陷入奇点——人类世政治哲学研究》 　　　吴冠军 著

《为什么世界不存在》 　　　〔德〕马库斯·加布里尔 著
　　　　　　　　　　　　　　　　　　　　　王熙、张振华 译

《海德格尔导论》（修订版） 　　　〔德〕彼得·特拉夫尼 著
　　　　　　　　　　　　　　　　　　　　　张振华、杨小刚 译

《存在与超越——海德格尔与汉语哲学》 　　　孙周兴 著

《语言存在论——海德格尔后期思想研究》 　　　孙周兴 著

《海德格尔的最后之神——基于现象学的未来神学思想》 　　　张静宜 著

《溯源与释义——海德格尔、胡塞尔、尼采》 　　　梁家荣 著

《世界现象学》（修订版） 　　　〔德〕克劳斯·黑尔德 著
　　　　　　　　　　　　　　　　　孙周兴 编　倪梁康 等译

《未来哲学》（第一辑） 　　　孙周兴 主编

《未来哲学》（第二辑） 　　　孙周兴 主编

《生命感受——何以成人？》 　　　〔德〕费迪南·费尔曼 著
　　　　　　　　　　　　　　　　　　　　　陈巍、王宏健 译

《以现象学之名》 　　　王俊 著

图书在版编目（CIP）数据

以现象学之名 / 王俊著. — 北京：商务印书馆，2025. — （未来哲学丛书）. — ISBN 978 - 7 - 100 - 24406 - 0

Ⅰ. B81-06

中国国家版本馆CIP数据核字第2024JH0247号

权利保留，侵权必究。

以 现 象 学 之 名
王　俊　著

商 务 印 书 馆 出 版
（北京王府井大街36号 邮政编码 100710）
商 务 印 书 馆 发 行
山东韵杰文化科技有限公司印刷
ISBN 978 - 7 - 100 - 24406 - 0

2025年1月第1版　　　开本 640×960　1/16
2025年1月第1次印刷　　印张 30

定价：128.00元